책 구입 시 드리는 혜택

❶ 필기 이론 동영상 강의 평생 무료 제공
❷ CBT 시험대비 모의고사 제공
❸ 우수회원 인증 후 2020년 ~ 2022년
3개년 CBT 복원 기출문제(해설 포함) 추가 제공

2023
개정 12 판

평생 무료

평생 무료 동영상과 함께하는

특수용접기능사

필기

(CBT 시험 대비)

최갑규 저

평생 무료

전 과목 핵심 이론 동영상 강의 평생 제공
최근 기출문제 수록 및 완벽 해설 / 문제 해설을 이해하기 쉽도록 자세히 설명

무료 동영상 강의

Daum 용접무료동영상강의 http://cafe.daum.net/kh02260117

www.sejinbooks.kr

머 리 말

용접은 산업현장에서 반드시 필요한 기술이며, 용접의 사용처는 무수히 많으나 그 중에서도 조선, 자동차, 플랜트 설비, 원자력, 가스 시공, 석유화학, 건축 등 아주 다양한 분야에서 사용되어지고 있습니다.

최근에는 용접을 배우려고 하는 사람들이 늘어나는 추세이며 용접기술을 배워 산업현장에 취업이나 자격증을 취득하려고 하는 인원 또한 늘어나고 있는 추세입니다.

오랜 강의 경험과 노하우를 이용하여 단원마다 핵심 요약정리를 충분히 하여 수험생들에게 상세하게 설명함으로써 독학으로 충분히 특수용접기능사 필기에 합격할 수 있도록 서술하였습니다.

기존의 수험서보다 핵심 내용과 문제를 쉽게 접할 수 있도록 노력하였고, 수험생 여러분들이 자격증을 손쉽게 취득할 수 있도록 본 교재를 서술하였습니다.

단기간에 핵심내용과 문제 해설을 공부할 수 있도록 하여 특수용접기능사 시험에 대비할 수 있도록 하였으니 이 교재로 공부하시는 모든 수험생 여러분의 합격을 기원하며, 추후 부족한 부분이 있으면 보강할 것을 약속하며 여러분의 건승을 빕니다.

끝으로 본 교재를 집필하는 데 물심양면으로 도움을 주신 세진북스 홍세진 대표와 임직원 여러분께 감사의 말씀을 전하며 이 책으로 공부하시는 여러분에게 합격의 영광이 함께 하시길 기원합니다.

저자 드림

특수용접기능사 필기

출제기준

1. 필 기

출제기준 변동사항 없음

직무분야	재료	중직무분야	금속재료	자격종목	특수용접기능사	적용기간	2021.01.01 ~ 2022.12.31

• 직무내용 : 용접 도면을 해독하여 용접절차 사양서를 이해하고 용접재료를 준비하여 작업환경 확인, 안전보호구 준비, 용접장치와 특성 이해, 용접기 설치 및 점검관리하기, 용접 준비 및 본 용접하기, 용접부 검사 및 결함부 수정하기, 작업장 정리하기 등의 용접시공 계획 수립 및 관련 직무 수행

필기검정방법	객관식	문제수	60	시험시간	1시간

필기과목명	문제수	주요항목	세부항목	세세항목
용접일반, 용접재료, 기계제도 (비절삭부분)	60	1. 용접일반	1. 용접개요	1. 용접의 원리 2. 용접의 장 · 단점 3. 용접의 종류 및 용도
			2. 피복아크 용접	1. 피복아크용접기기 2. 피복아크용접용 설비 3. 피복아크용접봉 4. 피복아크용접기법
			3. 가스용접	1. 가스 및 불꽃 2. 가스용접 설비 및 기구 3. 산소, 아세틸렌 용접기법
			4. 절단 및 가공	1. 가스절단 장치 및 방법 2. 플라스마, 레이저 절단 3. 특수가스절단 및 아크절단 4. 스카핑 및 가우징
			5. 특수용접 및 기타 용접	1. 서브머지드 용접 2. TIG용접, MIG 용접 3. 이산화 탄소가스 아크용접 4. 플럭스 코어드 용접 5. 플라즈마 용접 6. 일렉트로슬랙, 테르밋 용접 7. 전자빔 용접 8. 레이저용접 9. 저항 용접 10. 기타용접
		2. 용접 시공 및 검사	1. 용접시공	1. 용접 시공계획 2. 용접 준비 3. 본 용접 4. 열영향부 조직의 특징과 기계적 성질 5. 용접 전 · 후처리(예열, 후열 등) 6. 용접 결함, 변형 및 방지대책
			2. 용접의 자동화	1. 자동화 절단 및 용접 2. 로봇 용접
			3. 파괴, 비파괴 및 기타검사(시험)	1. 인장시험 2. 굽힘시험 3. 충격시험 4. 경도시험 5. 방사선투과시험 6. 초음파탐상시험 7. 자분탐상시험 및 침투탐상시험 8. 현미경조직시험 및 기타시험
		3. 작업안전	1. 작업 및 용접안전	1. 작업안전, 용접 안전관리 및 위생 2. 용접 화재방지 1) 연소이론 2) 용접 화재방지 및 안전
		4. 용접재료	1. 용접재료 및 각종 금속 용접	1. 탄소강 · 저합금강의 용접 및 재료 2. 주철 · 주강의 용접 및 재료 3. 스테인리스강의 용접 및 재료 4. 알루미늄과 그 합금의 용접 및 재료 5. 구리와 그 합금의 용접 및 재료 6. 기타 철금속, 비철금속과 그 합금의 용접 및 재료
			2. 용접재료 열처리 등	1. 열처리 2. 표면경화 및 처리법
		5. 기계 제도 (비절삭부분)	1. 제도통칙 등	1. 일반사항(도면, 척도, 문자 등) 2. 선의 종류 및 용도와 표시법 3. 투상법 및 도형의 표시방법
			2. KS 도시기호	1. 재료기호 2. 용접기호
			3. 도면해독	1. 투상도면해독 2. 투상 및 배관, 용접도면 해독 3. 제관 (철골구조물)도면 해독 4. 판금도면해독 5. 기타 관련도면

2. 실 기

직무분야	재료	중직무분야	금속재료	자격종목	특수용접기능사	적용기간	2021.01.01 ~ 2022.12.31

• 직무내용 : 용접 도면을 해독하여 용접절차 사양서를 이해하고 용접재료를 준비하여 작업환경 확인, 안전보호구 준비, 용접장치와 특성 이해, 용접기 설치 및 점검관리하기, 용접 준비 및 본 용접하기, 용접부 검사 및 결함부 수정하기, 작업장 정리하기 등의 특수용접시공 계획 수립 및 관련 직무 수행

• 수행준거 : 1. 도면 및 용접절차 사양서를 이해할 수 있다.
2. 용접재료를 준비하고 작업환경을 확인할 수 있다.
3. 안전보호구 준비 및 착용, 용접장치와 특성 등을 이해하여 용접기 설치 및 점검 관리를 할 수 있다.
4. 용접 준비 및 본 용접을 한 후 용접부 검사를 할 수 있다.
5. 작업장 정리 및 용접 기록부를 작성할 수 있다.

실기검정방법	작업형	시험시간	1시간 40분 정도

실기과목명	주요항목	세부항목	세세항목
특수용접 작업	1. 가스텅스텐아크 용접 도면해독	1. 도면 파악하기	1. 제작도면을 해독하여 도면에 표기된 이음형상을 파악할 수 있다. 2. 제작도면에 표기된 용접에 필요한 기본 요구사항을 파악할 수 있다. 3. 제작도면을 해독하여 용접구조물 형상을 파악할 수 있다.
		2. 용접기호 확인하기	1. 용접자세를 지시하는 용접 기본기호를 구별할 수 있다. 2. 용접이음의 형상을 지시하는 용접 기본기호를 구별할 수 있다. 3. 용접 보조기호의 의미를 구별할 수 있다.
		3. 용접절차사양서 파악하기	1. 용접절차사양서(용접도면, 작업지시서)에서 용접 일반에 관한 특정 사항 등을 파악할 수 있다. 2. 용접절차사양서(용접도면, 작업지시서)에서 요구하는 이음의 형상을 파악할 수 있다. 3. 용접절차사양서(용접도면, 작업지시서)에서 요구하는 용접방법에 대하여 파악할 수 있다. 4. 용접절차사양서(용접도면, 작업지시서)에서 요구하는 용접조건을 파악할 수 있다. 5. 용접절차사양서(용접도면, 작업지시서)에서 요구하는 용접 후처리 방법에 대하여 파악할 수 있다.
	2. 가스텅스텐아크 용접 작업안전 보건관리	1. 용접작업장 주변정리 상태 점검하기	1. 화재방지를 위해 용접 작업장 주변에 인화물질이 있는지 점검할 수 있다. 2. 화재방지를 위해 용접 작업장에 적합한 소화장비를 비치할 수 있다. 3. 위험방지를 위해 용접 작업장 주변에 낙하물이 있는지 점검할 수 있다. 4. 청결을 위해 용접 작업장 주변을 깨끗이 청소할 수 있다. 5. 용접 작업장의 환기시설을 확인하고 조작할 수 있다.
		2. 용접작업 안전수칙 파악하기	1. 산업안전보건법에 따라 용접작업의 안전수칙을 준수할 수 있다. 2. 안전보호구를 준비하고 착용할 수 있다. 3. 안전사고 행동 요령에 따라 사고 시 행동에 대비할 수 있다. 4. 안전수칙을 숙지하여 전격에 의한 사고를 대비할 수 있다. 5. 원활한 작업을 위해 가공 안전수칙을 준용할 수 있다.
		3. 용접안전보호구 점검하기	1. 안전을 위하여 보호구 선택 시 유의사항을 파악할 수 있다. 2. 안전수칙에 규정된 보호구 구비조건을 파악하고 사용할 수 있다. 3. 안전모의 특징을 파악하고 착용할 수 있다. 4. 안전화의 특징을 파악하고 착용할 수 있다. 5. 보호복의 특징을 파악하고 착용할 수 있다.
		4. 용접설비 안전 점검하기	1. 용접작업 전 전원장치의 상태를 점검 할 수 있다. 2. 용접작업 전 부속설비의 상태를 점검 할 수 있다. 3. 용접작업 전 용접기 전원스위치(on, off) 상태를 점검할 수 있다. 4. 용접작업 전 용접기 접지상태를 점검할 수 있다. 5. 용접작업 전 보호가스용기 연결부위의 누설을 점검할 수 있다.
		5. 물질안전보건자료 점검하기	1. 용접재료의 화학물질 특징을 파악 할 수 있다. 2. 모재의 특징을 점검하고 적합한 조치를 할 수 있다.

출제기준

실기과목명	주요항목	세부항목	세세항목
			3. 용접 용가재의 특징을 점검하고 적합한 조치를 할 수 있다. 4. 전극봉의 재질에 따른 특징을 점검하고 적합한 조치를 할 수 있다. 5. 보호가스의 특징을 점검하고 적합한 조치를 할 수 있다.
	3. 가스텅스텐아크 용접 재료준비	1. 모재 준비하기	1. 용접구조물의 기계적성질, 화학성분, 열처리 특성에 맞는 모재를 선택할 수 있다. 2. 요구하는 용접강도에 맞는 이음형상으로 가공할 수 있다. 3. 요구하는 모재치수에 맞는 이음형상으로 가공할 수 있다. 4. 작업에 사용될 모재를 청결하게 유지할 수 있다.
		2. 용접소모품 준비하기	1. 모재의 재질에 맞는 전극봉을 선정할 수 있다. 2. 전원특성에 맞게 전극봉을 연마할 수 있다. 3. 전원특성에 적합한 전극봉의 지름을 선택할 수 있다. 4. 모재치수에 적합한 전극봉의 지름을 선택할 수 있다. 5. 용접조건에 맞는 보호가스노즐을 선택할 수 있다. 6. 용접조건에 맞는 뒷댐재를 선택할 수 있다.
		3. 보호가스 준비하기	1. 용접작업에 적합한 보호가스 종류를 선택할 수 있다. 2. 아르곤과 헬륨가스의 용도에 따라 선택 할 수 있다. 3. 토치선단에 적정 유량의 보호가스가 나오는지 확인할 수 있다. 4. 퍼징용 보호가스를 설치 할 수 있다.
	4. 가스텅스텐아크 용접 장비준비	1. 용접장비 설치하기	1. 용접작업 전 가스텅스텐아크용접기 설치장소를 확인하여 정리정돈할 수 있다. 2. 용접작업에 적합한 용접기의 용량을 선택할 수 있다. 3. 용접작업에 사용할 용접기에 1차 입력 케이블을 연결할 수 있다. 4. 용접작업에 사용할 접지 케이블을 연결할 수 있다.
		2. 보호가스 설치하기	1. 설치한 용접기의 후면 접속부에 보호가스용기의 레귤레이터 연결 가스호스를 연결할 수 있다. 2. 보호가스 용기의 레귤레이터를 설치할 수 있다. 3. 보호가스의 압력과 유량을 용접작업에 알맞게 조정할 수 있다.
		3. 용접토치 설치하기	1. 용접전원 용량에 적합한 토치를 선정할 수 있다. 2. 용접작업에 사용할 용접토치를 용접기에 연결할 수 있다. 3. 용접작업에 적합한 토치를 조립할 수 있다.
		4. 용접장비 시운전하기	1. 보호가스가 토치부로 적정 유량이 나오는지 확인할 수 있다. 2. 용접기의 작동상태를 확인할 수 있다. 3. 용접작업에 적합한 용접전류를 선택할 수 있다. 4. 용접기의 정상적인 출력상태를 확인할 수 있다.
	5. 가스텅스텐아크 용접 가용접 작업	1. 그루브가공 확인하기	1. 도면에 따라 그루브 가공에 사용되는 공구, 기계 등을 선택하여 사용할 수 있다. 2. 그루브 가공의 이상유무를 확인하여 수정할 수 있다. 3. 용접절차사양서에 맞게 그루브 가공이 되었는지 측정할 수 있다.
		2. 가용접하기	1. 도면에 따라 용접 구조물 조립을 위한 순서를 정할 수 있다. 2. 도면에 따라 용접 구조물의 이음 형상에 적합한 가용접 위치를 선정할 수 있다. 3. 도면에 따라 용접 구조물의 이음 형상에 적합한 가용접 길이를 선정할 수 있다. 4. 도면에 따라 용접 구조물이 변형되지 않도록 가용접 작업을 수행할 수 있다.
		3. 조립상태 확인하기	1. 도면에 따라 가조립 상태를 확인할 수 있다. 2. 도면에 적합하게 조립상태를 수정할 수 있다. 3. 도면에 따라 가조립 상태 수정 시 작업방법을 알 수 있다.
	6. 가스텅스텐아크 용접 본용접 작업	1. 본용접조건 설정하기	1. 용접절차사양서(용접도면, 작업지시서)에 따라 가스텅스텐아크 용접을 실시할 모재의 특성, 두께, 이음의 형상을 파악할 수 있다. 2. 용접절차사양서(용접도면, 작업지시서)에 따라 용접전류를 선택할 수 있다. 3. 용접절차사양서(용접도면, 작업지시서)에 따라 적합한 용접기의 작업기준을 설정할 수 있다.

실기과목명	주요항목	세부항목	세세항목
			4. 용접절차사양서(용접도면, 작업지시서)에 따라 용접 작업표준을 설정할 수 있다.
		2. 용접부 온도관리	1. 용접부 형상과 모재의 종류에 따른 예열 기구를 이해하고 적용할 수 있다. 2. 용접절차사양서에 규정된 예열 온도를 준수하여 용접부를 예열할 수 있다. 3. 다층용접인 경우에는 용접절차사양서에 규정된 층간 온도를 준수하여 용접작업을 할 수 있다.
		3. 본용접하기	1. 용접절차사양서(용접도면, 작업지시서)에 따라 용접기의 종류를 선정하고 용접조건을 설정할 수 있다. 2. 용접절차사양서(용접도면, 작업지시서)에 따라 용접작업을 수행할 수 있다. 3. 용접절차사양서(용접도면, 작업지시서)에 따라 용접 후처리를 할 수 있다.
	7. 가스텅스텐아크 용접부 검사	1. 용접 전 검사하기	1. 용접이음과 개선 그루브 상태를 확인할 수 있다. 2. 용접부 모재의 청결 상태를 확인할 수 있다. 3. 용접구조물의 가용접 상태를 확인할 수 있다.
		2. 용접 중 검사하기	1. 용접부의 수축 변형 상태를 확인할 수 있다. 2. 용접부의 층간 온도 유지 상태를 확인할 수 있다. 3. 용접부의 결함여부를 육안으로 확인할 수 있다.
		3. 용접 후 검사하기	1. 용접부 외관검사를 할 수 있다. 2. 도면에 따라 용접부의 치수를 검사할 수 있다. 3. 용접부의 변형상태를 검사할 수 있다. 4. 작업지침서에 따라 일부 비파괴검사를 할 수 있다.
	8. 가스텅스텐아크 용접 작업 후 정리정돈	1. 보호가스 차단하기	1. 용접용 보호가스 밸브를 차단할 수 있다. 2. 보호가스 누설을 확인 및 검사할 수 있다. 3. 검사 실시 후 이상 발견 시 상황에 맞는 조치를 취할 수 있다.
		2. 전원 차단하기	1. 용접기 본체의 스위치를 차단할 수 있다. 2. 용접부스에 공급되는 메인전원을 차단할 수 있다. 3. 배기 및 환기시설 전원을 차단할 수 있다.
		3. 용접작업장 정리정돈하기	1. 용접모재 및 잔여 재료를 정리정돈할 수 있다. 2. 용접용 보호구 및 작업 공구를 정돈할 수 있다. 3. 작업장 주변을 청결하게 청소할 수 있다.
	9. CO_2 용접 재료 준비	1. 모재 준비하기	1. 용접구조물의 사용성능(기계적성질, 화학성분, 열처리 특성)에 맞는 모재를 선택할 수 있다. 2. 요구하는 용접강도 및 모재 두께에 알맞은 이음형상에 맞게 가공할 수 있다. 3. 작업에 쓰일 모재를 청결하게 유지할 수 있다.
		2. 용접와이어 준비하기	1. 모재의 재질 및 작업성에 맞는 와이어를 선정할 수 있다. 2. 용접부 이음 형상에 맞는 와이어를 선택할 수 있다. 3. 용접재료 및 두께에 맞는 와이어 지름을 선택할 수 있다. 4. 솔리드와이어, 플럭스코어드와이어 특성을 이해하고 선택할 수 있다.
		3. 보호가스 준비하기	1. CO_2 용접작업에 적합한 보호가스 종류와 사용방법을 선택할 수 있다. 2. 용접절차사양서(용접도면, 작업지시서)에 따라 보호가스로 CO_2 나 혼합가스를 선택할 수 있다. 3. 보호가스가 토치부로 적정 유량이 나오는지 확인할 수 있다.
		4. 백킹재 준비하기	1. 용접절차사양서에 따라 적합한 백킹재를 준비할 수 있다. 2. 모재의 두께와 이음형상에 알맞은 백킹재를 선택할 수 있다. 3. 백킹재를 모재의 홈에 맞게 부착할 수 있다.
	10. CO_2 용접 장비 준비	1. 용접장비 설치하기	1. 작업 전 CO_2 용접기 설치장소를 확인하여 정리정돈할 수 있다. 2. 작업에 사용할 용접기에 1차 입력 케이블과 접지 케이블을 연결할 수 있다.

출제기준

실기과목명	주요항목	세부항목	세세항목
			3. 작업에 사용할 용접기의 부속장치를 조립할 수 있다.
		2. 용접용 재료 설치하기	1. 설치한 용접기의 후면 접속부에 CO_2 용기의 레귤레이터 연결 가스호스를 연결할 수 있다. 2. 와이어 송급장치를 용접기 전면에 연결하고, 와이어를 설치할 수 있다. 3. CO_2 용기의 압력조정기와 유량계를 설치할 수 있다. 4. 가스압력조정기의 히터전원을 연결할 수 있다.
		3. 용접장비 점검하기	1. CO_2 용접기의 각부 명칭을 알고 조작할 수 있다. 2. 가스 공급장치의 가스누설 점검 및 유량을 조절할 수 있다. 3. 용접기 패널의 크레이터 유/무 전환 스위치와 일원/개별 전환 스위치를 선택할 수 있다. 4. 아크를 발생시켜 용접기 이상 유/무를 확인할 수 있다.
	11. 가용접 작업	1. 모재 치수 확인하기	1. 용접절차사양서(용접도면, 작업지시서)에 따라 용접조건에 맞는 모재의 재질을 파악할 수 있다. 2. 용접절차사양서(용접도면, 작업지시서)에 따라 용접조건에 맞는 모재의 치수를 파악할 수 있다. 3. 용접절차사양서(용접도면, 작업지시서)에 따라 길이 및 각도 측정용 공구 등을 사용하여 치수를 측정할 수 있다.
		2. 홈가공하기	1. 용접절차사양서(용접도면, 작업지시서)에 따라 홈 가공에 사용되는 공구 및 기계를 선택하여 사용할 수 있다. 2. 용접절차사양서(용접도면, 작업지시서)에 따라 홈 각도, 루트면 등 용접이음부를 가공할 수 있다 3. 용접절차사양서(용접도면, 작업지시서)에 따라 홈 가공 시 안전수칙을 준수할 수 있다.
		3. 가용접하기	1. 용접절차사양서(용접도면, 작업지시서)에 따라 용접 구조물 조립을 위한 순서를 파악할 수 있다 2. 용접절차사양서(용접도면, 작업지시서)에 따라 용접 구조물의 이음 형상에 적합한 가용접 위치 및 길이를 파악할 수 있다.. 3. 용접절차사양서(용접도면, 작업지시서)에 따라 용접 구조물의 응력 집중부를 피하여 가용접 작업을 수행할 수 있다. 4. 용접절차사양서(용접도면, 작업지시서)에 따라 용접 구조물이 변형되지 않도록 가용접 작업을 수행할 수 있다.
	12. 솔리드 와이어용접 작업	1. 솔리드 와이어용접 조건 설정하기	1. 용접절차사양서(용접도면, 작업지시서)에 따라 솔리드와이어용접을 실시할 모재의 특성, 두께, 이음의 형상을 파악할 수 있다. 2. 용접절차사양서(용접도면, 작업지시서)에 따라 용접전류, 용접전압 등을 설정할 수 있다. 3. 용접절차사양서(용접도면, 작업지시서)에 따라 적합한 용접기의 작업기준을 설정할 수 있다. 4. 용접절차사양서(용접도면, 작업지시서)에 따라 용접 작업표준을 설정할 수 있다.
		2. 솔리드 와이어 선택하기	1. 용접절차사양서(용접도면, 작업지시서)에 따라 모재의 화학성분, 기계적 성질에 적합한 솔리드 와이어를 선택할 수 있다. 2. 용접절차사양서(용접도면, 작업지시서)에 따라 모재의 두께, 이음 형상에 적합한 솔리드와이어를 선택할 수 있다. 3. 용접절차사양서(용접도면, 작업지시서)에 따라 용접성, 작업성에 적합한 솔리드와이어를 선정할 수 있다.
		3. 솔리드 와이어용접 보호가스 선택하기	1. 용접절차사양서(용접도면, 작업지시서)에 따라 솔리드와이어용접작업에 적합한 보호가스를 선정할 수 있다. 2. 용접절차사양서(용접도면, 작업지시서)에 따라 솔리드와이어용접작업에 적합한 보호가스 사용조건을 설정할 수 있다. 3. 선정한 보호가스 공급장비를 안전하게 운용할 수 있다.
		4. 솔리드 와이어용접하기	1. 용접절차사양서(용접도면, 작업지시서)에 따라 용접기의 종류를 선정하고 용접조건을 설정할 수 있다. 2. 용접절차사양서(용접도면, 작업지시서)에 따라 솔리드와이어용접작업을 시행할 수 있다.

실기과목명	주요항목	세부항목	세세항목
			3. 용접절차사양서(용접도면, 작업지시서)에 따라 용접후처리(표면처리, 열처리 등)를 할 수 있다.
	13. 플럭스코어드 와이어용접 작업	1. 플럭스코어드 와이어용접 조건 설정하기	1. 용접절차사양서(용접도면, 작업지시서)에 따라 플럭스코어드 와이어용접 작업을 실시할 모재의 특성, 두께, 이음의 형상을 파악할 수 있다. 2. 용접절차사양서(용접도면, 작업지시서)에 따라 용접전류, 용접전압 등을 설정할 수 있다. 3. 용접절차사양서(용접도면, 작업지시서)에 따라 적합한 용접기의 작업기준을 설정할 수 있다. 4. 용접절차사양서(용접도면, 작업지시서)에 따라 용접 작업표준을 설정할 수 있다.
		2. 플럭스코어드 와이어 선택하기	1. 용접절차사양서(용접도면, 작업지시서)에 따라 모재의 화학성분, 기계적 성질에 적합한 플럭스코어드 와이어를 선택할 수 있다. 2. 용접절차사양서(용접도면, 작업지시서)에 따라 모재의 두께, 이음 형상에 적합한 플럭스코어드 와이어를 선택할 수 있다. 3. 용접절차사양서(용접도면, 작업지시서)에 따라 용접성, 작업성에 적합한 플럭스코어드 와이어를 선정할 수 있다.
		3. 플럭스코어드 와이어용접 보호가스 선택하기	1. 용접절차사양서(용접도면, 작업지시서)에 따라 플럭스코어드와이어용접 작업에 적합한 보호가스를 선정할 수 있다. 2. 용접절차사양서(용접도면, 작업지시서)에 따라 플럭스코어드와이어용접 작업에 적합한 보호가스 사용조건을 설정할 수 있다. 3. 선정한 보호가스 공급장비를 안전하게 운용할 수 있다.
		4. 플럭스코어드 와이어 용접하기	1. 용접절차사양서(용접도면, 작업지시서)에 따라 용접기의 종류를 선정하고 용접 조건을 설정할 수 있다. 2. 용접절차사양서(용접도면, 작업지시서)에 따라 플럭스코어드와이어 용접작업을 시행할 수 있다. 3. 용접절차사양서(용접도면, 작업지시서)에 따라 용접 후처리(표면처리, 열처리 등)를 할 수 있다.
	14. 용접부 검사	1. 용접 전 검사하기	1. 용접 모재의 재질 및 용접조건을 확인할 수 있다. 2. 용접이음과 개선 홈 상태를 확인할 수 있다. 3. 용접부 모재의 청결 상태를 확인할 수 있다. 4. 용접구조물의 가용접 상태를 확인할 수 있다.
		2. 용접 중 검사하기	1. 용접부의 수축 변형 상태를 확인할 수 있다. 2. 용접부의 균열, 슬래그 섞임 등 결함여부를 확인할 수 있다. 3. 용접부 용착 상태를 확인할 수 있다.
		3. 용접 후 검사하기	1. 용접부 외관검사를 할 수 있다. 2. 용접부 재질에 따른 변형 교정 및 후열처리를 할 수 있다. 3. 용접부 잔류응력 및 내부응력을 확인할 수 있다. 4. 용접부 파괴 및 비파괴 검사를 실시할 수 있다.
	15. 작업 후 정리 · 정돈	1. 보호가스 차단하기	1. 용접용 보호가스 밸브를 차단할 수 있다. 2. 보호가스 누설을 확인 및 검사할 수 있다. 3. 검사 실시 후 이상 발견 시 상황에 맞는 조치를 취할 수 있다.
		2. 전원 차단하기	1. 용접기 본체의 스위치를 차단할 수 있다. 2. 용접부스에 공급되는 메인전원을 차단할 수 있다. 3. 배기 및 환기시설 전원을 차단할 수 있다.
		3. 작업장 정리 · 정돈하기	1. 용접모재 및 잔여 재료를 정리 정돈할 수 있다. 2. 용접용 보호구 및 작업 공구를 정돈할 수 있다. 3. 작업장 주변을 청결하게 청소할 수 있다.
	16. 재료절단 및 가공	1. 재료의 절단하기 (가스 · 에어프라즈마절단 및 동력전단 등)	1. 절단 재료의 두께에 맞는 적정한 장비 및 공구를 선정할 수 있다. 2. 품질의 요구에 맞는 절단을 할 수 있다.
		2. 측정 및 교정하기	1. 절단 후 측정 및 검사를 할 수 있다.

특수용접기능사
필기

차 례

핵심 요점정리

CONTENTS

최근 기출문제

특수용접기능사
필기

2023년 CBT 시험대비 모의고사

특수용접기능사

필기

핵심 요점정리

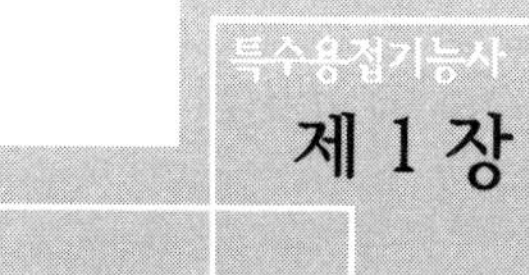

특수용접기능사

제 1 장 용접공학

1. 용접의 특징

① 장점 ㉠ 이음효율이 높다.
㉡ 중량이 가벼워진다.
㉢ 재료의 두께에 제한이 없다.
㉣ 이종재료도 접합 가능
㉤ 보수와 수리가 용이
㉥ 작업공정이 단축되며 경제적이다.
㉦ 제품의 성능과 수명이 향상된다.
㉧ 용접의 자동화가 용이하며 복잡한 구조
㉨ 수밀 및 기밀성이 좋다.

② 단점 ㉠ 취성이 생길 우려가 있다.
㉡ 용접사의 기량에 따라 품질 좌우
㉢ 변형 및 수축 잔류응력이 발생
㉣ 품질검사가 곤란

2. 용접기의 특성

① **수하 특성** : 부하전류가 증가하면 단자전압이 낮아지는 특성
② **정전압 특성** : 부하전류가 변하여도 단자전압은 거의 변화하지 않는 특성
③ **정전류 특성** : 부하전압이 변하여도 단자전류는 거의 변화하지 않는 특성
④ **상승 특성** : 전류의 증가에 따라서 전압이 약간 높아지는 특성

3. 용접기의 효율, 역률, 허용사용률 공식

① $\text{효율}(\%) = \dfrac{\text{아크전력}(kw)}{\text{소비전력}(kw)} \times 100$

② $\text{역률}(\%) = \dfrac{\text{소비전력}(kw)}{\text{전원입력}(kw)} \times 100$

- 아크전력＝아크전압×정격 2차 전류
- 전원입력＝무부하전압×정격 2차 전류

• 소비전력 = 아크전력 + 내부손실

③ 허용사용률 = $\frac{(\text{정격 2차 전류})^2}{(\text{실제 용접전류})^2}$ × 정격사용률

④ 사용률 = $\frac{\text{아크시간}}{\text{아크시간} + \text{휴식시간}}$ × 100

4. 피복제의 역할

① 탈산정련작용
② 합금원소 첨가
③ 전기절연작용
④ 스패터의 발생을 적게 한다.
⑤ 슬래그 제거가 쉽다.
⑥ 아크 안정
⑦ 용착효율을 높인다.
⑧ 공기로 인한 산화, 질화 방지
⑨ 용착금속의 냉각속도를 느리게 하여 급랭 방지

5. 연강용 피복아크 용접봉의 특징

① E 4301(일미나이트계) : TiO_2, FeO를 약 30% 이상 함유한 용접봉으로, 광석, 사철 등을 주성분으로 한 것으로 기계적 성질이 우수하고 용접성 우수

② E 4303(라임티탄계) : 산화티탄을 약 30% 이상 함유한 용접봉으로, 비드의 외관이 아름답고 언더컷이 발생되지 않는다.

③ E 4311(고셀룰로오스계) : 셀룰로오스를 20~30% 정도 포함한 용접봉으로, 좁은 홈의 용접 보관 시 습기가 흡수되기 쉬우므로 건조 필요

④ E 4313(고산화티탄계) : 비드 표면이 고우며 작업성이 우수. 고온크랙을 일으키기 쉬운 결점이 있다.

⑤ E 4316(저수소계) : 석회석, 형석을 주성분으로 한 것으로 기계적 성질, 내균열성이 우수. 용착금속 중에 수소 함유량이 다른 피복봉에 비해 $\frac{1}{10}$ 정도로 매우 낮음.

• 용접봉 건조 시 300~350℃에서 1~2시간 건조

⑥ E 4324(철분산화티탄계)

⑦ E 4326(철분저수소계)

⑧ E 4327(철분산화철계)

⑨ E 4340(특수계)

6. 퓨즈 용량 = $\frac{\text{전력(KVA)}}{\text{전압(V)}}$

7. 아크 쏠림(자기불림)

직류에서 나타나는 현상으로 용접중에 아크가 용접봉 방향에서 한쪽으로 쏠리는 현상

[아크 쏠림 방지 대책]

① 용접부가 긴 경우 후퇴법을 사용할 것.
② 짧은 아크를 사용할 것.
③ 직류 용접을 하지 말고 교류 용접을 사용할 것.
④ 접지점을 용접부보다 멀리 할 것.
⑤ 접지점을 2개 연결할 것.

8. 교류 아크 용접기의 종류와 특징

① 가동 철심형
㉠ 현재 가장 많이 사용
㉡ 미세한 전류 조정이 가능
㉢ 가동 철심으로 누설자속을 가감하여 전류 조정

② 가포화 리액터형
㉠ 원격제어가 되고 가변저항의 변화로 용접전류를 조정
㉡ 조작이 간단

③ 가동 코일형
㉠ 가격이 비싸다.
㉡ 1차, 2차 코일 중의 하나를 이동하여 누설자속을 변화하여 전류 조정

④ 탭 전환용
㉠ 주로 소형에 사용
㉡ 미세전류 조정이 어렵다.

9. 용접 입열

$$H = \frac{60EI}{V}$$

여기서, H(J/cm) E(V) : 아크전압
I(A) : 아크전류 V(cm/min) : 용접속도

10. 피복 배합제의 종류

① 탈산제 (바실리크망알)
㉠ 페로망간(Fe−Mn) ㉡ 페로티탄(Fe−Ti)
㉢ 페로바나듐(Fe−V) ㉣ 페로크롬(Fe−Cr)
㉤ 페로실리콘(Fe−Si) ㉥ Al
㉦ Mg

② 아크 안정제 (산석규자적)

㉠ 석회석($CaCO_3$)
㉡ 규산칼륨(K_2SiO_3)
㉢ 규산나트륨(Na_2SiO_3)
㉣ 산화티탄(TiO_2)
㉤ 적철광
㉥ 자철광

③ 합금첨가제 (바실크망산구)

㉠ 페로망간
㉡ 페로실리콘
㉢ 페로크롬
㉣ 산화니켈
㉤ 페로바나듐
㉥ 산화몰리브덴
㉦ 구리

④ 가스발생제 (석탄톱녹)

㉠ 석회석
㉡ 탄산바륨
㉢ 톱밥
㉣ 녹말
㉤ 셀룰로오스

⑤ 슬래그 생성제 (이산형석일알장규)

㉠ 이산화망간
㉡ 산화철
㉢ 산화티탄
㉣ 형석
㉤ 석회석
㉦ 알루미나
㉧ 규사
㉨ 장석

⑥ 고착제 (해당아카규)

㉠ 해초
㉡ 당밀
㉢ 아교
㉣ 카세인
㉤ 규산칼륨

11. 교류 아크 용접기의 부속장치

① **전격방지장치** : 무부하전압이 85~95V로 비교적 높은 교류 아크 용접기는 감전재해의 위험이 있기 때문에 무부하전압을 20~30V 이하로 유지하여 용접사 보호

② **핫 스타트 장치** : 아크 발생을 쉽게 하고 비드 모양을 개선하고 아크가 발생하는 초기에 용접봉과 모재가 냉각되어 있어 입열이 부족하여 아크가 불안정하기 때문에 아크 초기만 용접전류를 특별히 크게 하기 위해

③ **고주파 발생장치** : 전류가 순간적으로 변할 때마다 아크가 불안정하기 때문에 교류 아크 용접에 고주파를 병용시키면 아크가 안정되므로 작은 전류로 얇은 판이나 비철금속을 용접 시 사용

12. 용접봉 홀더

① A형 : 손잡이 부분을 포함한 전체가 절연된 것

② B형 : 손잡이 부분만 절연된 것

13. 용착현상

① 스프레이형

㉠ 일미나이트계 피복 아크 용접봉

　ⓛ 미세한 용적이 스프레이와 같이 날려 보내어 옮겨가서 용착

② 글로뷸러형

　㉠ 서브머지드 용접과 같이 대전류 사용 시

　ⓛ 일명 핀치효과라고도 하며 비교적 큰 용적이 단락되지 않고 옮겨가는 이행형식

③ 단락형

　㉠ 저수소계

　ⓛ 표면장력의 작용으로 모재로 옮겨가서 용착

14. 용접의 종류

① 융접

　㉠ 아크 용접 : 보호아크 ┌ 서브머지드 아크 용접(TIG, MIG)
　(서스탄) ├ 스터드 용접
　└ 탄산가스 아크 용접

　ⓛ 가스 용접 ┌ 산소-아세틸렌
　(산공산) ├ 공기-아세틸렌
　└ 산소-수소

　㉢ 특수 용접 ┌ 일렉트로 슬래그 용접
　(일테전) ├ 테르밋 용접
　└ 전자빔 용접

② 압접 (유단초가마냉저)

　㉠ 단접　　ⓛ 유도 가열 용접　　㉢ 초음파 용접

　㉣ 마찰 용접　　㉤ 가압 테르밋 용접　　㉥ 냉간압접

　㉦ 저항 용접 ┌ 겹치기 용접-점 용접, 심 용접, 프로젝션 용접
　└ 맞대기 용접-업셋 맞대기 용접, 방전 충격 용접, 플래시 맞대기 용접

15. 차광유리

① 납땜작업 (NO.2~4번 사용)

NO.2	연납땜
NO.3~NO.4	경납땜

② 가스 용접 (NO.4~6번 사용)

NO.4~NO.5	두께 3.2mm 이하
NO.5~NO.6	두께 3.2~12.7mm
NO.6~NO.8	두께 12.7mm 이상

③ 피복 아크 용접 (NO.10~12번 사용)

NO.10	용접전류 100~200A 용접봉 지름 2.6~3.2
NO.11	용접전류 150~200A 용접봉 지름 3.2~4.0
NO.10~NO.11	100A 이상 300A 미만의 아크 용접 및 절단용

16. 연강용 피복 아크 용접봉의 기호

E 43 △ □

① E : 전기 용접봉

② 43 : 용착금속의 최소 인장강도

③ △ : 용접 자세 - 0 : 규정치 않음 1 : 전 자세
2 : 아래보기, 수평 필릿 3 : 아래보기
4 : 전 자세

④ □ : 피복제의 종류

17. 가스 용접의 장 · 단점

① 장점

㉠ 박판 용접에 적당하다. ㉡ 가열 조절이 비교적 자유롭다.
㉢ 응용범위가 넓다. ㉣ 전원 설비가 필요 없다.
㉤ 아크 용접에 비해 유해광선의 발생이 적다.
㉥ 열량 조절이 자유롭다. ㉦ 전기 용접에 비해 싸다.

② 단점

㉠ 폭발 및 화재의 위험이 크다. ㉡ 가열시간이 오래 걸린다.
㉢ 용접 후의 변형이 심하게 된다. ㉣ 아크에 비해 불꽃온도가 낮다.
㉤ 열의 집중성이 나빠 효율적인 용접이 어렵다.
㉥ 금속이 산화, 탄화될 우려가 있다.

18. 수소가스의 성질

① 고온, 고압에서 수소취성(탈탄작용)이 일어난다.($Fe_3C + 2H_2 \rightarrow CH_4 + 3Fe$)

② 가연성 가스이며 연소범위는 공기중 4~75%, 산소중에서는 4~95%

③ 폭명기를 생성한다.

④ 무색, 무미, 무취이며 인체에 해가 없다.

⑤ 수소는 산소와 화합되기 쉽고 연소 시 2,000℃ 이상의 온도가 되면 물이 생성.

⑥ 확산속도가 빨라 실내에서 빨리 퍼진다.
⑦ 비중은 0.0695이며 0℃ 1기압 하에서 1l의 무게는 0.0899g이다.
⑧ 수중에서 절단작업 시 사용

19. 카바이드 취급 시 주의사항

① 인화성 물질을 가까이 두어서는 안 된다.
② 카바이드 운반 시 충격, 마찰, 타격 등을 주지 말 것.
③ 아세틸렌 발생기 주변에 물이나 습기가 없어야 한다.
④ 카바이드 통에서 카바이드를 들어낼 때 목재 공구 또는 모넬메탈을 사용한다.
⑤ 카바이드 통 개봉 시는 충격을 주지 말고 가위를 사용한다.

20. 산소(oxygen)

① 공기중에 약 21% 함유
② 1l의 중량은 0℃ 1기압에서 1.429g이다.
③ 가연성 물질과 혼합 시 점화 시 폭발적으로 연소한다.
④ 무색, 무미, 무취의 기체로 비중이 1.105로서 공기보다 약간 무겁다.
⑤ 액체산소는 연한 청색을 띠고 있다.
⑥ 모든 원소와 화합 시 산화물을 만든다.(단, 금, 백금, 수은 제외)
⑦ 유지류, 용제 등이 부착되면 산화폭발의 위험이 있다.
⑧ 액체가 기화되면 800배 체적의 기체가 된다.
⑨ 금속에 산화작용이 강하다.

21. 산소 취급 시 주의사항

① 압력계는 금유라는 표시가 있는 산소 전용 압력계 사용
② 산소가스 용기나 계기류는 윤활유, 그리스 등이 부착되지 않도록 한다.
③ 산소가스 용기는 가연성 가스 용기와 구분하여 저장한다.
④ 액화산소를 이 · 충전 시 불연재료를 상면에 깐 뒤 행한다.
⑤ 용기 밸브를 열 때는 천천히 열도록 한다.
⑥ 산소 용기 공업용 도색은 녹색(의료용은 백색)
⑦ 산소압축기 윤활유는 물이나 10% 이하의 묽은 글리세린수
⑧ 용기 재질은 Mn강, Cr강, 18-8 스테인리스강
⑨ 최고 충전압력은 150kg/cm^2
⑩ 산소 용기는 화기로부터 5m 이상 유지
⑪ 산소 누설 시험에는 비눗물 사용

22. 산소-아세틸렌 불꽃

① 탄화불꽃 : ㉠ 아세틸렌 과잉 불꽃 ㉡ 스테인리스, 모넬메탈, 스텔라이트
㉢ 아세틸렌 페더가 있는 불꽃

② 산화불꽃 : ㉠ 산소 과잉 불꽃 ㉡ 구리, 황동 용접에 사용

③ 중성불꽃 : ㉠ 표준불꽃이라고 한다.
㉡ 산소와 아세틸렌의 비는 1 : 1이다.

23. 프로판 가스의 성질

① 증발잠열이 크다.(101.8kcal/kg)

② 쉽게 기화하며 발열량이 높다.

③ 연소 시 필요산소량은 1 : 5이다.

$C_3H_8 + 5O_2 \rightarrow 3CO_2 + 4H_2O$

$C_2H_2 + 2.5O_2 \rightarrow 2CO_2 + H_2O$

④ 비중은 0.52이다.

⑤ 공기보다 무겁다.($\frac{58g}{29g} = 1.52$배)

⑥ 연소한계(폭발한계)가 좁다.

⑦ 연소 시 다량의 공기가 필요하다.

⑧ 쉽게 기화하여 발열량이 높다.

⑨ 물에 녹지 않는다.

⑩ 기화하면 체적이 250배 정도 늘어난다.

⑪ 용해성이 있다.(천연고무를 녹이므로 합성고무 사용)

⑫ 발화온도가 높다.(460~520℃)

24. 가스의 발열량과 온도

가스의 종류	발열량(kcal/m^3)	최고 불꽃온도
부　탄	26,691	2,926℃
프로판	20,780	2,820℃
아세틸렌	12,690	3,430℃
메　탄	8,080	2,700℃
일산화탄소	2,865	2,820℃
수　소	2,420	2,900℃

∴ 발열량이 가장 큰 것 : 부탄, 불꽃온도가 가장 높은 것 : 아세틸렌

25. 팁의 능력

① 프랑스식 : 1시간 동안 표준불꽃으로 용접하는 경우 아세틸렌 소비량을 리터로 나타냄.

[예] 팁 100 : 1시간의 표준불꽃으로 용접 시 아세틸렌 소비량이 100l이다.

② 독일식 : 팁이 용접하는 판 두께

[예] 2번의 팁 : 2mm 두께의 연강판

26. 아세틸렌 가스

① 여러 가지 액체에 잘 용해된다.(석유 2배, 벤젠 4배, 알코올 6배, 아세톤 25배)

② 비중은 0.906이며, 15℃ 1kg/cm^{2}에서의 아세틸렌 1l의 무게는 1.176g이다.

③ 액체 아세틸렌보다 고체 아세틸렌이 안전하다.

④ 무색의 기체로 약간 에테르 향기가 있고 불순물로 인하여 특이한 냄새가 난다. (H_2S, PH_3, NH_3, SiH_4)

⑤ 융점이 −81℃, 비점이 −84℃로 비슷하고 고체 아세틸렌은 융해하지 않고 승화한다.

⑥ 흡열화합물이므로 압축하면 분해 폭발의 위험이 있다.

$C_2H_2 \rightarrow 2C + H_2 + 54.2kcal$

⑦ Cu, Ag, Hg 등의 금속과 화합 시 폭발성 물질인 아세틸리드 생성

$C_2H_2 + 2Cu \rightarrow Cu_2C_2 + H_2$

$C_2H_2 + 2Ag \rightarrow Ag_2C_2 + H_2$

$C_2H_2 + 2Hg \rightarrow Hg_2C_2 + H_2$

⑧ 온도가 406~408℃에서 자연발화, 505~515℃에서 폭발

⑨ 15℃에서 2기압 이상 시 압축하면 분해 폭발 위험, 1.5기압 이상으로 압축하면 충격이나 가열에 의해 분해 폭발 위험

27. 산소 용기의 각인

① V : 용기 내용적(l) ② W : 용기 중량(kg) ③ TP : 내압시험압력
④ FP : 최고 충전압력 ⑤ AP : 기밀시험압력

28. 아세틸렌 가스 발생기

① 투입식 발생기 ② 주수식 발생기 ③ 침지식 발생기

29. 아세틸렌 용기

① 습식 아세틸렌 발생기 표면온도는 70℃ 이하

② 아세틸렌은 충전 중에는 온도에 불구하고 25kg/cm^2 이상 올리지 말 것.

③ 역화방지기, 역류방지밸브 설치.
④ 청정제 : 에퓨렌, 리카솔, 카타리솔
⑤ 용제 : 아세톤 DMF
⑥ 15℃ 1kg/cm^{2}에서 아세톤 1l에 25l의 아세틸렌 가스가 용해된다.
⑦ 15℃ 15kg/cm^{2}에서 아세톤 1l에 아세틸렌 가스 375l가 용해된다.
$15 \times 25 = 375l$
⑧ 용해 아세틸렌의 양＝905(A－B)
여기서, A : 충전된 용기 무게　　B : 빈병의 무게
⑨ 아세톤을 흡수시킨 다공질물(석회, 석면, 규조토, 목탄, 탄산마그네슘, 산화철, 다공성 플라스틱)을 넣고 흡수압축시킨다.

30. 역류, 역화의 원인

① 아세틸렌 공급가스가 부족 시
② 토치의 성능 불량 시
③ 팁 과열 시
④ 팁에 석회가루, 먼지, 기타 잡물이 막혔을 때
⑤ 토치의 체결나사가 풀렸을 때

31. 용기 도색(공업용)

청탄산(①) 산록(②)에서 황아(③)체 안주삼아 수주(④)잔 높이들고 백암(⑤)산 바라보니
염소(⑥)는 갈색으로 보이고 쥐(⑦)들은 기타를 치더라.

① 탄산가스 : 청색　② 산소 : 녹색　③ 아세틸렌 : 황색
④ 수소 : 주황　⑤ 암모니아 : 백색　⑥ 염소 : 갈색
⑦ 기타 : 쥐색(회색)

32. 가스 용접봉

① 종류 : GA46, GA43, GA35, GB32 등 7종으로 구성
② GA46 : 용착금속의 최소 인장강도가 46kg/mm^2 이상
③ NSR : 용접한 그대로의 응력을 제거하지 않을 경우

33. 용제

금 속	용 제
연 강	사용하지 않는다.
반 연 강	중탄산나트륨+탄산나트륨 (반중탄)
주 철	붕사 15%+중탄산나트륨 70%+탄산나트륨 15% (주중붕탄)
구리합금	붕사 75%+염화리튬 25% (구붕염)
알루미늄	염화칼륨 45%+염화나트륨 30%+염화리튬 15% 플루오르화칼륨 7%+황산칼륨 3% (칼나리플황)

34. 절단 조건

① 슬래그의 이탈이 양호할 것.
② 절단면의 표면의 각이 예리할 것.
③ 드래그의 홈이 작고 노치 등이 없을 것.
④ 드래그가 가능한 한 작은 것

35. 드래그(drag) : 입구점과 출구점 간의 수평거리

① 표준 드래그 길이는 보통판 두께의 $\frac{1}{5}$ 정도
② 드래그 $= \frac{\text{드래그 길이}}{\text{판 두께}}$

36. 특수 절단

① **수중절단** : 물에 잠겨 있는 침몰선의 해체나 교량의 교각 개조, 댐, 항만, 방파제 등의 공사에 사용되며, 수중작업 시 예열가스의 양은 공기 중에서 4~8배, 절단산소의 압력은 1.5~2배이다.
② **분말절단** : 스테인리스강, 비철금속, 주철 등은 가스 절단이 용이하지 않으므로 철분 또는 연속적으로 절단용 산소에 혼합 공급함으로써 그 산화열 또는 용제의 화학작용을 이용하여 절단한다.

37. 아크 에어 가우징

① **원리** : 탄소아크절단장치에다 압축공기(5~7kg/cm^2)를 병용하여서 아크열로 용융시킨 부분을 압축공기로 불어 날려서 홈을 파내는 작업
② **장점**
㉠ 용접결함부의 발견이 쉽다.
㉡ 작업능률이 2~3배 높다.

ⓒ 용융금속을 순간적으로 불어내어 모재에 악영향을 주지 않음.
ⓓ 응용범위가 넓고 경비가 저렴
ⓔ 조작 방법이 간단

38. 스카핑

강괴, 강편, 슬래그, 주름, 탈탄층, 표면균열 등의 표면결함을 불꽃가공에 의해 제거하는 방법으로 얕은 홈 가공 시 사용

39. 가스 가우징

용접부분의 뒷면을 따내든지 H형, U형의 용접 홈을 가공하기 위해서 깊은 홈을 파내는 가공법

① 사용가스의 압력 : 산소의 경우 3~7kg/cm^2, 아세틸렌의 경우 0.2~0.3kg/cm^2
② 팁 작업의 각도 : 30~45°

40. 미그 와이어 송급장치

① 풀(pull)　　② 푸시(push)　　③ 푸시-풀

41. 번백 시간

크레이터 처리 기능에 의해 낮아진 전류가 서서히 줄어들면서 아크가 끊어지는 기능 (용접부 녹음 방치)

42. 스타트 시간

아크가 발생되는 순간 용접전류와 전압을 크게 하여 아크 발생과 모재 융합을 돕는 제어

43. 탄산가스 솔리드 와이어 혼합가스법

① CO_2-O_2법　　② CO_2-Ar법　　③ CO_2-Ar-O_2법

44. 탄산가스 플럭스 와이어 CO_2법

① 아코스 아크법　　② 퓨즈 아크법
③ NCG 아크법　　④ 유니언 아크법

45. 불활성 가스 텅스텐 아크 용접(TIG 용접)

① 원리 : 모재와 텅스텐 전극 사이에 용접전원과 아크를 쉽게 발생시키기 위한 고주파 발생장치가 접속되어 있으며 모재 표면과 텅스텐 전극 선단과의 사이에서 접촉하지 않아도 아크가 발생시켜 용접하는 방법

② 장점

㉠ 거의 모든 금속을 용접할 수 있으므로 응용범위가 넓다.

㉡ 다른 용접의 용착부에 비해 연성, 강도, 내식성 기밀성이 우수하다.

㉢ 모든 용접자세가 가능하며 특히 박판 용접에서 능률이 좋다.

㉣ 박판(얇은판)에는 용가재(용접봉)를 사용하지 않아도 양호한 용접부가 얻어진다.

㉤ 불활성 가스 분위기 속에서는 저전압이라도 아크는 매우 안정되어 열의 집중효과가 양호하다.

㉥ 용제를 사용하지 않으므로 슬래그 제거가 불필요하다.

㉦ 산화, 질화 등을 방지할 수 있어 우수한 이음, 깨끗하고 아름다운 비드를 얻을 수 있다.

③ 단점

㉠ 불활성 가스와 용접기의 가격이 비싸다.

㉡ 운영비와 설치비가 많이 소요된다.

㉢ 후판 용접에서는 능률이 떨어진다.

㉣ 바람의 영향을 크게 받으므로 방풍대책이 필요하다.

✪ **불활성(不活性) 가스**

화학 주기율표 0족(18족)에 속하는 He, Ne, Ar을 말한다. 즉 이들은 화학결합을 할 수 없다.

- 종류 : TIG 용접
- 용극 : 비용극식, 비소모식
- 상품명 : 아르곤 아크, 헬륨(헬리) 아크, 헬리 웰드

46. 일렉트로 슬래그 용접

① 원리 : 용융 슬래그와 용융금속이 용접부로부터 유출되지 않게 모재의 양측에 수랭식 동판을 대어주고 용융 슬래그 속에서 전극 와이어를 연속적으로 공급하여 주로 용융 슬래그의 저항열에 의하여 와이어와 모재를 용융시키면서 단층 수직 상진 용접을 하는 방법

② 장점

㉠ 아크가 눈에 보이지 않고 아크 불꽃이 없다.

㉡ 최소한의 변형과 최단시간의 용접법이다.

㉢ 한번에 장비를 설치하여 후판을 단일층으로 한번에 용접할 수 있다.

㉣ 압력용기, 조선 및 대형 주물의 후판 용접 등에 바람직한 용접이다.

ⓜ 용접시간을 단축할 수 있어 용접능률과 용접품질이 우수하다.

ⓑ 용접 홈의 가공준비가 간단하고 각(角) 변형이 적다.

ⓢ 대형 물체의 용접에 있어서는 아래보기 자세 서브머지드 용접에 비하여 용접시간, 홈의 가공비, 용접봉비, 준비시간 등을 $\frac{1}{3} \sim \frac{1}{5}$ 정도로 감소시킬 수 있다.

ⓞ 전극 와이어의 지름은 보통 2.5~3.2mm를 주로 사용한다.

③ 단점

㉠ 박판 용접에는 적용할 수 없다.

㉡ 장비가 비싸다.

㉢ 장비 설치가 복잡하며, 냉각장치가 필요하다.

㉣ 용접시간에 비하여 용접 준비시간이 더 길다.

㉤ 용접 진행 시 용접부를 직접 관찰할 수 없다.

㉥ 높은 입열로 기계적 성질이 저하될 수 있다.

47. 서브머지드 아크 용접

① **원리** : 자동 금속 아크 용접법으로 모재의 이음표면에 미세한 입상의 용제를 공급하고, 용제 속에 연속적으로 전극 와이어를 송급하여 모재 및 전극 와이어를 용융시켜 용접부를 대기로부터 보호하면서 용접하는 방법으로 일명 잠호 용접이라고 한다. 상품명으로는 링컨 용접, 유니언 멜트 용접이라고 불린다.

② **장점**

㉠ 콘택트 팁에서 통전되므로 와이어 중에 저항열이 적게 발생되어 고전류 사용이 가능하다.

㉡ 용융속도 및 용착속도가 빠르다.

㉢ 용입이 깊다.

㉣ 작업능률이 수동에 비하여 판 두께 12mm에서 2~3배, 25mm에서 5~6배, 50mm에서 8~12배 정도가 높다.

㉤ 개선각을 적게 하여 용접 패스(pass)수를 줄일 수 있다.

㉥ 기계적 성질이 우수하다.

㉦ 유해광선이나 퓸(fume) 등이 적게 발생되어 작업환경이 깨끗하다.

㉧ 비드 외관이 매우 아름답다.

③ **단점**

㉠ 장비의 가격이 고가이다.

㉡ 용접 적용 자세에 제약을 받는다.

㉢ 용접 재료에 제약을 받는다.

㉣ 개선 홈의 정밀을 요한다.(패킹재 미사용 시 루트 간격 0.8mm 이하)

ⓜ 용접 진행상태의 양 · 부를 육안식별이 불가능하다.
ⓗ 용접선이 짧거나 복잡한 경우 수동에 비하여 비능률적이다.

48. 일렉트로 가스 아크 용접

① 원리 : 이산화탄소(CO_2) 가스를 보호가스로 사용하여 CO_2 가스 분위기 속에서 아크를 발생시키고 그 아크열로 모재를 용융시켜 접합한다. 이 용접법은 수랭식 동판을 사용하고 있으므로 이산화탄소 엔크로즈 아크 용접이라고도 한다.

② 특징

㉠ 수동용접에 비하여 약 4~5배의 용융속도를 가지며, 용착금속량은 10배 이상 된다.
㉡ 판 두께가 두꺼울수록 경제적이다.
㉢ 판 두께에 관계없이 단층으로 상진 용접한다.
㉣ 용접장치가 간단하며, 취급이 쉽고 고도의 숙련을 요하지 않는다.
㉤ 용접속도는 자동으로 조절된다.
㉥ 용접 홈의 기계가공이 필요하다.
㉦ 가스 절단 그대로 용접할 수도 있다.
㉧ 이동용 냉각동판에 급수장치가 필요하다.
㉨ 용접작업 시 바람의 영향을 많이 받는다.
㉩ 수직상태에서 횡 경사 60~90° 용접이 가능하며, 수평면에 45~90° 경사 용접이 가능하다.

49. 스터드(stud) 용접

① 원리 : 볼트나 환봉 핀을 피스톤형의 홀더에 끼우고 모재와 볼트 사이에 순간적으로 아크(플래시)를 발생시켜 용접하는 방법

② 특징

㉠ 대체로 급열, 급랭을 받기 때문에 저탄소강에 좋음.
㉡ 용제를 채워 탈산 및 아크를 안정화함.
㉢ 스터드 주변에 페룰(ferrule, 가이드)을 사용함.
㉣ 페룰은 아크를 보호하고 아크 집중력을 높인다.

50. 플라스마 아크 용접

① 원리 : 아크 열로 가스를 가열하여 플라스마 상으로 토치의 노즐에서 분출되는 고속의 플라스마젯을 이용한 용접법이다.

✪ **플라스마**
기체를 수천 도의 높은 온도로 가열하면 그 속의 가스 원자가 원자핵과 전자로 분리되며, 양(+), 음(−)의 이온상태를 말함.

✪ **열적 핀치 효과**
아크 단면은 수축하고 전류밀도는 증가하여 아크 전압이 높아지므로 대단히 높은 온도의 아크 플라스마가 얻어지는 성질.

② 장점
㉠ 전류밀도가 크므로 용입이 깊고, 비드 폭이 좁으며 용접속도가 빠르다.
㉡ 용접부의 기계적, 금속학적 성질이 좋으며 변형도 적다.
㉢ 각종 재료의 용접이 가능하다.
㉣ 1층으로 용접할 수 있으므로 능률적이다.
㉤ 수동용접도 쉽게 할 수 있다.
㉥ 토치 조작에 숙련을 요하지 않는다.

③ 단점
㉠ 무부하 전압이 높다.
㉡ 설비비가 많이 든다.
㉢ 용접속도가 크므로 가스의 보호가 불충분하다.

51. 불활성 가스 금속 아크 용접(MIG 용접)

① 원리 : 연속적으로 공급되는 용가재(금속)와 모재 사이에서 발생되는 아크열을 이용하여 용접하는 방식으로 용극식, 소모식 불활성 가스 금속 아크 용접이라고 한다.

② 장점
㉠ 각종 금속용접에 다양하게 적용할 수 있어 응용범위가 넓다.
㉡ CO_2 용접에 비해 스패터 발생이 적다.
㉢ TIG 용접에 비해 전류밀도가 높으므로 용융속도가 빠르다.
㉣ 후판 용접에 적합하다.
㉤ 수동 피복 아크 용접에 비해 용착효율이 높아 고능률적이다.
㉥ 전 자세 용접이 가능
㉦ 모든 금속의 용접이 가능

③ 단점
㉠ 보호가스의 가격이 비싸서 연강용접에는 다소 부적당하다.
㉡ 박판 용접(3mm 이하)에는 적용이 곤란하다.
㉢ 바람의 영향을 크게 받으므로 방풍대책이 필요하다.

✪ **종류** : MIG 용접
✪ **용극** : 용극식, 소모식
✪ **상품명** : 에어 코매틱(air comatic), 시그마(sigma), 필러 아크(filler arc), 아르곤 아웃(argon aut)

52. 탄산가스 아크 용접 (CO_2 용접)

① 원리 : 불활성 가스 대신에 탄산가스(CO_2)를 이용한 용극식 용접 방법이고, 가시 아크이므로 아크 및 용융지의 상태를 보면서 용접하는 방법

② 장점

㉠ 전류밀도가 높다.
㉡ 용입이 깊고 용접속도가 빠르게 할 수 있다.
㉢ 용착금속의 기계적 성질 및 금속학적 성질이 우수하다.
㉣ 박판 용접(0.8mm까지)은 단락이행 용접법에 의해 가능하며, 전 자세 용접도 가능하다.
㉤ 가시(可視) 아크이므로 시공이 편리하다.
㉥ 용제를 사용하지 않아 슬래그 혼입이 없고 용접 후의 처리가 간단하다.
㉦ 아크시간(용접 작업시간)을 길게 할 수 있다.

③ 단점

㉠ 바람의 영향을 크게 받으므로 2m/sec 이상이면 방풍장치가 필요하다.
㉡ 적용 재질이 철(Fe) 계통으로 한정되어 있다.
㉢ 비드 외관은 피복 아크 용접이나 서브머지드 아크 용접에 비해 약간 거칠다.

53. 납땜의 종류

① 연납땜 : 450℃ 이하인 용가재 사용
② 경납땜 : 450℃ 이상인 용가재 사용(은납, 황동납)

54. 용제

① 연납땜 : 염산, 염화아연, 염화암모니아, 인산(인염아암)
② 경납땜 : 붕사, 붕산, 염화나트륨, 염화리튬, 산화 제1구리, 빙정석(붕붕나리산빙)

55. 연납땜의 종류

① 주석-납 (Pb 60%-Sn 40%)

㉠ 연납의 대표적임.　　㉡ 주석이 100%일 때 가장 유효

② 카드뮴-아연납 : 저융점 납땜

56. 납땜법의 종류 (노유담인저가)

① 노내납땜　② 유도가열납땜　③ 인두납땜
④ 가스납땜　⑤ 저항납땜　⑥ 담금납땜

57. 납땜의 구비조건

① 모재와 친화력이 있고 접합이 튼튼해야 한다.
② 유동성이 좋아서 틈이 잘 메워질 수 있어야 한다.
③ 표면장력이 적어 모재 표면에 잘 퍼져야 한다.
④ 모재보다 용융점이 낮아야 한다.

58. 저항용접의 3요소

① 통전시간　② 통전전류　③ 가압력

59. 저항용접의 종류

① 겹치기 용접 : ㉠ 점 용접　㉡ 심 용접
(겹시프)　㉢ 프로젝션 용접
② 맞대기 용접 : ㉠ 퍼커션 용접　㉡ 포일 심 용접
㉢ 버트 심 용접　㉣ 플래시 용접

60. 저항용접

용접부에 대전류를 직접 흐르게 하여 전기 저항열을 이용하여 국부적으로 가열시킨 후 압력을 가해 접합

① H(발열량)$= 0.24I^2RT$

여기서, I(A) : 전류, $R(\Omega)$: 저항, t(sec) : 통전시간

② 장점
㉠ 용접부가 깨끗하다.　㉡ 산화 및 변질 부분이 적다.
㉢ 용접사의 숙련을 요하지 않는다.　㉣ 가압효과로 조직이 치밀
㉤ 용접시간이 짧고 대량생산 적합
㉥ 열손실이 적고 용접부에 집중열을 가할 수 있다.

③ 단점
㉠ 적당한 비파괴검사가 어렵다.　㉡ 다른 금속간 용접이 곤란
㉢ 설비 복잡, 가격이 비싸다.

61. 자분탐상검사 분류

① 축통전법 ② 직각통전법 ③ 관통법 ④ 극간법 ⑤ 코일법

62. 초음파 검사 종류

① 투과법 ② 공진법 ③ 펄스 반사법

63. 기계적 시험

① **충격시험(샤르피식, 아이조드식)** : V형, U형의 노치를 만들어 충격적인 하중을 주어서 시험편을 파괴시키는 시험
② **피로시험** : 작은 힘을 수없이 반복하여 작용하면 파괴를 일으키는 방법
③ **굽힘시험** : 용접부의 연성결함을 조사하기 위하여 사용하는 시험법
④ **인장시험** : 인장강도, 항복점, 단면수축률, 연신율 등을 측정

㉠ 단면수축률$= \frac{A - A_o}{A} \times 100$ ㉡ 변형률$= \frac{l - l_o}{l_o} \times 100$

64. 경도 시험

① **쇼어 경도** : 소형의 추를 일정 높이에서 낙하시켜 튀어 오르는 높이에 의하여 경도를 측정

$$HS = \frac{10{,}000}{65} \times \frac{h}{h_o}$$

여기서, h_o : 낙하 물체의 높이(25cm)
h : 낙하 물체의 튀어 오른 높이

② **비커스 경도** : 꼭지각이 136°인 다이아몬드 4각추의 입자를 1~120kgf의 하중으로 시험편에 압입한 후 생긴 오목자국의 대각선을 측정

$$Hv = \frac{1.8544P}{D^2}$$

③ **브리넬 경도** : 특수강구를 일정한 하중(500, 750, 1,000, 3,000kgf)으로 시험편의 표면적을 압입한 후 이때 생긴 오목자국의 표면적을 측정하여 나타낸 값

$$HB = \frac{P}{\pi D t}$$

④ **로크웰 경도** : 지름 $\frac{1}{16}''$인 강구(B 스케일), 꼭지각이 120°인 원뿔형(C 스케일)의 다이아몬드 압입자를 사용하여 기본하중 10kgf를 주면서 경로계의 지시계를 0점에 맞춘 다음 B스케일일 때 100kgf의 하중을 가하고 C스케일일 때 150kgf의 하중을 가한 다음 하중을 제거하면 오목자국의 깊이가 지시계에 나타나서 경도 표시

65. 결함의 보수

① **언더컷의 보수** : 지름이 작은 용접봉을 이용하여 보수한다.
② **오버랩의 보수** : 일부분을 깎아내고 재용접한다.
③ **슬래그의 보수** : 깎아내고 재용접한다.
④ **균열의 보수** : 정지구멍을 뚫어 균열부분에 홈을 판 후 재용접한다.

66. 용접용 기구

① **포지셔너** : 용접물을 용접하기 쉬운 상태로 놓기 위한 지그
② **스트롱백** : 용접제품의 치수를 정확하게 하기 위하여 변형을 억제하는 용접 고정구

67. 용접 지그

① 아래보기 자세로 용접할 수 있다.
② 용접부의 신뢰성을 높인다.
③ 동일 제품을 다량 생산할 수 있다.
④ 제품의 정도가 균일하다.
⑤ 작업을 쉽게 할 수 있다.
⑥ 공정수를 절약하므로 능률이 좋다.

68. 용접 준비

① 조립 순서는 수축이 큰 맞대기 이음을 먼저 용접하고 다음에 필릿 용접을 한다.
② 큰 구조물에서는 구조물의 중앙에서 끝으로 향하여 용접 실시
③ 대칭으로 용접을 실시
④ 가용접 시는 본용접 때보다 지름이 약간 가는 용접봉 사용
⑤ 본용접사와 동등한 기량을 갖는 용접사가 가접 시행
⑥ 응력이 집중될 우려가 있는 곳은 피한다.

69. 저온균열의 유형

① **라멜라티어 균열** : T이음, 모서리 이음 등에서 강의 내부에 평행하게 층상으로 발생되는 균열
② **마이크로피셔 균열** : 용착금속의 다수의 현미경적 균열이 저온에서 발생하며 용착금속의 굽힘 연성이 현저하게 감소
③ **루트 균열** : 맞대기 용접의 가접, 첫층용접의 루트 근방의 열영향부에 발생하는 균열
④ **힐 균열** : 필릿 시 루트부분에 발생하는 저온균열이며 모재의 수축, 팽창에 의한 뒤틀림이 주요 원인
⑤ **토 균열** : 맞대기 이음, 필릿 이음 등의 경우에 비드 표면과 모재의 경계부에 발생

70. 고온균열의 유형

① **유황 균열(설퍼 크랙)** : 강 중의 황이 층상으로 존재하는 유황밴드가 심한 모재를 서브머지드 아크 용접 시 나타나는 균열
② **라미네이션 균열** : 모재의 결함에 기인되는 것으로 모재 내에 기포가 압연되어 발생하는 유황밴드와 같이 층상으로 편재해 강재의 내부적 노취 형성

71. 용접부의 결함 (오용내슬언선은균)

① **구조상 결함** : 오버랩, 용입 불량, 내부 기공, 슬래그 혼입, 언더컷, 은점, 균열, 선상조직
② **치수상 결함** : 치수 불량, 변형, 형상 불량 (변치형)

72. 가열하는 방법 (박형후가소외)

① 박판에 대한 점 수축법
② 형재에 대한 직선가열 수축법
③ 가열 후 해머로 두드리는 방법
④ 후판에 대하여는 가열 후 압력을 걸고 수냉하는 방법
⑤ 소성변형시켜서 교정하는 방법
⑥ 외력을 이용한 소성변형법
⑦ 가열할 때 발생하는 열응력 이용한 소성변형법

73. 용접 후 처리 (노국기저피)

① **피닝법** : 해머로써 용접부를 연속적으로 때려 용접 표면에 소성변형을 주는 방법
② **기계적 응력 완화법** : 잔류응력이 있는 제품에 하중을 주어 용접부에 약간의 소성변형을 일으킨 다음, 하중을 제거하는 방법
③ **저온 응력 완화법** : 용접선 양측을 가스 불꽃에 의하여 너비 약 150mm를 150~200℃ 정도의 비교적 낮은 온도로 가열한 다음 곧 수냉하는 방법
④ **국부풀림법** : 제품이 커서 노 내에 넣을 수 없을 때 또는 설비, 용량 등으로 노내풀림을 바라지 못할 경우에 용접부 근처만을 풀림하는 방법
⑤ **노내풀림법** : 제품 전체를 가열로 안에 넣고 적당한 온도에서 일정 시간 유지한 다음 노 내에서 서냉하는 방법

74. 이음 종류

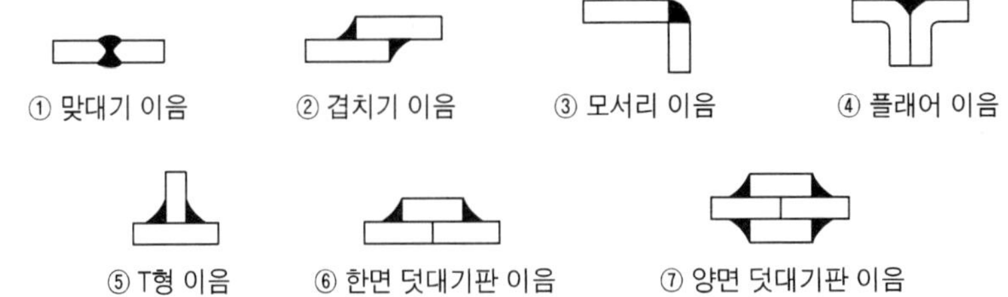

75. 용접부 시험의 종류

① 비파괴 시험 : 방사선투과법, 초음파검사법, 침투검사법, 음향검사법, 외관검사법, 누설검사법, 형광검사법

② 파괴 시험 : 피로시험, 굽힘시험, 인장시험, 경도시험, 충격시험, 낙하시험, 내압시험

76. 용접부의 결함

① 기공 및 피트의 원인 (이용아과수)
- ㉠ 수소, 산소, 일산화탄소가 너무 많을 때
- ㉡ 과대전류 사용 시
- ㉢ 이음부에 기름, 페인트, 녹 등이 부착해 있을 경우
- ㉣ 용접봉 또는 용접부에 습기가 많을 경우
- ㉤ 아크길이 및 운봉법이 부적당 시
- ㉥ 용접부가 급랭 시

② 언더컷의 원인 (전부용아)
- ㉠ 용접속도가 너무 빠를 때
- ㉡ 전류가 너무 높을 때
- ㉢ 부적당한 용접봉 사용 시
- ㉣ 아크길이가 길 때

③ 오버랩의 원인
- ㉠ 용접속도가 너무 느릴 때
- ㉡ 전류가 너무 낮을 때
- ㉢ 용접봉 유지각도 불량, 부적합한 용접봉 사용 시 용접봉 운봉속도 불량

④ 균열의 원인 (이황고용아냉)
- ㉠ 황이 많은 용접봉 사용 시
- ㉡ 고탄소강 사용 시
- ㉢ 용접속도가 너무 빠를 때
- ㉣ 냉각속도가 너무 빠를 때
- ㉤ 아크 분위기에 수소가 많을 때
- ㉥ 이음각도가 너무 좁을 때

⑤ 슬래그 섞임의 원인 (전운봉슬)
- ㉠ 운봉속도가 너무 느릴 때
- ㉡ 전류가 너무 낮을 때
- ㉢ 봉의 각도 부적당 시
- ㉣ 슬래그가 용융지보다 앞설 때

77. 합금

① 일렉트론 : Al+Zn+Mg(알아마)
② 도우메탈 : Al+Mg(알마)
③ 하이드로날륨 : Al+Mg(알마) • 선박용 부품, 조리용 기구, 화학용 부품
④ 알드레이 : Al+Mg+Si(알마소)
⑤ 두랄루민 : Al+Cu+Mg+Mn(알구마망)
⑥ Y합금 : Al+Cu+Mg+Ni(알구마니) • 실린더 헤드, 피스톤 등에 사용
⑦ 로엑스 : Al+Cu+Mg+Ni+Si(알구마니소)
⑧ 실루민 : Al+Si(알소)
⑨ 라우탈 : Al+Cu+Si(알구소)
⑩ 켈밋 : Cu+Pb(30~40%) • 베어링에 사용
⑪ 양은 : 7 : 3 황동+Ni(10~20%)
⑫ 델타메탈 : 6 : 4 황동+Fe(1~2%) • 모조금, 판 및 선에 사용
⑬ 에드미럴티 : 7 : 3 황동+Sn(1~2%) • 탈아연 부식 억제, 내수성 및 내해수성 증대
⑭ 네이벌 : 6 : 4 황동+Sn(1~2%)
⑮ 먼츠메탈 : Cu(60%)+Zn(40%) • 열교환기, 열간단조품, 탄피 등에 사용
⑯ 톰백 : Cu(80%)+Zn(20%) • 화폐, 메탈 등에 사용
⑰ 레드브레스 : Cu(85%)+Zn(15%)
⑱ 모넬메탈 : Ni(65~70%)+Fe(1~3%)
⑲ 인코넬 : Ni(70~80%)+Cr(12~14%)
⑳ 콘스탄탄 : 구리(55%)+니켈(45%)
㉑ 플래티나이트 : Ni(40~50%)+Fe • 진공관이나 전구의 도입선으로 사용
㉒ 코로손합금 : Cu+Ni+Fe • 전화선, 통신선에 사용

78. 특수 원소의 영향

① Mo : ㉠ 뜨임취성 방지
② Mn : ㉠ 적열취성 방지 ㉡ 황의 해를 제거
㉢ 고온에서 결정립 성장 억제
③ Ni : ㉠ 인성 증가 ㉡ 저온충격저항 증가 ㉢ 질화 촉진
④ Cr : ㉠ 내식성, 내마모성 증가 ㉡ 흑연화 안정 ㉢ 탄화물 안정
⑤ Si : ㉠ 탈산 ㉡ 전자기적 특성 개선
⑥ Ti : ㉠ 결정입자의 미세화 ㉡ 탄성물 생성 용이

79. 주철 용접이 어렵고 곤란한 이유

① 모재 전체를 500~600℃의 고온에서 예열, 후열 할 수 있는 설비가 필요
② 일산화탄소 가스가 발생하여 용착금속에 기공이 생기기 쉽다.
③ 수축이 많아 균열이 생기기 쉽다.
④ 연강에 비하여 여리다.
⑤ 주철의 급랭에 의한 백선화로 기계 가공이 곤란
⑥ 장시간 가열로 조직이 조대화된 경우 기름, 흙, 모래 등이 있는 경우 용착불량하거나 모재와의 친화력이 나쁘다.

80. 주철의 성장

고온에서 장시간 유지 또는 가열, 냉각을 반복하면 주철의 부피가 팽창하여 균열이 발생하는 현상
① 불균일한 가열로 인한 팽창
② 페라이트 조직 중의 규소의 산화
③ Fe_3C의 흑연화에 의한 성장
④ A_1변태에 따른 체적의 변화에 기인하는 미세한 균열의 발생

81. 탄소공구강의 구비 조건

① 내마모성이 클 것.
② 상온 및 고온 경도가 클 것.
③ 가격이 저렴할 것.
④ 가공 및 열처리성이 양호할 것.
⑤ 강인성 및 내충격성이 우수할 것.

82. 탄소강에서 생기는 취성

① **상온취성** : 원인은 P(인)이며 충격, 피로 등에 대하여 깨지는 성질
② **청열취성** : 원인은 P(인)이며 강이 200~300℃로 가열하면 강도가 최대로 되고 연신율, 단면수축률 등은 줄어들게 되어 메지는 것
③ **적열취성** : 원인은 S(황)이며 고온 900℃ 이상에서 물체가 빨갛게 되어 메지는 것
④ **저온취성** : 천이 온도에 도달하면 급격히 감소하여 −70℃ 부근에서 충격치가 0에 도달

83. 자기변태

원자배열은 변화가 없고 자성만 변하는 것
① **자기변태 금속** : Ni(358℃), Fe(775℃), Co(1160℃)

84. 금속의 공통적 성질

① 상온에서 고체이다.(단, 수은은 제외)
② 열과 전기의 양도체이다.
③ 비중이 크고 금속적 광택을 갖는다.
④ 이온화하면 양이온(+)이 된다.
⑤ 소성변형이 있어 가공하기 쉽다.

85. 금속의 비중

비중이 5 이하 경금속, 비중이 5 이상 중금속

① 마그네슘 : 1.74 (마일칠사)
② 알루미늄 : 2.7 (알이칠)
③ 티탄 : 4.5 (티사오)
④ 바나듐 : 6.16 (바육일구)
⑤ 크롬 : 7.19 (크칠일구)
⑥ 망간 : 7.43 (망칠사삼)
⑦ 철 : 7.87 (철칠팔칠)
⑧ 니켈 : 8.9 (니팔구)
⑨ 구리 : 8.96 (구팔구육)
⑩ 납 : 11.36
⑪ 텅스텐 : 19.1 (텅일구)
⑫ 백금 : 21.45 (백이일사오)

86. 전기전도율

Ag	>	Cu	>	Au	>	Al	>	Mg	>	Zn	>	Ni	>	Fe	>	Pb
은		구		금		알		마		아		니		철		납

87. 강의 조직

① 공석강 : 펄라이트 (공펄)
② 공정주철 : 레데뷰라이트 (공레)
③ 아공석강 : 페라이트+펄라이트 (아페펄)
④ 과공석강 : 펄라이트+시멘타이트 (과펄시)
⑤ 과공정주철 : 레데뷰라이트+시멘타이트 (주시레)

88. 주철의 보수용접 작업

① 비녀장법 : 균열부 수리 및 가는고 긴 용접을 할 때 용접선에 직각이 되게 지름 6~10mm 정도의 ㄷ자형의 강봉을 박고 용접
② 버터링법 : 처음에는 모재와 잘 융합되는 용접봉으로 적당한 두께까지 용착시키고 난 후 다른 용접봉으로 용접
③ 로킹법 : 스터드 볼트 대신 용접부 바닥에 홈을 파고 이 부분을 걸쳐 힘을 받도록 하는 방법

89. 주철 용접 시 주의사항

① 균열의 보수는 양 끝에 정지구멍을 뚫는다.
② 용접봉은 가는 용접봉을 사용한다.
③ 피닝 작업을 하여 변형을 줄이는 것이 좋다.
④ 비드 배치는 짧게 하여 여러 번 조작으로 완료한다.
⑤ 보수용접 시 본바닥이 나타날 때까지 잘 깎아낸 후 용접한다.
⑥ 용접전류는 필요 이상 높이지 말 것. 용입은 지나치게 깊게 하지 않는다.

90. 오스테나이트계 스테인리스강

① 비자성체이며, 18-8 스테인리스강이 대표적이다.
② 염산, 황산, 염소가스 등에 약하고 결정입계 부식 발생
③ 입계부식이 발생하는 것을 예민화라 하며, 용접 후 내식성 감소
④ 선팽창계수가 강의 1.5배이다.
⑤ 내식성, 내충격성, 기계가공성 우수
⑥ 보통강에 비해 전기전도도가 $\frac{1}{4}$ 정도

91. 각 조직의 경도 순서 (마트솔펄오페)

마텐자이트 > 트루스타이트 > 소르바이트 > 펄라이트 > 오스테나이트 > 페라이트

92. 오스테나이트계 스테인리스강 용접 시 냉각되면서 고온균열이 발생하는 원인 (구모아크)

① 구속력이 가해진 상태에서 용접할 때
② 모재가 오염되었을 때
③ 아크 길이가 너무 길 때
④ 크레이터 처리를 하지 않았을 때

93. 금속원자의 단위결정 격자의 종류

① 체심입방격자(원자수 2개)
V, Mo, W, Cr, K, Na, Ba, Ta, α-Fe, δ-Fe (바몰텅크칼나바탈)
② 면심입방격자(원자수 4개)
Ag, Cu, Au, Al, Pb, Ni, Pt, Ce, Ca, r-Fe (은구금알납니백세)
③ 조밀육방격자(원자수 4개) : Ti, Mg, Zn, Co, Zr, Be (티마아크지베)

✪ [참고] Zr(지르코늄), Be(베릴륨)

94. 합금원소의 영향

① 탄소 ㉠ 인장강도, 경도, 항복점 증가
㉡ 연신율, 비중, 열전도도, 충격값 감소

② 황 ㉠ 적열취성 원인 ㉡ 용접성 저하, 인성, 충격치 저하

③ 인 ㉠ 상온취성, 청열취성 원인 ㉡ 인장강도 증가, 연신율 감소

④ 수소 ㉠ 헤어 크랙 및 은점의 원인

⑤ 망간 ㉠ 황의 해를 제거 ㉡ 결정립의 성장 방해
㉢ 탈산제 ㉣ 연성 감소

⑥ 규소 ㉠ 유동성 증가 ㉡ 결정립 조대화
㉢ 가공성 및 용접성 저하 ㉣ 연신율
㉤ 충격값 감소

95. 열처리

① **담금질** : 강을 A_3 변태 및 A_1 선 이상 30~50℃로 가열한 후 물 또는 기름으로 급랭하는 방법으로 경도 및 강도 증가

② **뜨임** : 담금질된 강을 A_1 변태점 이하의 일정 온도로 가열하는 작업. 인성 증가

③ **풀림** : 재질의 연화를 목적으로 일정 시간 가열 후 노 내에서 서냉, 내부응력 및 잔류응력 제거

④ **불림** : 강을 표준상태로 하기 위하여 가공조직의 균일화, 결정립의 미세화, 기계적 성질의 향상을 목적으로 실시

⑤ **심랭 처리(서브제로 처리)** : 담금질된 강의 경도를 증가시키고 시효변형을 방지하기 위한 목적으로 0℃ 이하의 온도에서 처리

⑥ **질량효과** : 재료의 내 · 외부에 열처리 효과의 차이가 나는 현상

96. 알루미늄의 성질

① 비중 2.7, 용융점 650℃, 변태점이 없고 열 및 전기의 양도체이다.

② 무기산염류에 침식된다. 특히 염산중에서는 빠르게 침식된다.

③ 전 · 연성이 풍부하여 400~500℃에서 연신율이 최대이다.

④ 알루미늄의 전기전도도는 구리의 약 65%이다.

⑤ 알루미늄은 광석 보크사이트로부터 제련한다.

97. 표면경화법

① **금속침투법** : 내식, 내산, 내마멸을 목적으로 금속을 침투시키는 열처리
㉠ Al : 칼로라이징 ㉡ Cr : 크로마이징
㉢ Zn : 세라다이징 ㉣ Si : 실리코나이징

ⓜ B : 브로나이징

② **질화법** : 강 표면에 질소를 침투시켜 경화하는 방법으로 가스질화법, 연질화법, 액체질화법 등이 있다.

③ **침탄법**

㉠ 가스침탄법 : 메탄가스와 같은 탄화수소가스를 사용하여 침탄하는 방법

㉡ 액체침탄법 : 시안화나트륨(NaCN), 시안화칼리(KCN)를 주성분으로 한 염을 사용하여 침탄온도 750~950℃에서 30~60분 침탄시키는 방법

㉢ 고체침탄법 : 고체침탄제를 사용하여 강 표면에 침탄탄소를 확산 침투시켜 표면을 경화시키는 방법

98. 구리의 성질

① 황산, 염산에 용해되며 해수, 탄소가스, 습기에 녹이 생긴다.

② 건조한 공기 중에는 산화하지 않는다.

③ 전기와 열의 양도체이다.

④ 비중은 8.96, 용융점은 1,083℃이다.

⑤ 전기전도율은 은 다음으로 우수

⑥ 전연성이 좋아 가공 용이

99. 황동 및 청동

① **황동** : 구리+아연

② **청동** : 구리+주석

③ **경년변화** : 상온 가공한 황동 스프링이 사용할 때 시간의 경과와 더불어 스프링 여러 성질이 악화되는 현상

④ **저용점합금** : 융점이 낮고 녹기 쉬운 것을 말하며 주석(Sn) 232℃보다 낮은 융점을 가진 합금

100. 도면의 크기

용지	세로	가로
A0	841	1189
A1	594	841
A2	420	594
A3	297	420
A4	210	297

✪ [참고] 210×1.414=297　594×1.414=841
297×1.414=420　841×1.414=1189
420×1.414=594

101. 도면의 분류

① 용도에 따른 분류 (제주승계설)
㉠ 제작도(공정도, 상세도, 시공도) ㉡ 주문도 ㉢ 승인도 ㉣ 계획도 ㉤ 설명도
② 내용에 따른 분류 (장기조부배)
㉠ 부품도 ㉡ 조립도 ㉢ 기초도 ㉣ 배치도 ㉤ 장치도

102. KS 규격

① KSA : 기본 ② KSB : 기계 ③ KSC : 전기
④ KSD : 금속 ⑤ KSE : 광산 ⑥ KSF : 토건
⑦ KSG : 식료 ⑧ KSH : 일용 ⑨ KSV : 조선 등

103. 표제란 및 부품란에 기입할 사항

① 표제란에 기입할 사항 (소작투척도)
㉠ 도면 번호 ㉡ 도면 명칭 ㉢ 작성 년. 월. 일
㉣ 척도 ㉤ 투상법 ㉥ 소속 단체명
㉦ 책임자 서명
② 부품란에 기입할 사항 (재수무품)
㉠ 재질 ㉡ 수량 ㉢ 무게
㉣ 품명 ㉤ 품번

104. 척도의 종류

① 현척 : 도형을 실물과 같게 제도 (1 : 1)
② 축척 : 도형을 실물보다 작게 제도 (1 : 2, 1 : 5 …)
③ 배척 : 도형을 실물보다 크게 제도 (2 : 1, 5 : 1 …)
④ N.S(Non Scale) : 비례척이 아님.

105. 용도에 따른 선의 종류

명 칭	선의 용도	선의 종류
파단선	대상물의 일부를 파단한 경계	가는실선
해칭선	도형의 한정된 특정부분을 다른 부분과 구별	
치수선	치수 기입하기 위해	
치수보조선	치수 기입하기 위해 도형으로부터 끌어내는 선	
기준선	위치결정의 근거가 된다는 것을 명시	가는일점쇄선
절단선	절단위치를 대응하는 그림에 표시	

명 칭	선의 용도	선의 종류
중심선	도면의 중심을 표시	
피치선	되풀이하는 도형의 피치를 취하는 기호	
외형선	대상물이 보이는 부분의 모양을 표시	굵은실선
특수지정선	특수한 가공을 하는 부분	굵은일점쇄선
가상선	가공 전 · 후 표시, 인접부분 참고 표시, 공구위치 참고 표시	가는이점쇄선

✪ [참고] 파해치 : 가는실선
중절기피 : 가는일점쇄선

106. 정투상도

① 제1각법 : 눈 → 물체 → 투상 ② 제3각법 : 눈 → 투상 → 물체

✪ 제1각법

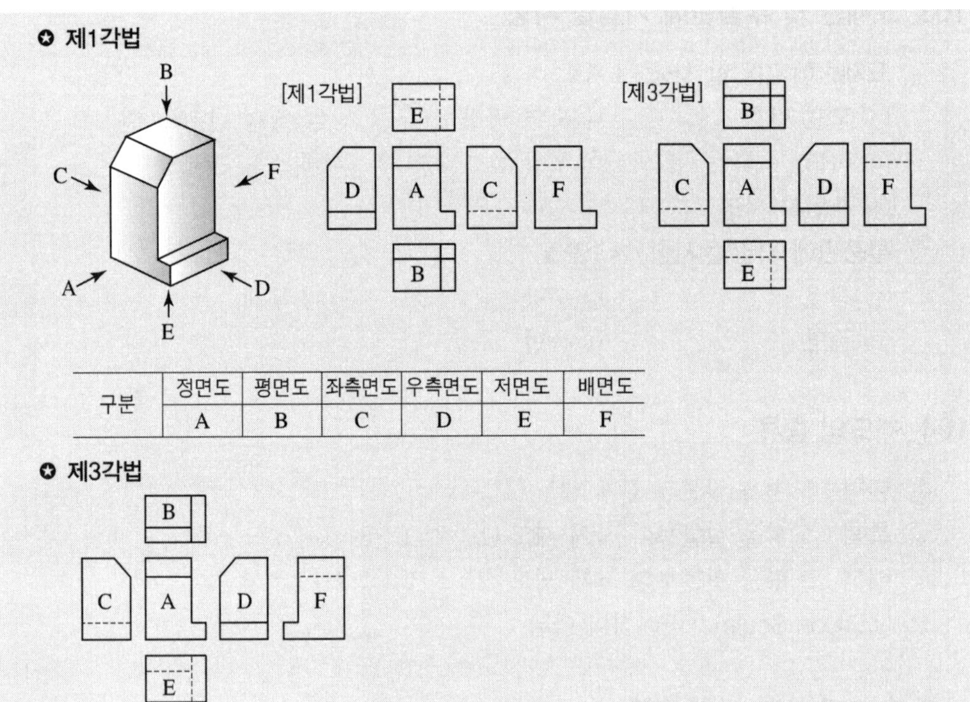

구분	정면도	평면도	좌측면도	우측면도	저면도	배면도
	A	B	C	D	E	F

✪ 제3각법

107. 보조기호

① 평면 : —— ② 볼록형 : ⌒

③ 오목형 : ◡ ④ 끝단부를 매끄럽게 함 : ⌣|

⑤ 영구적인 덮개판을 사용 : M ⑥ 제거 가능한 덮개판을 사용 : MR

108. 비파괴시험 기호

① 방사선투과검사(Radiographic Testing) : RT
② 자분탐상검사(Magnetic Particle Testing) : MT
③ 침투탐상검사(Penetrant Testing) : PT
④ 초음파탐상검사(Ultrasonic Testing) : UT
⑤ 와류탐상검사(Eddy Current Testing) : ET
⑥ 누설검사(Leak Testing) : LT
⑦ 육안시험(View Testing) : VT

109. 투상도

① 등각투상도 : 서로 120°를 이루는 3개의 기본축에 정면, 평면, 측면을 하나의 투상면 위에서 동시에 볼 수 있도록 나타낸 입체도
② 보조투상도 : 경사면부가 있는 대상물에서 그 경사면의 실험을 나타낼 필요가 있는 경우에 그리는 투상도
③ 국부투상도 : 대상물의 구멍, 홈 등과 같이 한 부분의 모양을 도시한다.
④ 부분투상도 : 필요한 부분만을 투상하여 도시한다.

110. 중심마크

도면을 마이크로필름에 촬영하거나 복사할 때에 편의를 위하여 윤곽선 중앙으로부터 용지의 가장자리에 이르는 굵기 0.5mm의 수직으로 그은 선

111. 단면도

① 회전단면도 : 핸들, 벨트풀리, 바퀴의 암, 후크의 절단한 단면모양을 90° 회전시킨다.
② 부분단면도 : 일부분을 잘라내고 필요한 내부 모양을 그리기 위한 방법
③ 전(온)단면도 : 대칭형 물체의 $\frac{1}{2}$을 잘라낸다.
④ 반(한쪽)단면도 : 대칭형 물체의 $\frac{1}{4}$을 잘라낸다.
⑤ 전개도
㉠ 입체의 표면을 하나의 평면 위에 놓은 도형
㉡ 상관선은 상관체에서 입체가 만난 경계선을 말한다.
㉢ 용도 : 자동차 부품상자, 책꽂이, 덕트 등

112. 일반적인 판금전개도를 그릴 때 전개방법

① 삼각형 전개법　② 평행선 전개법　③ 방사선 전개법

113. 치수의 표시 방법

① 지름 : ϕ　② 반지름 : R
③ 구의 지름 : Sϕ　④ 구의 반지름 : SR
⑤ 정사각형변 : □　⑥ 판의 두께 : t
⑦ 45° 모따기 : C　⑧ 원호의 길이 : ⌒
⑨ 이론적으로 정확한 치수 : [123]　⑩ 참고 치수 : (　)

114. 스케치

동일 부품의 제작 시, 파손된 부품을 교체하고자 할 때, 개선된 부품으로 고안하고자 할 때 모눈종이 또는 제도용지에 척도 상관없이 프리핸드(free hand)로 그리는 것

[방법]

① 프리핸드법 : 모눈종이 이용
② 프린트법 : 광명단 등을 발라 스케치 용지에 찍는 법
③ 본뜨기법 : 구리선, 납선 이용
④ 사진촬영법

115. 용접이음의 종류

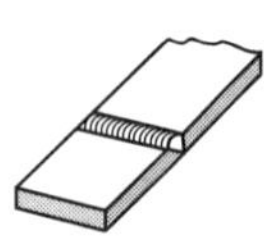
① 맞대기 이음

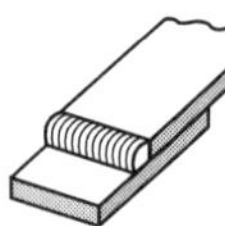
② 겹치기 이음

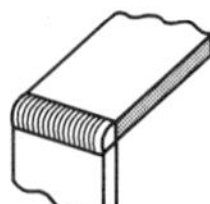
③ 모서리 이음

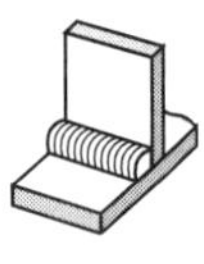
④ T 이음

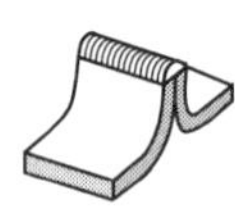
⑤ 끝단 이음

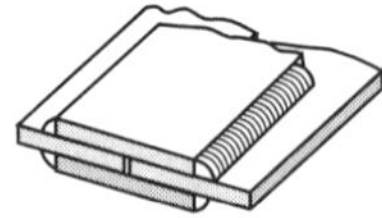
⑥ 양면 덮개판 이음

116. 용접부 시험의 종류

① 파괴시험 : 인장시험, 굽힘시험, 경도시험, 충격시험, 피로시험, 화학적 시험, 야금학적 시험, 낙하시험, 내압시험
② 비파괴시험 : 외관검사, 누설검사, 침투시험, 방사선투과시험, 음향검사, 형광시험

117. 용접기의 극성

① 직류 정극성(DCSP)
- ㉠ 모재(+) 70%, 용접봉(−) 30%
- ㉡ 용입이 깊다.
- ㉢ 후판 용접 가능
- ㉣ 비드 폭이 좁다.
- ㉤ 용접봉의 녹음이 느리다.

② 직류 역극성(DCRP)
- ㉠ 용접봉(+) 70%, 모재(−) 30%
- ㉡ 용입이 얕다.
- ㉢ 박판 용접 가능
- ㉣ 비드 폭이 넓다.
- ㉤ 용접봉의 녹음이 빠르다.

118. 피상입력 = 1차측 전압 × 1차측 전류

119. 산소 용기의 각인

① 용기 내용적(V)
② 용기 중량(W)
③ 내압시험압력(TP)
④ 최고 충전압력(FP)
⑤ 제조번호

120. 금속의 용융점

① 텅스텐 : 3,410℃ (텅삼사일공)
② 백금 : 1,769℃ (백일칠육구)
③ 철 : 1,539℃ (철일오삼구)
④ 코발트 : 1,495℃ (코일사구오)
⑤ 니켈 : 1,453℃ (니일사오삼)
⑥ 납 : 327.4℃ (납삼이칠)
⑦ 비스무트 : 271℃ (비이칠일)
⑧ 주석 : 232℃ (주이삼이)

121. 철과 탄소강

① 저탄소강 : 탄소량 0.3% 이하 (연강)
② 중탄소강 : 탄소량 0.3~0.5% (반경강)
③ 고탄소강 : 탄소량 0.5~2.0% (경강)

122. 자기 변태 금속

① Fe(768℃) ② Ni(358℃) ③ Co(1,160℃)

123. 초음파 검사 종류

① 투과법 ② 공진법 ③ 펄스 반사법

124. 교류 아크 용접기와 비교한 직류 아크 용접기의 특징

비 교	직 류	교 류
아크 안정	안 정	불안정
극성 변화	가 능	불가능
무부하전압	40~60V	70~80V
구 조	복 잡	간 단
고 장	많 다	적 다
역 률	우 수	떨어짐
가 격	고 가	저 가
판 이용	박 판	후 판

125. 굽힘 시험

용접부의 연성 결함을 조사하기 위하여 사용되는 시험법

126. 경도 시험

① 브리넬 경도 : 특수 강구를 일정한 하중(500, 750, 1000, 3000kg)으로 시험편의 표면적을 압입한 후 이때 생긴 오목자국의 표면적을 측정

$$HB = \frac{P}{\pi D t}$$

여기서, D(mm) : 강구의 지름
t(mm) : 눌린 부분의 깊이
d(mm) : 눌린 부분의 지름
P(kg) : 하중

② 로크웰 경도 : B스케일과 C스케일을 이용하여 측정

③ 비커스 경도 : 꼭지각이 136°인 다이아몬드 4각추의 입자를 1~120kgf의 하중으로 시험편에 압입한 후 생긴 오목자국의 대각선을 측정

$$HV = \frac{1.8544P}{D^2}$$

④ 쇼어 경도 : 소형의 추를 일정 높이에서 낙하시켜 튀어 오르는 높이에 의하여 경도 측정

$$HS = \frac{10000}{65} \times \frac{h}{h_o}$$

여기서, h_o : 낙하물체의 높이
h : 낙하물체의 튀어 오른 높이

127. 주철의 성장

① 흡수된 가스의 팽창에 따른 부피 증가
② 불균일한 가열로 인한 팽창
③ 페라이트 조직 중의 규소의 산화
④ A_1변태에 따른 체적의 변화에 기인되는 미세한 균열의 발생
⑤ Fe_3C의 흑연화에 의한 성장

128. 특수 원소의 영향

① Ni(니켈) : 인성 증가, 저온충격 저항 증가, 주철의 흑연화 촉진
② Cr(크롬) : 내식성, 내마모성 향상, 흑연화를 안정, 탄화물 안정
③ Mo(몰리브덴) : 뜨임취성 방지
④ Mn(망간) : 적열취성 방지
⑤ Ti(티탄) : 결정입자의 미세화

129. 충격 시험

V형, U형의 노치를 만들어 충격적인 하중을 주어서 시험편을 파괴시키는 시험(샤르피식, 아이조드식)

130. 용접부의 시험에서 수소 시험

응고 직후부터 일정 시간 사이에 발생하는 수소의 양

131. 용착법

① **스킵법** : 이음전 길이에 대해서 뛰어 넘어서 용접하는 방법
② **대칭법** : 이음의 수축에 따른 변형이 서로 대칭이 되게 할 경우에 사용된다.
③ **후진법** : 용접진행 방향과 용착 방향이 서로 반대가 되는 방법
④ **전진법** : 용접진행 방향과 용착 방향이 서로 동일한 방법
⑤ **캐스케이드법** : 한 부분에 대해 몇 층을 용접하다가 다음 부분으로 연속시켜 용접
⑥ **빌드업법** : 다층 용접에서 각 층마다 전체의 길이를 용접하면서 쌓아 올리는 용접 방법

132. 용접 용어

① **용착** : 용접봉이 용융지에 녹아들어가는 것
② **용입** : 모재가 녹은 깊이

③ **용융지** : 모재 일부가 녹은 쇳물 부분
④ **은점** : 용착금속의 파단면에 나타나는 은백색을 한 고기눈 모양의 결합부
⑤ **스패터** : 아크 용접이나 가스 용접 시 비산하는 슬래그
⑥ **노치취성** : 홈이 없을 때는 연성을 나타내는 재료라도 홈이 있으면 파괴되는 것
⑦ **용제** : 용접 시 산화물, 기타 해로운 물질을 용융금속에서 제거
⑧ **용가제** : 용착부를 만들기 위하여 녹여서 첨가하는 것

133. 용접봉의 지름 $= \frac{t}{2} + 1$

134. 특수청동

① **연청동** : 주석청동 중에 납을 3~26% 첨가한 것으로 베어링, 패킹 재료 등에 널리 사용
② **인청동** : 탈산제인 P를 첨가하여 내마멸성 냉간가공으로 인장강도 탄성한계 증가하여 스프링제, 베어링 밸브, 시트에 사용
③ **베어링용 청동** : (Cu)구리 + (Sn)주석(10~14%). 차축, 베어링 등의 마모가 심한 곳 사용
④ **납청동** : Pb은 구리와 합금을 만들지 않고 윤활작용을 하므로 베어링용으로 적합

135. 계통도

물, 기름, 가스 등의 배관의 접속과 유동상태를 나타내는 도면의 명칭

136. 오스테나이트계 스테인리스강 용접 시 주의사항

① 예열을 하지 말아야 한다.
② 층간온도가 320℃ 이상을 넘어서는 안 된다.
③ 짧은 아크 길이를 유지한다.
④ 아크를 중단하기 전에 크레이터 처리를 한다.
⑤ 용접봉은 모재와 동일한 재료를 쓰며, 가는 용접봉으로 사용한다.
⑥ 낮은 전류 값으로 용접하여 용접 입열을 억제한다.

137. 플라스마 아크 절단

10,000~30,000℃의 높은 열에너지를 열원으로 아르곤과 수소, 질소와 수소, 공기 등을 작동가스로 사용하여 경금속, 주철, 구리합금 등의 금속재료와 콘크리트 내화물 등의 비금속재료 절단

138. 용접부의 파괴시험

① 현미경 조작시험 ② 인장시험 ③ 굽힘시험
④ 경도시험 ⑤ 충격시험 ⑥ 피로시험
⑦ 화학적 시험 ⑧ 낙하시험 ⑨ 내압시험

139. 하드페이싱

소재의 표면에 스텔라이트나 경금속을 융착시켜 표면을 경화시키는 방법

140. 용접할 부위에 황의 분포 여부를 알아보기 위해 설퍼 프린트 시 시약

H_2SO_4(황산)

141. 납

① 열팽창계수가 높다. ② 케이블의 피복
③ 활자합금용 ④ 방사선 물질의 보호재

142. 주철의 성장을 방지하는 방법

① 탄소 및 규소의 양을 적게 한다.
② 편상흑연을 구상흑연화한다.
③ 흑연의 미세화로서 조직을 치밀하게 한다.

143. 황동에서 탈아연 부식의 방지책

① 아연 30% 이하의 α황동을 사용한다.
② 0.1~0.5%의 안티몬(Sb)을 첨가한다.
③ 1% 정도의 주석을 첨가한다.

144. 후진법의 특징

① 용접변형이 적다. ② 홈의 각도가 적다.
③ 용접속도가 빠르다. ④ 두꺼운 판의 용접에 적합하다.
⑤ 열 이용률이 좋다.

145. 마찰용접의 장점

① 치수의 정밀도가 높고, 재료가 절약된다.
② 이종금속의 접합이 가능하다.
③ 용접작업시간이 짧아 작업능률이 높다.

146. 6 O 5 (100)

① 화살표 쪽 스폿 용접　② 스폿부의 지름 6mm
③ 용접부의 개수 5개　④ 스폿 용접 할 간격 100mm

147. TIG 용접의 전극봉에서 전극의 조건

① 전기저항률이 낮은 금속　② 전자 방출이 잘 되는 금속
③ 고용융점의 금속　④ 열 전도성이 좋은 금속

148. 용접법

① **납땜** : 모재를 용융하지 않고 모재보다 낮은 용융점을 가진 금속의 첨가제를 용융시켜 접합
② **심 용접** : 기밀, 수밀을 필요로 하는 탱크의 용접이나 배관용 탄소강관의 관이음 용접

149. 예열의 목적

① 용접금속 및 열영향부의 연성 또는 인성을 향상
② 용접부의 수축변형 및 잔류응력을 경감
③ 금속중의 수소를 방출시켜 균열을 방지
④ 용접의 작업성 개선
⑤ 열영향부의 균열을 방지
⑥ 용접부의 냉각속도를 느리게 하여 결함 방지

150. 아크 길이

① 양호한 용접을 하려고 가능한 한 짧은 아크를 사용하여야 한다.
② 아크 길이가 너무 길면 아크가 불안전하고 용입 불량의 원인이 된다.
③ 아크 전압은 아크 길이에 비례한다.

151. 미하나이트 주철

펄라이트 바탕에 흑연이 미세하고 고르게 분포되어 있으며 내마멸성이 요구되는 피스톤링 등 자동차 부품에 많이 사용

152. 하중방향에 따른 필릿 용접 이음의 구분

① 전면 필릿 용접　② 측면 필릿 용접　③ 경사 필릿 용접

153. 논가스 아크 용접의 장점

① 용접장치가 간단하여 운반이 편리하다.
② 바람이 있는 옥외에서도 작업이 가능하다.
③ 피복 가스 용접봉의 저수소계와 같이 수소의 발생이 적다.
④ 용접 비드가 아름답고 슬래그의 박리성이 좋다.
⑤ 전원으로 직류 또는 교류를 모두 사용할 수 있으며 전 자세 용접이 가능하다.
⑥ 보호가스나 용제를 필요로 하지 않는다.
⑦ 일반 피복 아크 용접보다 용착속도가 약 4배 빠름.

154. 화학적 시험

① 화학시험
② 부식시험 : 습부식, 건부식, 응력부식시험
③ 수소시험 : 응고 직후부터 일정 시간 사이에 발생하는 수소의 양

155. TIG 용접 토치

① T형 토치 ② 직선형 토치 ③ 플렉시블형 토치

156. 아크 길이가 길 때 나타나는 현상

① 비드의 외관이 불량해진다.
② 스패터의 발생이 많다.
③ 용착금속의 재질이 불량해진다.

157. 점 용접의 종류

① 직렬식 점 용접 ② 인터랙 점 용접 ③ 맥동 점 용접

158. 서브머지드 아크 용접에서 다전극 방식에 의한 분류

① 탠덤식 ② 횡 직렬식 ③ 횡 병렬식

159. 용착법

① 전진법 : ⟶
② 후퇴법 : 5 → 4 → 3 → 2 → 1
③ 대칭법 : 4 ← 2 ↔ 1 → 3
④ 스킵법(비석법) : 1 → 4 → 3 → 5 → 2

160. 스터드 용접에서 페룰의 역할

① 용착부의 오염을 방지한다.
② 용융금속의 유출을 막아준다.
③ 용융금속의 산화를 방지한다.

161. 방사선 투과시험 필름 판독

① 제1종 결함 : 기공 및 이와 유사한 둥근 결함
② 제2종 결함 : 가는 슬래그 및 이와 유사한 결함
③ 제3종 결함 : 터짐 및 이와 유사한 결함
④ 제4종 결함 : 텅스텐 혼입

162. 노내풀림 및 국부풀림의 유지온도와 시간

① 일반구조용 압연강재, 보일러용 압연강재 : 625±25℃, 판두께 25mm에 대해 1h
② 고온, 고압배관용 강관 : 725±25, 판두께 25mm에 대해 2h

163. 조직도

① 시멘타이트 조직 : Fe와 C의 화합물
② 마우러의 조직도 : 탄소와 규소량에 따른 주철의 조직관계 표시

164. 기계적 시험

① 굽힘시험 : 용접부의 연성결함을 조사하기 위하여 사용하는 시험법
② 충격시험(샤르피식, 아이조드식) : V형, U형의 노치를 만들어 충격적인 하중을 주어서 시험편을 파괴시키는 방법
③ 피로시험 : 작은 힘을 수없이 반복하여 작용하면 파괴를 일으키는 방법
④ 인장시험 : 인장강도, 경도, 단면수축률, 연신율 등을 측정

165. 역류, 역화의 원인

① 토치를 부주의하게 취급하였을 때
② 팁 구멍이 막혔을 때
③ 팁이 과열되었을 때
④ 토치 성능이 불량할 때
⑤ 토치의 체결나사가 풀렸을 때
⑥ 아세틸렌 공급가스가 부족 시
⑦ 아세틸렌의 압력 과소 시
⑧ 팁에 먼지 기타 잡물이 막혔을 때

166. 홈의 형상

① H형 : X형 홈과 같이 양면용접이 가능한 경우에 용착금속의 양과 패스수를 줄일 목적으로 사용되며 모재가 두꺼울수록 유리한 홈의 형상
② I형 : 맞대기 용접에서 가장 얇은 박판에 사용
③ V형 : 맞대기 용접에서 한쪽 방향의 완전한 용입을 얻고자 할 때
④ X형 : 이음홈 형상 중에서 동일한 판두께에 대하여 가장 변형이 적게 설계된 것

167. 산소 아크 절단

① 중공의 피복 용접봉과 모재 사이에 아크를 발생시키고 중심에서 산소를 분출시키며 절단
② 절단속도가 빨라 철강 구조물 해체, 수중 해체 작업에 이용
③ 가스 절단에 비해 절단면이 거칠다.
④ 직류 정극성이나 교류를 사용

168. 점 용접의 종류

① 인터랙 용접 ② 직렬식 점 용접 ③ 맥동 점 용접

169. 플라스틱 용접 방법

① 열풍 용접 ② 고주파 용접

170. 로봇 용접 시 특징

① 생산성 향상
② 단순작업에서 벗어날 수 있다.
③ 제품의 정밀도가 향상된다.
④ 용접 결과가 일정하다.

171. 스패터가 발생하는 원인

① 아크 블로 홀이 너무 클 때
② 아크길이가 너무 길 때
③ 건조되지 않은 용접봉 사용 시
④ 전류가 너무 높을 때

172. 테르밋 용접

① 금속산화물이 알루미늄에 의하여 산소를 빼앗기는 반응에 의해 생성되는 열을 이용하여 금속을 접합
② 산화철 분말과 알루미늄 분말을 (1 : 3)의 중량비로 혼합한 테르밋제에 과산화바륨

과 마그네슘 분말을 혼합한 점화촉진제를 넣어 연소시켜 용접. 주로 철도 레일, 차축, 선박 프레임의 용접에 사용

③ **특징** : ㉠ 전력이 불필요하다.
㉡ 작업장소의 이동이 용이
㉢ 용접작업이 단순하고 용접결과의 재현성이 높다.
㉣ 용접하는 시간이 비교적 짧다.
㉤ 용접작업 후 변형이 적다.

173. 보통 주철의 인장강도

12~20kg/mm^2(98~196MPa)

174. 티탄계 합금

① 물리적으로 융점(1670℃)과 전기저항이 높다.
② 항공기, 로켓, 가스 터빈 등에 주로 사용
③ 고온산화가 거의 없다.
④ 스테인리스강보다 내식성이 좋다.
⑤ 열팽창계수와 열전도율이 적다.
⑥ 기계적으로는 고온에서 비강도와 크리프 강도가 높다.

175. 역류 및 역화

① **역화** : 팁 끝이 모재에 닿는 순간 순간적으로 팁 끝이 막혀 팁 속에서 폭발음이 나면서 불꽃이 꺼졌다가 다시 나타나는 현상
② **인화** : 팁 끝이 순간적으로 막히게 되면 가스 분출이 나빠지고 혼합실까지 불꽃이 들어가는 현상
③ **역류** : 토치 내부의 청소상태가 불량하면 토치 내부의 기관의 막힘이 일어나 고압의 산소가 밖으로 나가지 못하게 되므로 산소보다 낮은 아세틸렌을 밀어내면서 아세틸렌 호스 쪽으로 거꾸로 흐르는 현상

176. 반자동 용접에서 용접전류와 전압을 높일 때 측정

① 아크전압이 지나치게 높아지면 기포가 발생한다.
② 용접전류가 높아지면 와이어의 용융속도가 빨라진다.
③ 아크전압이 높아지면 비드가 넓어진다.
④ 용접전류가 높아지면 용착률과 용입이 감소한다.

177. 이산화탄소 아크 용접의 저전류(약 200A 미만)에서 팁과 모재와의 거리

① 10~15mm 규격이 Aw300인 교류 아크 용접기의 정격 2차 전류 : 60~330A
② TIG 용접에서 직류 정극성으로 용접 시 전극선단의 각도 : 30~50°
③ TIG 용접에서 텅스텐 전극봉은 가스 노즐의 끝에서부터 3~6mm 돌출

178. 납

① 방사선 물질의 보호제
② 케이블의 피복, 활자, 합금용
③ 열팽창계수가 높다.

179. 토륨 텅스텐 전극봉

① 주로 강, 스테인리스강, 동합금 용접에 사용
② 아크 발생이 용이하다.
③ 직류 정극성에는 좋으나 교류에는 좋지 않음.
④ 전자방사 능력이 현저하게 뛰어나다.
⑤ 전극의 소모가 적다.
⑥ 불순물 부착이 적다.

✪ 레이저 용접
파장이 같은 빛을 렌즈로 집광하면 매우 작은 점으로 집광이 가능하고 높은 에너지로 접속하면 높은 열을 얻어 용접

180. CO_2 농도에 따른 인체 영향

2%	불쾌감이 있다.
4%	두통, 현기증, 귀울림, 눈의 자극, 혈압 상승
8%	호흡 곤란
9%	구토, 감정 둔화
10%	시력 장애, 1분 이내 의식 상실, 장기간 노출 시 사망
20%	중추신경 마비, 단시간 내 사망
30%	인체치사량

181. 용접의 정의

① 서브머지드 아크 용접 : 용제와 와이어가 분리되어 공급되고 아크가 용제 속에서 일어나며 잠호 용접이라고도 함. 용접봉을 용제 속에 넣고 아크를 일으켜 용접
② 일렉트로 슬래그 용접 : 아크열이 아닌 와이어와 용융슬래그 사이에 통전된 전류의

저항열을 이용하여 용접

③ 스터드 용접 : 볼트나 환봉 등을 피스톤형 홀더에 끼우고 모재와 환봉 사이에서 순간적으로 아크를 발생시켜 용접

182. 아크 용접봉의 채색

① G_B35 : 자색 ② G_A43 : 청색 ③ G_A46 : 적색 ④ G_A35 : 황색
⑤ G_B46 : 백색 ⑥ G_B43 : 흑색 ⑦ G_A32 : 녹색

183. 티그 절단

텅스텐 전극과 모재 사이에 아크를 발생시켜 모재를 용융하여 절단하는 방법으로 알루미늄, 마그네슘, 구리 및 구리합금, 스테인리스강 등의 금속재료 절단

184. 탄소강 용접 시 탄소량에 따른 예열온도

① 탄소량이 0.2% 이하는 예열온도가 90℃ 이하
② 탄소량이 0.2~0.3% 이하는 예열온도가 90~150℃
③ 탄소량이 0.3~0.45% 이하는 예열온도가 150~260℃
④ 탄소량이 0.45~0.80% 이하는 예열온도가 260~430℃

185. 마그네슘

① 조밀육방격자이다.
② 구상흑연주철의 첨가제로 사용
③ 비강도가 알루미늄 합금보다 우수하다.
④ 비중은 1.74이다.

186. 서브머지드 아크 용접에서 다전극 방식에 의한 분류

① 횡 병렬식 ② 탠덤식 ③ 횡 직렬식

187. 야금학적 접합법

① 융접 ② 압접 ③ 납땜

188. 용접기 특성

① 수동 아크 용접기가 갖추어야 할 용접기 특성 : 수하 특성, 정전류 특성, 저융점합금은 주석보다 낮은 융점의 합금이다.
② 용접 시 층간온도를 반드시 지켜야 할 용접 재료 : 고탄소강

189. 합금주강

① 크롬주강 ② 망간주강 ③ 니켈주강

190. TIG 용접의 전극봉에서 전극의 조건

① 전기저항률이 낮은 금속
② 열전도성이 좋은 금속
③ 전자 방출이 잘 되는 금속
④ 고용융점의 금속

191. 자연발화 방지법

① 공기와의 접촉면을 적게 할 것.
② 저장실의 온도를 낮출 것.
③ 열의 축적이 없도록 할 것.
④ 공기의 유통이 잘 되게 할 것.

192. 용접 전 예열하는 목적

① 용접금속 및 열영향부의 연성 또는 인성을 향상
② 용접부의 수축변형 및 잔류응력을 경감
③ 금속중의 수소를 방출시켜 균열을 방지

193. 방사선 전개법

$$Q = 360 \times \frac{r}{l}$$

194. 아크 길이가 길 때 발생하는 현상

① 언더컷이 생긴다.
② 스패터의 발생이 많다.
③ 비드의 외관이 불량해진다.
④ 용착금속의 재질이 불량해진다.

195. 티그 용접 토치

① T형 토치 ② 직선형 토치 ③ 플렉시블형 토치

196. 번백 시간과 예비가스 유출시간

① 예비가스 유출시간 : 미그 용접 제어장치의 기능으로 아크가 처음 발생되기 전 보호가스를 흐르게 하여 아크를 안정되게 하고 결함 발생 방지
② 번백 시간 : 불활성 가스 금속아크용접(MIG)의 제어장치로서 크레이터 처리 기능에 의해 낮아진 전류가 서서히 줄어들면서 아크가 끊어지는 기능으로 이면용접부위가 녹아내리는 것을 방지

197. 안전색채

① **적색** : 방화 금지, 정지, 고도의 위험
② **녹색** : 진행 유도, 안전, 구급, 위생, 비상구
③ **청색** : 주의, 수리 중
④ **백색** : 정리정돈, 통로
⑤ **황적색** : 위험, 항공의 보안시설
⑥ **노랑** : 전도, 추락, 충돌
⑦ **파란색** : 지시 및 사실의 고지

198. 논가스 아크 용접의 장점

① 피복 가스 용접봉의 저수소계와 같이 수소의 발생이 적다.
② 바람이 있는 옥외에서도 작업이 가능
③ 용접장치가 간단하여 운반이 편리
④ 용접 비드가 아름답고 슬래그의 박리성이 좋다.
⑤ 전원으로 직류 또는 교류를 모두 사용할 수 있고, 전 자세 용접이 가능
⑥ 일반 피복 아크 용접보다 4배 빠르므로 용착비용이 50~75% 정도 절감된다.

199. 비파괴검사법의 특징

① **침투검사**(PT) : 철, 비철금속, 비자성체 어느 재료에도 사용이 가능하며 표면에 나타난 미소한 균열, 작은 구멍, 슬러그 등을 검출

[장점] ㉠ 표면에 나타난 미소결함 검출
㉡ 전원이 없는 곳에서도 검출 가능
㉢ 비자성체 등 재료에 별 영향을 받지 않는다.
㉣ 국부적 시험이 가능
㉤ 철, 비철, 플라스틱, 세라믹 등의 거의 모든 제품에 사용

[단점] ㉠ 내부결함 검출 불가능
㉡ 현상과 건조가 있어 결과가 빨리 나타나지 않는다.

② **방사선 투과검사**(RT) : 대상물에 X선이나 γ선을 투과하여 필름에 나타나는 현상으로 결함을 판별하는 비파괴검사법

[장점] ㉠ 필름에 의해 내부의 결함, 모양, 크기 등을 관찰할 수 있다.
㉡ 결과의 기록이 가능하다.

[단점] ㉠ 장치가 크므로 가격이 비싸다.
㉡ 취급상 신체의 방호가 필요하다.
㉢ 두께가 두꺼운 개소에는 검출이 곤란하다.

㉣ 선에 평행한 크랙은 찾기 힘들다.

③ **초음파 검사**(UT) : 0.5~15μ의 초음파를 피검사물의 내부에 침투시켜 반사파를 이용하여 내부의 결함과 불균일층의 존재 여부를 검사

[장점] ㉠ 균열을 검출하기 쉽다.
㉡ 고압장치의 판두께 측정
㉢ 검사비용이 싸고 결과가 신속

[단점] ㉠ 결함의 형태가 부적당하다.
㉡ 결과의 보존성이 없다.

200. 와전류 탐상검사의 장점

① 표면부 결함의 탐상강도가 우수하며 고온에서의 검사 및 얇고 가는 소재와 구멍의 내부 등을 검사

② 결함의 지시가 모니터에 전기적 신호로 나타나므로 기록 보존과 재생이 용이하다.

③ 결함의 크기 두께 및 재질의 변화 등을 동시에 검사할 수 있다.

201. 연강의 안전율

① 정하중 : 3　② 동하중(단진응력) : 5
③ 동하중(교번응력) : 8　④ 충격하중 : 12

202. 응급처치 구명 4단계

① 기도 유지　② 지혈　③ 상처 보호　④ 쇼크 방지

203. 해칭

단면임을 나타내기 위하여 단면부분의 주된 중심선에 대해 45° 경사지게 나타내는 선

204. 도시 기호

① G : 연삭　② C : 치핑
③ M : 절삭　④ F : 용접부의 다듬질 방법을 특별히 지정하지 않는 경우

205. 차광번호

용접봉 지름이 1.0~1.6mm, 용접전류 30~45A : 차광번호 7번

206. 마우러 조직도

탄소와 규소량에 따른 주철의 조직관계를 표시

207. 납땜법의 종류

① 가스납땜　② 인두납땜　③ 담금납땜
④ 저항납땜　⑤ 노내납땜　⑥ 유도가열납땜

208. 너깃

용접 중 접합면의 일부가 녹아 바둑알 모양의 단면으로 용접이 되는 것

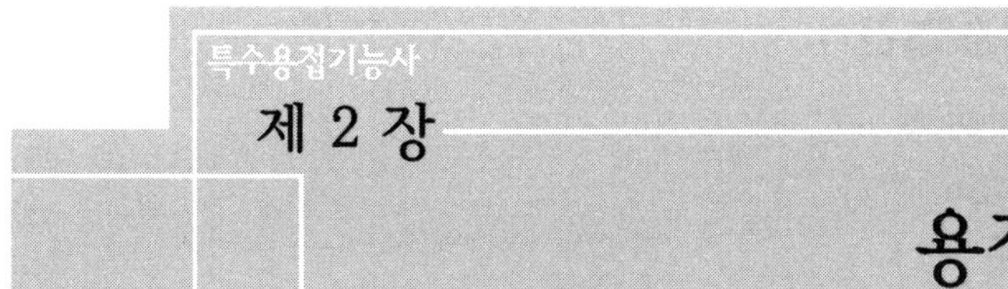

제 2 장 용접구조설계

1. 이음효율 $= \dfrac{\text{용접시험편의 인장강도}}{\text{모재의 인장강도}} \times 100$

2. 허용응력 $= \dfrac{p}{tl}$

여기서, p(kgf) : 인장력, t(mm) : 두께, l(mm) : 폭

3. 일반적인 용접 순서 결정 시 주의사항

① 리벳과 용접을 병용하는 경우에는 용접이음을 먼저 하여 용접 열에 의한 리벳의 풀림을 피한다.
② 수축이 큰 맞대기 이음을 용접하고 다음에 필릿 용접을 함.
③ 동일 평면 내에 이음이 많을 경우 수축은 가능한 자유단으로 보낸다.
④ 중심선에 대해 대칭을 벗어나면 수축이 발생하여 변형된다.
⑤ 용접이 불가능한 곳이 없도록 한다.
⑥ 큰 구조물은 구조물의 중앙에서 끝으로 향하여 용접한다.

4. 오스테나이트계 스테인리스강의 용접 시 주의사항

① 용접봉은 모재와 같은 것을 사용하며 될수록 가는 것을 사용한다.
② 용접 후 급랭하여 입계부식을 방지한다.
③ 크레이터 처리를 한다.
④ 짧은 아크 길이를 유지한다.
⑤ 층간온도가 320℃ 이상 넘어서는 안 된다.
⑥ 예열을 하지 않는다.

5. 직류 정극성 및 역극성

① 직류 역극성 : 용입이 얇고 비드 폭이 넓다.
② 직류 정극성 : 용입이 깊고 비드 폭이 좁다.

6. 수축량에 미치는 용접 시공 조건

① 용접봉이 클수록 수축량이 작아진다.
② 루트 간격이 클수록 수축이 크다.
③ 구속도가 클수록 수축이 작다.
④ 위빙을 하는 쪽이 수축이 작다.

7. 피닝(peening)법

용접부를 구면상의 특수한 해머로 비드를 두드려 용접금속부의 용접에 의한 수축변형을 감소시키고 잔류응력을 완화하는 방법

8. 가접 시 주의해야 할 사항

① 본용접자와 동등한 기량을 갖는 용접자가 가용접을 시행한다.
② 본용접과 같은 온도에서 예열을 한다.
③ 개선홈 내의 가접부는 백치핑으로 완전히 제거한다.
④ 응력이 집중하는 곳은 피한다.
⑤ 전류는 본용접보다 높게 하며 용접봉의 지름은 가는 것을 사용하며 본용접이 용이하게 하며 너무 짧게 하지 않는다.
⑥ 시 · 종단에 엔드 탭을 설치하기도 한다.
⑦ 홈 안에 가접을 피하고 불가피한 경우 본용접 전에 갈아낸다.

✪ **가접** : 본용접을 실시하기 전에 좌 · 우의 홈부분을 잠정적으로 고정하기 위한 짧은 용접

9. 자분탐상법의 특징

① 시험편의 크기, 형상 등에 구애를 받지 않는다.
② 내부결함의 검사 불가능
③ 작업이 신속 간단하다.
④ 정밀한 전처리가 요구되지 않는다.
⑤ 비자성체에는 적용 불가능

✪ **종류** : ① 통전법 ② 관통법 ③ 극간법 ④ 코일법

10. 목두께 = 다리길이 × cos45°

11. 인장응력 = $\frac{P}{(h_1 + h_2)l}$

12. 은점

용착금속의 인장 또는 굽힘시험했을 경우 파단면에 생기며 은백색 파면을 갖는 결함

13. 엔드 탭

용접부의 시작점과 끝점에 충분한 용입을 얻기 위해 사용

14. 롤러에 거는 법

용접 후 처리에서 외력만으로 소성변형을 일으켜 변형을 교정하는 방법

15. 변형방지법

① 도열법(냉각법) : 용접부 주위에 물을 적신 석면, 동판을 대어 열을 흡수시키는 방법
② 억제법 : 모재를 가접 또는 구속지그를 사용하여 변형 억제
③ 용착법 : 대칭법, 스킵법, 후퇴법
④ 역변형법 : 용접 전에 변형의 크기 및 방향을 예측하여 미리 반대로 예측하는 방법

16. I형 맞대기 용접이음

판 두께가 3mm 정도의 박판 용접에 많이 이용

17. 비드 만들기 순서

① 직직법 : ⟶
② 후진법 : 5 → 4 → 3 → 2 → 1
③ 스킵법(비석법) : 1 → 4 → 2 → 5 → 3
④ 교호법 : 1 → 4 → 3 → 5 → 2
⑤ 대칭법 : 4 ← 2 ↔ 1 → 3

18. KS 규격에서 피복제 계통

① E4301 : 일미나이트계
② E4303 : 라임티탄계
③ E4311 : 고셀룰로오스계
④ E4313 : 고산화티탄계
⑤ E4316 : 저수소계
⑥ E4324 : 철분산화티탄계
⑦ E4326 : 철분저수소계
⑧ E4327 : 철분산화철계
⑨ E4340 : 특수계

19. 용접이음의 설계 시 주의사항

① 가능한 한 아래보기 용접을 많이 하도록 한다.
② 용접선은 될 수 있는 한 교차하지 않도록 한다.
③ 용접작업에 지장을 주지 않도록 공간을 둔다.
④ 용접이음을 한쪽으로 집중되게 접근하여 설계하지 않도록 한다.

20. 용접봉 선택의 기준

① 용접 자세　② 모재의 재질　③ 제품의 형상

21. 일반적인 용접 변형 교정 방법의 종류

① 피닝법
② 롤러에 거는법
③ 절단하여 정형 후 재용접하는 방법
④ 박판에 대한 점수축법
⑤ 형재에 대한 직선 수축법
⑥ 가열 후 해머링하는 방법
⑦ 후판에 대해 가열 후 압력을 가하고 수냉하는 방법

22. 덧붙이

계산 또는 필릿 용접의 치수 이상으로 표면 위에 용착된 금속

23. 변형률 $(\varepsilon) = \dfrac{\text{나중길이} - \text{처음길이}}{\text{처음길이}} \times 100$

24. 기계적 응력 완화법

잔류응력이 존재하는 용접구조물에 어떤 하중을 걸어 용접부를 약간 소성변형시킨 다음 하중을 제거하면 잔류응력이 감소하는 현상

25. 회전변형 (비틀림변형)

주로 열원이동에 있어 용융지 부근 모재의 용접선 방향에의 열팽창에 기인하여 생기는 용접변형

26. 용접작업 시 지그 사용 시 얻어지는 효과

① 용접조립작업을 단순화 또는 자동화를 할 수 있게 하여 작업능률이 향상된다.
② 대량생산의 경우 용접조립작업을 단순화시킨다.

③ 제품의 마무리 정밀도를 향상시킨다.
④ 용접변형을 억제하고 적당한 역변형을 주어 정밀도를 높인다.

27. 노치인성

강이 저온, 충격하중 또는 노치의 응력집중 등에 대하여 견디는 성질

28. 플레어 용접

두 부재 사이의 휜 부분을 용접하는 것으로 용접부 형상이 V형, X형, K형 등이 있다.

29. 일반적인 용접 순서를 결정하는 유의사항

① 수축이 큰 맞대기이음을 먼저 용접하고 수축이 작은 이음을 나중에 용접
② 용접구조물이 중립축에 대하여 용접수축력의 모멘트의 합이 0이 된다.
③ 용접 불가능한 곳이 없도록 한다.
④ 큰 구조물은 구조물 중앙에서 끝으로 향하여 용접
⑤ 리벳과 같이 쓸 때는 용접을 먼저 한다.

30. 피트의 원인

① 용착금속의 냉각속도가 빠를 때
② 습기, 녹, 페인트가 있을 때
③ 모재에 탄소, 망간, 황 등의 함유량이 많을 때

31. 레이저 용접장치의 기본형

① 반도체형　　② 가스방전형　　③ 고체금속형

32. 가열방법의 종류와 특징

① 선상가열법 : 맞대기 용접 및 필릿 용접 이음 시 각 변형을 고정할 때 이음하는 이면 담금질 방법으로 주로 가로굽힘변형에 이용
② 격자형 가열법 : 큰 변형 교정에 사용되나 표면이 타서 상하기 쉽기 때문에 주의를 요한다.
③ 고리형 가열 : 마무리가 우수한 방법으로 효과적인 가열방법
④ 점형 가열 : 수축력이 큰 6mm 이하의 박판 교정에 사용

33. 기공의 원인

① 용접속도가 너무 빠를 때
② 수소 또는 일산화탄소의 과잉
③ 아크 길이, 전류 조작의 부적당
④ 기름, 페인트 등이 모재에 묻어 있을 때
⑤ 용접부의 급속한 응고
⑥ 모재 가운데 황 함유량 과대

34. 환산용접길이=계수×용접길이

35. 토 균열

맞대기나 필릿 용접부의 비드 표면과 모재와의 경계부에 발생하는 용접 균열

36. 펄스 반사법

초음파탐상법 중 가장 많이 사용되는 검사법

37. 용접이음의 강도 계산

① 굽힘모멘트 ② 비틀림모멘트 ③ 수직력

38. 효율과 역률

① 역률 $= \dfrac{\text{소비전력(kw)}}{\text{전원입력(KVA)}} \times 100$

② 효율 $= \dfrac{\text{아크출력}}{\text{소비전력(kw)}} \times 100$

③ 전원입력=무부하전압×정격 2차 전류

④ 소비전력=아크 출력(아크 전압×정격 2차 전류)+내부 손실

39. 캐스케이드법

다층 용접 시 한 부분의 몇 층을 용접하다가 이것을 다음 부분의 층으로 연속시켜 전체가 단계를 이루도록 용착시켜 나가는 방법

40. 각종 금속의 예열

① 열전도가 좋은 구리합금, 알루미늄합금은 예열이 필요하다.
② 고급 내열 합금에서도 용접 균열 방지를 위해 예열을 한다.
③ 고장력강, 저합금강, 주철의 경우 용접홈을 50~350℃로 예열한다.

④ 연강을 0℃ 이하에 용접할 경우 이음의 폭 100mm 정도를 40~75℃ 정도로 예열 한다.

41. 잔류응력의 측정법

① 정량적 방법 : 드릴링법, 분할법, 절취법
② 정성적 방법 : 부식법, 바니시법, 자기적 방법

42. 용접 시 발생하는 잔류응력의 영향

① 부식　② 취성 파괴　③ 좌굴 변형

43. 전진법

아크 용접에서 한쪽 끝에서 다른 쪽 끝을 향해 연속적으로 진행하는 용접방법으로서 용접이음이 짧은 경우나 변형과 잔류응력이 그다지 문제가 되지 않을 때 이용되는 용착법

44. 용접봉의 소요량 계산

$$\frac{\text{용착금속의 중량}}{\text{용접봉의 사용중량}} \times 100$$

45. 용접결함 중 구조상 결함

① 오버랩　② 용입 불량　③ 내부 기공
④ 슬래그 혼입　⑤ 언더컷

46. 용접 변형방지법 중 냉각법

① 석면포 사용법　② 수냉동판 사용법　③ 살수법

47. 저항용접의 3대 요소

① 가압력　② 용접전류의 세기　③ 시간

48. 저온 응력 완화법

용접선의 양측을 일정 속도로 이동하는 가스불꽃에 따라 너비 약 150mm를 150~200℃로 가열한 후 바로 수냉하는 응력 제거법

49. 각변형(가로방향의 굽힘변형) 방지 대책

① 판 두께가 얇을수록 첫 패스 측의 개선깊이를 크게 한다.
② 역변형의 시공법을 사용한다.
③ 용접속도가 빠른 용접법을 사용한다.

50. 로크웰 경도 : B스케일과 C스케일 두 가지가 있는 경도 시험법

51. 용융속도 : 단위시간당 소비되는 용접봉의 길이 또는 중량

52. 용접의 내부 결함 : ① 기공 ② 슬래그 혼입 ③ 선상조직

53. 이음의 정의

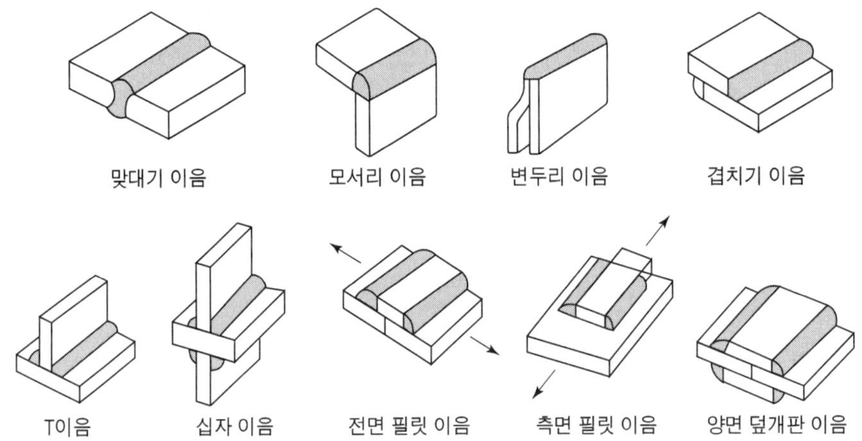

54. 레이저 용접의 특징

① 좁고 깊은 용접부를 얻을 수 있다.
② 고속용접과 용접 공정의 융통성을 부여할 수 있다.
③ 접합하여야 할 부품의 조건에 따라서 한 방향 용접으로 접합이 가능
④ 정밀용접도 가능하다.
⑤ 헬륨, 질소, 아르곤으로 냉각하여 레이저 효율을 높일 수 있다.
⑥ 에너지 밀도가 크고 고융점을 가진 금속에 이용된다.
⑦ 불량도체 및 접근하기 곤란한 물체도 용접이 가능
⑧ 용접장치는 고체금속형, 반도체형, 가스방전형이 있다.

55. 비파괴검사법 중 자기검사 적용 불가능

오스테나이트계 스테인리스강

56. 각변형(횡굴곡)

필릿 용접 이음의 수축변형에서 모재가 용접손에 각을 이루는 경우

57. 선상조직

용착부의 파단면이 나타나며 아주 미세한 기둥 모양 결정이 서리 모양으로 나란히 있고 그 사이에 현미경적인 비금속개재물과 기공이 있는 것

58. 용접의 장 · 단점

① 장점

㉠ 중량 경감, 재료 및 시간이 절약
㉡ 이종재료의 접합이 가능
㉢ 작업공정 단축
㉣ 이음효율 향상
㉤ 보수, 수리 용이
㉥ 형상의 자유화 추구

② 단점

㉠ 잔류응력 및 변형에 민감
㉡ 품질검사 곤란
㉢ 유해광선 및 가스폭발 위험이 있다.

59. 일반구조용 압연강재의 노내 및 국부풀림의 유지온도와 시간

① 유지온도 : 725±25℃

② 시간 : 판 두께 25mm에 대해 유지시간 1시간

60. 자기검사(MT)법의 종류

① 코일법
② 관통법
③ 극간법
④ 직각통전법
⑤ 축통전법

61. 굽힘응력 $= \dfrac{6M}{t^2 l}$

여기서, t(mm) : 두께, l(mm) : 길이, M(kgf.cm) : 굽힘모멘트

62. 맞대기 용접에서 변형이 가장 적은 홈의 형상

X형 홈

63. 잔류응력 경감법

① 피닝법 ② 기계적 응력 완화법 ③ 저온 응력 완화법
④ 노내풀림법 ⑤ 국부풀림법

64. 굽힘시험

① 표면굽힘시험 ② 측면굽힘시험 ③ 이면굽힘시험

65. 다층 용접에 따른 분류

① **덧살 올림법(빌드업법)** : 열 영향이 크고 슬래그 섞임의 우려가 있다. 한랭 시, 구속이 클 때 후판에서 첫 층에 균열 발생 우려가 있다. 하지만 가장 일반적인 방법이다.

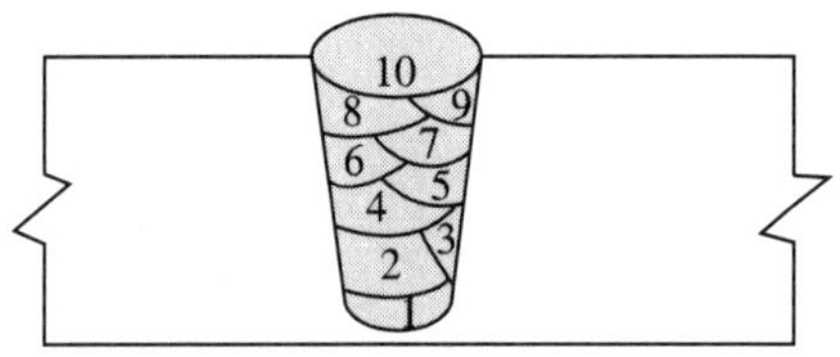

빌드업법

② **캐스케이드법** : 한 부분의 몇 층을 용접하다가 이것을 다음 부분의 층으로 연속시켜 용접하는 방법으로 후진법과 같이 사용하며, 용접 결함 발생이 적으나 잘 사용되지 않는다.

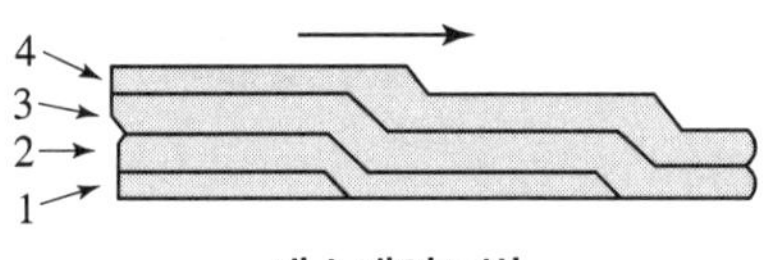

캐스케이드법

③ **전진 블록법** : 한 개의 용접봉으로 살을 붙일 만한 길이로 구분해서 홈을 한 부분에 여러 층으로 완전히 쌓아 올린 다음, 다음 부분으로 진행하는 방법으로, 첫 층에 균열 발생 우려가 있는 곳에 사용된다.

전진 블록법

66. 수소시험 (파괴시험)

① 진공가열법 ② 확산성 수소량 측정법
③ 45℃ 글리세린 치환법 ④ 수은에 의한 방법

67. 박판에 대한 점수축법

용접작업 시 발생한 변형을 교정할 때 가열하여 열응력을 이용하고 소성변형을 일으키는 방법

68. 역변형법

용착금속 및 모재의 수축에 대하여 용접 전에 반대방향으로 굽혀 놓고 용접작업하는 법

69. 전진법

용접길이가 짧아서 변형 및 잔류응력이 그다지 문제가 되지 않을 때 이용되며 수축과 잔류응력이 용접의 시작부분보다 끝부분에 더 크게 되는 것

70. 비파괴시험

① RT : 방사선검사　② MT : 자분검사
③ UT : 초음파검사　④ PT : 침투검사

71. 맞대기 이음에서 초층의 용입 불충분 등의 결함 방지 및 제거를 위해 사용되는 방법

① 백 가우징　② 뒷받침(back plate)　③ 밑면 따내기(back chipping)

72. 아크 열효율

용접입열 몇 %가 모재에 흡수되는가 하는 비율

73. 용접구조물에서 잔류응력의 영향

① 용접구조물에서 취성파괴의 원인이 된다.
② 용접구조물에서 응력부식의 원인이 된다.
③ 구속하여 용접하면 잔류응력이 증가한다.
④ 기계부품에서는 사용중에 변형이 생긴다.

74. 저온취성 파괴에 미치는 요인

① 예리한 노치　② 온도의 저하　③ 인장 잔류응력

75. 용접부의 기공 검사 : X선 시험

편하게보세요 ★★★★

1. 용접부 고온균열 원인

모재에 유황성분 과다 함유

2. 탈인반응

용융 슬래그 중에 FeO와 CaO이 존재하는 경우에 용융강의 반응이 일어남.

3. 탄소공구강의 구비조건

① 내마모성이 클 것.
② 가격이 저렴할 것.
③ 상온 및 고온강도가 클 것.
④ 강인성 및 내충격성이 우수할 것.

4. 풀림

강의 연화 및 내부응력, 가공응력 제거

5. 망간

적열취성 방지(유황에 의한 해를 줄임.)

6. 먼츠 메탈

① 6 : 4 황동(구리+아연)을 먼츠 메탈이라고도 한다.
② 복수기용판, 열간단조품에 사용.
③ 볼트, 너트 등의 제조에 사용.

7. 선상조직

용접금속의 파면에 극히 미세한 주상정이 서리 모양으로 나타난 것으로 수소가 원인이다.

8. 레데뷰라이트

γ고용체와의 Fe_3C와의 공정주철

9. 금속원자의 단위결정격자의 종류

① 체심입방격자(원자수 2개) : V, Mo, W, Cr, K, Na, Ba, Ta, $\alpha-Fe$, $\delta-Fe$ (바몰텅크칼나바탈)
② 면심입방격자(원자수 4개) : Ag, Cu, Au, Al, Pb, Ni, Pt, Ce, Ca, $\gamma-Fe$ (은구금알납니백세칼)
③ 조밀육방격자(원자수 4개) : Ti, Mg, Zn, Co, Zr, Be (티마아코지베)

10. 자기변태

원자배열은 변화가 없고 자성만 변하는 것으로 순철의 자기변태온도는 768℃이다.
자기변태금속 : Fe, Ni, CO

11. 잔류응력을 제거하는 방법

① 저온 응력 완화법 : 용접선 양측을 가스 불꽃에 의해 너비 약 150mm를 150~200℃ 정도의 비교적 낮은 온도로 가열한 다음 곧 수냉하는 방법
② 기계적 응력 완화법 : 잔류응력이 있는 제품에 하중을 주어 용접부에 약간의 소성 변형을 일으킨 다음 하중을 제거
③ 피닝법 : 특수한 구면상의 선단을 해머로 용접부를 연속적으로 타격해 줌으로써 용접 표면에 소성변형을 생기게 하는 것
④ 노내풀림법 : 응력제거 열처리법에서 가장 널리 이용. 제품 전체를 가열로 안에 넣고 적당한 온도에서 일정 시간 유지한 다음 노 내에서 서냉
⑤ 국부풀림법 : 제품이 커서 노 내에 넣을 수 없을 때 또는 설비, 용량 등으로 노내 풀림을 바라지 못할 경우

12. 피복제의 역할

① 용착금속의 탈산정련작용　② 용착금속을 보호
③ 용착금속의 급랭 방지　④ 아크의 안정
⑤ 용적을 미세화하여 용착효율 상승　⑥ 합금원소 첨가
⑦ 산화, 질화 방지

[냉각속도에 영향을 미치는 용접 조건]

① 용접속도　② 용접전류　③ 아크전압

13. 고온균열의 영향 : S(황)

[알루미늄의 성질]

① 염산, 인산, 황산, 질산에 약하다.
② 산화피막의 보호작용으로 내식성이 좋다.
③ 전기 및 열의 전도율이 좋다.
④ 비중이 가벼워 경금속에 속한다.

14. 덧붙이

계산 또는 필릿 용접의 치수 이상으로 표면 위에 용착된 금속

15. 용접작업

① 캐스케이드법 : 다층 용접 시 한 부분의 몇 층을 용접하다가 이것을 다음 부분의 층으로 연속시켜 전체가 단계를 이루도록 용착시켜 나가는 방법
② 빌드업법 : 용접전 길이에 대해서 각 층을 연속하여 용접하는 방법
③ 블록법 : 짧은 용접길이로 표면까지 용착하는 방법
④ 전진법 : 용접길이가 짧아서 변형 및 잔류응력이 그다지 문제가 되지 않을 때 이용

16. 퓨즈 용량 $= \dfrac{22 \times 1{,}000}{220} = 100\text{A}$

17. 초음파탐상법 중 가장 많이 사용되는 검사법 : 펄스 반사법

18. 용접이음의 강도 계산

① 굽힘모멘트 ② 비틀림모멘트 ③ 수직력

19. Fe－C 평형상태도에서 γ철의 결정구조 : 면심입방격자

20. 주철 용접 시 주의사항

① 용접봉은 가급적 지름이 작은 것을 사용한다.
② 용접부를 필요 이상 크게 하지 않는다.
③ 비드 배치는 짧게 해서 여러 번의 조작으로 완료한다.
④ 용접전류는 필요 이상 높이지 말고 지나치게 용입을 깊게 하지 않는다.

21. 금속의 일반적인 특징

① 모든 금속은 고체이나, 수은만은 액체이다.
② 소성변형이 있어 가공하기 쉽다.
③ 열과 전기의 좋은 양도체이다.
④ 전성 및 연성이 풍부하다.
⑤ 금속적 광택을 가지고 있다.
⑥ 이온화하면 양이온(＋)이 된다.

22. 고장력 강의 용접 시 일반적인 주의사항

① 아크 길이는 짧게 유지한다.
② 위빙 폭을 크게 하지 말아야 한다.
③ 용접 개시 전 이음부 내부를 청소한다.
④ 용접봉은 저수소계를 사용한다.

23. 연강을 0℃ 이하에서 용접할 경우 예열하는 요령

용접이음의 양쪽 폭 100mm 정도를 40~70℃로 예열한다.

24. 용접부 보조기호

① 평면 : ──
② 볼록형 : ⌒
③ 오목형 : ◡
④ 끝단부를 매끄럽게 함 :
⑤ 영구적인 덮개판 사용 : | M |
⑥ 제거 가능한 덮개판 사용 : | MR |

25. 용접부 기호

① 뒷면 용접 공정이 없는 경우 : \/
② 가장자리 용접 : |||
③ 서피싱 이음 : ═
④ 서피싱 : ⌒⌒

26. 물체의 모양을 가장 잘 나타낼 수 있는 투상면 : 정면도

27. 용접 기호

① C : 슬롯부의 폭　② l : 용접부의 길이　③ n : 용접부 개수

28. 도면의 크기

용지	가로(mm)	세로(mm)
A0	1,189	841
A1	841	594
A2	594	420
A3	420	297
A4	297	210

29. 규소가 탄소강에 미치는 일반적 영향

① 인장강도, 탄성한도, 경도를 상승시킨다.
② 연신율과 충격값을 감소시킨다.
③ 결정립을 조대화시키고 가공성을 해친다.
④ 용접성을 저하시킨다.

30. 적열취성 원인 : 황
상온취성 원인(청열취성) : 인

31. 특수 원소의 영향

① Ni : 인성 증가, 저온충격저항 증가　② Cr : 내식성, 내마모성 향상
③ Mn : 적열취성 방지, 고온강도　④ Mo : 뜨임취성 방지
⑤ Al, W : 결정입자 조절　⑥ Si : 전자기적 특성 개선, 탈산
⑦ Ti : 내식성 향상

32. AET (Acoustic Emission Test)

재료의 내부에서 파괴가 발생하여 새로운 파단면적이 발생하는 순간에 방출하는 음향파

33. 보조투상도 : 경사면부가 있는 대상물에서 그 경사면의 실험을 나타낼 필요가 있는 경우에 그리는 투상도
부분투상도 : 필요한 부분만을 투상하여 도시한다.
국부투상도 : 대상물의 구멍, 홈 등과 같이 한 부분의 모양을 도시한다.
등각투상도 : 서로 120°를 이루는 3개의 기본축에 정면, 평면, 측면을 하나의 투상면 위에서 동시에 볼 수 있도록 나타낸 입체도

34. 일반적인 도면을 보관하는 방법

① 복사도를 접을 때는 A4 크기로 접는다.
② 마이크로필름은 영구보존의 정확성을 기한다.
③ 트레이싱도는 접어서는 안 되므로 펼친 그대로 수평, 수직 또는 말아서 원통으로 보관한다.

35. 경금속 : 비중이 4.5 이하인 것

① 마그네슘 : 1.7
② 알루미늄 : 2.7
③ 티탄 : 4.5
④ 백금 : 21.45

36. 열처리 목적

① 수소량 감소 ② 균열 방지 ③ 급랭 방지

37. 열처리

① 뜨임 : 담금질된 강을 A1변태점 이하의 일정 온도로 가열하여 인성을 증가시킨다.
② 불림 : 강을 표준상태로 하기 위하여 가공조직의 균일화, 결정립의 미세화, 기계적 성질의 향상을 목적
③ 풀림 : 재질의 연화를 목적으로 일정 시간 가열 후 노 내에서 서냉
④ 담금질 : 강을 A3변태 및 A1선 이상 30~50℃로 가열한 후 물 또는 기름으로 급랭하는 방법

38. 변형시효균열

내열합금 용접 후 냉각중이나 열처리 등에서 발생하는 용접구속 균열

39. 맞대기 이음 용접기호

① K형 ② V형 ③ U형 ④ Y형 ⑤ I형

40. 필릿 용접부의 목두께는 6mm다.

41. 편석

용착금속이 응고할 때 불순물이 한 곳으로 모이는 현상

42. 열전도율

Ag > Cu > Au > Al > Mg > Ni > Fe > Pb (은구금알마니철납)

43. 저온균열 : 300℃ 이하
고온균열 : 500℃ 이상

44. 표면경화법

① 가스침탄법
㉠ 침탄부분을 기밀의 가열로 속에 넣고 적당한 침탄가스를 보내면서 900~950℃

에서 침탄하는 방법

㉡ 메탄가스와 같은 탄화수소가스를 사용하여 침탄하는 방법. 침탄가스는 Ni를 촉매로 하여 변성로에서 변성

② 액체침탄법 : 시안화나트륨(NaCN), 시안화칼리(KCN)를 주성분으로 한 염을 사용하여 침탄온도 750~950℃에서 30~60분 침탄시키는 방법

③ 고체침탄법 : 고체침탄제를 사용하여 강 표면에 침탄탄소를 확산 침투시켜 표면 경화

④ 질화법 : 강 표면에 질소를 침투시켜 경화하는 방법

45. 탄소강에서 탄소함유량이 증가 시

① 강도, 경도 증가, 취성 증가　　② 연성, 전성 감소, 연신율 감소

46. 체심입방격자 원자수 : 2개

면심입방격자 원자수 : 4개

47. 가는파선

대상물의 보이지 않은 부분의 모양을 표시하는 데 쓰이는 선

48. 판금제관의 전개방식

① 방사선법　② 삼각형법　③ 평행선법

도면에서 비례척이 아님을 표시 : NS(Not to Scale)

49. KS규격에서 도면을 철하는 부분의 경우 A3용지의 가장자리에서부터의 최소 간격

25mm

50. 재결정온도

① Pb(납) : −3℃　② Sn(주석) : 상온(20℃)

③ Al(알루미늄) : 150℃　④ Au(금) : 200℃

⑤ Cu(구리) : 150~240℃　⑥ Fe(철) : 350~450℃

51. 보조기호

용접부 표면의 형상	기 호
평면	——
블록형	⌒
오목형	◡
끝단부를 매끄럽게 함	⫝̸
영구적인 덮개판을 사용	M
제거 가능한 덮개판을 사용	MR

52. 가는실선으로 사용하는 것

① 치수 기입하기 위해 도형으로부터 끌어내는 데 쓰인다.
② 기수 기입하기 위해
③ 대상물의 일부를 파단한 경계 표시
④ 도형의 한정된 특정부분을 다른 부분과 구별

53. 가상선(가는이점쇄선)

① 인접부분 참고 표시
② 공구위치 참고 표시
③ 가공 전 · 후 표시
④ 이동하는 부분의 이동위치 표시

54. 외형선(굵은실선) : 대상물이 보이는 부분의 모양 표시
절단선(가는일점쇄선) : 절단위치를 대응하는 그림에 표시
해칭선(가는실선) : 도형의 한정된 특정부분을 다른 부분과 구별
파단선(가는실선) : 대상물의 일부를 파단한 경계 표시

55. 등각투상도

① 물체의 3개의 세 모서리는 각각 120°
② 물체의 정면, 평면, 측면을 하나의 투상도에서 볼 수 있도록 그린 도법
③ 용도 : 기계의 조립분해를 설명하는 장비 지침서 제품의 디자인도

56. 금속의 조직 중 경도가 가장 높은 것 : 시멘타이트

57. 부분단면도 : 일부분을 잘라내고 필요한 내부 모양을 그리기 위한 방법
회전단면도 : 핸들, 벨트 풀리, 바퀴의 암, 후크의 절단한 단면모양을 90°회전시킨다.
전개도 : ① 입체의 표면을 하나의 평면 위에 놓은 도형
② 상관선은 상관체에서 입체가 만난 경계선을 말한다.
③ 용도 : 자동차부품, 상자, 책꽂이, 덕트 등

✪ 상관선 : 두 물체가 만나는 경계의 선

58. 치수의 표시방법

① 지름 : ϕ
② 반지름 : R
③ 구의 지름 : Sϕ
④ 구의 반지름 : SR
⑤ 정사각형의 변 : □
⑥ 판의 두께 : t
⑦ 45° 모따기 : C
⑧ 원호의 길이 : ⌒
⑨ 이론적으로 정확한 치수 : [123]
⑩ 참고치수 : (　)

59. 기계구조용 탄소강관(SM)

① SM12C ② SM15C ③ SM17C ④ SM20C
⑤ SM22C ⑥ SM25C ⑦ SM28C 등

60. 중심마크

도면을 마이크로필름에 촬영하거나 복사할 때에 편의를 위하여 윤곽선 중앙으로부터 용지의 가장자리에 이르는 굵기 0.5mm의 수직선으로 그은 선

61. 일반적인 판금전개도를 그릴 때 전개방법

① 평행선 전개법 ② 삼각형 전개법 ③ 방사선 전개법

62. 수소의 근원

① 플럭스에 흡수된 수분 ② 대기중의 수분 ③ 고착제가 포함한 수분
잔류응력 제거(용접 후 처리)

63. 주상정의 발달을 억제하는 방법

① 용접 직후에 롤러 가공을 적용하는 방법
② 용접중에 공기 충격을 적용하는 방법
③ 용접중에 초음파 진동을 적용하는 방법

64. 금속침투법 종류

① 아연(Zn) : 세라다이징 ② 알루미늄(Al) : 칼로라이징
③ 규소(Si) : 실리코나이징 ④ 크롬(Cr) : 크로마이징

65. 어닐링

내부응력의 제거 또는 열처리 가공 등으로 인하여 경화된 재료의 연화 및 균일화를 위해 강재를 적당한 온도로 가열하여 일정 시간 유지 후 노 안에서 서냉하는 열처리

66. 전위 : 불완전한 것 또는 결함이 있을 때 외력이 작용하면 불완전한 곳 및 결함이 있는 곳에서부터 이동이 생기는 현상
슬립 : 금속결정형이 원자 간격이 가장 작은 방향으로 층상 이동하는 현상
쌍정(트윈) : 변형 전과 변형 후의 위치가 어떤 면을 경계로 대칭되는 현상

67. 덴드라이트

금속의 결정구조에서 결정의 성장 중 수지상 결정(나뭇가지 모양 결정)

68. 연납의 성분 : 주석＋납

69. 크리프 현상

금속에 고온으로(350℃ 이상) 장시간 동안 일정한 인장하중을 가하면 시간의 경과와 더불어 변형이 증대하는 현상

70. 오스테나이트계 스테인리스강 용접 시 고온균열 발생 원인

① 크레이터 처리를 하지 않았을 때
② 아크 길이가 너무 길 때
③ 모재가 오염되었을 때

71. 편정형

2성분계의 평형상태도에서 액체, 기체 어느 상태에서도 일부분밖에 녹지 않는 형

72. 강의 표면경화 열처리 방법

① 고주파경화법 ② 화염경화법 ③ 시안화법
④ 질화법 ⑤ 금속침탄법 ⑥ 침탄법(액체, 가스, 고체)

73. 용융슬래그의 염기도를 나타내는 식

$$\text{염기도} = \frac{\sum \text{염기성 성분}}{\sum \text{산성 성분}}$$

74. 어닐링

용접부를 어떤 온도 이상으로 가열하면 재질이 연화되어 연성이 증가하고 내부응력을 제거하며 정상적인 재료의 성질로 회복되는 열처리법

75. 스테인리스강 중에서 용접성 가장 우수한 강 : 오스테나이트계 스테인리스강

76. 저용융점 합금이란 주석보다 용융점이 낮은 것

77. 자기변태

원자배열은 변화가 없고 자성만 변하는 것
[자기변태온도]
① Ni : 358℃ ② Fe : 768℃ ③ Co : 1,160℃

78. 용융금속의 결정을 미세화시키는 방법

① 합금원소를 첨가하는 방법
② 초음파 진동에 의한 방법
③ 자기교반에 의한 방법

79. 용접부 비파괴 시험 기호

① 방사선투과검사 : RT(Radiographic Testing)
② 자분탐상검사 : MT(Magnetic Particle Testing)
③ 침투탐상검사 : PT(Penetrant Testing)
④ 초음파탐상검사 : UT(Ultrasonic Testing)
⑤ 와류탐상검사 : ET(Eddy Current Testing)
⑥ 누설검사 : LT(Leak Testing)
⑦ 육안검사 : VT(View Testing)

80. 가상선은 가는이점쇄선 사용

① 가공 전 또는 가공 후의 모양을 표시하는 선
② 이동하는 부분의 이동위치를 표시하는 선

③ 공구, 지그 등의 위치를 참고로 표시하는 선
④ 도시된 물체의 앞면을 표시하는 선
해칭을 하는 경우 : 절단 단면부분을 나타내고자 할 때
∴ 회주철(GC : Gray Cast)

81. 레데뷰라이트
철 · 탄소계 합금의 응고 시 1,130℃에서 4.3%의 공정

82. 금속 중에서 비중이 가장 가벼운 것 : 리듐(0.53)
금속 중에서 비중이 가장 무거운 것 : 이리듐(22.5)

83. 강괴의 종류
① 킬드강(용접성이 가장 좋음) ② 림드강 ③ 세미킬드강
백심가단주철의 인장강도 : 34kg/mm^2 이상
선상조직 : 용접금속의 파면에 매우 미세한 주상정이 서릿발 모양으로 병립하는 것으로서 주원인은 수소이다.

84. 슬래그 생성제
용융점이 낮은 가벼운 슬래그를 만들어 용융금속의 표면을 덮어서 산화나 질화를 방지하고 용착금속의 냉각속도를 느리게 한다.
종류 : ① 이산화망간 ② 산화철 ③ 산화티탄
④ 형석 ⑤ 탄산나트륨 ⑥ 일미나이트
⑦ 석회석 ⑧ 규산칼륨

85. 공정반응(eutectic)
A와 B 금속을 합금하여 이 두 금속보다 자율성을 갖는 합금을 만드는 반응

86. 탄소당량
금속의 용접성을 나타낸 것으로 이 값이 크면 용접성이 저하된다.

87. 임계냉각 온도범위
가열변태점과 냉각변태점의 온도범위

88. 아공석강 : 탄소가 0.77% 이하로 페라이트+펄라이트
공석강 : 탄소가 0.77% 이하로 펄라이트로 이루어짐.
과공석강 : 탄소가 0.77% 이상으로 펄라이트+시멘타이트

89. 고온크랙의 발생 원소 : 유황, 규소, 니켈
저온크랙의 발생 원소 : 수소

90. 구리 및 동합금의 일반적인 MIG 용접 조건
① 후판 용접에 쓰인다.

② 전극은 직류 정극성을 쓴다.
③ 심선은 탈산된 것을 쓴다.
④ 아르곤은 99.8% 이상의 순도 높은 것을 쓴다.

91. 금속간 화합물

2종 이상의 금속원자가 간단한 원자비로 결합되어 본래의 물질과는 전혀 다른 결정 격자를 형성하는 것

[스패터의 발생 원인]

① 아크 길이가 너무 길 때
② 전류가 높을 때
③ 습기가 있는 용접봉 사용 시

92. 연납의 주성분 : 주석+납(Sn+Pb)

93. 변형시효

상온에서 가공한 금속이 그 후의 시효에 의해 경화되는 현상이며 질소가 원인

94. 은점(fish eye)

① 발생 원인은 수소이다.
② 용접결함의 일종
③ 속이 비고 둘레에 취화부가 있는 원형의 결함이다.

95. TIG 용접으로 알루미늄을 직류역극성으로 용접 시 표면의 산화피막을 제거하는 방법

용접중 청정작용에 의해 피막을 제거

96. 마텐자이트 조직

① 마텐자이트는 확산에 의해 생기는 변태가 아니다.
② 마텐자이트의 생성경향은 합금 원소량과 관계가 있다.
③ 마텐자이트는 모재의 탄소함량이 높을수록 생성되기 쉽다.
④ 마텐자이트는 용접열 사이클의 냉각속도가 클수록 생성되기 쉽다.

97. 변형시효

질소가 그 원인이며 상온에서 가공한 금속이 그 후의 시효에 의해 경화하는 현상

98. 탈황 및 탈인 반응에 의한 내용

① 탈황반응은 염기도가 클수록 진행이 쉽다.
② 탈황률은 산화철륨에 비례한다.
③ 탈인율은 용융슬래그가 산성일수록 크다.

99. 용접부의 응력부식균열을 최소화할 수 있는 방법

① 인장강도가 낮은 모재를 선정한다.
② 응력 제거 열처리를 한다.

③ 오스테나이트계 스테인리스강의 경우 페라이트 조직과 공존하는 조직을 가지면 효과가 있다.

100. 오스테나이트계 스테인리스강의 용접부에 발생하는 부식결함을 방지하기 위하여 첨가하는 화학성분

① Ti(티탄) ② Ta(탈륨) ③ Nb(네오데븀)

101. 예열에 관한 내용

① 연강으로 기온이 0℃ 이하에서는 용접할 경우 이음의 양쪽 폭 100mm 정도를 40~75℃로 가열한다.
② 연강으로 두께 25mm 이상인 경우 50~350℃로 예열한다.
③ 고장력강, 저합금강은 50~350℃로 예열한다.
④ 냉각속도를 느리게 하여 모재의 취성을 방지한다.
⑤ 용착금속의 수소 성분이 나갈 수 있는 여유를 주어 비드 및 균열 방지

102. 철 · 탄화철계 공석조직 : 펄라이트

103. 오스테나이트 상태에서 냉각속도가 가장 빠를 때 나타나는 조직

마텐자이트(강을 A3변태 및 A1선 이상 30~50℃로 가열 후 수랭 또는 유랭으로 급랭)

104. 합금과 성분

① 청동 : Cu+Sn ② 황동 : Cu+Zn
③ 스테인리스강 : C+Fe+Ni+Cr ④ 탄소강 : C, Mn, S, P, Si(5대 원소)

105. 아세틸렌의 용제

① 아세톤(25배) ② DMF(디메틸포름아미드)

106. 오스테나이트계 스테인리스강

① 용접 후 급랭하여 입계부식 방지
② 크레이터 처리를 한다.
③ 예열을 하지 않는다.
④ 층간온도가 320℃ 이상을 넘어서는 안 된다.
⑤ 짧은 아크길이 유지하고, 용접봉은 가는 것을 사용.

107. 결정

물질을 구성하고 있는 원자가 규칙적으로 배열을 이루고 있는 것

108. 천이온도

재료가 연성파괴에서 취성파괴로 변하는 온도 범위

109. 용접부의 풀림처리 효과 : 잔류응력의 감소

110. 공적강의 항온변태 중 723℃ 이상의 조직 : 오스테나이트

111. 용접부에 수소가 미치는 영향

① 은점 발생　② 언더비드크랙 발생　③ 저온균열 원인

112. 스테인리스강은 900~1,100℃의 고온에서 급랭할 때의 현미경 조직에 따른 3종류

① 오스테나이트계 스테인리스강(18-8 스테인리스강)
　㉠ 용접성이 SUS 중 가장 우수　㉡ 비자성체
② 페라이트계(Cr 130%)
　㉠ 용접은 가능하나 자성체이다.　㉡ 강인성 및 내식성이 있다.
③ 마텐자이트계
　㉠ 용접성 불량　㉡ Cr18보다 강도가 좋다.

113. 알루미늄의 물리적 성질

① 황산, 인산, 묽은질산, 염산에는 침식된다.
② Al_2O_3가 생겨 내식성이 좋다.
③ 비중이 가벼워 경금속에 속한다.
④ 전기 및 열의 전도율이 좋다.

114. 저온균열

300℃ 이하에서 발생하고 수축응력이나 열변형에 의한 응력집중 등의 원인으로 인하여 발생하며 수소가 원인이다.
① 구속도가 커지면 균열발생률은 커진다.
② 탄소당량이 큰 모재는 균열발생 위험성이 커진다.
③ 수소의 혼입이 많아지면 균열발생률이 커진다.

115. 금속재료를 냉간가공 시 강도 및 경도 및 증가 원인

① 내부응력　② 전위　③ 쌍정

✪ **냉간가공 : 재결정온도 이하에서 가공하는 것**

116. 스테인리스강은 900~1,100℃의 고온에서 급랭 시 현미경 조직에 따른 3종류

① 오스테나이트계 스테인리스강　② 페라이트계 스테인리스강
③ 마텐자이트계 스테인리스강

117. 일반구조용 강의 탄소 함유량 : 0.3% 정도

118. 편정반응

성분계의 평형 상태도에서 액체, 고체 어느 상태에서도 일부분밖에 녹지 않는 반응

119. 용융금속의 결정을 미세화시키는 방법

① 합금원소를 첨가하는 방법　② 초음파 진동에 의한 방법
③ 자기교반에 의한 방법

120. 탄소당량

금속의 용접성을 나타낸 것으로 이 값이 크면 용접성이 저하된다.

121. 스테인리스강 중 입계부식 현상이 특히 많이 생기는 강은 18-8 스테인리스강

122. 강용접이음부의 피로강도를 증가시키는 대책

① 용접부를 적당히 열처리한다.
② 맞대기 용접 시 비드 접촉각을 작게 한다.
③ 용접 토(toe)부를 연마하여 평활하게 한다.

123. 용접금속이 주상조직을 나타내는 경우

① 기계적 성질이 떨어진다.　② 충격치가 낮다.
③ 방향성을 나타낸다.　④ 보통단층용접의 경우 나타난다.

124. 피복 아크 용접 시 아크열온도 : 5,000℃

125. 냉각속도 : 단위 시간당 온도변화

① 철강 용접 : 500~800℃　② 탄소강, 저합금강 : 300℃
③ 18-8 스테인리스강 : 540℃, 700℃

126. 고온 측정용 열전대 : 콘스탄탄(Cu : 55%, Ni : 45%)

127. 림드강

연강봉 피복아크 용접봉의 심선은 용융금속의 이행을 촉진시키기 위하여 규소의 양을 적게 한 강

128. 숏피닝의 목적

소재 표면에 강이나 주철로 된 작은 입자들을 고속으로 분사시켜 가공경화에 의해 표면의 경도를 높이는 경화법

129. 고셀룰로오스계(E4311)

① 강력한 스프레이형 아크를 발생하며 아연도금 철판의 용접에 가장 효과 있음.
② 셀룰로오스를 20~30% 정도 포함한 용접봉으로 좁은 홈의 용접, 수직상진, 수직하진 및 위보기 용접에서 우수한 용접
③ 피복제에 다량의 유기물이 함유되어 보관 시 습기가 흡수되기 쉬우므로 기공 발생

130. 금속결정의 결함

① 기공 및 공공(vacancy)　② 결정입계(grain boundary)

③ 전위(dislocation)

131. 용접 비드 부근이 부식하기 가장 쉬운 이유

잔류응력의 증가로 변질부가 되므로

132. 청열취성

저탄소강을 저온에서 인장시험을 하면 200~300℃의 온도범위에서 인장강도는 매우 증가하고 또한 연성의 저하를 나타내는 경우

133. 선상조직

필릿 용접 파면에 나타나는 서리조직으로 그 원인은 수소이다.

134. 주철의 보수 용접 시 사용하는 방법

① 버터링법 : 처음에 모재와 잘 융합하는 용접봉을 사용하여 적당한 두께까지 융착시키고 난 후 다른 용접봉으로 용접하는 방법
② 스터드법 : 용접경계부 바로 밑부분의 모재까지 갈라지는 결점을 보강하기 위하여 스터드 볼트를 사용하여 조이는 방법
③ 비녀장법 : 균열의 수리 및 가늘고 긴 용접을 할 때 용접선에 직각이 되게 6~10mm 정도의 ㄷ자형 강봉을 박고 용접
④ 로킹법 : 용접부 바닥면에 둥근 홈을 파고 이 부분에 걸쳐 힘을 받도록 하는 방법

135. 알루미늄과 알루미늄합금의 용접성이 불량한 이유

산화알루미늄의 용융온도가(2,050℃, 비중 4), 알루미늄의 용융온도보다(660℃, 2.7) 높기 때문에

136. 탄소량 증가 시 미치는 영향

① 용접성이 떨어진다.
② 연성, 전성 감소
③ 인성 감소
④ 인장강도, 경도 증가

137. 용접 분위기 중에서 발생하는 수소의 원인

① 대기중의 수분
② 고착제 포함한 수분
③ 플럭스에 흡착된 수분

138. 힐(heel) 균열

필릿 용접 이음부의 루트 부분에 생기는 저온균열로 모재의 열팽창 및 수축에 의한 비틀림의 주 원인

139. 냉각법 중 가장 천천히 냉각시키는 방법 : 노냉

[크롬(Cr)]

① 인장강도, 경도 증가
② 내식성, 내열성 커지게 함.
③ 자경성과 탄화물을 쉽게 만듦.
④ 내마멸성을 커지게 함.

140. 아세틸렌 용제

① 아세톤　　② DMF(디메틸포름아미드)

141. 금속이 열전도도나 전기전도도가 높은 이유

자유전자의 이동이 있기 때문에

142. 노치취성 : 용접이음의 안전성에 가장 큰 영향을 미침.

143. 연강용 피복아크용접봉의 심선재료 : 저탄소강

144. 금속 현미경에 의한 시편의 조직검사 검사순서

시료 채취 → 연마 → 부식 → 검사 → 세척

145. 주철의 탄소량 : 2.1~6.67

146. 고속도강

① W(18) : Cr(4) : V(1)　　② 예열 800~900℃
③ 표준형 고속도강으로 일명 H.S.S　　④ 600℃ 정도 경도 유지

147. 금속조직의 경도

① 시멘타이트 : 1,050~1,200　　② 오스테나이트 : 100~200
③ 펄라이트 : 240　　④ 페라이트 : 70~100

148. 고장력강이나 극후강판의 용접에서 후열을 하는 목적

저온균열 방지

149. 금속간화합물

① 2종 이상의 금속원소가 단순한 원자비로 결합되어 본래의 성질과 전혀 다른 별개의 물질이 형성되며 그 원자도 규칙적으로 결정 격자점을 갖는 것
② 친화력이 큰 성분금속이 화학적으로 결합되면 각 성분금속과는 성질이 현저하게 다른 독립된 화합물을 만드는 것(Fe_3C, Cu_3Sn, Cu_4Sn, Mg_2Si, $MgZn_2$)

150. 니켈구리계 합금의 종류

① 콘스탄탄 : 구리(50~60%)+Ni(40~50%)
② 모넬메탈 : 구리(30~35%)+Ni(65~70%)
③ 큐프로니켈 : 구리(70%)+Ni(30%)

151. 공정조직

2개 성분 금속이 용해된 상태에서는 균일한 용액으로 되나 응고 후에는 성분 금속이 각각 결정이 되어 분리되며 2개 성분 금속이 고용체를 만들지 않고 기계적으로 혼합된 조직

152. 수소 : 헤어크랙과 은점의 원인

153. 수지상정

금속이 응고할 때 핵에서 성장하는 결정이 나뭇가지와 같은 모양을 하는 것

154. TTT 곡선(Time Temperature Transformation) : 항온변태곡선

155. 저면도(하면도) : 물체의 아래쪽에서 바라본 모양

156. 보조투상도

경사면 부가 있는 물체에서 그 경사면의 실제 모양을 전체 또는 일부분으로 표시하는 투상도

특수용접기능사 필기

기출문제

2014

특수용접기능사

2014년 1월 26일 시행

2014

문제 01

다음 중 연강 용접봉에 비해 고장력강 용접봉의 장점이 아닌 것은?

① 재료의 취급이 간단하고 가공이 용이하다.
② 동일한 강도에서 판의 두께를 얇게 할 수 있다.
③ 소요 강재의 중량을 상당히 무겁게 할 수 있다.
④ 구조물의 하중을 경감시킬 수 있어 그 기초공사가 단단해진다.

해설 **고장력강 용접봉의 장점**
① 소요 강재의 중량을 상당히 가볍게 할 수 있다.
② 구조물의 하중을 경감시킬 수 있어 그 기초공사가 단단해진다.
③ 동일한 강도에서 판의 두께를 얇게 할 수 있다.
④ 재료의 취급이 간단하고 가공이 용이하다.

문제 02

다음 중 아크 에어 가우징 시 압축공기의 압력으로 가장 적합한 것은?

① 1~3kgf/cm^2 ② 5~7kgf/cm^2
③ 9~15kgf/cm^2 ④ 11~20kgf/cm^2

해설 **아크 에어 가우징** : 탄소아크절단장치에다 압축공기 5~7kg/cm^2를 병용하여서 아크열로 용융시킨 부분을 압축공기로 불어 날려서 홈을 파내는 작업
장점 : ① 응용범위가 넓고 경비가 저렴
② 용융금속을 순간적으로 불어내어 모재에 악영향을 주지 않음.
③ 조작 방법이 간단
④ 작업 능률이 2~3배 높다.
⑤ 용접 결함부의 발견이 쉽다.

문제 03

다음 중 고속분출을 얻는 데 적합하고, 보통의 팁에 비하여 산소의 소비량이 같을 때 절단속도를 20~25% 증가시킬 수 있는 절단 팁은?

① 직선형 팁 ② 산소-LP형 팁
③ 보통형 팁 ④ 다이버전트형 팁

해설 **다이버전트형 팁** : 고속분출을 얻는 데 적합하고, 보통의 팁에 비하여 산소의 소비량이 같을 때 절단속도를 20~25% 증가시킬 수 있는 절단 팁

해답

01. ③ 02. ② 03. ④

문제 04

다음 중 직류 아크 용접의 극성에 관한 설명으로 틀린 것은?

① 전자의 충격을 받는 양극이 음극보다 발열량이 작다.
② 정극성일 때는 용접봉의 용융이 늦고 모재의 용입은 깊다.
③ 역극성일 때는 용접봉의 용융속도는 빠르고 모재의 용입이 얕다.
④ 얇은 판의 용접에는 용락(burn through)을 피하기 위해 역극성을 사용하는 것이 좋다.

해설 전자의 충격을 받는 양극이 음극보다 발열량이 높다.

문제 05

다음 중 정격 2차 전류가 200A, 정격사용률이 40%의 아크 용접기로 150A의 용접전류를 사용하여 용접하는 경우 허용사용률은 약 몇 %인가?

① 33%
② 40%
③ 50%
④ 71%

해설

$$\textbf{허용사용률} = \frac{(\text{정격 2차 전류})^2}{(\text{실제 용접전류})^2} \times \text{정격사용률}$$

$$= \frac{200^2}{150^2} \times 40 = 71.11\%$$

문제 06

다음은 수중 절단(underwater cutting)에 관한 설명으로 틀린 것은?

① 일반적으로 수중 절단은 수심 45m 정도까지 작업이 가능하다.
② 수중 작업 시 절단산소의 압력은 공기 중에서의 1.5~2배로 한다.
③ 수중 작업 시 예열가스의 양은 공기 중에서의 4~8배 정도로 한다.
④ 연료가스로는 수소, 아세틸렌, 프로판, 벤젠 등이 사용되나 그 중 아세틸렌이 가장 많이 사용된다.

해설 **수중 절단**

① 연료가스로는 수소가스가 가장 많이 사용된다.
② 수중절단의 수심은 45m 정도까지 작업이 가능하다.
③ 수중작업 시 절단산소의 압력은 1.5~2배이다.
④ 수중작업 시 예열가스의 양은 공기 중에서의 4~8배 정도로 한다.

문제 07

다음 중 원판상의 롤러 전극 사이에 용접할 2장의 판을 두고 가압 · 통전하여 전극을 회전시키며 연속적으로 점 용접을 반복하는 용접법은?

① 심 용접
② 프로젝션 용접
③ 전자 빔 용접
④ 테르밋 용접

해답

04. ① 05. ④ 06. ④ 07. ①

해설 **심 용접** : 원판상의 롤러 전극 사이에 용접할 2장의 판을 두고 가압 통전하여 전극을 회전시키며 연속적으로 점 용접을 반복하는 용접법

문제 08

다음 중 가스 불꽃의 온도가 가장 높은 것은?

① 산소-메탄 불꽃 ② 산소-프로판 불꽃
③ 산소-수소 불꽃 ④ 산소-아세틸렌 불꽃

해설 **가스 불꽃 온도**(아부수프메)
① 산소-아세틸렌 : 3430℃ ② 산소-부탄 : 2926℃
③ 산소-수소 : 2900℃ ④ 산소-프로판 : 2820℃
⑤ 산소-메탄 : 2700℃

문제 09

다음 중 가연성 가스가 가져야 할 성질과 가장 거리가 먼 것은?

① 발열량이 클 것.
② 연소속도가 느릴 것.
③ 불꽃의 온도가 높을 것.
④ 용융금속과 화학반응을 일으키지 않을 것.

해설 **가연성 가스가 가져야 할 성질**
① 연소속도가 빠를 것. ② 용융금속과 화학반응을 일으키지 않을 것.
③ 불꽃의 온도가 높을 것. ④ 발열량이 클 것.

문제 10

강재의 가스 절단 시 팁 끝과 연강판 사이의 거리는 백심에서 1.5~2.0mm 정도 떨어지게 하며, 절단부를 예열하여 약 몇 ℃ 정도가 되었을 때 고압산소를 이용하여 절단을 시작하는 것이 좋은가?

① 300~450℃ ② 500~600℃
③ 650~750℃ ④ 800~900℃

해설 **절단온도**(동연강)
① 동관 : 600~700℃
② 연관 : 700~800℃
③ 강관(강재) : 800~900℃

문제 11

다음 중 정전압 특성에 관한 설명으로 옳은 것은?

① 부하 전압이 변화하면 단자 전압이 변하는 특성
② 부하 전류가 증가하면 단자 전압이 저하하는 특성
③ 부하 전압이 변화하여도 단자 전압이 변하지 않는 특성
④ 부하 전류가 변화하지 않아도 단자 전압이 변하는 특성

해답

08. ④ 09. ② 10. ④ 11. ③

해설 **정전압 특성** : 부하 전압이 변하여도 단자 전압이 변화지 않는 특성
수하 특성 : 부하 전류가 증가하면 단자 전압이 낮아지는 특성

문제 12

피복 아크 용접에서 용접속도(welding speed)에 영향을 미치지 않는 것은?

① 모재의 재질　② 이음 모양
③ 전류값　④ 전압값

해설 ① 전류값 ② 이음 모양 ③ 모재의 재질

문제 13

다음 중 연강용 피복 아크 용접봉 피복제의 역할과 가장 거리가 먼 것은?

① 아크를 안정하게 한다.
② 전기를 잘 통하게 한다.
③ 용착금속의 급랭을 방지한다.
④ 용착금속의 탈산 및 정련작용을 한다.

해설 **피복제의 역할**
① 전기 절연 작용　② 아크 안정
③ 탈산 정련 작용　④ 용착금속의 급랭 방지
⑤ 스패터 발생을 방지한다.　⑥ 합금원소 첨가
⑦ 공기중 산화, 질화 방지　⑧ 용착금속의 효율을 높인다.

문제 14

다음 중 피복 아크 용접에 있어 위빙 운봉 폭은 용접봉 심선 지름의 얼마로 하는 것이 가장 적절한가?

① 1배 이하　② 약 2~3배
③ 약 4~5배　④ 약 6~7배

해설 피복 아크 용접에 있어 위빙 운봉 폭은 용접봉 심선 지름의 약 2~3배 이하로 하는 것이 가장 적합.
[예] ϕ3.2 : 6.4~9.6mm

문제 15

다음 중 전기 용접에 있어 전격방지기가 기능하지 않을 경우 2차 무부하 전압은 어느 정도가 가장 적합한가?

① 20~30V　② 40~50V
③ 60~70V　④ 90~100V

해설 **1차 무부하 전압** : 80~90V
2차 무부하 전압 : 20~30V

12. ④ 13. ② 14. ② 15. ①

문제 16

다음 중 산소-아세틸렌 가스 용접에서 주철에 사용하는 용제에 해당하지 않는 것은?

① 붕사 ② 탄산나트륨
③ 염화나트륨 ④ 중탄산나트륨

해설 **용제**
① 연강 : 사용하지 않는다. (연사)
② 주철 : 중탄산소다+붕사+탄산소다 (주중붕탄)
③ 구리 : 붕사+염화리늄 (구붕염)
④ 반경강 : 중탄산소다+탄산소다 (반중탄)

문제 17

내용적이 40L, 충전압력이 150kgf/cm^{2}인 산소용기의 압력이 50kgf/cm^{2}까지 내려갔다면 소비한 산소의 양은 몇 L인가?

① 2,000L ② 3,000L
③ 4,000L ④ 5,000L

해설 **산소의 소비량** $=(150-50)\times 40=4,000l$

문제 18

다음 중 저융점 합금에 대하여 설명한 것 중 틀린 것은?

① 납(Pb : 용융점 327℃)보다 낮은 융점을 가진 합금을 말한다.
② 가융합금이라 한다.
③ 2원 또는 다원계의 공정합금이다.
④ 전기 퓨즈, 화재경보기, 저온 땜납 등에 이용된다.

해설 **저용융점 합금** : 주석(232℃)보다 낮은 용융점을 가진 금속

문제 19

금속의 공통적 특성이 아닌 것은?

① 상온에서 고체이며 결정체이다.(단, Hg은 제외.)
② 열과 전기의 양도체이다.
③ 비중이 크고 금속적 광택을 갖는다.
④ 소성변형이 없어 가공하기 쉽다.

해설 **금속의 공통적 성질**(이상열소비)
① 상온에서 고체이다.(단, 수은은 제외.)
② 열과 전기의 양도체이다.
③ 비중이 크고 금속적 광택을 갖는다.
④ 이온화하면 (+) 양이온이 된다.
⑤ 소성변형이 있어 가공하기 쉽다.

16. ③ 17. ③ 18. ① 19. ④

문제 20

다음 중 대표적인 주조경질 합금은?

① HSS ② 스텔라이트
③ 콘스탄탄 ④ 켈밋

해설 **대표적인 주조경질 합금** : 스텔라이트

문제 21

고 Ni의 초고장력강이며 1370~2060Mpa의 인장강도와 높은 인성을 가진 석출 경화형 스테인리스강의 일종은?

① 마르에이징(maraging)강
② Cr18%-Ni8%의 스테인리스강
③ 13%Cr강의 마텐자이트계 스테인리스강
④ Cr12-17%, C0.2%의 페라이트계 스테인리스강

해설 **마르에이징강** : 고 니켈의 초고장력강이며 1370~2060MPa의 인장강도와 높은 인성을 가진 석출경화용 스테인리스강의 일종이다.

문제 22

열처리 방법에 따른 효과로 옳지 않은 것은?

① 불림-미세하고 균일한 표준조직 ② 풀림-탄소강의 경화
③ 담금질-내마멸성 향상 ④ 뜨임-인성 개선

해설 **풀림** : 가공응력 및 내부응력 제거

문제 23

침탄법을 침탄제의 종류에 따라 분류할 때 해당되지 않는 것은?

① 고체 침탄법 ② 액체 침탄법
③ 가스 침탄법 ④ 화염 침탄법

해설 **침탄제의 종류에 따른 분류** (액고가)
① 액체 침탄법 ② 고체 침탄법 ③ 가스 침탄법

문제 24

구리는 비철재료 중에 비중을 크게 차지한 재료이다. 다른 금속재료와의 비교 설명 중 틀린 것은?

① 철에 비해 용융점이 높아 전기제품에 많이 사용한다.
② 아름다운 광택과 귀금속적 성질이 우수하다.
③ 전기 및 열의 전도도가 우수하다.
④ 전연성이 좋아 가공이 용이하다.

해설 **철의 용융점** : 1539℃ **구리의 용융점** : 1083℃

해답

20. ② 21. ① 22. ② 23. ④ 24. ①

문제 25

크롬강의 특징을 잘못 설명한 것은?

① 크롬강은 담금질이 용이하고 경화층이 깊다.
② 탄화물이 형성되어 내마모성이 크다.
③ 내식 및 내열강으로 사용한다.
④ 구조용은 W, V, Co를 첨가하고 공구용은 Ni, Mn, Mo을 첨가한다.

해설 구조용 강은 Ni, Mn, Mo을 첨가하고 공구용 강은 W, V, Co을 첨가한다.

문제 26

비자성이고 상온에서 오스테나이트 조직인 스테인리스강은? (단, 숫자는 %를 의미한다.)

① 18Cr-8Ni 스테인리스강
② 13Cr 스테인리스강
③ Cr계 스테인리스강
④ 13Cr-Al 스테인리스강

해설 **비자성체이고 상온에서 오스테나이트 조직인 스테인리스강**
18Cr-8Ni 스테인리스강

문제 27

담금질 가능한 스테인리스강으로 용접 후 경도가 증가하는 것은?

① STS 316
② STS 304
③ STS 202
④ STS 410

해설 **담금질 가능한 스테인리스강으로 용접 후 경도가 증가하는 것** : STS 410

문제 28

청동은 다음 중 어느 합금을 의미하는가?

① Cu-Zn
② Fe-Al
③ Cu-Sn
④ Zn-Sn

해설 황동=Cu+Zn(구아)
청동=Cu+Sn(구주)

문제 29

티그 용접의 전원 특성 및 사용법에 대한 설명이 틀린 것은?

① 역극성을 사용하면 전극의 소모가 많아진다.
② 알루미늄 용접 시 교류를 사용하면 용접이 잘된다.
③ 정극성은 연강, 스테인리스강 용접에 적당한다.
④ 정극성을 사용할 때 전극은 둥글게 가공하여 사용하는 것이 아크가 안정된다.

해답

25. ④ 26. ① 27. ④ 28. ③ 29. ④

해설 **티그 용접의 전원 특성**

① 정극성을 사용할 때 전극을 뾰족하게 가공하여 사용하는 것이 아크가 안정된다.
② 정극성은 연강, 스테인리스강 용접에 적당한다.
③ 알루미늄 용접 시 교류를 사용하면 용접이 잘된다.
④ 역극성을 사용하면 전극의 소모가 많아진다.

문제 30

용접 결함 방지를 위한 관리기법에 속하지 않는 것은?

① 설계도면에 따른 용접 시공 조건의 검토와 작업 순서를 정하여 시공한다.
② 용접 구조물의 재질과 형상에 맞는 용접 장비를 사용한다.
③ 작업 중인 시공 상황을 수시로 확인하고 올바르게 시공할 수 있게 관리한다.
④ 작업 후에 시공 상황을 확인하고 올바르게 시공할 수 있게 관리한다.

해설 작업 전에 시공상황을 확인하고 올바르게 시공할 수 있게 관리한다.

문제 31

파장이 같은 빛을 렌즈로 집광하면 매우 작은 점으로 집중이 가능하고 높은 에너지로 집속하면 높은 열을 얻을 수 있다. 이것을 열원으로 하여 용접하는 방법은?

① 레이저 용접 ② 일렉트로 슬래그 용접
③ 테르밋 용접 ④ 플라스마 아크 용접

해설 **레이저 용접** : 파장이 같은 빛을 렌즈로 집광하면 매우 작은 점으로 집중이 가능하고 높은 에너지로 집속하면 높은 열을 얻을 수 있다.
테르밋 용접 : 산화철 분말과 알루미늄 분말 (1 : 3)의 중량비로 혼합한 테르밋제에 과산화바륨과 마그네슘 분말을 혼합한 점화촉진제를 넣어 연소시켜 용접
일렉트로 슬래그 용접 : 아크열이 아닌 와이어와 용융 슬래그 사이에 통전된 전류의 저항열을 이용하여 용접

문제 32

보통 화재와 기름 화재의 소화기로는 적합하나 전기 화재의 소화기로는 부적합한 것은?

① 포말 소화기 ② 분말 소화기
③ CO_2 소화기 ④ 물 소화기

해설 **화재의 분류**

① A급 화재(일반화재＝보통화재) : 목재, 플라스틱 등, 물, 강화액 등
② B급 화재 : 유류 및 가스, CO_2, 분말, 포말
③ C급 화재 : 전기화재, CO_2, 분말
④ D급 화재 : 금속화재, 건조사, 팽창질석, 팽창진주암

해답

30. ④ 31. ① 32. ①

문제 33 서브머지드 아크 용접에 사용되는 용융형 용제에 대한 특징 설명 중 틀린 것은?

① 흡습성이 거의 없으므로 재건조가 불필요하다.
② 미용융 용제는 다시 사용이 가능하다.
③ 고속 용접성이 양호하다.
④ 합금 원소의 첨가가 용이하다.

해설 **서브머지드 아크 용접에 사용되는 용융형 용제에 대한 특징**
① 합금 원소의 첨가가 용이하지 않음.
② 고속 용접성이 양호하다.
③ 미용융 용제는 다시 사용이 가능하다.
④ 흡습성이 거의 없으므로 재건조가 불필요하다.

문제 34 이산화탄소 가스 아크 용접에서 아크 전압이 높을 때 비드 형상으로 맞는 것은?

① 비드가 넓어지고 납작해진다.
② 비드가 좁아지고 납작해진다.
③ 비드가 넓어지고 볼록해진다.
④ 비드가 좁아지고 볼록해진다.

해설 이산화탄소 가스 아크 용접에서 아크 전압이 높을 때 비드 형상 비드가 넓어지고 납작해진다.

문제 35 다음 중 테르밋 용접의 점화제가 아닌 것은?

① 과산화바륨
② 망간
③ 알루미늄
④ 마그네슘

해설 **테르밋 용접의 점화제** *(산알마과)*
① 산화철 분말 ② 알루미늄 분말 ③ 마그네슘 ④ 과산화바륨

문제 36 불활성 가스 금속 아크 용접의 용접 토치 구성 부품 중 와이어가 송출되면서 전류를 통전시키는 역할을 하는 것은?

① 가스 분출기(gas diffuser)
② 팁(tip)
③ 인슐레이터(insulator)
④ 플렉시블 콘딧(flexible conduit)

해설 **팁** : 와이어가 송출되면서 전류를 통전시키는 역할

문제 37 경압용 용제의 특징으로 틀린 것은?

① 모재와 친화력이 있어야 한다.
② 용융점이 모재보다 낮아야 한다.
③ 모재와의 전위차가 가능한 한 커야 한다.
④ 모재와 야금적 반응이 좋아야 한다.

해답

33. ④ 34. ① 35. ② 36. ② 37. ③

해설 **경압용 용제의 특징**
① 모재와 야금적 반응이 좋아야 한다.
② 모재와의 전위차가 가능한 한 커야 한다.
③ 용융점이 모재보다 낮아야 한다.
④ 모재와 친화력이 있어야 한다.

문제 38

다음 중 용접성 시험이 아닌 것은?

① 노치 취성 시험 ② 용접 연성 시험
③ 파면 시험 ④ 용접 균열 시험

해설 **용접성 시험**
① 노치 취성 시험 ② 용접 연성 시험 ③ 용접 균열 시험

문제 39

용접부의 표면이 좋고 나쁨을 검사하는 것으로 가장 많이 사용하며 간편하고 경제적인 검사방법은?

① 자분검사 ② 외관검사
③ 초음파검사 ④ 침투검사

해설 **외관검사** : 용접부의 표면이 좋고 나쁨을 검사하는 것으로 가장 많이 사용하며 간편하고 경제적임.

문제 40

이산화탄소 아크 용접에서 일반적인 용접작업(약 200A 미만)에서의 팁과 모재간 거리는 몇 mm 정도가 가장 적합한가?

① 0~5mm ② 10~15mm
③ 40~50mm ④ 30~40mm

해설 이산화탄소 아크 용접에서 일반적인 용접작업에서의 팁과 모재간 거리는 10~15mm 정도가 적합

문제 41

아크 용접 작업에 관한 안전사항으로서 올바르지 않은 것은?

① 용접기는 항상 환기가 잘되는 곳에 설치할 것.
② 전류는 아크를 발생하면서 조절할 것.
③ 용접기는 항상 건조되어 있을 것.
④ 항상 정격에 맞는 전류로 조절할 것.

해설 전류는 아크를 발생시키기 전에 조절할 것.

해답

38. ③ 39. ② 40. ② 41. ②

문제 42

점용접 조건의 3대 요소가 아닌 것은?

① 고유저항 ② 가압력
③ 전류의 세기 ④ 통전시간

해설 **점용접 조건의 3대 요소** (통통가)
① 통전시간 ② 통전전류(전류의 세기) ③ 가압력

문제 43

화재 및 폭발의 방지 조치사항으로 틀린 것은?

① 용접작업 부근에 점화원을 두지 않는다.
② 인화성 액체의 반응 또는 취급은 폭발한계범위 이내의 농도로 한다.
③ 아세틸렌이나 LP가스 용접 시에는 가연성 가스가 누설되지 않도록 한다.
④ 대기 중에 가연성 가스를 누설 또는 방출시키지 않는다.

해설 인화성 액체의 반응 또는 취급은 폭발범위 이내의 농도로 한다.

문제 44

다음 중 용접부에 언더컷이 발생했을 경우 결함 보수 방법으로 가장 적당한 것은?

① 드릴로 정지구멍을 뚫고 다듬질한다.
② 절단작업을 한 다음 재용접한다.
③ 가는 용접봉을 사용하여 보수용접한다.
④ 일부분을 깎아내고 재용접한다.

해설 **결함의 보수**
① 균열 : 가는 용접봉을 사용하여 용접
② 오버랩 : 깎아내고 재용접한다.
③ 슬래그 : 깎아내고 재용접한다.
④ 균열 : 정지구멍을 뚫어 균열부분을 홈을 판 후 재용접

문제 45

액체 이산화탄소 25kg 용기는 대기 중에서 가스량이 대략 12700L이다. 20L/min의 유량으로 연속 사용할 경우 사용 가능한 시간(hour)은 약 얼마인가?

① 60시간 ② 6시간
③ 10시간 ④ 1시간

해설 **사용 가능한 시간**

$1\text{min} = 20l$

$x = 12700l \qquad x = \dfrac{1\text{min} \times 12700l}{20l} = 635\text{min}$

$\therefore\ 1\text{hr} = 60\text{min}$

$x = 635\text{min} \qquad x = \dfrac{1\text{hr} \times 635\text{min}}{60\text{min}} = 10.58\text{hr}$

해답

42. ① 43. ② 44. ③ 45. ③

문제 46 가스 용접 작업 시 주의사항으로 틀린 것은?

① 반드시 보호안경을 착용한다.
② 산소 호스와 아세틸렌 호스는 색깔 구분 없이 사용한다.
③ 불필요한 긴 호스를 사용하지 말아야 한다.
④ 용기 가까운 곳에서는 인화물질의 사용을 금한다.

해설 **산소 호스** : 녹색　　**아세틸렌 호스** : 적색

문제 47 플러그 용접에서 전단강도는 일반적으로 구멍의 면적당 전 용착금속 인장강도의 몇 % 정도로 하는가?

① 20~30%　　② 40~50%
③ 60~70%　　④ 80~90%

해설 플러그 용접에서 전단강도는 일반적으로 구멍의 면적당 전 용착금속 인장강도의 60~70% 정도

문제 48 용접부의 인장응력을 완화하기 위하여 특수해머로 연속적으로 용접부 표면층을 소성변형 주는 방법은?

① 피닝법　　② 저온응력 완화법
③ 응력제거 어닐링법　　④ 국부가열 어닐링법

해설 **피닝법** : 용접부의 인장응력을 완화하기 위하여 특수해머로 연속적으로 용접부 표면층을 소성변형 주는 방법
저온응력 완화법 : 용접선 양측을 가스 불꽃에 의하여 너비 약 150mm를 150~200℃ 정도의 비교적 낮은 온도로 가열한 다음 곧 수냉하는 방법

문제 49 용접에서 변형 교정 방법이 아닌 것은?

① 얇은 판에 대한 점 수축법　　② 롤러에 거는 방법
③ 형재에 대한 직선 수축법　　④ 노내풀림법

해설 **변형 교정 방법** *(박형후가소외)*
① 박판에 대한 점 수축법 : 열응력을 이용 소성변형을 일으켜 변형 교정
② 형재에 대한 직선 가열 수축법 : 가열하여 발생하는 열응력으로 소성변형을 일으키게 하여 변형 교정
③ 후판에 대하여는 가열 후 압력을 걸고 수냉하는 방법
④ 가열 후 해머로 두드리는 방법
⑤ 소성변형시켜서 교정하는 방법
⑥ 외력을 이용한 소성법
⑦ 롤러에 거는 법

해답

46. ② 47. ③ 48. ① 49. ④

문제 50

용접재 예열의 목적으로 옳지 않은 것은?

① 변형 방지 ② 잔류응력 감소
③ 균열 발생 방지 ④ 수소 이탈 방지

해설 **용접의 예열 목적**
① 변형 방지 ② 잔류응력 감소 ③ 균열 발생 방지

문제 51

다음 중 도면의 일반적인 구비조건으로 거리가 먼 것은?

① 대상물의 크기, 모양, 자세, 위치의 정보가 있어야 한다.
② 대상물을 명확하고 이해하기 쉬운 방법으로 표현해야 한다.
③ 도면의 보존, 검색 이용이 확실히 되도록 내용과 양식을 구비해야 한다.
④ 무역과 기술의 국제 교류가 활발하므로 대상물의 특징을 알 수 없도록 보안성을 유지해야 한다.

해설 **도면의 일반적인 구비조건**
① 도면의 보존, 검색 이용이 확실히 되도록 내용과 양식을 구비해야 한다.
② 대상물을 명확하고 이해하기 쉬운 방법으로 표현해야 한다.
③ 대상물의 크기, 모양, 자세, 위치의 정보가 있어야 한다.

문제 52

일반적으로 표면의 결 도시 기호에서 표시하지 않는 것은?

① 표면 재료 종류 ② 줄무늬 방향의 기호
③ 표면의 파상도 ④ 컷오프값, 평가 길이

해설 **표면의 결 도시 기호에서 표시**
① 표면의 파상도
② 컷오프값, 평가 길이
③ 줄무늬 방향의 기호

문제 53

다음 중 일반구조용 압연강재의 KS 재료 기호는?

① SS 490 ② SSW 41
③ SBC 1 ④ SM 400A

해설 **일반구조용 압연강재** : SS 490

해답

50. ④ 51. ④ 52. ① 53. ①

문제 54

그림과 같은 용접 기호에서 a7이 의미하는 뜻으로 알맞은 것은?

① 용접부 목 길이가 7mm이다.
② 용접 간격이 7mm이다.
③ 용접 모재의 두께가 7mm이다.
④ 용접부 목 두께가 7mm이다.

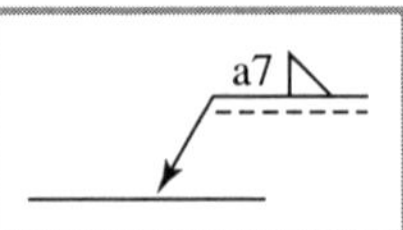

해설 a7 : 필릿 용접부 목 두께가 7mm이다.

문제 55

그림과 같은 도면에서 지름 3mm 구멍의 수는 모두 몇 개인가?

① 24
② 38
③ 48
④ 60

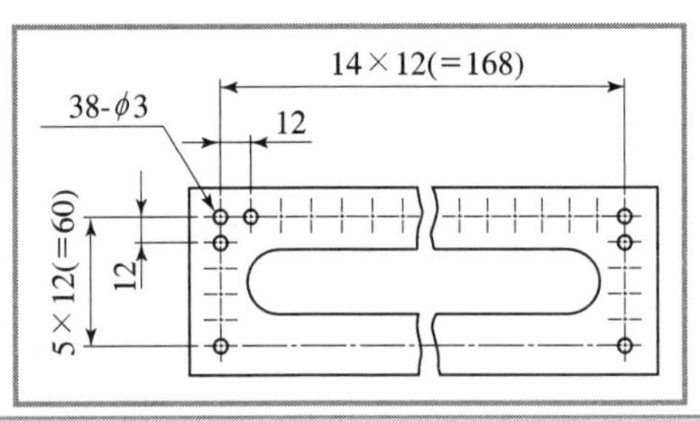

해설 38-ϕ3 : 3mm 구멍이 38개이다.

문제 56

다음 중 직원뿔 전개도의 형태로 가장 적합한 형상은?

①
②
③
④

해설 직원뿔 전개도 :

문제 57

배관의 접합 기호 중 플랜지 연결을 나타내는 것은?

①
②
③
④

해설 배관의 이음

① : 플랜지 이음
② : 유니온 이음
③ : 나사 이음
④ : 용접 이음

해답

54. ④ 55. ② 56. ② 57. ②

문제 58

그림에서 '6.3' 선이 나타내는 선의 명칭으로 옳은 것은?

① 가상선
② 절단선
③ 중심선
④ 무게 중심선

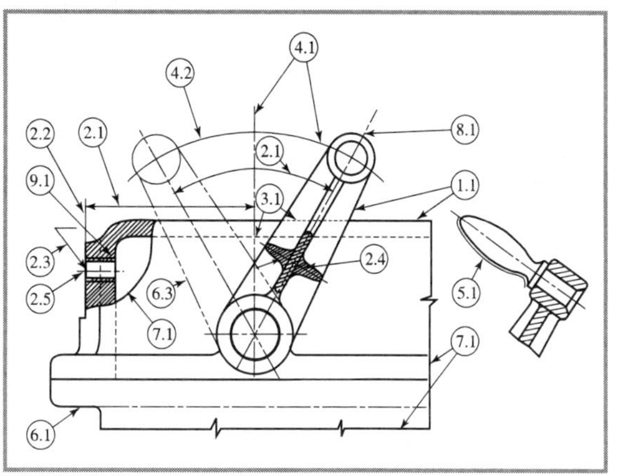

문제 59

그림과 같은 입체도에서 화살표 방향을 정면으로 할 때 제3각법으로 올바르게 정투상한 것은?

①

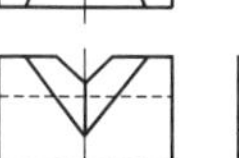

②
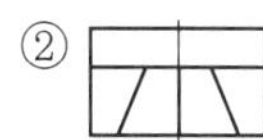
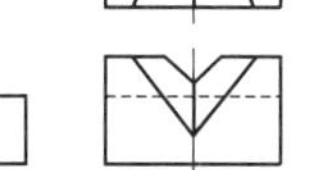
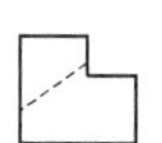

③

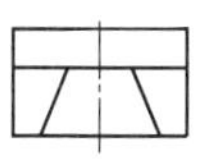

④
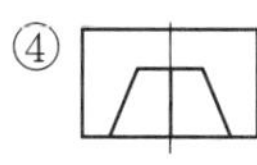

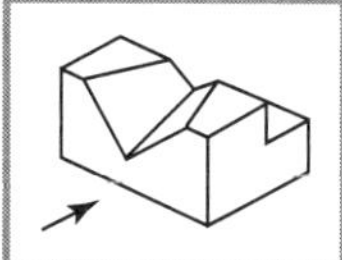

문제 60

치수 숫자와 함께 사용되는 기호가 바르게 연결된 것은?

① 지름 : P
② 정사각형 : □
③ 구면의 지름 : ϕ
④ 구면의 반지름 : C

해설 **치수의 표시 방법**

① 지름 : ϕ
② 반지름 : R
③ 구의 지름 : Sϕ
④ 구의 반지름 : SR
⑤ 정사각형변 : □
⑥ 판의 두께 : t
⑦ 45°모따기 : C
⑧ 이론적으로 정확한 치수 : 123 (테두리)
⑨ 참고치수 : ( )

해답

58. ① 59. ② 60. ②

특수용접기능사

2014년 4월 6일 시행

문제 01

다음 중 가스 압접의 특징으로 틀린 것은?

① 이음부의 탈탄층이 전혀 없다.
② 작업이 거의 기계적이어서 숙련이 필요하다.
③ 용가재 및 용제가 불필요하고 용접시간이 빠르다.
④ 장치가 간단하여 설비비, 보수비가 싸고 전력이 불필요하다.

해설 **가스 압접의 특징**
① 장치가 간단하여 설비비, 보수비가 싸고 전력이 불필요하다.
② 이음부의 탈탄층이 전혀 없다.
③ 용가재 및 용제가 불필요하고 용접시간이 빠르다.
④ 작업이 거의 기계적이어서 숙련이 불필요하다.

문제 02

절단용 산소 중의 불순물이 증가되면 나타나는 결과가 아닌 것은?

① 절단속도가 늦어진다. ② 산소의 소비량이 적어진다.
③ 절단개시시간이 길어진다. ④ 절단 홈의 폭이 넓어진다.

해설 **절단용 산소 중의 불순물이 증가되면 나타나는 결과**
① 산소의 소비량이 많아진다.
② 절단 홈의 폭이 넓어진다.
③ 절단개시시간이 길어진다.
④ 절단속도가 늦어진다.

문제 03

피복 아크 용접봉에서 피복 배합제인 아교의 역할은?

① 고착제 ② 합금제
③ 탈산제 ④ 아크 안정제

해설 **피복 배합제인 아교의 역할** : 고착제

문제 04

가스 절단에 영향을 미치는 인자가 아닌 것은?

① 후열 불꽃 ② 예열 불꽃
③ 절단 속도 ④ 절단 조건

해설 **가스 절단에 영향을 미치는 인자**
① 예열 불꽃 ② 절단 속도 ③ 절단 조건

해답

01. ② 02. ② 03. ① 04. ①

문제 05

직류 아크 용접의 극성에 관한 설명으로 옳은 것은?

① 직류 정극성에서는 용접봉의 녹음속도가 빠르다.
② 직류 역극성에서는 용접봉에 30%의 열 분해가 되기 때문에 용입이 깊다.
③ 직류 정극성에서는 용접봉에 70%의 열 분해가 되기 때문에 모재의 용입이 얕다.
④ 직류 역극성은 박판, 주철, 고탄소강, 비철금속의 용접에 주로 사용된다.

해설 **직류 정극성**

① 후판용접 적합　② 비드 폭이 좁다.
③ 용입이 깊다.　④ 용접봉의 속도가 느리다.
⑤ 모재(+) 70%열, 용접봉(−) 30%열

직류 역극성

① 박판용접, 주철, 고탄소강, 주철 용접에 적합
② 비드 폭이 넓다.　③ 용입이 얕다.
④ 용접봉의 속도가 빠르다.　⑤ 모재(+) 30%열, 용접봉(−) 70%열

문제 06

직류 용접기와 비교하여, 교류 용접기의 특징을 틀리게 설명한 것은?

① 유지가 쉽다.　② 아크가 불안정하다.
③ 감전의 위험이 적다.　④ 고장이 적고, 값이 싸다.

해설 **교류 아크 용접기의 특징**

비교	교류	직류
아크 안정	불가능	가능
극성 변화	불가능	가능
무부하전압	70~80V	40~60V
구조	간단	복잡
고장	적다	많다
역률	떨어짐	우수
가격	저가	고가

문제 07

피복 아크 용접에서 아크열에 의해 모재가 녹아 들어간 깊이는?

① 용적　② 용입
③ 용락　④ 용착금속

해설 **용접 용어**

① **용입** : 모재가 녹은 깊이
② **용융지** : 모재 일부가 녹은 쇳물부분
③ **용착** : 용접봉이 용융지에 녹아 들어가는 것
④ **은점** : 용착금속의 파단면에 나타나는 은백색을 한 고기눈 모양의 결합부
⑤ **노치 취성** : 홈이 없을 때는 연성을 나타내는 재료라도 홈이 있으면 파괴되는 것
⑥ **스패터** : 아크 용접이나 가스 용접 시 비산하는 슬래그

해답

05. ④ 06. ③ 07. ②

⑦ **용가제** : 용착부를 만들기 위하여 녹여서 첨가하는 것
⑧ **용제** : 용접 시 산화물 기타 해로운 물질을 용융하여 금속에서 제거

문제 08

탄소 아크 절단에 압축공기를 병용하여 전극 홀더의 구멍에서 탄소 전극봉에 나란히 분출하는 고속의 공기를 분출시켜 용융금속을 불어내어 홈을 파는 방법은?

① 금속 아크 절단 ② 아크 에어 가우징
③ 플라스마 아크 절단 ④ 불활성 가스 아크 절단

해설 아크 에어 가우징

① 원리 : 탄소아크절단장치에다 압축공기(5~7kg/cm^2)를 병용하여서 아크열로 용융시킨 부분을 압축공기로 불어날려서 홈을 파내는 작업
② 장점 : ㉠ 용접 결함부의 발견이 쉽다.
㉡ 용융금속을 순간적으로 불어내어 모재에 악영향을 주지 않음.
㉢ 응용범위가 넓고 경비가 저렴

문제 09

서브머지드 아크 용접법에서 다전극 방식의 종류에 해당되지 않는 것은?

① 탠덤식 방식 ② 횡 병렬식 방식
③ 횡 직렬식 방식 ④ 종 직렬식 방식

해설 서브머지드 아크 용접법에서 다전극 방식의 종류

① 탠덤식 방식 ② 횡 병렬식 방식 ③ 횡 직렬식 방식

문제 10

교류 아크 용접기 부속장치 중 용접봉 홀더의 종류(KS)가 아닌 것은?

① 100호 ② 200호
③ 300호 ④ 400호

해설 교류 아크 용접기 부속장치 중 용접봉 홀더의 종류

① 200호 ② 300호 ③ 400호

문제 11

피복 아크 용접작업에서 아크 길이에 대한 설명 중 틀린 것은?

① 아크 길이는 일반적으로 3mm 정도가 적당하다.
② 아크 전압은 아크 길이에 반비례한다.
③ 아크 길이가 너무 길면 아크가 불안정하게 된다.
④ 양호한 용접은 짧은 아크(short arc)를 사용한다.

해설 피복 아크 용접작업에서 아크 길이

① 아크 전압은 아크 길이에 비례한다.
② 양호한 용접은 짧은 아크를 사용한다.
③ 아크 길이가 너무 길면 아크가 불안정하게 된다.
④ 아크 길이는 일반적으로 3mm 정도가 적당하다.

해답

08. ② 09. ④ 10. ① 11. ②

문제 12 균열에 대한 감수성이 좋아 구속도가 큰 구조물의 용접이나 탄소가 많은 고탄소강 및 황의 함유량이 많은 쾌삭강 등의 용접에 사용되는 용접봉의 계통은?

① 고산화티탄계 ② 일미나이트계
③ 라임티탄계 ④ 저수소계

해설 **저수소계** : 균열에 대한 감수성이 좋아 구속도가 큰 구조물의 용접이나 탄소가 많은 고탄소강 및 황의 함유량이 많은 쾌삭강 등의 용접에 사용되는 용접봉의 계통

문제 13 가스 절단 시 예열 불꽃이 약할 때 나타나는 현상으로 틀린 것은?

① 절단속도가 늦어진다. ② 역화 발생이 감소한다.
③ 드래그가 증가한다. ④ 절단이 중단되기 쉽다.

해설 **가스 절단 시 예열 불꽃이 약할 때 나타나는 현상**
① 역화 발생이 증가한다. ② 절단속도가 늦어진다.
③ 드래그가 증가한다. ④ 절단이 중단되기 쉽다.

문제 14 가스 용접 시 전진법과 후진법을 비교 설명한 것 중 틀린 것은?

① 전진법은 용접속도가 느리다. ② 후진법은 열 이용률이 좋다.
③ 후진법은 용접변형이 크다. ④ 전진법은 개선 홈의 각도가 크다.

해설 **후진법의 특징**
① 용접 변형이 적다. ② 홈의 각도가 적다.
③ 열 이용률이 좋다. ④ 용접속도가 빠르다.
⑤ 두꺼운 판의 용접에 적합 ⑥ 산화 정도가 심하다.
⑦ 비드 표면이 매끈하지 못하다. ⑧ 용착금속조직이 미세하다.
⑨ 용착금속의 냉각도 서냉

문제 15 오스테나이트계 스테인리스강은 용접 시 냉각되면서 고온균열이 발생되는데 주 원인이 아닌 것은?

① 아크 길이가 짧을 때 ② 모재가 오염되어 있을 때
③ 크레이터 처리를 하지 않을 때 ④ 구속력이 가해진 상태에서 용접할 때

해설 **고온균열이 발생되는 주 원인**
① 구속력이 가해진 상태에서 용접 시
② 모재가 오염되었을 때
③ 아크 길이가 길 때
④ 크레이터 처리를 하지 않았을 때

해답

12. ④ 13. ② 14. ③ 15. ①

문제 16 아세틸렌 가스의 성질에 대한 설명으로 옳은 것은?

① 수소와 산소가 화합된 매우 안정된 기체이다.
② 1리터의 무게는 1기압 15℃에서 117g이다.
③ 가스 용접용 가스이며, 카바이드로부터 제조된다.
④ 공기를 1로 했을 때의 비중은 1.91이다.

해설 아세틸렌 가스의 성질
① 비중은 0.906이며 15℃ 1kg/cm^{2}에서의 아세틸렌 1l의 무게는 1.176g이다.
② 여러 가지 액체에 잘 용해된다.(석유 2배, 벤젠 4배, 알코올 6배, 아세톤 25배)
③ $CaC_2 + 2H_2O \rightarrow Ca(OH)_2 + C_2H_2$
④ 액체 아세틸렌보다 고체 아세틸렌이 안전하다.
⑤ 흡열화합물이므로 압축하면 분해폭발의 위험이 있다.
⑥ Cu, Ag, Hg 등의 금속과 화합 시 폭발성 물질이 아세틸라이드 생성
⑦ 온도 406~408℃에서 자연발화, 505~515℃에서 폭발

문제 17 금속의 접합법 중 야금학적 접합법이 아닌 것은?

① 융접 ② 압접
③ 납땜 ④ 볼트 이음

해설 야금학적 접합법
① 융접 ② 압접 ③ 납땜

문제 18 다음의 열처리 중 항온 열처리 방법에 해당되지 않는 것은?

① 마퀜칭 ② 마템퍼링
③ 오스템퍼링 ④ 인상 담금질

해설 항온 열처리 방법
① 마템퍼링 ② 오스템퍼링 ③ 마퀜칭

문제 19 탄소강의 담금질 중 고온의 오스테나이트 영역에서 소재를 냉각하면 냉각속도의 차에 따라 마텐자이트, 페라이트, 펄라이트, 소르바이트 등의 조직으로 변태되는데 이들 조직 중에서 강도와 경도가 가장 높은 것은?

① 마텐자이트 ② 페라이트
③ 펄라이트 ④ 소르바이트

해설 경도 순서
마텐자이트 > 트루스타이트 > 솔라이트 > 펄라이트 > 오스테나이트

해답
16. ③ 17. ④ 18. ④ 19. ①

문제 20

주철에서 탄소와 규소의 함유량에 의해 분류한 조직의 분포를 나타낸 것은?

① T.T.T 곡선 ② Fe-C 상태도
③ 공정반응 조직도 ④ 마우러(Maurer) 조직도

해설 **마우러 조직도** : 주철에서 탄소와 규소의 함유량에 의해 분류한 조직의 분포를 나타냄.

문제 21

구리(Cu)와 그 합금에 대한 설명 중 틀린 것은?

① 가공하기 쉽다. ② 전연성이 우수하다.
③ 아름다운 색을 가지고 있다. ④ 비중이 약 2.7인 경금속이다.

해설 구리의 비중은 8.96이며 중금속이다.

문제 22

베어링에 사용되는 대표적인 구리합금으로 70%Cu – 30%Pb 합금은?

① 켈밋(Kelmet) ② 톰백(tombac)
③ 다우메탈(Dow metal) ④ 배빗메탈(Babbit metal)

해설 **켈밋** : 구리 70% + 납 30%, 베어링에 사용.

문제 23

라우탈(Lautal) 합금의 주성분은?

① Al-Cu-Si ② Al-Si-Ni
③ Al-Cu-Mn ④ Al-Si-Mn

해설 **합금**

① 라우탈 : Al + Cu + Si(알구소)
② Y합금 : Al + Cu + Mg + Ni(알구마니)
③ 두랄루민 : Al + Cu + Mg + Mn(알구마망)
④ 하이드로날륨 : Al + Mg(알마)
⑤ 일렉트론 : Al + Zn + Mg(알아마)
⑥ 로엑스 : Al + Cu + Mg + Ni + Si(알구마니소)

문제 24

Mg-Al에 소량의 Zn과 Mn을 첨가한 합금은?

① 엘린바(elinvar) ② 일렉트론(elektron)
③ 퍼멀로이(permalloy) ④ 모넬메탈(monel metal)

해설 ② 일렉트론 : Al + Zn + Mg
① 엘린바 : Ni 36%, Cr 13%의 합금. 고급시계, 정밀저울의 스프링, 정밀기계의 재료.

해답

20. ④ 21. ④ 22. ① 23. ① 24. ②

③ **퍼멀로이** : Ni 75~80%, Co 0.5%. 약한 자장으로 큰 투자율을 가지므로 해저전선의 장하코일용으로 사용.
④ **모넬메탈** : N(60~70%)+Fe

문제 25

주강에 대한 설명으로 틀린 것은?

① 주조조직 개선과 재질 균일화를 위해 풀림 처리를 한다.
② 주철에 비해 기계적 성질이 우수하고, 용접에 의한 보수가 용이하다.
③ 주철에 비해 강도는 작으나 용융점이 낮고 유동성이 커서 주조성이 좋다.
④ 탄소함유량에 따라 저탄소 주강, 중탄소 주강, 고탄소 주강으로 분류한다.

해설 주철에 비해 강도가 크고 용융점이 높다.

문제 26

산소-아세틸렌 가스를 사용하여 담금질성이 있는 강재의 표면만을 경화시키는 방법은?

① 질화법 ② 가스 침탄법
③ 화염 경화법 ④ 고주파 경화법

해설 **화염 경화법** : 산소-아세틸렌 가스를 사용하여 담금질성이 있는 강재의 표면만을 경화시키는 방법

문제 27

금속의 공통적 특성에 대한 설명으로 틀린 것은?

① 열과 전기의 부도체이다.
② 금속 특유의 광택을 갖는다.
③ 소성변형이 있어 가공이 가능하다.
④ 수은을 제외하고 상온에서 고체이며, 결정체이다.

해설 **금속의 공통적 특성**
① 열과 전기의 전도체이다.
② 금속 특유의 광택을 갖는다.
③ 소성변형이 있어 가공이 가능하다.
④ 수은을 제외하고 상온에서 고체이며, 결정체이다.

문제 28

스테인리스강을 용접하면 용접부가 입계부식을 일으켜 내식성을 저하시키는 원인으로 가장 적합한 것은?

① 자경성 때문이다. ② 적열취성 때문이다.
③ 탄화물의 석출 때문이다. ④ 산화에 의한 취성 때문이다.

해답

25. ③ 26. ③ 27. ① 28. ③

해설 **스테인리스강을 용접하면 용접부가 입계부식을 일으켜 내식성을 저하시키는 원인** : 탄화물의 석출 때문에

문제 29

반자동 CO_2 가스 아크 편면(one side) 용접 시 뒷댐 재료로 가장 많이 사용되는 것은?

① 세라믹 제품 ② CO_2 가스
③ 테프론 테이프 ④ 알루미늄 판재

해설 **반자동 CO_2 가스 아크 편면 용접 시 뒷댐 재료로 가장 많이 사용되는 것** : 세라믹 제품

문제 30

공랭식 MIG 용접 토치의 구성요소가 아닌 것은?

① 와이어 ② 공기 호스
③ 보호가스 호스 ④ 스위치 케이블

해설 **공랭식 미그 용접 토치의 구성요소**
① 스위치 케이블 ② 보호가스 호스 ③ 와이어

문제 31

서브머지드 아크 용접용 재료 중 와이어의 표면에 구리를 도금한 이유에 해당되지 않는 것은?

① 콘택트 팁과의 전기적 접촉을 좋게 한다.
② 와이어에 녹이 발생하는 것을 방지한다.
③ 전류의 통전 효과를 높게 한다.
④ 용착금속의 강도를 높게 한다.

해설 **서브머지드 아크 용접용 재료 중 와이어의 표면에 구리를 도금한 이유**
① 전류의 통전 효과를 높게 한다.
② 와이어에 녹이 발생하는 것을 방지한다.
③ 콘택트 팁과의 전기적 접촉을 좋게 한다.

문제 32

화상에 의한 응급조치로서 적절하지 않은 것은?

① 냉찜질을 한다. ② 붕산수에 찜질한다.
③ 전문의의 치료를 받는다. ④ 물집을 터트리고 수건으로 감싼다.

해설 **화상에 대한 응급조치**
① 전문의의 치료를 받는다.
② 붕산수에 찜질한다.
③ 냉찜질을 한다.

29. ① 30. ② 31. ④ 32. ④

문제 **33**

언더컷의 원인이 아닌 것은?

① 전류가 높을 때 ② 전류가 낮을 때
③ 빠른 용접속도 ④ 운봉각도의 부적합

해설 **언더컷의 원인**
① 전류가 너무 높을 때 ② 용접속도가 빠를 때
③ 운봉각도가 부적합 시 ④ 부적당한 용접봉 사용

문제 **34**

연강용 피복 용접봉에서 피복제의 역할이 아닌 것은?

① 아크를 안정시킨다. ② 스패터(spatter)를 많게 한다.
③ 파형이 고운 비드를 만든다. ④ 용착금속의 탈산정련 작용을 한다.

해설 **피복제의 역할**
① 스패터를 적게 한다. ② 아크 안정
③ 용착금속의 탈산정련 작용 ④ 파형이 고운 비드를 만든다.
⑤ 합금원소 첨가 ⑥ 공기 중 산화, 질화 방지
⑦ 용착금속의 냉각속도를 느리게 한다. ⑧ 전기절연작용
⑨ 슬래그 제거를 쉽게 한다. ⑩ 용착효율을 높인다.

문제 **35**

전기저항 점용접 작업 시 용접기 조작에 대한 3대 요소가 아닌 것은?

① 가압력 ② 통전시간
③ 전극봉 ④ 전류세기

해설 **용접기 조작에 대한 3대 요소**
① 가압력 ② 통전시간 ③ 전류세기

문제 **36**

솔리드 이산화탄소 아크 용접의 특징에 대한 설명으로 틀린 것은?

① 바람의 영향을 전혀 받지 않는다.
② 용제를 사용하지 않아 슬래그의 혼입이 없다.
③ 용접금속의 기계적, 야금적 성질이 우수하다.
④ 전류밀도가 높아 용입이 깊고 용융속도가 빠르다.

해설 **솔리드 이산화탄소 아크 용접의 특징**
① 바람의 영향을 받는다.
② 용제를 사용하지 않아 슬래그의 혼입이 없다.
③ 용접금속의 기계적, 야금적 성질이 우수하다.
④ 전류밀도가 높아 용입이 깊고 용융속도가 빠르다.
⑤ 가시아크이므로 시공이 편리하다.
⑥ 박판용접은(0.8mm 이하까지) 단락이행용접법에 의해 가능하며 전 자세 용접도 가능하다.

33. ② 34. ② 35. ③ 36. ①

문제 37

용접부의 내부 결함으로써 슬래그 섞임을 방지하는 것은?

① 용접전류를 최대한 낮게 한다.
② 루트 간격을 최대한 좁게 한다.
③ 전층의 슬래그는 제거하지 않고 용접한다.
④ 슬래그가 앞지르지 않도록 운봉속도를 유지한다.

해설 **슬래그 섞임 방지** : 슬래그가 앞지르지 않도록 운봉속도를 유지한다.

문제 38

전격에 의한 사고를 입을 위험이 있는 경우와 거리가 가장 먼 것은?

① 옷이 습기에 젖어 있을 때
② 케이블의 일부가 노출되어 있을 때
③ 홀더의 통전부분이 절연되어 있을 때
④ 용접 중 용접봉 끝에 몸이 닿았을 때

해설 **전격에 의한 사고를 입을 위험이 있는 경우**
① 용접 중 용접봉 끝에 몸이 닿았을 때
② 케이블의 일부가 노출되었을 때
③ 옷이 습기에 젖어 있을 때
④ 홀더의 통전부분이 절연되지 않았을 때

문제 39

서브머지드 아크 용접에 사용되는 용접용 용제 중 용융형 용제에 대한 설명으로 옳은 것은?

① 화학적 균일성이 양호하다.
② 미용융 용제는 다시 사용이 불가능하다.
③ 흡습성이 있어 재건조가 필요하다.
④ 용융 시 분해되거나 산화되는 원소를 첨가할 수 있다.

해설 **서브머지드 아크 용접에 사용되는 용융형 용제**
① 화학적 균일성이 양호하다.
② 미용융 용제는 다시 사용이 가능하다.
③ 흡수성이 없어 재건조가 불필요하다.

문제 40

수냉 동판을 용접부의 양면에 부착하고 용융된 슬래그 속에서 전극 와이어를 연속적으로 송급하여 용융 슬래그 내를 흐르는 저항열에 의하여 전극 와이어 및 모재를 용융 접합시키는 용접법은?

① 초음파 용접　　② 플라스마 제트 용접
③ 일렉트로 가스 용접　　④ 일렉트로 슬래그 용접

37. ④ 38. ③ 39. ① 40. ④

해설 **일렉트로 슬래그 용접** : 수냉 동판을 용접부의 양면에 부착하고 용융된 슬래그 속에서 전극 와이어를 연속적으로 송급하여 용융슬래그 내를 흐르는 저항열에 의하여 전극 와이어 및 모재를 용융 접합시키는 용접법

문제 41

아크 발생 시간이 3분, 아크 발생 정지 시간이 7분일 경우 사용률(%)은?

① 100% ② 70%
③ 50% ④ 30%

해설

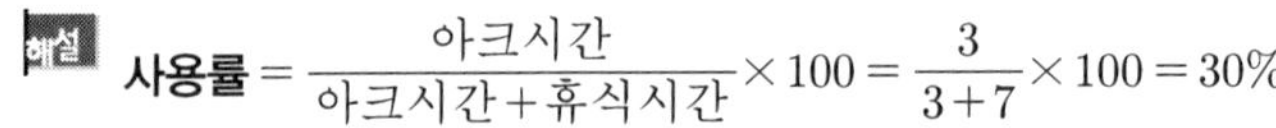

사용률 $= \frac{\text{아크시간}}{\text{아크시간}+\text{휴식시간}} \times 100 = \frac{3}{3+7} \times 100 = 30\%$

문제 42

논가스 아크 용접(non gas arc welding)의 장점에 대한 설명으로 틀린 것은?

① 바람이 있는 옥외에서도 작업이 가능하다.
② 용접장치가 간단하며 운반이 편리하다.
③ 용착금속의 기계적 성질은 다른 용접법에 비해 우수하다.
④ 피복 아크 용접봉의 저수소계와 같이 수소의 발생이 적다.

해설 **논가스 아크 용접의 장점**

① 용착금속의 기계적 성질은 다른 용접법에 비해 우수하지 않다.
② 피복 아크 용접봉의 저수소계와 같이 수소의 발생이 적다.
③ 용접장치가 간단하며 운반이 편리하다.
④ 바람이 있는 옥외에서도 작업이 가능하다.

문제 43

전기 누전에 의한 화재의 예방대책으로 틀린 것은?

① 금속관 내에는 접속점이 없도록 해야 한다.
② 금속관의 끝에는 캡이나 절연 부싱을 하여야 한다.
③ 전선 공사 시 전선피복의 손상이 없는지를 점검한다.
④ 전기기구의 분해조립을 쉽게 하기 위하여 나사의 조임을 헐겁게 해 놓는다.

해설 나사의 조임을 꽉 조여 놓는다.

문제 44

납땜 시 사용하는 용제가 갖추어야 할 조건이 아닌 것은?

① 사용재료의 산화를 방지할 것.
② 전기저항 납땜에는 부도체를 사용할 것.
③ 모재와의 친화력을 좋게 할 것.
④ 산화피막 등의 불순물을 제거하고 유동성이 좋을 것.

해답

41. ④ 42. ③ 43. ④ 44. ②

해설 납땜 시 사용하는 용제가 갖추어야 할 조건

① 전기저항 납땜에는 전도체를 사용할 것.
② 산화피막 등의 불순물을 제거하고 유동성이 좋을 것.
③ 모재와의 친화력을 좋게 할 것.
④ 사용재료의 산화를 방지할 것.

문제 45

용접 후 잔류응력이 있는 제품에 하중을 주어 용접부에 약간의 소성변형을 일으키게 한 다음 하중을 제거하는 잔류응력 경감 방법은?

① 노내 풀림법　② 국부 풀림법
③ 기계적 응력 완화법　④ 저온 응력 완화법

해설 용접 후 처리

① 기계적 응력 완화법 : 잔류응력이 있는 제품에 하중을 주어 용접부에 약간의 소성변형을 일으킨 다음 하중을 제거하는 방법
② 저온 응력 완화법 : 용접선 양측을 가스 불꽃에 의하여 너비 약 150mm를 150~200℃ 정도의 비교적 낮은 온도로 가열한 다음 곧 수냉하는 방법
③ 피닝법 : 해머로써 용접부를 연속적으로 때려 용접 표면에 소성변형을 주는 방법
④ 국부풀림법
⑤ 노내풀림법

문제 46

용접부의 결함 검사법에서 초음파 탐상법의 종류에 해당되지 않는 것은?

① 공진법　② 투과법
③ 스테레오법　④ 펄스 반사법

해설 초음파 탐상법의 종류

① 투과법　② 공진법　③ 펄스 반사법

문제 47

불활성 가스 텅스텐 아크 용접의 장점으로 틀린 것은?

① 용제가 불필요하다.　② 용접품질이 우수하다.
③ 전 자세 용접이 가능하다.　④ 후판용접에 능률적이다.

해설 불활성 가스 텅스텐 아크 용접의 장점

① 박판용접에 적합하다.
② 전 자세 용접이 가능하다.
③ 용접품질이 우수하다.
④ 용제가 불필요하다.

해답

45. ③ 46. ③ 47. ④

문제 48 시험재료의 전성, 연성 및 균열의 유무 등 용접부위를 시험하는 시험법은?

① 굴곡시험 ② 경도시험
③ 압축시험 ④ 조직시험

해설 **굴곡시험** : 시험재료의 전성, 연성 및 균열의 유무 등 용접부위를 시험하는 시험방법

문제 49 제품을 제작하기 위한 조립 순서에 대한 설명으로 틀린 것은?

① 대칭으로 용접하여 변형을 예방한다.
② 리벳 작업과 용접을 같이 할 때는 리벳 작업을 먼저 한다.
③ 동일 평면 내에 많은 이음이 있을 때는 수축은 가능한 자유단으로 보낸다.
④ 용접선의 직각 단면 중심축에 대하여 용접의 수축력의 합이 0(zeor)이 되도록 용접 순서를 취한다.

해설 리벳 작업과 용접을 같이 할 때는 리벳 작업을 먼저 한다.

문제 50 서브머지드 아크 용접에서 맞대기 용접 이음 시 받침쇠가 없을 경우 루트 간격은 몇 mm 이하가 가장 적합한가?

① 0.8mm ② 1.5mm
③ 2.0mm ④ 2.5mm

해설 서브머지드 아크 용접에서 맞대기 용접 이음 시 받침쇠가 없을 경우 루트 간격은 0.8mm 이하로 한다.

문제 51 미터나사의 호칭지름은 수나사의 바깥지름을 기준으로 정한다. 이에 결합되는 암나사의 호칭지름은 무엇이 되는가?

① 암나사의 골지름 ② 암나사의 안지름
③ 암나사의 유효지름 ④ 암나사의 바깥지름

해설 **암나사의 호칭지름** : 암나사의 골지름

문제 52 그림과 같은 입체도에서 화살표 방향이 정면일 경우 좌측면도로 가장 적합한 것은?

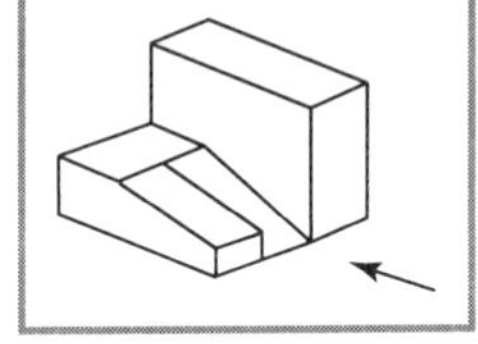

①
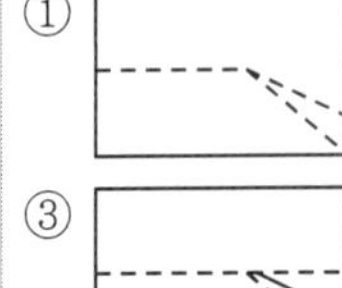

②
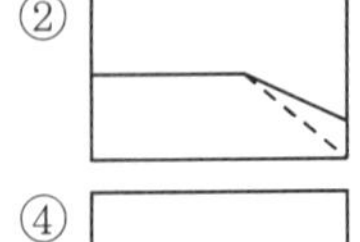

③

④
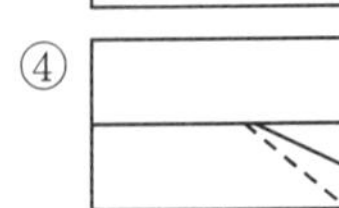

해답

48. ① 49. ② 50. ① 51. ① 52. ②

문제 53

도면의 마이크로필름 촬영, 복사할 때 등의 편의를 위해 만든 것은?

① 중심마크 ② 비교눈금
③ 도면구역 ④ 재단마크

해설 **중심마크** : 도면의 마이크로필름 촬영, 복사할 때 등의 편의를 위하여 만든 것

문제 54

원호의 길이 치수 기입에서 원호를 명확히 하기 위해서 치수에 사용되는 치수 보조 기호는?

① (20) ② C20
③ [20] ④ $\overset{\frown}{20}$

해설 **치수의 표시 방법**

① 지름 : ϕ ② 반지름 : R
③ 구의 지름 : Sϕ ④ 구의 반지름 : SR
⑤ 정사각형변 : □ ⑥ 판의 두께 : t
⑦ 45°모따기 : C ⑧ 원호의 길이 : ⌒
⑨ 이론적으로 정확한 치수 : [123] ⑩ 참고치수 : ( )

문제 55

그림과 같은 입체를 제3각법으로 나타낼 때 가장 적합한 투상도는? (단, 화살표 방향을 정면으로 한다.)

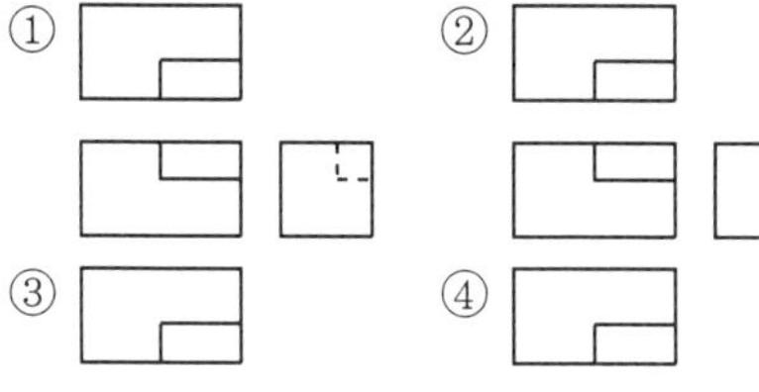

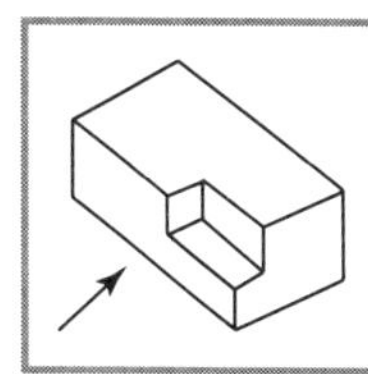

문제 56

바퀴의 암(arm), 림(rim), 축(shaft), 훅(hook) 등을 나타낼 때 주로 사용하는 단면도로서, 단면의 일부를 90° 회전하여 나타낸 단면도는?

① 부분 단면도 ② 회전도시 단면도
③ 계단 단면도 ④ 곡면 단면도

해설 **회전도시 단면도** : 바퀴의 암, 림, 축, 훅 등을 나타낼 때 주로 사용하는 단면도로서, 단면의 일부를 90° 회전하여 나타낸 단면도

해답

53. ① 54. ④ 55. ④ 56. ②

문제 57

용기 모양의 대상물 표면에서 아주 굵은 실선을 외형선으로 표시하고 치수 표시가 ϕint34로 표시된 경우 가장 올바르게 해독한 것은?

① 도면에서 int로 표시된 부분의 두께 치수
② 화살표로 지시된 부분의 폭방향 치수가 ϕ34mm
③ 화살표로 지시된 부분의 안쪽 치수가 ϕ34mm
④ 도면에서 int로 표시된 부분만 인치단위 치수

해설 **지수표시가 ϕint34** : 화살표로 지시된 부분의 안쪽 치수가 ϕ34mm

문제 58

배관의 간략도시방법 중 환기계 및 배수계의 끝부분 장치 도시방법의 평면도에서 그림과 같이 도시된 것의 명칭은?

① 회전식 환기삿갓
② 고정식 환기삿갓
③ 벽붙이 환기삿갓
④ 콕이 붙은 배수구

문제 59

용접부의 도시기호가 "a4◺3×25(7)"일 때의 설명으로 틀린 것은?

① ◺ – 필릿 용접
② 3 – 용접부의 폭
③ 25 – 용접부의 길이
④ 7 – 인접한 용접부의 간격

해설 a4 : 용접부 지름
3 : 용접부 개수
25 : 용접부 길이
7 : 인접한 용접부의 간격

문제 60

냉간 압연 강판 및 강대에서 일반용으로 사용되는 종류의 KS 재료 기호는?

① SPSC
② SPHC
③ SSPC
④ SPCC

해설 **냉간 압연 강판 및 강대에서 일반적으로 사용되는 종류** : SPCC

해답 57. ③ 58. ④ 59. ② 60. ④

특수용접기능사

2014년 7월 20일 시행

2014

문제 01

아크 용접에서 피복제의 작용을 설명한 것 중 틀린 것은?

① 전기절연 작용을 한다. ② 아크(arc)를 안정하게 한다.
③ 스패터링(spattering)을 많게 한다. ④ 용착금속의 탈산정련 작용을 한다.

해설 **피복제의 작용**(전공아슬탈합용)

① 전기절연 작용 ② 공기 중 산화, 질화 방지
③ 아크 안정 ④ 슬래그 제거를 쉽게 한다.
⑤ 탈산정련 작용 ⑥ 합금원소 첨가
⑦ 용착효율을 높인다. ⑧ 용착금속의 냉각속도를 느리게 한다.

문제 02

강의 인성을 증가시키며, 특히 노치 인성을 증가시켜 강의 고온 가공을 쉽게 할 수 있도록 하는 원소는?

① P ② Si
③ Pb ④ Mn

해설 **특수원소의 영향**

① P : 상온취성, 청열취성(200~300℃)
② Si : 용융금속의 유동성 증가, 결정립 조대화, 충격 저하, 연신율 감소
③ Ni(니켈) : 인성 증가, 저온충격저항 증가, 질화 촉진, 주철의 흑연화 촉진
④ Cr(크롬) : 내식성, 내마모성 향상, 흑연화를 안정, 탄화물 안정, 담금질 효과 증대
⑤ Mo(몰리브덴) : 뜨임취성 방지, 고온강도 개선, 저온취성 방지
⑥ Ti(티탄) : 탄화물 생성 용이, 결정입자의 미세화

문제 03

플라스마 아크 절단법에 관한 설명이 틀린 것은?

① 알루미늄 등의 경금속에는 작동가스로 아르곤과 수소의 혼합가스가 사용된다.
② 가스절단과 같은 화학반응은 이용하지 않고, 고속의 플라스마를 사용한다.
③ 텅스텐 전극과 수냉 노즐 사이에 아크를 발생시키는 것을 비이행형 절단법이라 한다.
④ 기체의 원자가 저온에서 음(−)이온으로 분리된 것을 플라스마라 한다.

해설 **플라스마 아크 절단법**

① 텅스텐 전극과 수냉 노즐 사이에 아크를 발생시키는 것을 비이행형 절단법이라 한다.

해답

01. ③ 02. ④ 03. ④

② 텅스텐 전극과 모재 사이에서 아크를 발생시키는 것을 이행형 절단법이라 한다.
③ 가스절단과 같은 화학반응은 이용하지 않고, 고속의 플라스마를 사용.
④ 알루미늄 등의 경금속에는 작동가스로 아르곤과 수소의 혼합가스 사용.

문제 04

AW 220, 무부하전압 80V, 아크전압이 30V인 용접기의 효율은? (단, 내부손실은 2.5kW이다.)

① 71.5%　　② 72.5%
③ 73.5%　　④ 74.5%

효율 $= \dfrac{\text{아크전력}}{\text{소비전력}} \times 100 = \dfrac{6.6}{9.1} \times 100 = 72.52\%$

아크전력 = 아크전압 × 정격2차전류 = 30 × 220 = 6600 = 6.6kW
소비전력 = 내부손실 + 아크전력 = 2.5 + 6.6 = 9.1

문제 05

예열용 연소가스로는 주로 수소가스를 이용하며, 침몰선의 해체, 교량의 교각 개조 등에 사용되는 절단법은?

① 스카핑　　② 산소창 절단
③ 분말절단　　④ 수중절단

해설 ④ **수중절단** : 예열용 연소가스로는 주로 수소가스를 이용하며, 침몰선의 해체, 교량의 교각 개조 등에 사용되는 절단법
① **스카핑** : 강괴, 강편, 슬래그, 주름, 탈탄층, 표면균열 등의 표면결함을 불꽃가공에 의해 제거하는 방법으로 얕은 홈 가공 시 사용.
② **산소창 절단** : 두꺼운 판, 주강의 슬래그 덩어리, 암석의 천공 등의 절단에 사용.
③ **분말절단** : 스테인리스강, 비철금속, 주철 등은 가스절단이 용이하지 않으므로 철분 또는 연속적으로 절단용 산소에 혼합 공급함으로써 그 산화열 또는 용제의 화학작용을 이용 절단.

문제 06

피복 아크 용접봉의 보관과 건조 방법으로 틀린 것은?

① 건조하고 진동이 없는 곳에 보관한다.
② 저소수계는 100~150℃에서 30분 건조한다.
③ 피복제의 계통에 따라 건조 조건이 다르다.
④ 일미나이트계는 70~100℃에서 30~60분 건조한다.

해설 **피복 아크 용접봉의 보관과 건조 방법**
① 저소수계는 300~350℃에서 1~2시간 건조한다.
② 일미나이트계는 70~100℃에서 30~60분 건조한다.
③ 피복제의 계통에 따라 건조 조건이 다르다.
④ 건조하고 진동이 없는 곳에 보관한다.

해답 04. ② 05. ④ 06. ②

문제 07

가스절단 작업을 할 때 양호한 절단면을 얻기 위하여 예열 후 절단을 실시하는데 예열불꽃이 강할 경우 미치는 영향 중 잘못 표현된 것은?

① 절단면이 거칠어진다.
② 절단면이 매우 양호하다.
③ 모서리가 용융되어 둥글게 된다.
④ 슬래그 중의 철 성분의 박리가 어려워진다.

해설 **가스절단 시 예열불꽃이 강할 경우 미치는 영향**
① 절단면이 거칠어진다.
② 모서리가 용융되어 둥글게 된다.
③ 슬래그 중의 철 성분의 박리가 어려워진다.
④ 절단면이 매우 불량하다.

문제 08

아크 용접기에 사용하는 변압기는 어느 것이 가장 적합한가?

① 누설 변압기 ② 단권 변압기
③ 계기용 변압기 ④ 전압 조정용 변압기

해설 **아크 용접기에 사용하는 변압기** : 누설 변압기

문제 09

가스 용접에서 전진법과 비교한 후진법의 설명으로 맞는 것은?

① 열 이용률이 나쁘다. ② 용접속도가 느리다.
③ 용접변형이 크다. ④ 두꺼운 판의 용접에 적합하다.

해설 **후진법의 특징**(두롱용열홈비산)
① 두꺼운 판 용접에 적합하다. ② 용접속도가 빠르다.
③ 용접변형이 적다. ④ 열 이용률이 좋다.
⑤ 홈의 각도가 적다. ⑥ 비드 표면이 매끈하지 못하다.
⑦ 산화 정도가 약하다. ⑧ 용착금속의 조직이 미세하다.
⑨ 용착금속의 냉각도 서냉

문제 10

산소에 대한 설명으로 틀린 것은?

① 가연성 가스이다.
② 무색, 무취, 무미이다.
③ 물의 전기분해로도 제조한다.
④ 액체 산소는 보통 연한 청색을 띤다.

해설 **조연성 가스**(공불염이산)
① 공기 ② 불소 ③ 염소 ④ 이산화탄소 ⑤ 산소

해답

07. ② 08. ① 09. ④ 10. ①

문제 **11**

피복 아크 용접 시 용접회로의 구성 순서가 바르게 연결된 것은?

① 용접기 → 접지 케이블 → 용접봉 홀더 → 용접봉 → 아크 → 모재 → 헬멧
② 용접기 → 전극 케이블 → 용접봉 홀더 → 용접봉 → 아크 → 접지 케이블 → 모재
③ 용접기 → 접지 케이블 → 용접봉 홀더 → 용접봉 → 아크 → 전극 케이블 → 모재
④ 용접기 → 전극 케이블 → 용접봉 홀더 → 용접봉 → 아크 → 모재 → 접지 케이블

해설 **피복 아크 용접 시 용접회로의 구성 순서**
용접기 → 전극 케이블 → 용접봉 홀더 → 용접봉 → 아크 → 모재 → 접지 케이블

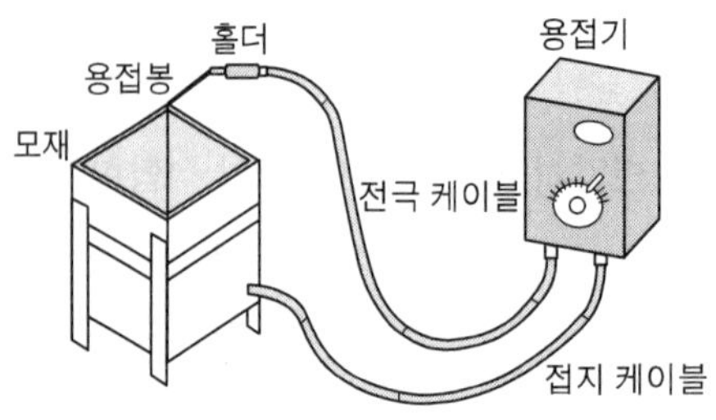

[용접 회로]

또는 모재 → 접지 케이블 → 용접기 → 전극 케이블 → 홀더 → 용접봉 → 아크
(모접용극홀용아)

문제 **12**

정류기형 직류 아크 용접기의 특성에 관한 설명으로 틀린 것은?

① 보수와 점검이 어렵다.
② 취급이 간단하고 가격이 싸다.
③ 고장이 적고, 소음이 나지 않는다.
④ 교류를 정류하므로 완전한 직류를 얻지 못한다.

해설 **정류기형 직류 아크 용접기의 특성**
① 보수와 점검이 쉽다.
② 취급이 간단하고 가격이 싸다.
③ 고장이 적고, 소음이 나지 않는다.
④ 교류를 정류하므로 완전한 직류를 얻지 못한다.

문제 **13**

동일한 용접 조건에서 피복 아크 용접할 경우 용입이 가장 깊게 나타나는 것은?

① 교류(AC) ② 직류 역극성(DCRP)
③ 직류 정극성(DCSP) ④ 고주파 교류(ACHF)

해답

11. ④ 12. ① 13. ③

해설 **직류 정극성(후비용용모)**

① 후판용접 가능
② 비드 폭이 좁다.
③ 용입이 깊다.
④ 용접봉의 녹음이 느리다.
⑤ 모재(+) 70%, 용접봉(−) 30%

2014

문제 14

탄소강의 종류 중 탄소 함유량이 0.3~0.5%이고 탄소량이 증가함에 따라서 용접부에서 저온 균열이 발생될 위험성이 커지기 때문에 150~250℃로 예열을 실시할 필요가 있는 탄소강은?

① 저탄소강
② 중탄소강
③ 고탄소강
④ 대탄소강

해설 **탄소 함유량**

① 저탄소강 : 0.3% 이하
② 중탄소강 : 0.3~0.5% 이하
③ 고탄소강 : 0.5~2.0% 이하

문제 15

가스 용접봉의 성분 중에서 인(P)이 모재에 미치는 영향을 올바르게 설명한 것은?

① 기공을 막을 수 있으나 강도가 떨어지게 된다.
② 강의 강도를 증가시키나 연신율, 굽힘성 등이 감소된다.
③ 용접부의 저항력을 감소시키고, 기공 발생의 원인이 된다.
④ 강에 취성을 주며 가연성을 잃게 하는데 특히 암적색으로 가열한 경우는 대단히 심하다.

해설 **가스 용접봉의 성분 중에서 인(P)이 모재에 미치는 영향**

강에 취성을 주며[상온취성, 청열취성(200~300℃)] 가연성을 잃게 하는데 특히 암적색으로 가열한 경우는 대단히 심하다.

문제 16

아크전류가 일정할 때 아크전압이 높아지면 용접봉의 용융속도가 늦어지고, 아크전압이 낮아지면 용융속도가 빨라지는 특성은?

① 부저항 특성
② 전압회복 특성
③ 절연회복 특성
④ 아크길이 자기제어 특성

해설 **아크길이 자기제어 특성** : 아크전류가 일정할 때 아크전압이 높아지면 용접봉의 용융속도가 늦어지고, 아크전압이 낮아지면 용융속도가 빨라지는 특성

해답

14. ② 15. ④ 16. ④

문제 17

일반적으로 피복 아크 용접 시 운봉 폭은 심선 지름의 몇 배인가?

① 1~2배 ② 2~3배
③ 5~6배 ④ 7~8배

해설 일반적으로 피복 아크 용접 시 운봉 폭은 심선 지름의 2~3배이다.

문제 18

시중에서 시판되는 구리 제품의 종류가 아닌 것은?

① 전기동 ② 산화동
③ 정련동 ④ 무산소동

해설 **시중에서 시판되는 구리 제품의 종류**
① 전기동 ② 정련동 ③ 무산소동

문제 19

암모니아(NH_3) 가스 중에서 500℃ 정도로 장시간 가열하여 강 제품의 표면을 경화시키는 열처리는?

① 침탄 처리 ② 질화 처리
③ 화염 경화처리 ④ 고주파 경화처리

해설 **질화 처리** : 암모니아 가스 중에서 500℃로 장시간 가열하여 강 제품의 표면을 경화시키는 열처리
화염경화법 : 탄소강 표면에 산소-아세틸렌 화염으로 표면만을 가열하여 오스테나이트를 만든 다음 급랭하여 표면층만 담금질
하드페이싱 : 금속의 표면에 스텔라이트나 경합금 등을 융접 또는 압접으로 융착
쇼피닝 : 강이나 주철제의 작은 봉을 고속으로 분사하는 방식으로 표면층만 가공경화

문제 20

냉간가공을 받은 금속의 재결정에 대한 일반적인 설명으로 틀린 것은?

① 가공도가 낮을수록 재결정온도는 낮아진다.
② 가공시간이 길수록 재결정온도는 낮아진다.
③ 철의 재결정온도는 330~450℃ 정도이다.
④ 재결정입자의 크기는 가공도가 낮을수록 커진다.

해설 가공온도가 낮을수록 재결정온도는 높아진다.

문제 21

황동의 화학적 성질에 해당되지 않는 것은?

① 질량 효과 ② 자연 균열
③ 탈아연 부식 ④ 고온 탈아연

17. ② 18. ② 19. ② 20. ① 21. ①

해설 **황동의 화학적 성질**
① 자연 균열 ② 탈아연 부식 ③ 고온 탈아연

참고 **질량효과** : 재료의 내 · 외부에 열처리 차이가 나는 현상

문제 22

18%Cr – 18%Ni계 스테인리스강의 조직은?

① 페라이트계 ② 마텐자이트계
③ 오스테나이트계 ④ 시멘타이트계

해설 오스테나이트계 스테인리스강 = 18 – 8 스테인리스강
Cr Ni

문제 23

주강 제품에는 기포, 기공 등이 생기기 쉬우므로 제강작업 시에 쓰이는 탈산제는?

① P, S ② Fe–Mn
③ SO_2 ④ Fe_2O_3

해설 **주강 제품에는 기포, 기공 등이 생기기 쉬우므로 제강작업 시에 쓰이는 탈산제** : Fe–Mn(철–망간)

문제 24

Fe–C 상태도에서 아공석강의 탄소함량으로 옳은 것은?

① 0.025~0.80%C ② 0.80~2.0%C
③ 2.0~4.3%C ④ 4.3~6.67%C

해설 **Fe–C 상태도에서 탄소함유량**
① 순철 : 0.0218% 이하, 조직 : 페라이트
② 아공석강 : 0.0218~0.85% 이하, 조직 : 펄라이트 + 페라이트
③ 강 : 0.0218~2.11% 이하
④ 공석강 : 0.85% 이하, 조직 : 펄라이트
⑤ 과공석강 : 0.85~2.11% 이하, 조직 : 펄라이트 + 시멘타이트
⑥ 아공정주철 : 2.11~4.3% 이하
⑦ 공정주철 : 4.3% 이하, 조직 : 레데뷰라이트
⑧ 주철 : 2.11~6.67%
⑨ 과공정주철 : 4.3~6.67% 이하, 조직 : 레데뷰라이트 + 시멘타이트

문제 25

저온 메짐을 일으키는 원소는?

① 인(P) ② 황(S)
③ 망간(Mn) ④ 니켈(Ni)

해설 **인** : 상온취성, 청열취성(메짐)
황 : 적열취성(메짐)
망간 : 적열취성 방지, 황의 해를 제거, 고온에서 결정립 성장 억제.

해답

22. ③ 23. ② 24. ① 25. ①

문제 **26** 오스테나이트계 스테인리스강을 용접 시 냉각과정에서 고온균열이 발생하게 되는 원인으로 틀린 것은?

① 아크의 길이가 너무 길 때 ② 모재가 오염되어 있을 때
③ 크레이터 처리를 하였을 때 ④ 구속력이 가해진 상태에서 용접할 때

해설 **오스테나이트계 스테인리스강을 용접 시 냉각과정에서 고온균열이 발생하게 되는 원인**
① 구속력이 가해진 상태에서 용접할 때
② 모재가 오염되었을 때
③ 아크 길이가 너무 길 때
④ 크레이터 처리를 하지 않았을 때

문제 **27** 텅스텐(W)의 용융점은 약 몇 ℃인가?

① 1538℃ ② 2610℃
③ 3410℃ ④ 4310℃

해설 **용융점**
① 주석 : 232℃ (주이삼이) ② 납 : 327℃ (납삼이칠)
③ 마그네슘 : 650℃ (마육오) ④ 알루미늄 : 660℃ (알육육)
⑤ 니켈 : 1453℃ (니일사오삼) ⑥ 코발트 : 1495℃ (코일사구오)
⑦ 철 : 1539℃ (철일오삼구) ⑧ 구리 : 1083℃ (구일공팔삼)
⑨ 백금 : 1769℃ (백일칠육구) ⑩ 금 : 1063℃ (금일공육삼)
⑪ 몰리브덴 : 2025℃ (몰이공이오) ⑫ 텅스텐 : 3410℃ (텅삼사일공)

문제 **28** 저온뜨임의 목적이 아닌 것은?

① 치수의 경년변화 방지 ② 담금질 응력 제거
③ 내마모성의 향상 ④ 기공의 방지

해설 **저온뜨임의 목적**
① 내마모성의 향상
② 담금질 응력 제거
③ 치수의 경년변화 방지

문제 **29** 현미경 시험용 부식제 중 알루미늄 및 그 합금용에 사용되는 것은?

① 초산 알코올 용액 ② 피크린산 용액
③ 왕수 ④ 수산화나트륨 용액

해설 **현미경 시험용 부식제 중 알루미늄 및 그 합금용에 사용되는 것** : 수산화나트륨 용액

해답

26. ③ 27. ③ 28. ④ 29. ④

문제 30

전기에 감전되었을 때 체내에 흐르는 전류가 몇 mA일 때 근육 수축이 일어나는가?

① 5mA ② 20mA
③ 50mA ④ 100mA

해설 전기에 감전되었을 때 체내에 흐르는 전류가 20mA일 때 근육 수축이 일어남.

문제 31

금속산화물이 알루미늄에 의하여 산소를 빼앗기는 반응에 의해 생성되는 열을 이용하여 금속을 접합하는 용접 방법은?

① 일렉트로 슬래그 용접 ② 테르밋 용접
③ 불활성 가스 금속 아크 용접 ④ 스폿 용접

해설 **테르밋 용접**

① 금속 산화물이 알루미늄에 의하여 산소를 빼앗기는 반응에 의해 생성되는 열을 이용하여 금속을 접합
② 산화철 분말과 알루미늄 분말을 (1 : 3)의 중량비로 혼합한 테르밋제에 과산화바륨과 마그네슘 분말을 혼합한 점화촉진제를 넣어 연소시켜 용접. 주로 철도레일, 차축, 선박 프레임 용접에 사용.

[특징] ① 전력이 불필요하다.
② 작업장소의 이동이 용이
③ 용접작업이 단순하고 용접결과의 재현성이 높다.
④ 용접하는 시간이 비교적 짧다.
⑤ 용접작업 후 변형이 적다.

문제 32

맞대기 용접에서 판 두께가 대략 6mm 이하의 경우에 사용되는 홈의 형상은?

① I형 ② X형
③ U형 ④ H형

해설 **맞대기 용접에서 적용하는 개선 홈 형식**

① I : 판 두께 6mm까지 적용
② V : 판 두께 6~20mm 정도까지 적용
③ X : 판 두께 10~40mm 정도까지 적용
④ U : 판 두께 16~50mm 미만까지 적용
⑤ H형 : 판 두께 50mm 이상 적용

문제 33

TIG 용접에서 청정작용이 가장 잘 발생하는 용접전원은?

① 직류 역극성일 때 ② 직류 정극성일 때
③ 교류 정극성일 때 ④ 극성에 관계없음

해설 **TIG 용접에서 청정작용이 가장 잘 발생하는 용접전원** : 직류 역극성

해답

30. ② 31. ② 32. ① 33. ①

문제 34 다음 중 서브머지드 아크 용접에서 기공의 발생 원인과 거리가 가장 먼 것은?

① 용제의 건조불량
② 용접속도의 과대
③ 용접부의 구속이 심할 때
④ 용제 중에 불순물의 혼입

해설 **서브머지드 아크 용접에서 기공 발생 원인**
① 용제 중에 불순물 혼입
② 용접속도의 과대
③ 용제의 건조불량

문제 35 안전모의 일반구조에 대한 설명으로 틀린 것은?

① 안전모는 모체, 착장체 및 턱끈을 가질 것.
② 착장체의 구조는 착용자의 머리 부위에 균등한 힘이 분배되도록 할 것.
③ 안전모의 내부 수직거리는 25mm 이상 50mm 미만일 것.
④ 착장체의 머리고정대는 착용자의 머리 부위에 고정하도록 조절할 수 없을 것.

해설 착장체의 머리고정대는 착용자의 머리 부위에 고정하도록 조절할 수 있을 것.

문제 36 매크로 조직 시험에서 철강재의 부식에 사용되지 않는 것은?

① 염산 1 : 물 1의 액
② 염산 3.8 : 황산 1.2 : 물 5.0의 액
③ 소금 1 : 물 1.5의 액
④ 초산 1 : 물 3의 액

해설 **매크로 조직 시험에서 철강재의 부식에 사용되는 것**
① 염산 1 : 물 1의 액
② 초산 1 : 물 3의 액
③ 염산 3.8 : 황산 1.2 : 물 5.0의 액

문제 37 서브머지드 아크 용접의 용제에서 광물성 원료를 고온(1300℃ 이상)으로 용융한 후 분쇄하여 적합한 입도로 만드는 용제는?

① 용융형 용제
② 소결형 용제
③ 첨가형 용제
④ 혼성형 용제

해설 **용융형 용제** : 서브머지드 아크 용접의 용제에서 광물성 원료를 고온(1300℃ 이상)으로 용융한 후 분쇄하여 적합한 입도로 만드는 용제

해답

34. ③ 35. ④ 36. ③ 37. ①

문제 38

용접 결함과 그 원인을 조합한 것으로 틀린 것은?

① 선상조직 – 용착금속의 냉각속도가 빠를 때
② 오버랩 – 전류가 너무 낮을 때
③ 용입불량 – 전류가 너무 높을 때
④ 슬래그 섞임 – 전층의 슬래그 제거가 불완전할 때

해설 **용입불량** : 전류가 너무 낮을 때

문제 39

용접작업을 할 때 발생한 변형을 가열하여 소성변형을 시켜서 교정하는 방법으로 틀린 것은?

① 박판에 대한 점 수축법
② 형재에 대한 직선 수축법
③ 가열 후 해머질하는 법
④ 피닝법

해설 **소성변형시켜서 교정하는 방법**(박형후가소외)
① 박판에 대한 점 수축법
② 형재에 대한 직선가열 수축법
③ 후판에 대하여는 가열 후 압력을 걸고 수냉하는 방법
④ 가열 후 해머로 두드리는 방법
⑤ 소성변형시켜서 교정하는 방법
⑥ 외력을 이용한 소성변형법

문제 40

다음 중 CO_2가스 아크 용접에 적용되는 금속으로 맞는 것은?

① 알루미늄
② 황동
③ 연강
④ 마그네슘

해설 **CO_2가스 아크 용접** : 연강
TIG(아르곤 용접) : 연강, 스텐
MIG(미그 용접) : 알루미늄

문제 41

모재의 열 변형이 거의 없으며, 이종금속의 용접이 가능하고 정밀한 용접을 할 수 있으며, 비접촉식 방식으로 모재에 손상을 주지 않는 용접은?

① 레이저 용접
② 테르밋 용접
③ 스터드 용접
④ 플라스마 제트 아크 용접

해설 **레이저 용접** : 모재의 열 변형이 거의 없으며, 이종금속의 용접이 가능하고 정밀한 용접을 할 수 있으며, 비접촉식 방식으로 모재에 손상을 주지 않는 용접.
스터드 용접 : 볼트나 환봉 등을 피스톤형 홀더에 끼우고 모재와 환봉 사이에서 순간적으로 아크를 발생시켜 용접.

해답

38. ③ 39. ④ 40. ③ 41. ①

문제 42

납땜에 관한 설명 중 맞는 것은?

① 경납땜은 주로 납과 주석의 합금용제를 많이 사용한다.
② 연납땜은 450℃ 이상에서 하는 작업이다.
③ 납땜은 금속 사이에 융점이 낮은 별개의 금속을 용융 첨가하여 접합한다.
④ 은납의 주성분은 은, 납, 탄소 등의 합금이다.

해설 납땜

① 은납땜의 주성분은 은, 구리, 아연이다.
② 연납땜은 450℃ 이하, 경납땜은 450℃ 이상
③ 양은납 : 동, 아연, 니켈　　인동납 : 구리, 소량의 인, 은
　황동납 : 구리와 아연　　알루미늄납 : 규소, 구리, 아연

문제 43

용접부의 비파괴 시험에 속하는 것은?

① 인장시험　　② 화학분석시험
③ 침투시험　　④ 용접균열시험

해설 용접부의 비파괴 시험

① RT(방사선검사)　② MT(자분검사)　③ UT(초음파검사)
④ PT(침투검사)　⑤ LT(누설검사)　⑥ VT(육안검사)
⑦ ET(와류검사)

문제 44

용접 시 발생되는 아크 광선에 대한 재해 원인이 아닌 것은?

① 차광도가 낮은 차광유리를 사용했을 때
② 사이드에 아크 빛이 들어왔을 때
③ 아크 빛을 직접 눈으로 보았을 때
④ 차광도가 높은 차광유리를 사용했을 때

해설 아크 광선의 재해 원인

① 아크 빛을 직접 눈으로 보았을 때
② 사이드에 아크 빛이 들어왔을 때
③ 차광도가 낮은 차광유리를 사용했을 때

문제 45

용접 전의 일반적인 준비사항이 아닌 것은?

① 용접재료 확인　　② 용접사 선정
③ 용접봉의 선택　　④ 후열과 풀림

해설 용접 전 일반적인 준비사항

① 용접사 선정　② 용접봉의 선택　③ 용접재료 확인

해답

42. ③　43. ③　44. ④　45. ④

문제 46

TIG 용접에서 보호가스로 주로 사용하는 가스는?

① Ar, He　　② CO, Ar
③ He, CO_2　　④ CO, He

해설 **TIG 용접에서 보호가스로 주로 사용되는 것** : 아르곤(Ar), 헬륨(He)

문제 47

이산화탄소 아크 용접의 시공법에 대한 설명으로 맞는 것은?

① 와이어의 돌출길이가 길수록 비드가 아름답다.
② 와이어의 용융속도는 아크전류에 정비례하여 증가한다.
③ 와이어의 돌출길이가 길수록 늦게 용융된다.
④ 와이어의 돌출길이가 길수록 아크가 안정된다.

해설 **이산화탄소 아크 용접의 시공법** : 와이어의 용융속도는 아크 전류에 정비례하여 증가한다.

문제 48

서브머지드 아크 용접에서 루트 간격이 0.8mm보다 넓을 때 누설 방지 비드를 배치하는 가장 큰 이유로 맞는 것은?

① 기공을 방지하기 위하여　　② 크랙을 방지하기 위하여
③ 용접변형을 방지하기 위하여　　④ 용락을 방지하기 위하여

해설 **서브머지드 아크 용접에서 루트 간격이 0.8mm보다 넓을 때 누설 방지 비드를 배치하는 가장 큰 이유** : 용락을 방지하기 위하여

문제 49

MIG 용접 시 와이어 송급 방식의 종류가 아닌 것은?

① 풀 방식　　② 푸시 방식
③ 푸시 풀 방식　　④ 푸시 언더 방식

해설 **MIG 용접 시 와이어 송급 방식**
① 푸시 방식　② 풀 방식　③ 푸시 풀 방식

문제 50

다음 중 심 용접의 종류가 아닌 것은?

① 맞대기 심 용접　　② 슬롯 심 용접
③ 매시 심 용접　　④ 포일 심 용접

해설 **심 용접의 종류**
① 맞대기 심 용접　② 매시 심 용접　③ 포일 심 용접

해답

46. ①　47. ②　48. ④　49. ④　50. ②

문제 51 다음 중 기계제도 분야에서 가장 많이 사용되며, 제3각법에 의하여 그리므로 모양을 엄밀, 정확하게 표시할 수 있는 도면은?

① 캐비닛도　　② 등각투상도
③ 투시도　　④ 정투상도

해설 **정투상도** : 기계제도 분야에서 가장 많이 사용되며, 제3각법에 의하여 그리므로 모양을 엄밀, 정확하게 표시할 수 있는 단면도
등각투상도 : 3축(x, y, z)가 등각이 되도록 입체도로 투상한 것

문제 52 그림과 같은 도면에서 ⓐ판의 두께는 얼마인가?

① 6mm
② 12mm
③ 15mm
④ 16mm

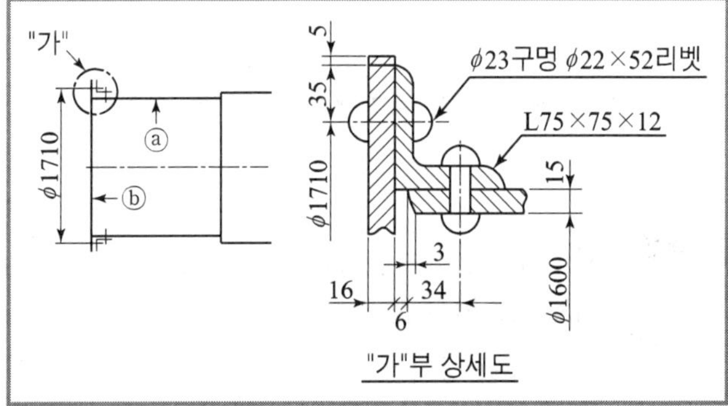

해설 **ⓐ판의 두께** : 15mm
ⓑ판의 두께 : 12mm

문제 53 배관 도시 기호 중 체크밸브를 나타내는 것은?

①　　②
③ Ⓜ　　④

해설 **배관 도시 기호**
① 게이트 밸브 :　　② 볼 밸브 닫혀 있는 것 :
③ 전동밸브 : Ⓜ　　④ 체크 밸브 :
⑤ 앵글 밸브 :　　⑥ 안전밸브 :

해답 51. ④ 52. ③ 53. ④

문제 54

다음 중 단독형체로 적용되는 기하공차로만 짝지어진 것은?

① 평면도, 진원도　② 진직도, 직각도
③ 평행도, 경사도　④ 위치도, 대칭도

해설 **단독형체로 적용되는 기하공차** : 평면도, 진원도

문제 55

기계제도에서 도면의 크기 및 양식에 대한 설명 중 틀린 것은?

① 도면용지는 A열 사이즈를 사용할 수 있으며, 연장하는 경우에는 연장사이즈를 사용한다.
② A4~A0 도면용지는 반드시 긴 쪽을 좌우 방향으로 놓고서 사용해야 한다.
③ 도면에는 반드시 윤곽선 및 중심마크를 그린다.
④ 복사한 도면을 접을 때 그 크기는 원칙적으로 A4 크기로 한다.

해설 A4-A0 도면용지는 반드시 짧은 쪽을 좌우 방향으로 놓고서 사용한다.

문제 56

물체의 정면도를 기준으로 하여 뒤쪽에서 본 투상도는?

① 정면도　② 평면도
③ 저면도　④ 배면도

해설 물체의 정면도를 기준으로 하여 뒤쪽에서 본 투상도 : 배면도
물체의 정면도를 기준으로 하여 위쪽에서 본 투상도 : 평면도
물체의 정면도를 기준으로 하여 우측에서 본 투상도 : 우측면도
물체의 정면도를 기준으로 하여 좌측에서 본 투상도 : 좌측면도
물체의 정면도를 기준으로 하여 밑에서 본 투상도 : 저면도

문제 57

그림과 같은 용접 이음을 용접 기호로 옳게 표시한 것은?

① 
② 
③ 
④ 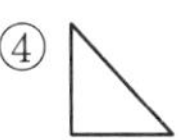

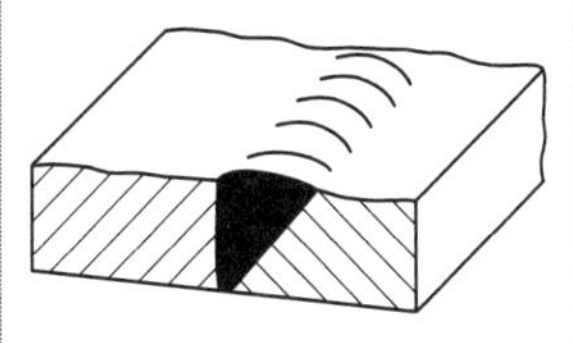

문제 58

다음 중 치수 보조 기호를 적용할 수 없는 것은?

① 구의 지름 치수　② 단면이 정사각형인 면
③ 단면이 정삼각형인 면　④ 판재의 두께 치수

해답

54. ① 55. ② 56. ④ 57. ② 58. ③

해설 치수 보조 기호

① 지름 : ϕ
② 반지름 : R
③ 구의 지름 : Sϕ
④ 구의 반지름 : SR
⑤ 정사각형변 : □
⑥ 판의 두께 : t
⑦ 45˚모따기 : C
⑧ 이론적으로 정확한 치수 : 123 (테두리)
⑨ 참고치수 : ( )

문제 59

다음 중 용접 구조용 압연 강재의 KS 기호는?

① SS 400
② SCW 450
③ SM 400 C
④ SCM 415 M

해설 **용접 구조용 압연 강재** : SM 400 C

문제 60

다음 그림에서 축 끝에 도시된 센터 구멍 기호가 뜻하는 것은?

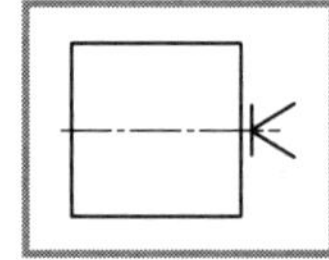

① 센터 구멍이 남아 있어도 좋다.
② 센터 구멍이 필요하지 않다.
③ 센터 구멍을 반드시 남겨둔다.
④ 센터 구멍이 필요하다.

해설 센터 구멍이 필요하지 않다.

해답

59. ③ 60. ②

특수용접기능사

2014년 10월 11일 시행

문제 01

직류 아크 용접의 정극성과 역극성의 특징에 대한 설명으로 옳은 것은?

① 정극성은 용접봉의 용융이 느리고 모재의 용입이 깊다.
② 역극성은 용접봉의 용융이 빠르고 모재의 용입이 깊다.
③ 모재에 음극(−), 용접봉에 양극(+)을 연결하는 것을 정극성이라 한다.
④ 역극성은 일반적으로 비드 폭이 좁고 두꺼운 모재의 용접에 적당하다.

해설 **직류 정극성(DCSP)**

① 후판용접에 적합 ② 비드 폭이 좁다.
③ 용입이 깊다. ④ 용접봉의 용융속도가 느리다.
⑤ 모재(+) 70%열, 용접봉(−) 30%열

직류 역극성(DCRP)

① 박판용접에 적합 ② 비드 폭이 넓다.
③ 용입이 얕다. ④ 용접봉의 용융속도가 빠르다.
⑤ 용접봉(+) 70%열, 모재(−) 30%열

문제 02

아크 용접에서 부하전류가 증가하면 단자전압이 저하하는 특성을 무엇이라 하는가?

① 상승 특성 ② 수하 특성
③ 정전류 특성 ④ 정전압 특성

해설 **용접기 특성**

① 수하 특성 : 부하전류가 증가하면 단자전압이 낮아지는 특성
② 정전압 특성 : 부하전류가 변하여도 단자전압은 거의 변화하지 않는 특성
③ 정전류 특성 : 부하전압이 변하여도 단자전류는 거의 변화하지 않는 특성
④ 상승 특성 : 전류의 증가에 따라서 전압이 약간 높아지는 특성

문제 03

아크 에어 가우징법으로 절단을 할 때 사용되어지는 장치가 아닌 것은?

① 가우징 봉 ② 컴프레서
③ 가우징 토치 ④ 냉각장치

해설 **아크 에어 가우징법으로 절단 시 사용되어지는 장치**

① 가우징 토치 ② 컴프레서 ③ 가우징 봉

해답

01. ① 02. ② 03. ④

문제 04

연강용 피복아크 용접봉 심선의 4가지 화학성분 원소는?

① C, Si, P, S ② C, Si, Fe, S
③ C, Si, Ca, P ④ Al, Fe, Ca, P

해설 심선 5가지 화학성분(탄망인황규)
① 탄소 ② 망간 ③ 인 ④ 황 ⑤ 규소

문제 05

산소용기의 내용적이 33.7리터인 용기에 120kgf/cm^{2}이 충전되어 있을 때, 대기압 환산용적은 몇 리터인가?

① 2803 ② 4044
③ 28030 ④ 40440

해설 $M = P \times V = 120 \times 33.7 = 4044 l$

문제 06

피복 아크 용접에서 아크 안정제에 속하는 피복 배합제는?

① 산화티탄 ② 탄산마그네슘
③ 페로망간 ④ 알루미늄

해설 아크 안정제(산석규자적탄)
① 산화티탄 ② 석회석 ③ 규산나트륨 ④ 규산칼륨
⑤ 자철광 ⑥ 적철광 ⑦ 탄산소다
슬래그 생성제(이산형석일알장규)
① 이산화망간 ② 산화티탄 ③ 형석 ④ 석회석
⑤ 일미나이트 ⑥ 알루미나 ⑦ 장석 ⑧ 규사

문제 07

용접전류에 의한 아크 주위에 발생하는 자장이 용접봉에 비해서 비대칭으로 나타나는 현상을 방지하기 위한 방법 중 옳은 것은?

① 직류 용접에서 극성을 바꿔 연결한다.
② 접지점을 될 수 있는 대로 용접부에서 가까이 한다.
③ 용접봉 끝을 아크가 쏠리는 방향으로 기울인다.
④ 피복제가 모재에 접촉할 정도로 짧은 아크를 사용한다.

해설 용접전류에 의한 아크 주위에 발생하는 자장이 용접봉에 비해서 비대칭으로 나타나는 현상을 방지하기 위한 방법 : 피복제가 모재에 접촉할 정도로 짧은 아크를 사용한다.

해답

04. ① 05. ② 06. ① 07. ④

문제 08 

일반적으로 가스 용접봉의 지름이 2.6mm일 때 강판의 두께는 몇 mm 정도가 적당한가?

① 1.6mm ② 4.2mm
③ 4.5mm ④ 6.0mm

해설 $D=\frac{t}{2}+1,\quad \frac{2.6}{1}=\frac{t}{2}+1,\quad 5.2=t+1$
$\therefore\ t=5.2-1=4.2$

문제 09

피복 아크 용접봉의 용융금속 이행 형태에 따른 분류가 아닌 것은?

① 스프레이형 ② 글로뷸러형
③ 슬래그형 ④ 단락형

해설 **피복 아크 용접봉의 용융금속 이행 형태에 따른 분류**
① 스프레이형 : 미세한 용적이 스프레이와 같이 날려보내어 옮겨가서 용착
② 단락형 : 표면장력의 작용으로 모재로 옮겨가서 용착
③ 글로뷸러형 : 서브머지드 용접과 같이 대전류 사용 시

문제 10

산소 용기에 각인되어 있는 TP와 FP는 무엇을 의미하는가?

① TP : 내압시험압력, FP : 최고충전압력
② TP : 최고충전압력, FP : 내압시험압력
③ TP : 내용적(실측), FP : 용기중량
④ TP : 용기중량, FP : 내용적(실측)

해설 **산소 용기의 각인**
① TP : 내압시험압력 ② FP : 최고충전압력
③ W : 용기질량 ④ V : 용기 내용적
⑤ AP : 기밀시험압력

문제 11

가스 실드계의 대표적인 용접봉으로 유기물을 20~30% 정도 포함하고 있는 용접봉은?

① E4303 ② E4311
③ E4313 ④ E4324

해설 **연강용 피복아크 용접봉의 특징**
① E4311(고셀룰로오스계) : 가스 실드계의 대표적인 용접봉으로 유기물을 20~30% 정도 포함하고 있는 용접봉

해답

08. ② 09. ③ 10. ① 11. ②

② E4303(라임티탄계) : 산화티탄을 약 30% 함유한 용접봉. 비드의 외관이 아름답고 언더컷이 발생되지 않음.
③ E4313(고산화티탄계) : 산화티탄이 35% 이상 함유. 비드 표면이 고우며 작업성이 우수. 고온크랙 일으키기 쉬움.
④ E4316(저수소계) : 석회석, 형석을 주성분으로 한 것으로 기계적 성질, 내균열성이 우수. 가열온도 300~350℃에서 1~2시간

문제 12

다음 중 용접 작업에 영향을 주는 요소가 아닌 것은?

① 용접봉 각도 ② 아크 길이
③ 용접 속도 ④ 용접 비드

해설 **용접 작업에 영향을 주는 요소**
① 용접 속도 ② 아크 길이 ③ 용접봉 각도

문제 13

아세틸렌은 각종 액체에 잘 용해된다. 그러면 1기압 아세톤 2l에는 몇 l의 아세틸렌이 용해되는가?

① 2 ② 10
③ 25 ④ 50

해설 1기압 15℃에서 25배 용해
2기압 x
x =50배

참고 **석유** : 2배 용해 **벤젠** : 4배 용해 **알코올** : 6배 용해 **아세톤** : 25배 용해

문제 14

아크가 발생하는 초기에 용접봉과 모재가 냉각되어 있어 용접 입열이 부족하여 아크가 불안정하기 때문에 아크 초기에만 용접전류를 특별히 크게 해 주는 장치는?

① 전격방지장치 ② 원격제어장치
③ 핫 스타트 장치 ④ 고주파 발생장치

해설 **교류 아크 용접기 부속장치**
① 핫 스타트 장치 : 아크가 발생하는 초기에 용접봉과 모재가 냉각되어 있어 용접 입열이 부족하여 아크가 불안정하기 때문에 아크 초기에만 용접전류를 특별히 크게 해 주는 장치.
② 전격방지장치 : 무부하 전압이 85~95V로 비교적 높은 교류 아크 용접기는 감전재해의 위험이 있기 때문에 무부하전압을 20~30V 이하로 유지하여 용접사 보호.

해답

12. ④ 13. ④ 14. ③

문제 15

수중절단에 주로 사용되는 가스는?

① 부탄가스 ② 아세틸렌가스
③ LPG ④ 수소가스

해설 **수중절단에 주로 사용하는 가스** : 수소가스

문제 16

가스절단에서 절단하고자 하는 판의 두께가 25.4mm일 때, 표준 드래그의 길이는?

① 2.4mm ② 5.2mm
③ 6.4mm ④ 7.2mm

해설 **드래그 길이** $=$ 판 두께 $\times \frac{1}{5} = \frac{25.4}{5} = 5.08$

문제 17

교류 아크 용접기의 규격 AW-300에서 300이 의미하는 것은?

① 정격 사용률 ② 정격 2차 전류
③ 무부하 전압 ④ 정격 부하 전압

해설 **교류 아크 용접기의 규격 AW-300에서 300의 의미** : 정격 2차 전류

문제 18

열처리된 탄소강의 현미경 조직에서 경도가 가장 높은 것은?

① 소르바이트 ② 오스테나이트
③ 마텐자이트 ④ 트루스타이트

해설 **경도가 높은 순서**
마텐자이트 > 트루스타이트 > 소르바이트 > 펄라이트 > 오스테나이트

문제 19

알루미늄 합금 재료가 가공된 후 시간의 경과에 따라 합금이 경화하는 현상은?

① 재결정 ② 시효경화
③ 가공경화 ④ 인공시효

해설 **시효경화** : 알루미늄 합금 재료가 가공된 후 시간의 경과에 따라 합금이 경화되는 현상

해답

15. ④ 16. ② 17. ② 18. ③ 19. ②

문제 20

용접 부품에서 일어나기 쉬운 잔류응력을 감소시키기 위한 열처리 방법은?

① 완전풀림(full annealing)
② 연화풀림(softening annealing)
③ 확산풀림(diffusion annealing)
④ 응력제거 풀림(stress relief annealing)

해설 **응력제거 풀림** : 용접 부품에서 일어나기 쉬운 잔류응력을 감소시키기 위한 열처리 방법

문제 21

인장강도가 98~196MPa 정도이며, 기계 가공성이 좋아 공작기계의 베드, 일반 기계 부품, 수도관 등에 사용되는 주철은?

① 백주철 ② 회주철
③ 반주철 ④ 흑주철

해설 **회주철** : 인장강도가 98~196MPa 정도이며, 기계 가공성이 좋아 공작기계의 베드, 일반기계 부품, 수도관 등에 사용

문제 22

구리에 40~50% Ni을 첨가한 합금으로서 전기저항이 크고 온도계수가 일정하므로 통신기자재, 저항선, 전열선 등에 사용하는 니켈합금은?

① 인바 ② 엘린바
③ 모넬메탈 ④ 콘스탄탄

해설 **합금**

① 콘스탄탄 : 구리(55%)+니켈(45%). 전기저항이 크고 온도계수 일정. 통신기자재, 저항선, 전열선에 사용
② 인바 : Ni(35~36%)+Mn(0.4%)+Fe. 시계의 추에 사용
③ 엘린바 : Ni(35%)+Mn(0.4%)+Fe. 고급시계부품에 사용
④ 모넬메탈 : Ni(65~70%)+Fe(1~3%). 터빈 날개, 펌프 임펠러 등에 사용
⑤ 플래티나이트 : Ni(40~50%)+Fe. 진공관이나 전구의 도입선으로 사용
⑥ 인코넬 : Ni(70~80%)+Cr(12~14%). 열전쌍보호관, 진공관 필라멘트에 사용

문제 23

합금강의 분류에서 특수용도용으로 게이지, 시계추 등에 사용되는 것은?

① 불변강 ② 쾌삭강
③ 규소강 ④ 스프링강

해설 **합금강의 분류에서 특수용도용으로 게이지, 시계추 등에 사용되는 것** : 불변강

참고 **불변강** : 인바, 초인바, 엘린바, 코엘린바, 플래티나이트, 퍼멀로이

해답

20. ④ 21. ② 22. ④ 23. ①

문제 24

강의 표면에 질소를 침투시켜 경화시키는 표면경화법은?

① 침탄법　　② 질화법
③ 세러다이징　　④ 고주파담금질

해설 **질화법** : 강 표면에 질소를 침투시켜 경화하는 방법으로 가스질화법, 연질화법, 액체질화법 등이 있다.

침탄법

① 가스침탄법 : 침탄온도는 900~950℃에서 메탄가스와 같은 탄화수소가스를 사용하여 침탄하는 방법
② 액체침탄법 : 시안화나트륨, 시안화칼리를 주성분으로 한 염을 사용하여 침탄온도 750~950℃에서 30~60분 침탄시키는 방법
③ 고체침탄법 : 고체침탄제를 사용하여 강 표면에 침탄탄소를 확산침투시켜 표면을 경화시키는 방법

문제 25

경금속(light metal) 중에서 가장 가벼운 금속은?

① 리튬(Li)　　② 베릴륨(Be)
③ 마그네슘(Mg)　　④ 티타늄(Ti)

해설 **비중**

① 리튬 : 0.53　　② 베릴륨 : 1.84
③ 마그네슘 : 1.74　　④ 티타늄 : 4.54

문제 26

스테인리스강의 금속 조직학상 분류에 해당하지 않는 것은?

① 마텐자이트계　　② 페라이트계
③ 시멘타이트계　　④ 오스테나이트계

해설 **스테인리스강의 금속 조직학상 분류**

① 마텐자이트계
② 페라이트계
③ 오스테나이트계

문제 27

합금공구강을 나타내는 한국산업표준(KS)의 기호는?

① SKH 2　　② SCr 2
③ STS 11　　④ SNCM

해설 **합금공구강을 나타내는 한국산업표준 기호** : STS 11

해답

24. ② 25. ① 26. ③ 27. ③

문제 28

정련된 용강을 노 내에서 Fe–Mn, Fe–Si, Al 등으로 완전탈산시킨 강은?

① 킬드강 ② 캡드강
③ 림드강 ④ 세미킬드강

해설 **강괴**
① 킬드강 : 정련된 용강을 노 내에서 Fe–Mn, Fe–Si, Al 등으로 완전탈산시킨 강
② 세미킬드강 : 탈산의 정도를 킬드강과 림드강의 중간 정도로 한 약탈산강을 말한다. 용도는 일반구조용 강, 두꺼운 판 등의 소재로 쓰인다.
③ 림드강 : 전로에서 용해한 강을 망간철(Fe–Mn)로 가볍게 탈산시킨 상태에서 주형에 주입한 것으로, 불완전탈산강이라 한다.

문제 29

다음 중 화재 및 폭발의 방지조치가 아닌 것은?

① 가연성 가스는 대기 중에 방출시킨다.
② 용접작업 부근에 점화원을 두지 않도록 한다.
③ 가스용접 시에는 가연성 가스가 누설되지 않도록 한다.
④ 배관 또는 기기에서 가연성 가스의 누출 여부를 철저히 점검한다.

해설 가연성 가스는 대기 중에 방출하면 안 된다.

문제 30

CO_2 가스 아크 용접에서 복합 와이어의 구조에 해당하지 않는 것은?

① C관상 와이어 ② 아코스 와이어
③ S관상 와이어 ④ NCG 와이어

해설 **CO_2 가스 아크 용접에서 복합 와이어의 구조**
① 아코스 와이어 ② NCG 와이어 ③ S관상 와이어

문제 31

초음파 탐상법의 특징 설명으로 틀린 것은?

① 초음파의 투과 능력이 작아 얇은 판의 검사에 적합하다.
② 결함의 위치와 크기를 비교적 정확히 알 수 있다.
③ 검사 시험체의 한 면에서도 검사가 가능하다.
④ 감도가 높으므로 미세한 결함을 검출할 수 있다.

해설 **초음파 탐상법의 특징**
① 감도가 높으므로 미세한 결함을 검출할 수 있다.
② 검사 시험체의 한 면에서도 검사가 가능하다.
③ 결함의 위치와 크기를 비교적 정확히 알 수 있다.
④ 고압장치의 판 두께 측정
⑤ 검사비용이 싸고 결과가 신속
⑥ 결과의 보존성이 없다.

해답

28. ① 29. ① 30. ① 31. ①

문제 32

연납과 경납을 구분하는 용융점은 몇 ℃인가?

① 200℃ ② 300℃
③ 450℃ ④ 500℃

해설 **연납** : 450℃ 이하
경납 : 450℃ 초과

문제 33

교류 아크 용접기의 종류가 아닌 것은?

① 가동 철심형 ② 가동 코일형
③ 가포화 리액터형 ④ 정류기형

해설 **교류 아크 용접기의 종류**
① 가동 코일형 ② 가동 철심형 ③ 가포화 리액터형 ④ 탭 전환용

문제 34

용접부에 은점을 일으키는 주요 원소는?

① 수소 ② 인
③ 산소 ④ 탄소

해설 **수소**
① 은점을 일으킴. ② 헤어 크랙을 일으킴.
③ 수소취성을 일으킴. ④ 수중절단 시 사용.

문제 35

일렉트로 슬래그 아크 용접에 대한 설명 중 맞지 않는 것은?

① 일렉트로 슬래그 용접은 단층 수직 상진 용접을 하는 방법이다.
② 일렉트로 슬래그 용접은 아크를 발생시키지 않고 와이어와 용융 슬래그 그리고 모재 내에 흐르는 전기 저항열에 의하여 용접한다.
③ 일렉트로 슬래그 용접의 홈 형상은 I형 그대로 사용한다.
④ 일렉트로 슬래그 용접 전원으로는 정전류형의 직류가 적합하고, 용융금속의 용착량은 90% 정도이다.

해설 **일렉트로 슬래그 용접**
① 일렉트로 슬래그 용접의 홈 형상은 I형 그대로 사용한다.
② 일렉트로 슬래그 용접은 단층 수직, 상진 용접을 하는 방법이다.
③ 일렉트로 슬래그 용접은 아크를 발생시키지 않고 와이어와 용융 슬래그 그리고 모재 내에 흐르는 전기 저항열에 의하여 용접한다.
④ 아크가 눈에 보이지 않고 아크 불꽃이 없다.
⑤ 최소한의 변형과 최단시간 용접법이다.
⑥ 박판용접에는 적용 불가능
⑦ 장비 설치가 복잡하며 냉각장치가 필요하다.

해답

32. ③ 33. ④ 34. ① 35. ④

문제 36

TIG 용접 시 텅스텐 전극의 수명을 연장시키기 위하여 아크를 끊은 후 전극의 온도가 얼마일 때까지 불활성 가스를 흐르게 하는가?

① 100℃ ② 300℃
③ 500℃ ④ 700℃

해설 TIG 용접 시 텅스텐 전극의 수명을 연장시키기 위하여 아크를 끊은 후 전극의 온도가 300℃일 때까지 불활성 가스를 흐르게 한다.

문제 37

다음 중 비파괴 시험이 아닌 것은?

① 초음파 시험 ② 피로 시험
③ 침투 시험 ④ 누설 시험

해설 **비파괴 시험법**

① RT(방사선검사) ② UT(초음파검사) ③ MT(자분검사)
④ PT(침투검사) ⑤ VT(육안검사) ⑥ LT(누설검사)
⑦ 음향검사

문제 38

본용접의 용착법 중 각 층마다 전체 길이를 용접하면서 쌓아올리는 방법으로 용접하는 것은?

① 전진 블록법 ② 캐스케이드법
③ 빌드업법 ④ 스킵법

해설 **용착법**

① 빌드업법 : 각 층마다 전체 길이를 용접하면서 쌓아올리는 방법

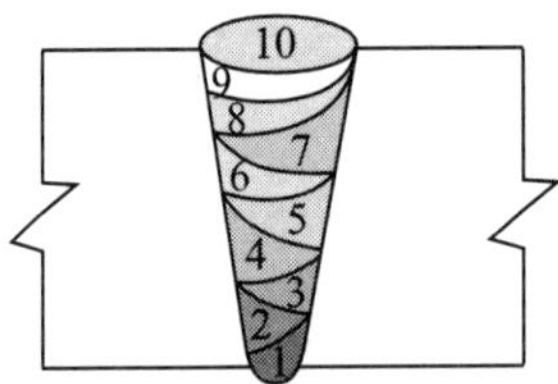

② 스킵법 : 이음전길이에 대해서 뛰어넘어서 용접하는 방법

③ 캐스케이드법 : 한 부분에 대해 몇 층을 용접하다가 다음 부분의 층으로 연속시켜 용접

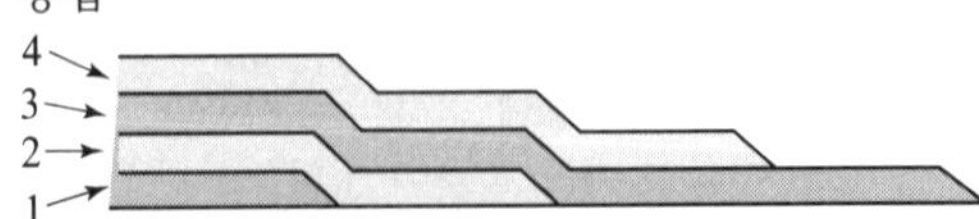

④ 전진 블록법 : 짧은 용접길이로 표면까지 용착하는 방법. 첫 층에 균열이 발생하기 쉬울 때 사용.

36. ② 37. ② 38. ③

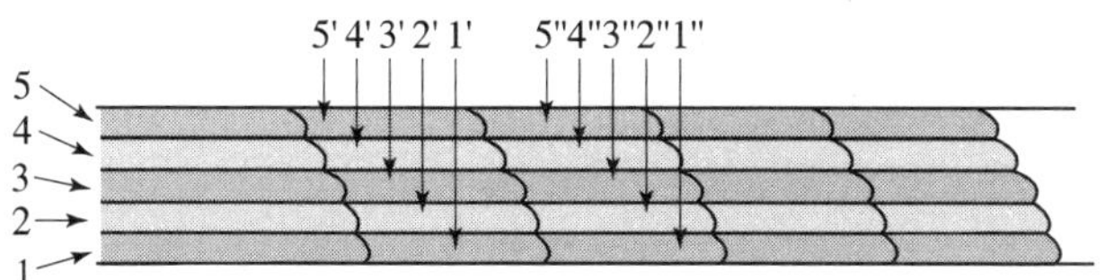

문제 39

피복 아크 용접기를 설치해도 되는 장소는?

① 먼지가 매우 많고 옥외의 비바람이 치는 곳
② 수증기 또는 습도가 높은 곳
③ 폭발성 가스가 존재하지 않는 곳
④ 진동이나 충격을 받는 곳

해설 **피복 아크 용접기를 설치해도 되는 장소**

① 먼지가 없고 옥내에 설치할 것.
② 수증기 또는 습도가 낮은 곳
③ 폭발성 가스가 존재하지 않는 곳
④ 진동이나 충격을 받지 않는 곳

문제 40

그림과 같이 용접선의 방향과 하중의 방향이 직교한 필릿 용접은?

① 측면 필릿 용접
② 경사 필릿 용접
③ 전면 필릿 용접
④ T형 필릿 용접

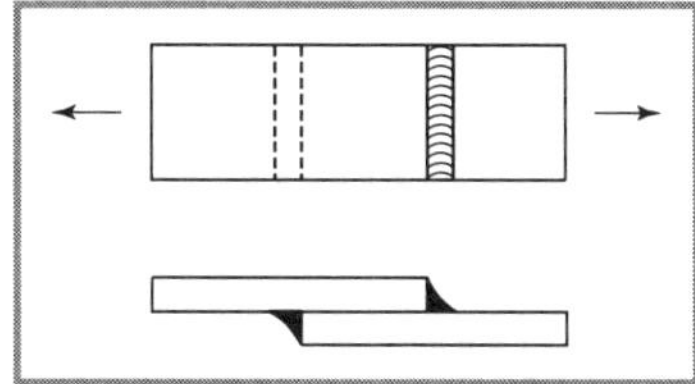

문제 41

불활성 가스 금속 아크(MIG) 용접의 특징 설명으로 옳은 것은?

① 바람의 영향을 받지 않아 방풍대책이 필요 없다.
② TIG 용접에 비해 전류밀도가 높아 용융속도가 빠르고 후판용접에 적합하다.
③ 각종 금속용접이 불가능하다.
④ TIG 용접에 비해 전류밀도가 낮아 용접속도가 느리다.

해설 **불활성 가스 금속 아크 용접의 특징**

① TIG 용접에 비해 전류밀도가 높아 용융속도가 빠르고 후판용접에 적합하다.
② CO_2 용접에 비해 스패터 발생이 적다.
③ 수동 피복 아크 용접에 비해 용착효율이 높아 고능률적이다.
④ 각종 금속용접에 다양하게 적용할 수 있어 응용범위가 넓다.
⑤ 보호가스의 가격이 비싸서 연강용접에는 다소 부적당하다.
⑥ 바람의 영향을 크게 받으므로 방풍대책이 필요하다.

39. ③ 40. ③ 41. ②

문제 42

가스 절단 작업 시 주의사항이 아닌 것은?

① 가스 누설의 점검은 수시로 해야 하며 간단히 라이터로 할 수 있다.
② 가스 호스가 꼬여 있거나 막혀 있는지를 확인한다.
③ 가스 호스가 용융 금속이나 산화물의 비산으로 인해 손상되지 않도록 한다.
④ 절단 진행 중에 시선은 절단면을 떠나서는 안 된다.

해설 가스 누설 점검은 비눗물로 한다.

문제 43

다음 중 용제와 와이어가 분리되어 공급되고 아크가 용제 속에서 일어나며 잠호 용접이라 불리는 용접은?

① MIG 용접 ② 심 용접
③ 서브머지드 아크 용접 ④ 일렉트로 슬래그 용접

해설 **서브머지드 아크 용접** : 용제와 와이어가 분리되어 공급되고 아크가 용제 속에서 일어나며 잠호용접이라고도 한다.
일렉트로 슬래그 용접 : 아크열이 아닌 와이어와 용융 슬래그 사이에 통전된 전류의 저항열을 이용하여 용접
스터드 용접 : 볼트나 환봉 등을 피스톤형 홀더에 끼우고 모재와 환봉 사이에서 순간적으로 아크를 발생시켜 용접

문제 44

안전 보호구의 구비요건 중 틀린 것은?

① 착용이 간편할 것.
② 재료의 품질이 양호할 것.
③ 구조와 끝마무리가 양호할 것.
④ 위험, 유해요소에 대한 방호 성능이 나쁠 것.

해설 위험, 유해요소에 대한 방호 성능이 좋을 것.

문제 45

아크 플라스마는 고전류가 되면 방전전류에 의하여 생기는 자장과 전류의 작용으로 아크의 단면이 수축된다. 그 결과 아크 단면이 수축하여 가늘게 되고 전류밀도가 증가한다. 이와 같은 성질을 무엇이라고 하는가?

① 열적 핀치 효과 ② 자기적 핀치 효과
③ 플라스마 핀치 효과 ④ 동적 핀치 효과

해설 **자기적 핀치 효과** : 아크 플라스마는 고전류가 되면 방전전류에 의하여 생기는 자장과 전류의 작용으로 아크 단면이 수축된다. 그 결과 아크 단면이 수축하여 가늘게 되고 전류밀도도 증가.
열적 핀치 효과 : 아크 단면은 수축하고 전류밀도는 증가하여 아크 전압이 높아지므로 대단히 높은 온도의 아크 플라스마가 얻어지는 성질.

해답

42. ① 43. ③ 44. ④ 45. ②

문제 46

용접 결함 종류가 아닌 것은?

① 기공　　② 언더컷
③ 균열　　④ 용착금속

해설 **용접 결함의 종류 (오용내슬언선은균)**
① 오버랩 ② 용입 불량 ③ 내부 기공 ④ 슬래그 혼입
⑤ 언더컷 ⑥ 선상조직 ⑦ 은점 ⑧ 균열
⑨ 기공

문제 47

TIG 용접에서 전극봉의 마모가 심하지 않으면서 청정작용이 있고 알루미늄이나 마그네슘 용접에 가장 적합한 전원 형태는?

① 직류 정극성(DCSP)　　② 직류 역극성(DCRP)
③ 고주파 교류(ACHF)　　④ 일반 교류(AC)

해설 **고주파 교류** : TIG 용접에서 전극봉의 마모가 심하지 않으면서 청정작용이 있고 알루미늄이나 마그네슘 용접에 적합

문제 48

용접전압이 25V, 용접전류가 350A, 용접속도가 40cm/min인 경우 용접 입열량은 몇 J/cm인가?

① 10500 J/cm　　② 11500 J/cm
③ 12125 J/cm　　④ 13125 J/cm

해설

$$\text{용접입열} = \frac{60EI}{V} = \frac{60 \times 25 \times 350}{40} = 13125\,\text{J/cm}$$

문제 49

용접 후 변형을 교정하는 방법이 아닌 것은?

① 박판에 대한 점 수축법　　② 형재(形材)에 대한 직선 수축법
③ 가스 하우징법　　④ 롤러에 거는 방법

해설 **용접 後 변형을 교정하는 방법**
① 박판에 대한 점 수축법
② 형재에 대한 직선 수축법
③ 롤러에 거는 법
④ 가열 후 해머로 두드리는 방법
⑤ 소성변형시켜서 교정하는 방법
⑥ 후판에 대하여는 가열 후 압력을 걸고 수행하는 방법
⑦ 외력을 이용한 소성 변형법

해답

46. ④ 47. ③ 48. ④ 49. ③

문제 50

용접 이음 준비 중 홈 가공에 대한 설명으로 틀린 것은?

① 홈 가공의 정밀 또는 용접 능률과 이음의 성능에 큰 영향을 준다.
② 홈 모양은 용접방법과 조건에 따라 다르다.
③ 용접 균열은 루트 간격이 넓을수록 적게 발생한다.
④ 피복 아크 용접에서는 54~70° 정도의 홈 각도가 적합하다.

해설 용접 균열은 루트 간격이 넓을수록 많이 발생한다.

문제 51

다음 그림과 같은 양면 용접부 조합기호의 명칭으로 옳은 것은?

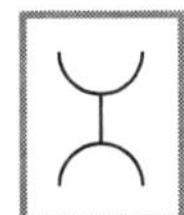

① 양면 V형 맞대기 용접
② 넓은 루트면이 있는 양면 V형 용접
③ 넓은 루트면이 있는 K형 맞대기 용접
④ 양면 U형 맞대기 용접

문제 52

아래 그림은 원뿔을 경사지게 자른 경우이다. 잘린 원뿔의 전개 형태로 가장 올바른 것은?

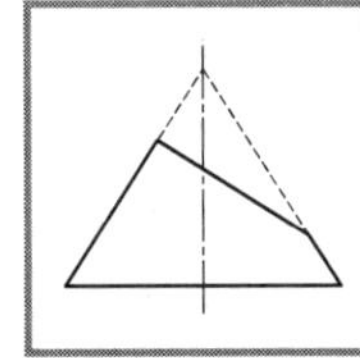

① 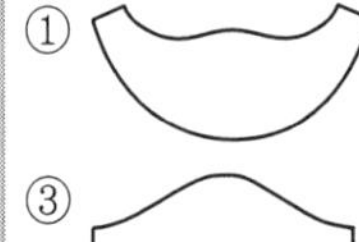 ② 
③ ④

문제 53

회전도시 단면도에 대한 설명으로 틀린 것은?

① 절단할 곳의 전 · 후를 끊어서 그 사이에 그린다.
② 절단선의 연장선 위에 그린다.
③ 도형 내의 절단한 곳에 겹쳐서 도시할 경우 굵은 실선을 사용하여 그린다.
④ 절단면은 90° 회전하여 표시한다.

해설 **회전도시 단면도**

① 도형 내의 절단한 곳에 겹쳐서 도시할 경우 가는 일점쇄선을 사용하여 그린다.
② 절단면은 90° 회전하여 그린다.
③ 절단선의 연장선 위에 그린다.
④ 절단할 곳의 전 · 후를 끊어서 그 사이에 그린다.

해답 50. ③ 51. ④ 52. ① 53. ③

문제 54

기계제도의 치수 보조기호 중에서 Sϕ는 무엇을 나타내는 기호인가?

① 구의 지름　② 원통의 지름
③ 판의 두께　④ 원호의 길이

해설 치수 표시 방법

① 지름 : ϕ　② 반지름 : R
③ 구의 지름 : Sϕ　④ 구의 반지름 : SR
⑤ 정사각형변 : □　⑥ 판의 두께 : t
⑦ 45°모따기 : C　⑧ 참고치수 : ( )
⑨ 이론적으로 정확한 치수 : [123]

문제 55

재료 기호가 "SM400C"로 표시되어 있을 때 이는 무슨 재료인가?

① 일반 구조용 압연 강재　② 용접 구조용 압연 강재
③ 스프링 강재　④ 탄소 공구강 강재

문제 56

3각법으로 정투상한 아래 도면에서 정면도와 우측면도에 가장 적합한 평면도는?

①
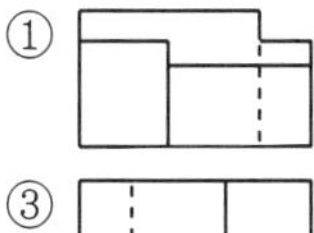
②
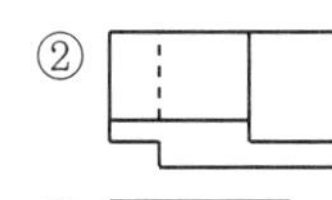
③
④

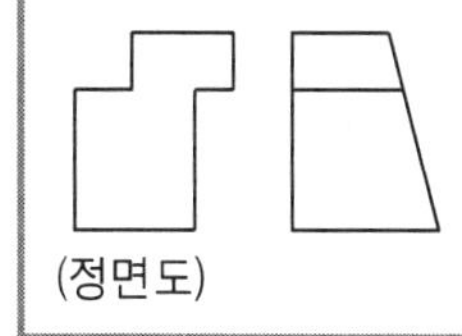

문제 57

그림과 같은 관 표시 기호의 종류는?

① 크로스
② 리듀서
③ 디스트리뷰터
④ 휨 관 조인트

해설 배관 도시 기호

① 크로스 :　② 플랜지 :　③ 리듀서 :
④ 엘보 :　⑤ 부싱 :　⑥ 캡 :
⑦ 유니온 :

해답

54. ① 55. ② 56. ① 57. ④

문제 58 대상물의 보이는 부분의 모양을 표시하는 데 사용하는 선은?

① 치수선 ② 외형선
③ 숨은선 ④ 기준선

해설 **외형선** : 대상물의 보이는 부분의 모양을 표시하는 데 사용

문제 59 도면에 그려진 길이가 실제 대상물의 길이보다 큰 경우 사용한 척도의 종류인 것은?

① 현척 ② 실척
③ 배척 ④ 축척

해설 **척도의 종류**
① 현척 : 도형을 실물과 같게 제도 (1 : 1)
② 축척 : 도형을 실물보다 작게 제도 (1 : 2, 1 : 5, 1 : 10, …)
③ 배척 : 도형을 실물보다 크게 제도 (2 : 1, 5 : 1, 10 : 1, …)
④ N.S(Non Scale) : 비례척이 아님.

문제 60 다음 그림은 경유 서비스탱크 지지철물의 정면도와 측면도이다. 모두 동일한 ㄱ형강일 경우 중량은 약 몇 kg인가? [단, ㄱ형강(L−50×50×6)의 단위 m당 중량은 4.43kg/m이고, 정면도와 측면도에서 좌우 대칭이다.]

① 44.3
② 53.1
③ 55.4
④ 76.1

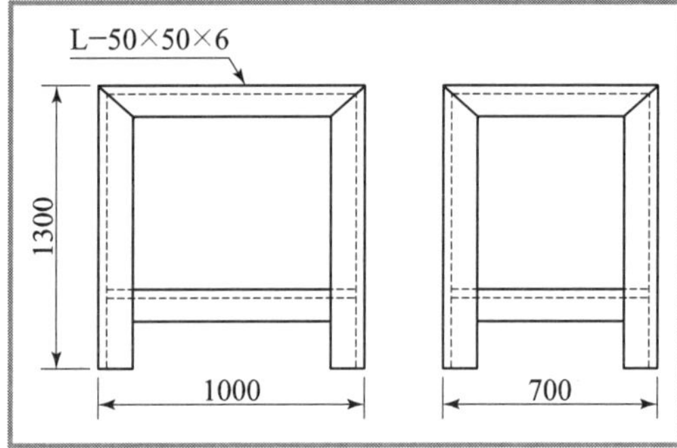

해설 1300×4=5200
1000×4=4000
700×4=2800
(합계) 12000÷1000
=12m×4.43kg/m
=53.16kg

해답 58. ② 59. ③ 60. ②

특수용접기능사 필기

기출문제

2015

특수용접기능사

2015년 1월 25일 시행

2015

문제 01

저온균열이 일어나기 쉬운 재료에 용접 전에 균열을 방지할 목적으로 피용접물의 전체 또는 이음부 부근의 온도를 올리는 것을 무엇이라고 하는가?

① 잠열 ② 예열
③ 후열 ④ 발열

해설 **예열** : 저온균열이 일어나기 쉬운 재료에 용접 전에 균열을 방지할 목적으로 피용접물의 전체 또는 이음부 부근의 온도를 올리는 것

문제 02

다음 용접법 중 압접에 해당되는 것은?

① MIG 용접 ② 서브머지드 아크 용접
③ 점용접 ④ TIG 용접

해설 **융접** : 아크 용접 (서스탄)
- 서브머지드 아크 용접(TIG MIG)
- 스터드 용접
- 탄산가스 아크 용접

가스 용접 (산공산)
- 산소–아세틸렌 용접
- 산소–수소 용접
- 공기–아세틸렌 용접

특수 용접 (일테전)
- 일렉트로 슬래그 용접
- 테르밋 용접
- 전자빔 용접

압접 : 유도가열용접, 단접, 초음파 용접, 가압 테르밋 용접, 마찰용접, 냉간압접, 저항용접

납땜 : 노내납땜, 유도가열납땜, 담금납땜, 가스납땜, 인두납땜, 저항납땜

문제 03

아크 타임을 설명한 것 중 옳은 것은?

① 단위기간 내의 작업여유 시간이다.
② 단위시간 내의 용도여유 시간이다.
③ 단위시간 내의 아크 발생 시간을 백분율로 나타낸 것이다.
④ 단위시간 내의 시공한 용접길이를 백분율로 나타낸 것이다.

해설 **아크 타임** : 단위시간 내의 아크 발생 시간을 백분율로 나타낸 것

해답

01. ② 02. ③ 03. ③

문제 04 용접 자동화 방법에서 정성적 자동제어의 종류가 아닌 것은?

① 피드백 제어 ② 유접점 시퀀스 제어
③ 무접점 시퀀스 제어 ④ PLC 제어

해설 **용접 자동화 방법에서 정성적 자동제어의 종류**
① 무접점 시퀀스 제어 ② 유접점 시퀀스 제어 ③ PLC 제어

문제 05 용접부에 오버랩의 결함이 발생했을 때, 가장 올바른 보수방법은?

① 작은 지름의 용접봉을 사용하여 용접한다.
② 결함부분을 깎아내고 재용접한다.
③ 드릴로 정지구멍을 뚫고 재용접한다.
④ 결함부분을 절단한 후 덧붙임 용접을 한다.

해설 **결함 보수 방법**
① 오버랩의 결함 : 결함부분을 깎아내고 재용접한다.
② 언더컷의 결함 : 가는 용접봉을 사용하여 용접한다.
③ 균열의 결함 : 드릴로 정지구멍을 뚫고 재용접한다.

문제 06 용접균열에서 저온균열은 일반적으로 몇 ℃ 이하에서 발생하는 균열을 말하는가?

① 200~300℃ 이하 ② 301~400℃ 이하
③ 401~500℃ 이하 ④ 501~600℃ 이하

해설 저온균열은 일반적으로 200~300℃ 이하에서 발생하는 균열이다.

문제 07 용접선 양측을 일정 속도로 이동하는 가스 불꽃에 의하여 너비 약 150mm를 150~200℃로 가열한 다음 곧 수냉하는 방법으로서 주로 용접선 방향의 응력을 완화시키는 잔류응력 제거법은?

① 저온 응력 완화법 ② 기계적 응력 완화법
③ 노 내 풀림법 ④ 국부 풀림법

해설 **용접 잔류응력 제거법**
① 저온 응력 완화법 : 용접선 양측을 가스 불꽃에 의하여 너비 약 150mm를 150~200℃ 정도의 비교적 낮은 온도로 가열한 다음 곧 수냉하는 방법
② 기계적 응력 완화법 : 잔류응력이 있는 제품에 하중을 주어 용접부에 약간의 소성변형을 일으킨 다음 하중을 제거하는 방법
③ 피닝법 : 해머로써 용접부를 연속적으로 때려 용접 표면에 소성변형을 주는 방법
④ 노내풀림법 : 제품 전체를 가열로 안에 넣고 적당한 온도에서 일정 시간 유지한 다음 노 내에서 서냉

해답

04. ① 05. ② 06. ① 07. ①

⑤ 국부풀림법 : 제품이 커서 노 내에 넣을 수 없을 때, 또는 설비용량 등으로 노내 풀림을 바라지 못할 경우에 용접부 근처만을 풀림

문제 08

TIG 용접에 사용되는 전극의 재질은?

① 탄소 ② 망간
③ 몰리브덴 ④ 텅스텐

해설 **TIG 용접에 사용되는 전극의 재질** : 텅스텐
① 순 텅스텐 전극봉 : 녹색
② 지르코늄 텅스텐 전극봉 : 갈색
③ 토륨 1% 함유한 텅스텐 전극봉 : 황색
④ 토륨 2% 함유한 텅스텐 전극봉 : 적색

문제 09

납땜을 연납땜과 경납땜으로 구분할 때 구분 온도는?

① 350℃ ② 450℃
③ 550℃ ④ 650℃

해설 **경납땜과 연납땜을 구분할 때의 온도** : 450℃
• 450℃ 미만 : 연납땜
• 450℃ 이상 : 경납땜

문제 10

전기저항 용접의 특징에 대한 설명으로 틀린 것은?

① 산화 및 변질 부분이 적다. ② 다른 금속간의 접합이 쉽다.
③ 용제나 용접봉이 필요 없다. ④ 접합강도가 비교적 크다.

해설 **전기저항 용접의 특징**
① 다른 금속간의 접합이 어렵다. ② 접합강도가 비교적 크다.
③ 용제나 용접봉이 필요없다. ④ 산화 및 변질 부분이 적다.

문제 11

이산화탄소 아크 용접의 솔리드 와이어 용접봉의 종류 표시는 YGA-50W-1.2-20 형식이다. 이 때 Y가 뜻하는 것은?

① 가스 실드 아크 용접 ② 와이어 화학성분
③ 용접 와이어 ④ 내후성 강용

해설 YGA-50W-1.2-20
① Y : 용접 와이어 ② G : 가스 실드 아크 용접
③ A : 내후성 강용 ④ 50 : 용착금속의 최소 인장강도
⑤ W : 와이어의 화학성분 ⑥ 1.2 : 지름
⑦ 20 : 무게

해답

08. ④ 09. ② 10. ② 11. ③

문제 12 일반적으로 사람의 몸에 얼마 이상의 전류가 흐르면 순간적으로 사망할 위험이 있는가?

① 5 [mA]
② 15 [mA]
③ 25 [mA]
④ 50 [mA]

해설

허용전류 [mA]	인체에 미치는 영향
1	반응을 느낀다.
8	위험을 수반하지 않는다.
8~15	고통을 수반한 쇼크를 느낀다.
15~20	고통을 느끼고 가까운 근육이 저려서 움직이지 않는다.
20~50	고통을 느끼고 강한 근육수축이 일어나며 호흡 곤란
50~100	순간적으로 사망할 위험이 있다.
100~200	순간적으로 확실히 사망한다.(즉사)

문제 13 피복 아크 용접 시 일반적으로 언더컷을 발생시키는 원인으로 가장 거리가 먼 것은?

① 용접전류가 너무 높을 때
② 아크 길이가 너무 길 때
③ 부적당한 용접봉을 사용했을 때
④ 홈 각도 및 루트 간격이 좁을 때

해설 **언더컷의 원인**

① 용접전류가 너무 높을 때
② 용접속도가 빠를 때
③ 부적당한 용접봉 사용 시
④ 아크 길이가 너무 길 때

문제 14 〈보기〉에서 용극식 용접 방법을 모두 고른 것은?

〈보기〉
㉠ 서브머지드 아크 용접
㉡ 불활성 가스 금속 아크 용접
㉢ 불활성 가스 텅스텐 아크 용접
㉣ 솔리드 와이어 이산화탄소 아크 용접

① ㉠, ㉡
② ㉢, ㉣
③ ㉠, ㉡, ㉢
④ ㉠, ㉡, ㉣

해설 **용극식 용접 방법** : ① 서브머지드 아크 용접
② 불활성 가스 금속 아크 용접
③ 솔리드 와이어 이산화탄소 아크 용접
④ 피복 아크 용접

비용극식 용접 : 불활성 가스 텅스텐 아크 용접

해답

12. ④ 13. ④ 14. ④

문제 15

지름 13[mm], 표점거리 150[mm]인 연강재 시험편을 인장시험한 후의 거리가 154[mm]가 되었다면 연신율은?

① 3.89 [%] ② 4.56 [%]
③ 2.67 [%] ④ 8.45 [%]

해설 **연신율** $= \frac{154-150}{150} \times 100 = 2.597$

문제 16

용접 설계상의 주의점으로 틀린 것은?

① 용접하기 쉽도록 설계할 것.
② 결함이 생기기 쉬운 용접 방법은 피할 것.
③ 용접이음이 한 곳으로 집중되도록 할 것.
④ 강도가 약한 필릿 용접은 가급적 피할 것.

해설 용접이음이 한 곳으로 집중되지 않도록 할 것.

문제 17

로크웰 경도시험에서 C스케일의 다이아몬드의 압입자 꼭지각 각도는?

① 100° ② 115°
③ 120° ④ 150°

해설 **로크웰 경도시험에서 C스케일의 다이아몬드의 압입자 꼭지각 각도** : 120°

문제 18

용접봉에서 모재로 용융금속이 옮겨가는 용적 이행 상태가 아닌 것은?

① 글로뷸러형 ② 스프레이형
③ 단락형 ④ 핀치효과형

해설 **용적 이행 형태**

① 스프레이형 : 미세한 용적이 스프레이와 같이 날려보내어 옮겨가서 융착
② 글로뷸러형 : ㉠ 비교적 큰 용적이 단락되지 않고 옮겨가서 융착
㉡ 일명 핀치 효과형
㉢ 서브머지드 용접과 같이 대전류 사용 시 사용
③ 단락형 : 표면장력의 작용으로 모재로 옮겨가서 융착

문제 19

직류 정극성(DCSP)에 대한 설명으로 옳은 것은?

① 모재의 용입이 얕다. ② 비드 폭이 넓다.
③ 용접봉의 녹음이 느리다. ④ 용접봉에 (+)극을 연결한다.

해답

15. ③ 16. ③ 17. ③ 18. ④ 19. ③

해설 **직류 정극성**

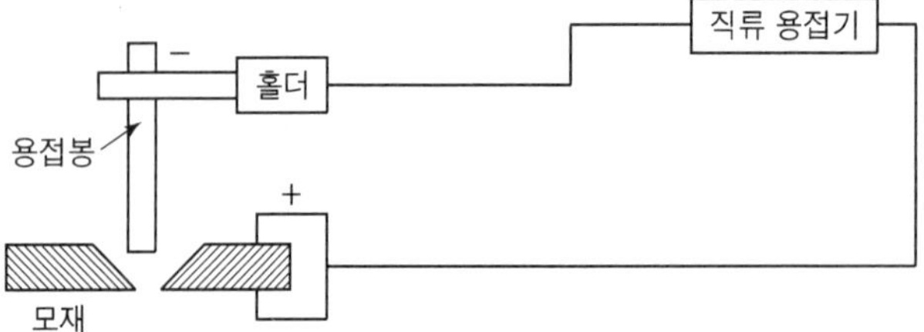

정극성의 경우 전자가 (−)극인 용접봉에서 (+)극인 모재 쪽으로 이동하여 충돌하므로 용접봉의 열량보다 모재의 열량이 월등히 높다.

① 후판 용접에 사용한다.
② 비드 폭이 좁다.
③ 용접봉의 용융속도가 느리다.
④ 용입이 깊다.
⑤ 모재(+) 70%열, 용접봉(−) 30%열

문제 20

피복 아크 용접 작업 시 전격에 대한 주의사항으로 틀린 것은?

① 무부하 전압이 필요 이상으로 높은 용접기는 사용하지 않는다.
② 전격을 받은 사람을 발견했을 때는 즉시 스위치를 꺼야 한다.
③ 작업 종료 시 또는 장시간 작업을 중지할 때는 반드시 용접기의 스위치를 끄도록 한다.
④ 낮은 전압에서는 주의하지 않아도 되며, 습기찬 구두는 착용해도 된다.

해설 낮은 전압에서도 주의해야 되고, 습기찬 구두는 절대 착용해서는 안 된다.

문제 21

용접의 장점으로 틀린 것은?

① 작업공정이 단축되며 경제적이다.
② 기밀, 수밀, 유밀성이 우수하며 이음 효율이 높다.
③ 용접사의 기량에 따라 용접부의 품질이 좌우된다.
④ 재료의 두께에 제한이 없다.

해설 **용접의 장점**

① 이음 효율이 높다.
② 중량이 가벼워진다.
③ 재료의 두께에 제한이 없다.
④ 이종재료도 접합 가능하다.
⑤ 보수와 수리가 용이하고 작업 공정이 단축되며 경제적이다.
⑥ 제품의 성능과 수명이 향상된다.
⑦ 수밀 및 기밀성이 좋다.

20. ④ 21. ③

문제 22

스테인리스강을 TIG 용접할 시 적합한 극성은?

① DCSP ② DCRP
③ AC ④ ACRP

해설 **스테인리스강을 TIG 용접할 시 적합한 극성** : DCSP(직류 정극성)

문제 23

용접기의 2차 무부하 전압을 20~30V로 유지하고, 용접 중 전격 재해를 방지하기 위해 설치하는 용접기의 부속장치는?

① 과부하방지장치 ② 전격방지장치
③ 원격제어장치 ④ 고주파 발생장치

해설 **전격방지장치** : 용접기의 2차 무부하 전압을 20~30V로 유지하고, 용접 중 전격의 재해를 방지하기 위해 설치.(1차 무부하 전압 85~95V)

문제 24

피복 아크 용접에서 용접봉의 용융속도와 관련이 가장 큰 것은?

① 아크 전압 ② 용접봉 지름
③ 용접기의 종류 ④ 용접봉 쪽 전압강하

해설 피복 아크 용접에서 용접봉의 용융속도와 관련이 가장 큰 것은 용접봉 쪽 전압강하

문제 25

다음 가연성 가스 중 산소와 혼합하여 연소할 때 불꽃온도가 가장 높은 가스는?

① 수소 ② 메탄
③ 프로판 ④ 아세틸렌

해설 **가스의 발열량과 온도**

가스의 종류	발열량 [kcal/m^3]	최고 불꽃온도
아세틸렌	12690	3430℃
부 탄	26691	2926℃
수 소	2420	2900℃
프 로 판	20780	2820℃
메 탄	8080	2700℃

최고 불꽃온도 : 아, 부, 수, 프, 메

문제 26

가스 가우징이나 치핑에 비교한 아크 에어 가우징의 장점이 아닌 것은?

① 작업능률이 2~3배 높다. ② 장비 조작이 용이하다.
③ 소음이 심하다. ④ 활용범위가 넓다.

22. ① 23. ② 24. ④ 25. ④ 26. ③

해설 아크 에어 가우징의 장점 (조용오작응)

① 조작 방법이 간단하다.
② 용융금속을 순간적으로 불어내어 모재에 악영향을 주지 않음.
③ 용접 결함부의 발견이 쉽다.
④ 작업능률이 2~3배 높다.
⑤ 응용범위가 넓고 경비가 저렴하다.

문제 27

용접기의 명판에 사용률이 40%로 표시되어 있을 때, 다음 설명으로 옳은 것은?

① 아크 발생 시간이 40%이다.
② 휴지 시간이 40%이다.
③ 아크 발생 시간이 60%이다.
④ 휴지 시간이 4분이다.

해설 용접기의 명판에 사용률이 40%로 표시되었을 때

아크 발생 시간이 40%이다.

문제 28

가스 용접의 특징에 대한 설명으로 틀린 것은?

① 가열 시 열량 조절이 비교적 자유롭다.
② 피복금속 아크 용접에 비해 후판 용접에 적당하다.
③ 전원 설비가 없는 곳에서도 쉽게 설치할 수 있다.
④ 피복금속 아크 용접에 비해 유해광선의 발생이 적다.

해설 가스 용접의 특징

① 박판 용접에 적합하다.
② 가열 조절이 비교적 자유롭다.
③ 응용범위가 넓다.
④ 전원설비가 필요없다.
⑤ 아크 용접에 비해 유해광선의 발생이 적다.
⑥ 열량 조절이 자유롭다.
⑦ 전기 용접에 비해 싸다.
⑧ 폭발 및 화재의 위험이 크다.
⑨ 용접 후의 변형이 쉽게 온다.
⑩ 열의 집중성이 나빠 효율적인 용접이 어렵다.
⑪ 가열시간이 오래 걸린다.

문제 29

피복 아크 용접봉의 심선의 재질로서 적당한 것은?

① 고탄소 림드강
② 고속도강
③ 저탄소 림드강
④ 반 연강

해설 피복 아크 용접봉의 심선의 재질 : 저탄소 림드강

해답

27. ① 28. ② 29. ③

문제 30

피복 아크 용접봉의 간접 작업성에 해당되는 것은?

① 부착 슬래그의 박리성 ② 용접봉 용융 상태
③ 아크 상태 ④ 스패터

해설 **피복 아크 용접봉의 간접 작업성** : 부착 슬래그의 박리성

문제 31

다음 중 수중 절단에 가장 적합한 가스로 짝지어진 것은?

① 산소 – 수소 가스 ② 산소 – 이산화탄소 가스
③ 산소 – 암모니아 가스 ④ 산소 – 헬륨 가스

해설 **수중 절단에 가장 적합한 가스** : 산소–수소가스(45m 이하)

문제 32

피복 아크 용접봉 중에서 피복제 중에 석회석이나 형석을 주성분으로 하고, 피복제에서 발생하는 수소량이 적어 인성이 좋은 용착금속을 얻을 수 있는 용접봉은?

① 일미나이트계(E4301) ② 고셀룰로오스계(E4311)
③ 고산화티탄계(E4313) ④ 저수소계(E4316)

해설 **저수소계(E4316)**

① 주성분 : 석회석, 형석 ② 내균열성 우수
③ 기계적 성질 우수 ④ 수소량이 적어 인성이 좋다.
⑤ 가열시간은 1~2시간, 온도는 300~350℃

문제 33

부하 전류가 변화하여도 단자 전압은 거의 변하지 않는 특성은?

① 수하 특성 ② 정전류 특성
③ 정전압 특성 ④ 전기저항 특성

해설 **용접기 특성**

① 정전압 특성
  ㉠ 부하전류가 변하여도 단자전압은 거의 변화하지 않는 특성
  ㉡ MIG 용접 또는 CO_2 용접에 적합한 특성으로, 일명 CP 특성이라고도 한다.
② 정전류 특성 : 부하전압이 변하여도 단자전류는 거의 변화하지 않는 특성
③ 상승 특성 : 전류의 증가에 따라서 전압이 약간 높아지는 특성
④ 수하 특성 : 부하전류가 증가하면 단자전압이 낮아지는 특성

문제 34

피복 아크 용접봉의 피복제의 작용에 대한 설명으로 틀린 것은?

① 산화 및 질화를 방지한다. ② 스패터가 많이 발생한다.
③ 탈산 정련작용을 한다. ④ 합금원소를 첨가한다.

30. ① 31. ① 32. ④ 33. ③ 34. ②

해설 **피복제 작용**(역할) (전공아슬탈합용)

① 전기절연작용 ② 공기중 산화, 질화 방지
③ 아크 안정 ④ 슬래그 제거를 쉽게 한다.
⑤ 탈산정련작용 ⑥ 합금원소 첨가
⑦ 용착효율을 높인다. ⑧ 용착금속의 냉각속도를 느리게 한다.

문제 35

피복 아크 용접기로서 구비해야 할 조건 중 잘못된 것은?

① 구조 및 취급이 간편해야 한다.
② 전류 조정이 용이하고 일정하게 전류가 흘러야 한다.
③ 아크 발생과 유지가 용이하고 아크가 안정되어야 한다.
④ 용접기가 빨리 가열되어 아크 안정을 유지해야 한다.

해설 용접기가 빨리 가열되면 안 됨.

문제 36

직류 아크 용접의 설명 중 옳은 것은?

① 용접봉을 양극, 모재를 음극에 연결하는 경우를 정극성이라고 한다.
② 역극성은 용입이 깊다.
③ 역극성은 두꺼운 판의 용접에 적합하다.
④ 정극성은 용접 비드의 폭이 좁다.

해설 **직류 정극성**

① 후판 용접에 적합하다. ② 비드 폭이 좁다.
③ 용입이 깊다. ④ 용접봉의 용융속도가 느리다.
⑤ 모재(+) 70%열, 용접봉(−) 30%열

문제 37

가스 절단에서 양호한 절단면을 얻기 위한 조건으로 틀린 것은?

① 드래그(drag)가 가능한 한 클 것.
② 드래그(drag)의 홈이 낮고 노치가 없을 것.
③ 슬래그 이탈이 양호할 것.
④ 절단면 표면의 각이 예리할 것.

해설 **가스 절단에서 양호한 절단면을 얻기 위한 조건**

① 드래그가 가능한 한 적을 것.
② 슬래그 이탈이 양호할 것.
③ 절단면 표면의 각이 예리할 것.
④ 드래그의 홈이 낮고 노치가 없을 것.

해답

35. ④ 36. ④ 37. ①

문제 38

피복 아크 용접에서 아크전압이 30V, 아크전류가 150A, 용접속도가 20cm/min일 때, 용접입열은 몇 Joule/cm인가?

① 27000　　② 22500
③ 15000　　④ 13500

용접입열 $= \dfrac{60EI}{V} = \dfrac{60 \times 30 \times 150}{20} = 13500\,\mathrm{J/cm}$

2015

문제 39

다음 중 재결정 온도가 가장 낮은 금속은?

① Al　　② Cu
③ Ni　　④ Zn

해설 **재결정 온도**

① Al : 150~240℃　　② Cu : 200~300℃
③ Ni : 530~660℃　　④ Zn : 5~25℃
⑤ Au : 200℃　　⑥ Fe : 350~450℃
⑦ Ag : 200℃　　⑧ W : 1000℃
⑨ Sn : −7~25℃　　⑩ Pb : −3℃
⑪ Pt : 450℃　　⑫ Mg : 150℃

문제 40

Ni–Fe 합금으로서 불변강이라 불리우는 합금이 아닌 것은?

① 인바　　② 모넬메탈
③ 엘린바　　④ 슈퍼인바

해설 **불변강(고Ni강)** *(인초엘코플퍼)*

① 인바 : ㉠ Ni 36%, Mn 0.4%, C 0.2%의 합금
　　㉡ 시계의 진자, 줄자, 계측기의 부품
② 초인바 : Ni 32%, Co 4~6%의 합금
③ 엘린바 : ㉠ Ni 36%, Cr 13%의 합금
　　㉡ 고급시계, 정밀저울의 스프링, 정밀기계의 재료
④ 코엘린바 : ㉠ Ni 10~16%, Cr 10~11%, Co 2.6~5.8의 합금
　　㉡ 스프링, 태엽, 기상관측용 기구의 부품
⑤ 플래티나이트 : ㉠ Ni 40~50%의 니켈–철합금
　　㉡ 전구나 진공관의 도입선
⑥ 퍼멀로이 : ㉠ Ni 70~80%, Co 0.5%, C 0.5%
　　㉡ 해저 전선의 장하 코일용

38. ④ 39. ④ 40. ②

문제 41 다음 중 Fe-C 평형상태도에 대한 설명으로 옳은 것은?

① 공정점의 온도는 약 723℃이다.
② 포정점은 약 4.30%C를 함유한 점이다.
③ 공석점은 약 0.80%C를 함유한 점이다.
④ 순철의 자기변태 온도는 210℃이다.

해설 ① 공석점은 약 0.8%C를 함유한 것이다.
② 공정점 온도 : 1147℃
③ 포정점 온도 : 1490℃, 0.18%C

문제 42 연질 자성 재료에 해당하는 것은?

① 페라이트 자석 ② 알니코 자석
③ 네오디뮴 자석 ④ 퍼멀로이

해설 **연질 자성 재료** : 퍼멀로이

문제 43 다음 중 황동과 청동의 주성분으로 옳은 것은?

① 황동 : Cu+Pb, 청동 : Cu+Sb ② 황동 : Cu+Sn, 청동 : Cu+Zn
③ 황동 : Cu+Sb, 청동 : Cu+Pb ④ 황동 : Cu+Zn, 청동 : Cu+Sn

해설 **황동과 청동의 주성분**
① 황동=구리+아연 ② 청동=구리+주석

문제 44 다음 중 완전탈산시켜 제조한 강은?

① 킬드강 ② 림드강
③ 고망간강 ④ 세미킬드강

해설 **완전탈산시켜 제조한 강** : 킬드강

문제 45 Al-Cu-Si 합금으로 실리콘(Si)을 넣어 주조성을 개선하고 Cu를 첨가하여 절삭성을 좋게 한 알루미늄 합금으로 시효 경화성이 있는 합금은?

① Y합금 ② 라우탈
③ 코비탈륨 ④ 로-엑스 합금

해설 **합금**
① 라우탈 : Al+Cu+Si *(알구소)*
② Y합금 : Al+Cu+Mg+Ni *(알구마니)*

해답
41. ③ 42. ④ 43. ④ 44. ① 45. ②

③ 로엑스 : Al+Cu+Mg+Ni+Si (알구마니소)
④ 일렉트론 : Al+Zn+Mg (알아마)
⑤ 두랄루민 : Al+Cu+Mg+Mn (알구마망)
⑥ 실루민 : Al+Si (알소)

문제 46

주철 중 구상 흑연과 편상 흑연의 중간 형태의 흑연으로 형성된 조직을 갖는 주철은?

① CV 주철　② 에시큘라 주철
③ 니크로 실라 주철　④ 미해나이트 주철

해설 **CV 주철** : 구상 흑연과 편상 흑연의 중간 형태의 흑연으로 형성된 조직

문제 47

다음 중 상온에서 구리(Cu)의 결정격자 형태는?

① HCT　② BCC
③ FCC　④ CPH

해설 **결정격자**
① 체심입방격자(BCC) : V, Mo, W, Cr, K, Na, Ba, Ta (바몰텅크칼나바탈)
② 면심입방격자(FCC) : Ag, Cu, Au, Al, Pb, Ni, Pt, Ce (은구금알납니백세)
③ 조밀육방격자(HCP) : Ti, Mg, Zn, Co, Zr, Be (티마아코지베)

참고 Ba : 바륨, Ce : 세슘, Be : 베릴륨, Ta : 탈륨, Zr : 지르코늄

문제 48

포금의 주성분에 대한 설명으로 옳은 것은?

① 구리에 8~12% Zn을 함유한 합금이다.
② 구리에 8~12% Sn을 함유한 합금이다.
③ 6-4황동에 1% Pb을 함유한 합금이다.
④ 7-3황동에 1% Mg을 함유한 합금이다.

해설 **포금의 주성분** : 구리에 8~12% Sn을 함유한 합금

문제 49

다음 중 담금질에 의해 나타난 조직 중에서 경도와 강도가 가장 높은 것은?

① 오스테나이트　② 소르바이트
③ 마텐자이트　④ 트루스타이트

해설 **담금질에 의해 나타난 조직 중에서 경도와 강도가 가장 높은 것** : 마텐자이트
마텐자이트 > 트루스타이트 > 소르바이트 > 펄라이트 > 오스테나이트

46. ① 47. ③ 48. ② 49. ③

문제 50

고주파 담금질의 특징을 설명한 것 중 옳은 것은?

① 직접 가열하므로 열효율이 높다.
② 열처리 불량은 적으나 변형 보정이 항상 필요하다.
③ 열처리 후의 연삭 과정을 생략 또는 단축시킬 수 없다.
④ 간접 부분 담금질법으로 원하는 깊이만큼 경화하기 힘들다.

해설 고주파 담금질의 특징

① 직접 가열하므로 열효율이 높다.
② 간접 부분 담금질법으로 원하는 깊이만큼 경화하기 쉽다.
③ 열처리 후의 연삭 과정을 생략 또는 단축시킬 수 있다.
④ 열처리 불량은 적으나 변형 보정이 항상 필요한 것은 아니다.

문제 51

다음 치수 표현 중에서 참고 치수를 의미하는 것은?

① Sϕ24　② t=24
③ (24)　④ □24

해설 치수의 표시 방법

① 참고 치수 : ( )　② 이론적으로 정확한 치수 : [123]
③ 정사각형변 : □　④ 판의 두께 : t
⑤ 지름 : ϕ　⑥ 반지름 : R
⑦ 구의 지름 : Sϕ　⑧ 구의 반지름 : SR

문제 52

도면을 용도에 따른 분류와 내용에 따른 분류로 구분할 때, 다음 중 내용에 따라 분류한 도면인 것은?

① 제작도　② 주문도
③ 견적도　④ 부품도

해설 도면의 분류

① 내용에 따른 분류 *(장기조배부)*
㉠ 장치도 ㉡ 기초도 ㉢ 조립도 ㉣ 배치도 ㉤ 배근도 ㉥ 부품도
② 용도에 따른 분류 *(제주승계설)*
㉠ 제작도 ㉡ 주문도 ㉢ 승인도 ㉣ 계획도 ㉤ 설명도

문제 53

대상물의 일부를 떼어낸 경계를 표시하는 데 사용하는 선의 굵기는?

① 굵은 실선　② 가는 실선
③ 아주 굵은 실선　④ 아주 가는 실선

해설 **대상물의 일부를 떼어낸 경계를 표시하는 데 사용하는 선의 굵기** : 가는 실선

해답

50. ① 51. ③ 52. ④ 53. ②

문제 54

그림과 같은 배관 도시기호가 있는 관에는 어떤 종류의 유체가 흐르는가?

① 온수
② 냉수
③ 냉온수
④ 증기

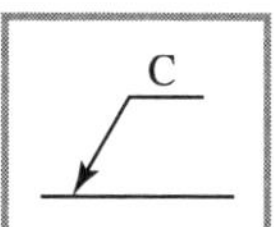

해설 C(쿨러) : 냉수

문제 55

다음 그림과 같은 용접방법 표시로 맞는 것은?

① 삼각 용접
② 현장 용접
③ 공장 용접
④ 수직 용접

해설
현장 용접 :
스폿 용접 :
온둘레 현장 용접 :
심 용접 :

문제 56

다음 밸브 기호는 어떤 밸브를 나타내는가?

① 풋 밸브
② 볼 밸브
③ 체크 밸브
④ 버터플라이 밸브

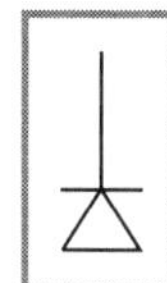

해설
체크 밸브 :
게이트 밸브 :
앵글 밸브 :
글로브 밸브 :
안전밸브 :

문제 57

다음 중 리벳용 원형강의 KS 기호는?

① SV ② SC
③ SB ④ PW

해설 **리벳용 원형강의 KS 기호** : SV

해답

54. ② 55. ② 56. ① 57. ①

2015

문제 58 다음 입체도의 화살표 방향 투상도로 가장 적합한 것은?

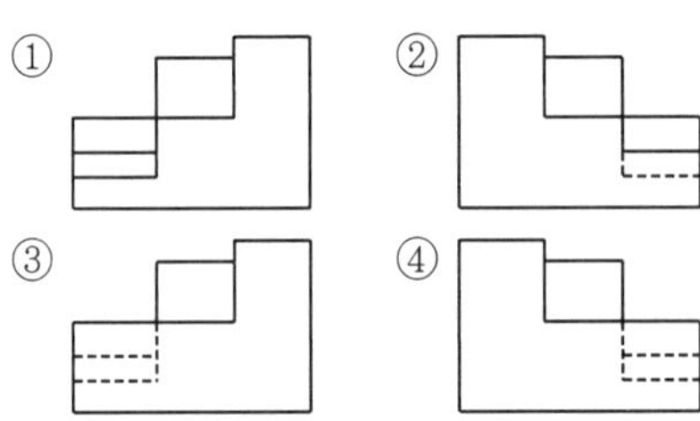

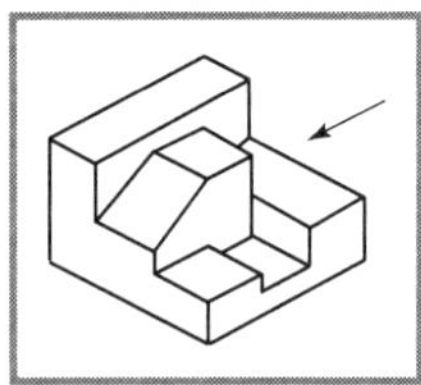

문제 59 구멍에 끼워 맞추기 위한 구멍, 볼트, 리벳의 기호 표시에서 현장에서 드릴가공 및 끼워맞춤을 하고 양쪽면에 카운터 싱크가 있는 기호는?

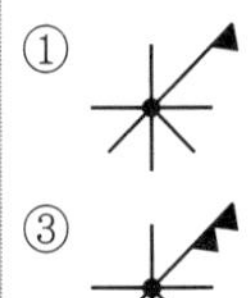

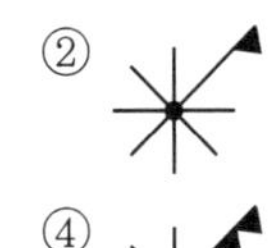

문제 60 제3각법에 대하여 설명한 것으로 틀린 것은?

① 저면도는 정면도 밑에 도시한다.
② 평면도는 정면도의 상부에 도시한다.
③ 좌측면도는 정면도의 좌측에 도시한다.
④ 우측면도는 평면도의 우측에 도시한다.

해설 우측면도는 정면도의 우측에 위치한다.

해답

58. ③ 59. ④ 60. ④

특수용접기능사

2015년 4월 4일 시행

문제 01

피복아크 용접 후 실시하는 비파괴 시험방법이 아닌 것은?

① 자분 탐상법 ② 피로 시험법
③ 침투 탐상법 ④ 방사선 투과 검사법

해설 **비파괴 검사법**

① 자분탐상법 ② 침투탐상법 ③ 방사선투과법 ④ 초음파탐상법
⑤ 육안검사법 ⑥ 누설검사법 ⑦ 와류검사법 ⑧ 설파프린트법

문제 02

다음 중 용접이음에 대한 설명으로 틀린 것은?

① 필릿 용접에서는 형상이 일정하고, 미용착부가 없어 응력분포상태가 단순하다.
② 맞대기 용접이음에서 시점과 크레이터 부분에서는 비드가 급랭하여 결함을 일으키기 쉽다.
③ 전면 필릿 용접이란 용접선의 방향이 하중의 방향과 거의 직각인 필릿 용접을 말한다.
④ 겹치기 필릿 용접에서는 루트부에 응력이 집중되기 때문에 보통 맞대기 이음에 비하여 피로강도가 낮다.

해설 **용접이음**

① 겹치기 필릿 용접에서는 루트부에 응력이 집중되기 때문에 보통 맞대기 이음에 비하여 피로강도가 낮다.
② 전면 필릿 용접이란 용접선의 방향이 하중의 방향과 거의 직각인 필릿 용접을 말한다.
③ 맞대기 용접 이음에서 시점과 크레이터 부분에서는 비드가 급랭하여 결함을 일으키기 쉽다.
④ 필릿 용접에서는 형상은 일정하나 미용착부가 있고 응력분포상태가 복잡하다.

문제 03

변형과 잔류응력을 최소로 해야 할 경우 사용되는 용착법으로 가장 적합한 것은?

① 후진법 ② 전진법
③ 스킵법 ④ 덧살올림법

해설 **스킵법** : 변형과 잔류응력을 최소로 해야 할 경우 사용되는 용착법

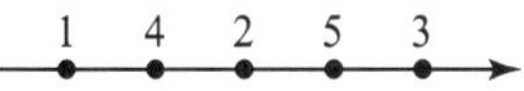

해답

01. ② 02. ① 03. ③

문제 04

이산화탄소 용접에 사용되는 복합 와이어(flux cored wire)의 구조에 따른 종류가 아닌 것은?

① 아코스 와이어　② T관상 와이어
③ Y관상 와이어　④ S관상 와이어

해설 **이산화탄소 용접에 사용되는 복합 와이어의 구조**
① Y관상 와이어　② S관상 와이어　③ 아코스 와이어

문제 05

불활성 가스 아크 용접에 주로 사용되는 가스는?

① CO_2　② CH_4
③ Ar　④ C_2H_2

해설 불활성 가스 아크 용접에 주로 사용되는 가스는 Ar(아르곤) 가스이다.

참고 **불활성 가스** : 헬륨, 네온, 아르곤, 크립톤, 크세논, 라돈

문제 06

다음 중 용접 결함에서 구조상 결함에 속하는 것은?

① 기공　② 인장강도의 부족
③ 변형　④ 화학적 성질 부족

해설 **구조상 결함** : 오버랩, 용입 불량, 내부 기공, 슬래그 혼입, 언더컷 선상조직, 은점, 균열, 기공

문제 07

다음 TIG 용접에 대한 설명 중 틀린 것은?

① 박판 용접에 적합한 용접법이다.
② 교류나 직류가 사용된다.
③ 비소모식 불활성 가스 아크 용접법이다.
④ 전극봉은 연강봉이다.

해설 전극봉은 텅스텐봉이다.

문제 08

아르곤(Ar) 가스는 1기압 하에서 6,500(L) 용기에 몇 기압으로 충전하는가?

① 100기압　② 120기압
③ 140기압　④ 160기압

해설 아르곤 가스는 1기압 6,500l 용기에 140기압으로 충전

참고 아르곤 가스 용기 내 용적 $46.7l \times 140 = 6{,}538l$

해답

04. ② 05. ③ 06. ① 07. ④ 08. ③

문제 09

불활성 가스 텅스텐(TIG) 아크 용접에서 용착금속의 용락을 방지하고 용착부 뒷면의 용착금속을 보호하는 것은?

① 포지셔너(positioner) ② 지그(zig)
③ 뒷받침(backing) ④ 엔드탭(end tap)

해설 **불활성 가스 텅스텐 아크 용접에서 용착금속의 용락을 방지하고 용착부 뒷면의 용착금속을 보호하는 것** : 뒷받침

문제 10

구리 합금 용접 시험편을 현미경 시험할 경우 시험용 부식재로 주로 사용되는 것은?

① 왕수 ② 피크린산
③ 수산화나트륨 ④ 연화철액

해설 **구리 합금 용접 시험편을 시험할 경우 시험용 부식재** : 왕수

문제 11

용접 결함 중 치수상의 결함에 대한 방지 대책과 가장 거리가 먼 것은?

① 역변형법 적용이나 지그를 사용한다.
② 습기, 이물질 제거 등 용접부를 깨끗이 한다.
③ 용접 전이나 시공 중에 올바른 시공법을 적용한다.
④ 용접조건과 자세, 운봉법을 적정하게 한다.

해설 **치수상의 결함에 대한 방지 대책**
① 용접 전이나 시공중에 올바른 시공법을 적용한다.
② 용접조건과 자세, 운봉법을 적정하게 한다.
③ 역변형법 적용이나 지그를 사용한다.

문제 12

TIG 용접에 사용되는 전극봉의 조건으로 틀린 것은?

① 고용융점의 금속 ② 전자 방출이 잘 되는 금속
③ 전기 저항률이 많은 금속 ④ 열 전도성이 좋은 금속

해설 **TIG 용접에 사용되는 전극봉의 조건**
① 전기 저항률이 적은 금속
② 열 전도성이 적은 금속
③ 전자 방출이 잘 되는 금속
④ 고용융점의 금속

해답

09. ③ 10. 모두 답 11. ② 12. ③

문제 13 철도 레일 이음 용접에 적합한 용접법은?

① 테르밋 용접 ② 서브머지드 용접
③ 스터드 용접 ④ 그래비티 및 오토콘 용접

해설 **철도 레일 이음 용접에 적합한 용접법** : 테르밋 용접

문제 14 통행과 운반 관련 안전조치로 가장 거리가 먼 것은?

① 뛰지 말 것이며 한눈을 팔거나 주머니에 손을 넣고 걷지 말 것.
② 기계와 다른 시설물과의 사이의 통행로 폭은 30cm 이상으로 할 것.
③ 운반차는 규정속도를 지키고 운반 시 시야를 가리지 않게 할 것.
④ 통행로와 운반차, 기타 시설물에는 안전표지색을 이용한 안전표지를 할 것.

해설 기계와 다른 시설물과의 사이의 통행로 폭은 1m 이상으로 할 것.

문제 15 플라즈마 아크의 종류 중 모재가 전도성 물질이어야 하며, 열효율이 높은 아크는?

① 이행형 아크 ② 비이행형 아크
③ 중간형 아크 ④ 피복 아크

해설 **이행형 아크** : 모재가 전도성 물질이어야 하며 열효율이 높음. 금속에만 사용.
비이행형 아크 절단 : 텅스텐 전극과 수냉노즐 사이에 접촉시켜 아크 발생. 금속, 비금속에도 사용.

문제 16 TIG 용접에서 전극봉은 세라믹 노즐의 끝에서부터 몇 mm 정도 돌출시키는 것이 가장 적당한가?

① 1~2mm ② 3~6mm
③ 7~9mm ④ 10~12mm

해설 TIG 용접에서 전극봉은 세라믹 노즐의 끝에서부터 3~6mm 정도 돌출시킴.

문제 17 다음 파괴시험 방법 중 충격시험 방법은?

① 전단시험 ② 샤르피 시험
③ 크리프 시험 ④ 응력부식 균열시험

해설 **파괴시험 방법 중 충격시험 방법** : 샤르피 시험, 아이조드 시험

해답

13. ① 14. ② 15. ① 16. ② 17. ②

문제 18

초음파 탐상 검사 방법이 아닌 것은?

① 공진법　　② 투과법
③ 극간법　　④ 펄스 반사법

해설 **초음파 탐상 검사 방법**
① 펄스 반사법　② 투과법　③ 공진법

문제 19

레이저 빔 용접에 사용되는 레이저의 종류가 아닌 것은?

① 고체 레이저　　② 액체 레이저
③ 극간법　　④ 펄스 반사법

해설 **레이저 빔 용접에 사용되는 레이저의 종류**
① 액체 레이저　② 고체 레이저　③ 극간법

문제 20

다음 중 저탄소강의 용접에 관한 설명으로 틀린 것은?

① 용접균열의 발생 위험이 크기 때문에 용접이 비교적 어렵고, 용접법의 적용에 제한이 있다.
② 피복아크 용접의 경우 피복아크 용접봉은 모재와 강도 수준이 비슷한 것을 선정하는 것이 바람직하다.
③ 판의 두께가 두껍고 구속이 큰 경우에는 저수소계 계통의 용접봉이 사용된다.
④ 두께가 두꺼운 강재일 경우 적절한 예열을 할 필요가 있다.

해설 용접균열의 발생 위험이 적고 용접이 비교적 쉽고, 용접법의 적용에 제한이 없다.

문제 21

15℃, $1kgf/cm^2$ 하에서 사용 전 용해 아세틸렌병의 무게가 50kgf이고, 사용 후 무게가 47kgf일 때 사용한 아세틸렌의 양은 몇 리터(L)인가?

① 2,915　　② 2,815
③ 3,815　　④ 2,715

해설 $C = 905(A-B) = 905(50-47) = 2{,}715l$

문제 22

다음 용착법 중 다층 쌓기 방법인 것은?

① 전진법　　② 대칭법
③ 스킵법　　④ 캐스케이드법

해설 **다층 쌓기 방법**
① 캐스케이드법　② 전진블록법

해답

18. ③ 19. ④ 20. ① 21. ④ 22. ④

문제 23

다음 중 두께 20mm인 강판을 가스 절단하였을 때 드래그(drag)의 길이가 5mm 이었다면 드래그 양은 몇 %인가?

① 5　　② 20
③ 25　　④ 100

해설 **드래그**$(\%) = \frac{\text{드래그 길이}}{\text{판두께}} \times 100 = \frac{5}{20} \times 100 = 25\%$

참고 **표준 드래그 길이**$=$판두께$\times \frac{1}{5}$

문제 24

가스 용접에 사용되는 용접용 가스 중 불꽃 온도가 가장 높은 가연성 가스는?

① 아세틸렌　　② 메탄
③ 부탄　　④ 천연가스

해설 **불꽃 온도 높은 순서**

① 아세틸렌 : 3,430℃
② 부탄 : 2,926℃
③ 수소 : 2,900℃
④ 프로판 : 2,820℃
⑤ 메탄 : 2,700℃

문제 25

가스 용접에서 전진법과 후진법을 비교하여 설명한 것으로 옳은 것은/

① 용착금속의 냉각도는 후진법이 서냉된다.
② 용접변형은 후진법이 크다.
③ 산화의 정도가 심한 것은 후진법이다.
④ 용접속도는 후진법보다 전진법이 더 빠르다.

해설 **후진법의 특징**

① 두꺼운 판 용접에 적합
② 용접속도가 빠르다.
③ 용접변형이 적다.
④ 열이용률이 좋다.
⑤ 홈의 각도가 적다.
⑥ 비드 표면이 매끄럽지 못하다.
⑦ 산화 정도가 약하다.
⑧ 용착금속의 냉각속도가 느리다.

문제 26

가스 절단 시 절단면에 일정한 간격의 곡선이 진행방향으로 나타나는데 이것을 무엇이라 하는가?

① 슬래그(slag)　　② 태핑(tapping)
③ 드래그(drag)　　④ 가우징(gouging)

해설 **드래그** : 가스 절단 시 절단면에 일정한 간격의 곡선이 진행방향으로 나타나는 것

해답

23. ③ 24. ① 25. ① 26. ③

문제 27

피복금속 아크 용접봉의 피복제가 연소한 후 생성된 물질이 용접부를 보호하는 방식이 아닌 것은?

① 가스 발생식 ② 슬래그 생성식
③ 스프레이 발생식 ④ 반가스 발생식

해설 **용접부를 보호하는 방식**
① 가스 발생식 ② 반가스 발생식 ③ 슬래그 생성식

문제 28

용해 아세틸렌 용기 취급 시 주의사항으로 틀린 것은?

① 아세틸렌 충전구가 동결 시는 50℃ 이상의 온수로 녹여야 한다.
② 저장장소는 통풍이 잘 되어야 한다.
③ 용기는 반드시 캡을 씌워 보관한다.
④ 용기는 진동이나 충격을 가하지 말고 신중히 취급해야 한다.

해설 아세틸렌 충전구가 동결 시에는 50℃ 이하의 온수로 녹여야 한다.

문제 29

AW300, 정격사용률이 40%인 교류아크 용접기를 사용하여 실제 150A의 전류 용접을 한다면 허용 사용률은?

① 80% ② 120%
③ 140% ④ 160%

허용 사용률 $= \dfrac{(\text{정격2차전류})^2}{(\text{실제용접전류})^2} \times \text{정격사용률} = \dfrac{300^2}{150^2} \times 40 = 160\%$

문제 30

용접 용어와 그 설명이 잘못 연결된 것은?

① 모재 : 용접 또는 절단되는 금속
② 용융풀 : 아크열에 의해 용융된 쇳물 부분
③ 슬래그 : 용접봉이 용융지에 녹아 들어가는 것
④ 용입 : 모재가 녹은 깊이

해설 **용접 용어**
① **용착** : 용접봉이 용융지에 녹아 들어가는 것
② **모재** : 용접 또는 절단되는 금속
③ **용융풀** : 아크열에 의해 용융된 쇳물 부분
④ **용입** : 모재가 녹은 깊이
⑤ **은점** : 용착금속의 파단면에 나타나는 은백색을 한 고기눈 모양의 결함부
⑥ **스패터** : 아크 용접이나 가스 용접 시 비산하는 슬래그
⑦ **용가재** : 용착부를 만들기 위하여 녹여서 첨가하는 것
⑧ **노치 취성** : 홈이 없을 때는 연성을 나타내는 재료라도 홈이 있으면 파괴되는 것

해답

27. ③ 28. ① 29. ④ 30. ③

문제 **31**

직류아크 용접에서 용접봉을 용접기의 음(－)극에, 모재를 양(＋)극에 연결한 경우의 극성은?

① 직류 정극성 ② 직류 역극성
③ 용극성 ④ 비용극성

해설 **직류 정극성의 특징**
① 후판 용접에 적합
② 비드 폭이 좁다.
③ 용입이 깊다.
④ 용접봉의 용융속도가 느리다.
⑤ 모재(＋) 70%열, 용접봉(－) 30%열

문제 **32**

강제 표면의 흠이나 게재물, 탈탄층 등을 제거하기 위하여 얇고 타원형 모양으로 표면을 깎아내는 가공법은?

① 산소창 절단 ② 스카핑
③ 탄소아크 절단 ④ 가우징

해설 **스카핑** : 강제 표면의 흠이나 게재물, 탈탄층 등을 제거하기 위하여 얇고 타원형 모양으로 표면을 깎아내는 가공법
산소창 절단 : 두꺼운 판, 주강의 슬랙 덩어리, 암석의 천공 등의 절단에 사용.
가우징 : 용접부분의 뒷면을 따내든지 H형, U형의 용접홈을 가공하기 위해 깊은 홈을 파내는 방법
산소아크 절단 : 중공(가운데가 빈)의 피복 용접봉과 모재 사이에 아크를 발생시키고 중심에서 산소를 분출시키며 절단.
탄소아크 절단 : 탄소 또는 흑연 전극과 모재 사이에 아크를 일으켜 절단하는 방법

문제 **33**

가동 철심형 용접기를 설명한 것으로 틀린 것은?

① 교류 아크 용접기의 종류에 해당한다.
② 미세한 전류 조정이 가능하다.
③ 용접작업 중 가동철심의 진동으로 소음이 발생할 수 있다.
④ 코일의 감긴 수에 따라 전류를 조정한다.

해설 **가동 철심형 용접기**
① 현재 가장 많이 사용.
② 교류 아크 용접기에 해당한다.
③ 용접작업 중 가동철심의 진동으로 소음이 발생할 수 있다.
④ 미세한 전류 조정이 가능.
⑤ 가동철심으로 누설자속을 가감하여 전류 조정
⑥ 광범위한 전류 조정이 어렵다.

해답

31. ① 32. ② 33. ④

문제 34

용접 중 전류를 측정할 때 전류계(클램프 미터)의 측정위치로 적합한 것은?

① 1차측 접지선 ② 피복 아크 용접봉
③ 1차측 케이블 ④ 2차측 케이블

해설 **용접 전류 측정 시 전류계의 측정위치** : 2차측 케이블

문제 35

저수소계 용접봉은 용접 시점에서 기공이 생기기 쉬운데 해결 방법으로 가장 적당한 것은?

① 후진법 사용 ② 용접봉 끝에 페인트 도색
③ 아크 길이를 길게 사용 ④ 접지점을 용접부에 가깝게 물림

해설 **기공 발생 해결 방법** : 후진법 사용

문제 36

다음 중 가스 용접의 특징으로 틀린 것은?

① 전기가 필요 없다. ② 응용범위가 넓다.
③ 박판 용접에 적당하다. ④ 폭발의 위험이 없다.

해설 **가스 용접의 특징**

① 전기 용접에 비해 싸다. ② 열량 조절이 쉽다.
③ 전원설비가 필요없다. ④ 아크 용접에 비해 유해광선의 발생이 적다.
⑤ 응용범위가 넓다. ⑥ 가열 조절이 비교적 자유롭다.
⑦ 박판 용접에 적합하다. ⑧ 폭발 및 화재의 위험이 크다.
⑨ 용접 후의 변형이 크다. ⑩ 아크에 비해 불꽃온도가 낮다.
⑪ 금속이 산화, 탄화될 우려가 있다.
⑫ 열의 집중성이 나빠 효율적인 용접이 어렵다.

문제 37

다음 중 피복 아크 용접에 있어 용접봉에서 모재로 용융 금속이 옮겨가는 상태를 분류한 것이 아닌 것은?

① 폭발형 ② 스프레이형
③ 글로뷸러형 ④ 단락형

해설 **아크 용접에서 용접봉에서 모재로 용융 금속이 옮겨가는 상태 분류**

① 스프레이형 : ㉠ 비교적 작은 용적이 스프레이와 같이 날려보내어 옮겨가서 용착
㉡ 일미나이계 피복아크 용접봉
② 글로뷸러형 : ㉠ 비교적 큰 용적이 옮겨가서 용착
㉡ 서브머지드 아크 용접과 같이 대전류 사용 시
㉢ 일명 핀치 효과형
③ 단락형 : ㉠ 저수소계 피복아크 용접봉
㉡ 표면장력으로 모재로 옮겨가서 용착

해답

34. ④ 35. ① 36. ④ 37. ①

문제 38

주철의 용접 시 예열 및 후열 온도는 얼마 정도가 가장 적당한가?

① 100~200℃ ② 300~400℃
③ 500~600℃ ④ 700~800℃

해설 주철 용접 시 예열 및 후열 온도는 500~600℃

문제 39

융점이 높은 코발트(Co) 분말과 1~5m 정도의 세라믹, 탄화텅스텐 등의 입자들을 배합하여 확산과 소결 공정을 거쳐서 분말 야금법으로 입자강화 금속 복합재료를 제조한 것은?

① FRP ② FRS
③ 서멧(cermet) ④ 진공청정구리(OFHC)

해설 **서멧** : 융점이 높은 코발트(Co) 분말과 1~5m 정도의 세라믹 탄화 텅스텐 등의 입자들을 배합하여 확산과 소결 공정을 거쳐서 분말 야금법으로 입자강화 금속 복합재료

문제 40

황동에 납(Pb)을 첨가하여 절삭성을 좋게 한 황동으로 스크류, 시계용 기어 등의 정밀가공에 사용되는 합금은?

① 리드 브라스(lead brass) ② 문츠메탈(munts metal)
③ 틴 브라스(tin brass) ④ 실루민(silumin)

해설 **리드 브라스** : 황동+납, 절삭성을 좋게 함. 스크루, 시계용 기어 등의 정밀가공에 사용.
문츠메탈 : 구리(60%)+아연(40%). 열교환기, 열간단조품, 판피 등에 사용.
실루민 : 알루미늄+규소

문제 41

탄소강에 함유된 원소 중에서 고온 메짐(hot shortness)의 원인이 되는 것은?

① Si ② Mn
③ P ④ S

해설 **고온 메짐(적열 취성)의 원인** : 황(S) 800~900℃
저온 메짐(청열 취성)의 원인 : 인(P) 200~300℃

해답 38. ③ 39. ③ 40. ① 41. ④

문제 42

알루미늄의 표면 방식법이 아닌 것은?

① 수산법 ② 염산법
③ 황산법 ④ 크롬산법

해설 **알루미늄의 표면 방식법**
① 황산법 ② 수산법 ③ 크롬산법

문제 43

재료 표면상에 일정한 높이로부터 낙하시킨 추가 반발하여 튀어 오르는 높이로부터 경도값을 구하는 경도기는?

① 쇼어 경도기 ② 로크웰 경도기
③ 비커즈 경도기 ④ 브리넬 경도기

해설 **경도 시험**

① **쇼어 경도** : 재료 표면상에 일정한 높이로부터 낙하시킨 추가 반발하여 튀어 오르는 높이로부터 경도값을 구하는 경도기

$H_s = \frac{10,000}{65} \times \frac{h}{h_o}$ (여기서, h_o : 낙하 물체의 높이(25cm), h : 낙하 물체의 튀어 오른 높이)

② **비커스 경도** : 꼭지각이 136°인 다이아몬드 4각추의 입자를 1~120kgf의 하중으로 시험편에 압입한 후 생긴 오목자국의 대각선을 측정

$H_v = 1.8544 \times \frac{P}{D^2}$

③ **브리넬 경도** : 특수강구를 일정한 하중(500, 750, 1000, 3000kgf)로 시험편의 표면적을 압입한 후 이때 생긴 오목자국의 표면적을 측정하여 나타낸 값

$H_B : \frac{P}{\pi Dt}$

④ **로크웰 경도** : B스케일과 C스케일을 이용 측정

문제 44

Fe–C 평형 상태도에서 나타날 수 없는 반응은?

① 포정반응 ② 편정반응
③ 공석반응 ④ 공정반응

해설 **Fe–C 평형 상태도에서 나타낼 수 없는 반응**
① 포정반응 : 1,492℃
② 공석반응 : 723℃
③ 공정반응 : 1,130℃

해답

42. ② 43. ① 44. ②

문제 45

강의 담금질 깊이를 깊게 하고 크리프 저항과 내식성을 증가시키며 뜨임 메짐을 방지하는 데 효과가 있는 합금 원소는?

① Mo ② Ni
③ Cr ④ Si

해설 **특수원소의 영향**

① Mo(몰리브덴) : 크리프 저항과 내식성 증가, 뜨임 메짐 방지, 저온 취성 방지, 고온강도 개선
② Ni(니켈) : 인성 증가, 저온충격저항 증가, 질화 촉진, 주철의 흑연화 촉진
③ Cr(크롬) : 내식성, 내마모성 향상, 흑연화 안정, 탄화물 안정
④ Si(규소) : 강의 고온가공성을 좋게 한다. 충격저항 감소, 연신율 감소

문제 46

2~10% Sn, 0.6% P 이하의 합금이 사용되며 탄성률이 높아 스프링 재료로 가장 적합한 청동은?

① 알루미늄 청동 ② 망간 청동
③ 니켈 청동 ④ 인청동

해설 **인청동** : Sn 2~10%, P 0.6% 이하의 합금이 사용되며, 탄성률이 높아 스프링 재료로 가장 적합.
납청동 : Pb은 Cu와 합금을 만들지 않고 윤활작용을 하므로 베어링용으로 적합.
베어링용 청동 : Cu+Sn(10~14%). 차축, 베어링 등의 마모가 심한 곳에 사용.
알루미늄 청동 : 약 12%의 Al을 함유하는 수리합금. 선박, 항공기, 자동차의 부품

문제 47

알루미늄 합금 중 대표적인 단련용 Al합금으로 주요 성분이 Al-Cu-Mg-Mn인 것은?

① 알민 ② 알드레리
③ 두랄루민 ④ 하이드로날륨

문제 48

인장시험에서 표점거리가 50mm의 시험편을 시험 후 절단된 표점거리를 측정하였더니 65mm가 되었다. 이 시험편의 연신율은 얼마인가?

① 20% ② 23%
③ 30% ④ 33%

해설 **연신율** $= \frac{65-50}{50} \times 100 = 30\%$

해답

45. ① 46. ④ 47. ③ 48. ③

문제 49 면심입방격자 구조를 갖는 금속은?

① Cr　　② Cu
③ Fe　　④ Mo

해설 **체심입방격자** *(바.몰.텅.크.칼.나.바.탈)* BCC
V, Mo, W, Cr, K, Na, Ba, Ta
면심입방격자 *(은.구.금.알.납.니.백.세)* FCC
Ag, Cu, Au, Al, Pb, Ni, Pt, Ce
조밀육방격자 *(티.마.아.코.지.베)* HCP
Ti, Mg, Zn, Co, Zr, Be

문제 50 노멀라이징(normalizing) 열처리의 목적으로 옳은 것은?

① 연화를 목적으로 한다.
② 경도 향상을 목적으로 한다.
③ 인성 부여를 목적으로 한다.
④ 재료의 표준화를 목적으로 한다.

해설 **열처리**
① **담금질** : 경도 및 강도 증가
② **뜨임** : 인성 증가
③ **풀림** : 가공응력 및 내부응력 제거
④ **불림** : 재료의 표준화를 목적, 가공조직의 균일화

문제 51 물체를 수직단면으로 절단하여 그림과 같이 조합하여 그릴 수 있는데, 이러한 단면도를 무슨 단면도라고 하는가?

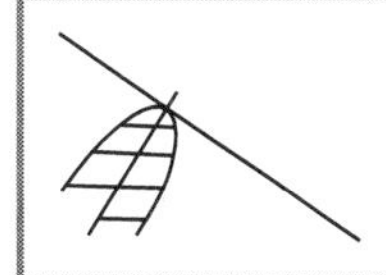

① 온 단면도
② 한쪽 단면도
③ 부분 단면도
④ 회전도시 단면도

문제 52 일면 개선형 맞대기 용접의 기호로 맞는 것은?

① 　　② 
③ 　　④ 

49. ② 50. ④ 51. ④ 52. ②

해설 개선형 맞대기 용접 :  　　부분용입 한쪽면 V형 :

양면 V형 : 　　평면형 평형 맞대기 이음 :

심 용접 : 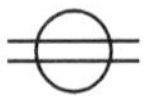 　　플러그 용접 :

스폿 용접 :

문제 53

다음 배관 도면에 없는 배관 요소는?

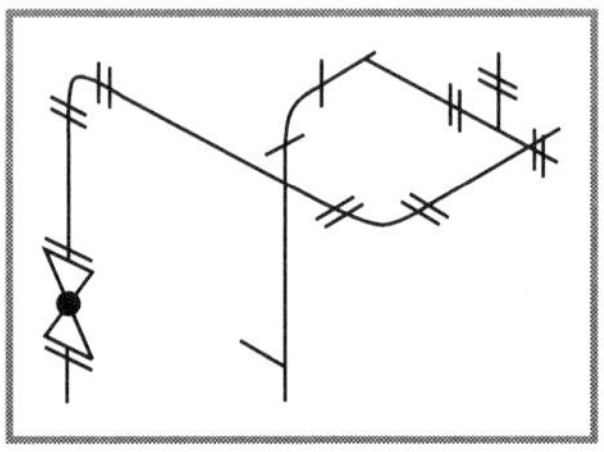

① 티
② 엘보
③ 플랜지 이음
④ 나비 밸브

해설 배관 요소

① 엘보 : 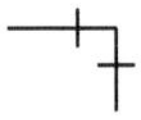 　　② 티 :

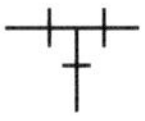

③ 플랜지 이음 : 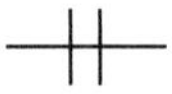 　　④ 볼밸브 막힘 :

문제 54

치수선상에서 인출선을 표시하는 방법으로 옳은 것은?

① 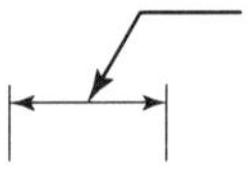 　② 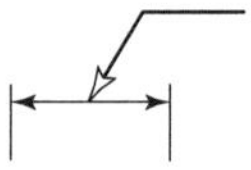 　③ 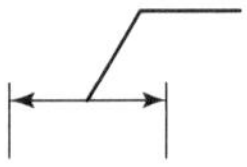 　④

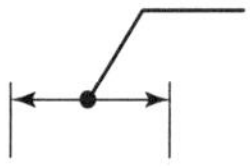

문제 55

KS 재료기호 "SM10C"에서 10C는 무엇을 뜻하는가?

① 일련번호 　② 항복점
③ 탄소함유량 　④ 최저인장강도

문제 56

그림과 같이 정투상도의 제3각법으로 나타낸 정면도와 우측면도를 보고 평면도를 올바르게 도시한 것은?

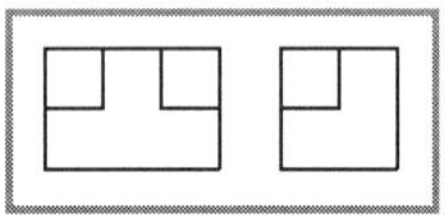

① 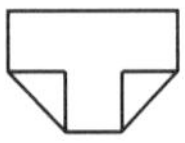 　② 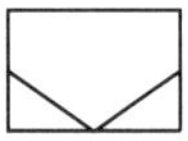 　③ 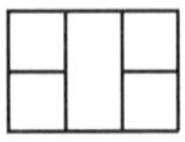 　④

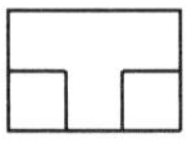

해답

53. ④ 54. ③ 55. ③ 56. ④

문제 57

도면을 축소 또는 확대했을 경우, 그 정도를 알기 위해서 설정하는 것은?

① 중심 마크　　② 비교 눈금
③ 도면의 구역　　④ 재단 마크

해설 **비교눈금** : 도면을 축소 또는 확대했을 때 그 정도를 알기 위하여 설정하는 것

문제 58

다음 중 선의 종류와 용도에 의한 명칭 연결이 틀린 것은?

① 가는 1점 쇄선 : 무게 중심선　　② 굵은 1점 쇄선 : 특수지정선
③ 가는 실선 : 중심선　　④ 아주 굵은 실선 : 특수한 용도의 선

해설 **용도에 따른 선의 종류**

① **가는일점쇄선** : ㉠ 기준선(위치결정의 근거가 된다는 것을 명시)
㉡ 피치선(되풀이하는 도형의 피치를 취하는 기준)
㉢ 중심선
㉣ 절단선(절단위치를 대응하는 그림에 표시)
② **가는이점쇄선** : 가상선 : 인접부분 참고 표시
공구위치 참고 표시
가공 전 · 후 표시
③ **굵은일점쇄선** : 특수지정선 : 특수가공을 하는 부분
④ **아주굵은실선** : 특수한 용도의 선 : 얇은 부분의 단면 도시를 명시
⑤ **가는실선** : ㉠ 파단선 : 대상물의 일부를 파단한 경계
㉡ 해칭선 : 도형의 한정된 특정부분을 다른 부분과 구별
㉢ 치수보조선 : 치수 기입하기 위해 도형으로부터 끌어내는 선
㉣ 치수선 : 치수를 기입하기 위해
⑥ **굵은실선** : 외형선 : 대상물이 보이는 부분의 모양을 표시

문제 59

다음 중 원기둥의 전개에 가장 적합한 전개도법은?

① 평행선 전개도법　　② 방사선 전개도법
③ 삼각형 전개도법　　④ 타출 전개도법

해설 **원기둥의 전개에 가장 적합한 전개도법** : 평행선 전개도법

문제 60

나사의 단면도에서 수나사와 암나사의 골밑(골지름)을 도시하는 데 적합한 선은?

① 가는 실선　　② 굵은 실선
③ 가는 파선　　④ 가는 1점 쇄선

해설 **가는 실선** : 나사의 단면도에서 수나사와 암나사의 골 밑을 도시하는 데 적합한 선

해답

57. ② 58. ① 59. ① 60. ①

특수용접기능사

2015년 7월 19일 시행

문제 01 맴돌이 전류를 이용하여 용접부를 비파괴 검사하는 방법으로 옳은 것은?

① 자분 탐상 검사 ② 와류 탐상 검사
③ 침투 탐상 검사 ④ 초음파 탐상 검사

해설 **와류 탐상 검사** : 맴돌이 전류를 이용하여 용접부를 비파괴 검사하는 방법

문제 02 레이저 용접의 특징으로 틀린 것은?

① 루비 레이저와 가스 레이저의 두 종류가 있다.
② 광선이 용접의 열원이다.
③ 열 영향 범위가 넓다.
④ 가스 레이저로는 주로 CO_2가스 레이저가 사용된다.

해설 **레이저 용접의 특징**
① 가스 레이저로는 주로 CO_2가스 레이저가 사용된다.
② 열 영향 범위가 좁다.
③ 광선이 용접의 일원이다.
④ 루비 레이저와 가스 레이저의 두 종류가 있다.

문제 03 다음 용접 이음부 중에서 냉각속도가 가장 빠른 이음은?

① 맞대기 이음 ② 변두리 이음
③ 모서리 이음 ④ 필릿 이음

해설 **용접 이음부에서 냉각속도가 가장 빠른 것** : 필릿 이음

문제 04 점용접에서 용접점이 앵글재와 같이 용접위치가 나쁠 때, 보통 팁으로는 용접이 어려운 경우에 사용하는 전극의 종류는?

① P형 팁 ② E형 팁
③ R형 팁 ④ F형 팁

해설 **점용접에서 용접점이 앵글재와 같이 용접위치가 나쁠 때, 보통 팁으로는 용접이 어려운 경우에 사용하는 전극** : E형 팁

해답

01. ② 02. ③ 03. ④ 04. ②

문제 05

용접부의 균열 발생의 원인 중 틀린 것은?

① 이음의 강성이 큰 경우 ② 부적당한 용접봉 사용 시
③ 용접부의 서냉 ④ 용접전류 및 속도 과대

해설 **용접부의 균열 발생 원인**
① 용접부의 급랭 ② 용접전류 및 속도 과대
③ 부적당한 용접봉 사용 시 ④ 이음의 강성이 큰 경우

문제 06

다음 중 연납땜(Sn+Pb)의 최저 용융온도는 몇 ℃인가?

① 327℃ ② 250℃
③ 232℃ ④ 183℃

해설 **연납땜의 최저 용융온도** : 183℃

문제 07

공기보다 약간 무거우며 무색, 무미, 무취의 독성이 없는 불활성가스로 용접부의 보호능력이 우수한 가스는?

① 아르곤 ② 질소
③ 산소 ④ 수소

해설 **아르곤 가스** : 공기보다 약간 무거우며 무색, 무미, 무취의 독성이 없는 불활성가스로 용접부의 보호능력이 우수한 가스. 충전압력은 140기압, 용기 도색은 회색.

문제 08

용융 슬래그와 용융금속이 용접부로부터 유출되지 않게 모재의 양측에 수랭식 동판을 대어 용융 슬래그 속에서 전극 와이어를 연속적으로 공급하여 주로 용융 슬래그의 저항열로 와이어와 모재 용접부를 용융시키는 것으로 연속 주조형식의 단층용접법은?

① 일렉트로 슬래그 용접 ② 논가스 아크 용접
③ 그래비트 용접 ④ 테르밋 용접

해설 **일렉트로 슬래그 용접** : 용융 슬래그와 용융금속이 용접부로부터 유출되지 않게 모재의 양측에 수냉식 동판을 대어 용융 슬래그 속에서 전극 와이어를 연속적으로 공급하여 주로 용융 슬래그의 저항열로 와이어와 모재 용접부를 용융시키는 것
논가스 아크 용접 : 보호가스의 공급 없이 와이어 자체에서 발생하는 가스에 의해 아크 분위기를 보호하는 용접 방법
테르밋 용접 : 산화철 분말과 알루미늄 분말(1 : 3)의 중량비로 혼합한 테르밋제에 과산화바륨과 마그네슘 분말을 혼합한 전화 축진제를 넣어 연소시켜 용접 2,800℃ 이상

해답

05. ③ 06. ④ 07. ① 08. ①

문제 09

다음 중 플라즈마 아크 용접의 장점이 아닌 것은?

① 용접속도가 빠르다.
② 1층으로 용접할 수 있으므로 능률적이다.
③ 무부하 전압이 높다.
④ 각종 재료의 용접이 가능하다.

해설 **플라즈마 아크 용접의 장점**

① 1층으로 용접할 수 있으므로 능률적이다.
② 수동용접도 쉽게 할 수 있다.
③ 각종 재료의 용접이 가능
④ 용접부의 기계적, 금속학적 성질이 좋으며 변형도 적다.
⑤ 전류밀도가 크므로 용입이 깊다.
⑥ 비드 폭이 좁다.
⑦ 용접속도가 빠르다.

참고 **단점** : ① 무부하전압이 높다.
② 설비비가 많이 든다.
③ 용접속도가 크므로 가스의 보호가 불충분

문제 10

인장강도가 750MPa인 용접 구조물의 안전율은? (단, 허용응력은 250MPa이다.)

① 3 ② 5
③ 8 ④ 12

해설 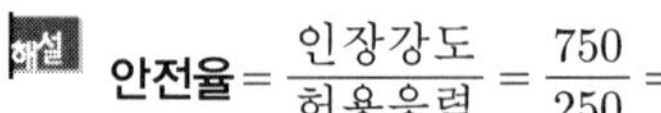

$$\text{안전율} = \frac{\text{인장강도}}{\text{허용응력}} = \frac{750}{250} = 3$$

문제 11

비소모성 전극봉을 사용하는 용접법은?

① MIG 용접 ② TIG 용접
③ 피복아크 용접 ④ 서브머지드 아크 용접

해설 **비소모성을 사용하는 용접봉** : TIG 용접

문제 12

CO_2 용접 시 저전류 영역에서의 가스유량으로 가장 적당한 것은?

① 5~10l/min ② 10~15l/min
③ 15~20l/min ④ 20~25l/min

해답 09. ③ 10. ① 11. ② 12. ②

문제 13

MIG 용접 시 와이어 송급방식의 종류가 아닌 것은?

① 풀(pull) 방식 ② 푸시(push) 방식
③ 푸시언더(push-under) 방식 ④ 푸시풀(push-pull) 방식

해설 **MIG 용접 시 와이어의 송급방식**
① 푸시 방식 ② 풀 방식 ③ 푸시풀 방식

문제 14

연납땜의 용제가 아닌 것은?

① 붕산 ② 염화아연
③ 인산 ④ 염화암모늄

해설 **연납땜의 용제**
① 인산 ② 염산 ③ 염화아연 ④ 염화암모늄

참고 **경납땜의 용제**
① 붕사 ② 붕산 ③ 염화나트륨 ④ 염화리튬 ⑤ 산화제1구리 ⑥ 빙정석

문제 15

화재 및 폭발의 방지 조치로 틀린 것은?

① 대기 중에 가연성 가스를 방출시키지 말 것.
② 필요한 곳에 화재 진화를 위한 방화설비를 설치할 것.
③ 배관에서 가연성 증기의 누출 여부를 철저히 점검할 것.
④ 용접작업 부근에 점화원을 둘 것.

해설 용접작업 부근에는 점화원은 절대 두지 말 것.

문제 16

CO_2 용접에서 발생되는 일산화탄소와 산소 등의 가스를 제거하기 위해 사용되는 탈산제는?

① Mn ② Ni
③ W ④ Cu

해설 **CO_2 용접에서 발생되는 일산화탄소와 산소 등의 가스를 제거하기 위해 사용되는 탈산제** : Mn

문제 17

용접부의 연성 결함을 조사하기 위하여 사용되는 시험은?

① 인장시험 ② 경도시험
③ 피로시험 ④ 굽힘시험

해설 **굽힘시험** : 용접부의 연성 결함을 조사하기 위해 사용되는 시험

해답

13. ③ 14. ① 15. ④ 16. ① 17. ④

문제 18 다음 중 표준 홈 용접에 있어 한쪽에서 용접으로 완전 용입을 얻고자 할 때 V형 홈이음의 판 두께로 가장 적합한 것은?

① 1~10mm ② 5~15mm
③ 20~30mm ④ 35~50mm

해설 **맞대기 용접에서 적용하는 개선 홈 형식**
① I형 : 판두께 6mm 정도까지 적용
② V형 : 판두께 6~20mm
③ X형 : 판두께 10~40mm
④ U형 : 판두께 16mm 이상 40mm 미만
⑤ H형 : 50mm 이상

문제 19 예열 방법 중 국부 예열의 가열 범위는 용접선 양쪽에 몇 mm 정도로 하는 것이 가장 적합한가?

① 0~50mm ② 50~100mm
③ 100~150mm ④ 150~200mm

해설 국부 예열의 가열 범위는 용접선 양쪽에 50~100mm 정도로 하는 것이 가장 적당.

문제 20 용접작업의 경비를 절감시키기 위한 유의사항으로 틀린 것은?

① 용접봉의 적절한 선정
② 용접사의 작업 능률의 향상
③ 용접지그를 사용하여 위보기 자세의 시공
④ 고정구를 사용하여 능률 향상

해설 **용접작업의 경비를 절감시키기 위한 유의사항**
① 고정구를 사용하여 능률 향상 ② 용접사의 작업 능률의 향상
③ 용접봉의 적절한 선정 ④ 용접 지그를 사용하여 아래보기 자세로 시공

문제 21 용접부의 결함은 치수상 결함, 구조상 결함, 성질상 결함으로 구분된다. 구조상 결함들로만 구성된 것은?

① 기공, 변형, 치수불량 ② 기공, 용입불량, 용접균열
③ 언더컷, 연성부족, 표면결함 ④ 표면결함, 내식성 불량, 융합불량

해설 **구조상 결함** (오용내슬언선은균기)
① 오버랩 ② 용입 불량 ③ 내부 기공 ④ 슬래그 혼입
⑤ 언더컷 ⑥ 선상조직 ⑦ 은점 ⑧ 균열 ⑨ 기공

해답
18. ② 19. ② 20. ③ 21. ②

문제 22

용접부 비파괴 검사법인 초음파 탐상법의 종류가 아닌 것은?

① 투과법 ② 펄스 반사법
③ 형광 탐상법 ④ 공진법

해설 **초음파 탐상법의 종류** (투공펄)
① 투과법 ② 공진법 ③ 펄스 반사법

문제 23

다음 중 가스 절단 시 예열 불꽃이 강할 때 생기는 현상이 아닌 것은?

① 드래그가 증가한다.
② 절단면이 거칠어진다.
③ 모서리가 용융되어 둥글게 된다.
④ 슬래그 중의 철 성분의 박리가 어려워진다.

해설 **가스 절단 시 예열 불꽃이 강할 때 생기는 현상**
① 드래그가 감소한다.
② 절단면이 거칠어진다.
③ 모서리가 용융되어 둥글게 된다.
④ 슬래그의 철 성분의 박리가 어려워진다.

문제 24

수중절단 작업 시 절단 산소의 압력은 공기 중에서의 몇 배 정도로 하는가?

① 1.5~2배 ② 3~4배
③ 5~6배 ④ 8~10배

해설 수중절단 작업 시 절단 산소의 압력은 공기 중에서 1.5~2배 정도.
예열가스의 양은 4~8배.

문제 25

다음 중 피복제의 역할이 아닌 것은?

① 스패터의 발생을 많게 한다.
② 중성 또는 환원성 분위기를 만들어 질화, 산화 등의 해를 방지한다.
③ 용착금속의 탈산 정련 작용을 한다.
④ 아크를 안정하게 한다.

해설 **피복제의 역할** (전공아슬탈합용패)
① 전기절연작용 ② 공기중 산화, 질화 방지
③ 슬래그 제거를 쉽게 한다. ④ 탈산정련작용
⑤ 합금원소 첨가 ⑥ 용착효율을 높인다.
⑦ 용착금속의 냉각속도를 느리게 한다. ⑧ 스패터 발생을 적게 한다.

해답

22. ③ 23. ① 24. ① 25. ①

문제 26

가스 용접 토치 취급상 주의사항이 아닌 것은?

① 토치를 망치나 갈고리 대용으로 사용하여서는 안 된다.
② 점화되어 있는 토치를 아무 곳에나 함부로 방치하지 않는다.
③ 팁 및 토치를 작업장 바닥이나 흙 속에 함부로 방치하지 않는다.
④ 작업 중 역류나 역화 발생 시 산소의 압력을 높여서 예방한다.

해설 작업 중 역류나 역화 발생 시에는 밸브를 닫는다.

문제 27

피복아크 용접에서 아크 쏠림 방지 대책이 아닌 것은?

① 접지점을 될 수 있는 대로 용접부에서 멀리 할 것.
② 용접봉 끝을 아크 쏠림 방향으로 기울일 것.
③ 접지점 2개를 연결할 것.
④ 직류 용접으로 하지 말고 교류 용접으로 할 것.

해설 **아크 쏠림 방지 대책**

① 짧은 아크를 사용할 것.
② 직류 용접을 하지 말고 교류 용접을 할 것.
③ 후진법을 사용할 것.
④ 접지점을 될 수 있는 대로 용접부에서 멀리 할 것.
⑤ 접지점을 2개 연결할 것.

문제 28

산소병의 내용적이 40.7리터인 용기에 압력이 100kgf/cm^{2}로 충전되어 있다면 프랑스식 팁 100번을 사용하여 표준불꽃으로 약 몇 시간까지 용접이 가능한가?

① 16시간 ② 22시간
③ 31시간 ④ 41시간

해설 $M = P \times V = 100 \times 40.7 = 407l$

$\therefore \dfrac{407}{100} = 40.7$시간 ≒ 41시간

문제 29

교류 아크 용접기 종류 중 코일의 감긴 수에 따라 전류를 조정하는 것은?

① 탭전환형 ② 가동철심형
③ 가동코일형 ④ 가포화 리액터형

해설 **탭전환형** : ① 코일의 감긴 수에 따라 전류 조정
② 무부하전압이 높아 전격의 위험이 있다.
가포화 리액터형 : 원격제어가 용이하고 가변저항의 변화로 용접전류 조정

해답

26. ④ 27. ② 28. ④ 29. ①

문제 30

다음 중 가스 용접에서 용제를 사용하는 주된 이유로 적합하지 않은 것은?

① 재료 표면의 산화물을 제거한다.
② 용융금속의 산화, 질화를 감소하게 한다.
③ 청정작용으로 용착을 돕는다.
④ 용접봉 심선의 유해성분을 제거한다.

해설 **가스 용접에서 용제를 사용하는 주된 이유**
① 청정작용으로 용착을 돕는다.
② 용융금속의 산화, 질화를 감소하게 한다.
③ 재료 표면의 산화물을 제거한다.

문제 31

용접봉을 여러 가지 방법으로 움직여 비드를 형성하는 것을 운봉법이라 하는데, 위빙 비드 운봉 폭은 심선지름의 몇 배가 적당한가?

① 0.5~1.5배 ② 2~3배
③ 4~5배 ④ 6~7배

해설 위빙 비드 운봉 폭은 심선지름의 2~3배이다.

문제 32

직류 아크 용접에서 정극성(DCSP)에 대한 설명으로 옳은 것은?

① 용접봉의 녹음이 느리다.
② 용입이 얕다.
③ 비드 폭이 넓다.
④ 모재를 음극(−)에, 용접봉을 양극(+)에 연결한다.

해설 **직류 정극성(DCSP)**
① 후판 용접에 적합 ② 비드 폭이 좁다.
③ 용입이 깊다. ④ 용접봉의 용융속도가 느리다.
⑤ 모재(+) 70%열, 용접봉(−) 30%열

문제 33

용접기의 특성 중 부하전류가 증가하면 단자전압이 저하되는 특성은?

① 수하 특성 ② 동전류 특성
③ 정전압 특성 ④ 상승 특성

해설 **용접기 특성**
① **수하 특성** : 부하전류가 증가하면 단자전압이 낮아지는 특성
② **정전압 특성**
㉠ 부하전류가 변하여도 단자전압은 거의 변화하지 않는 특성
㉡ MIG 또는 CO_2 용접 등에 적합한 특성으로 일명 CP 특성이라고도 함.
③ **정전류 특성** : 부하전압이 변하여도 단자전류는 거의 변화하지 않는 특성
④ **상승 특성** : 전류의 증가에 따라서 전압이 약간 높아지는 특성

해답

30. ④ 31. ② 32. ① 33. ①

문제 34

프로판(C_3H_8)의 성질을 설명한 것으로 틀린 것은?

① 상온에서는 기체 상태이다.
② 쉽게 기화하며 발열량이 높다.
③ 액화하기 쉽고 용기에 넣어 수송이 편리하다.
④ 온도 변화에 따른 팽창률이 작다.

해설 **프로판의 성질**

① 증발잠열이 크다.(101.8kcal/kg)
② 쉽게 기화하여 발열량이 높다.
③ 온도 변화에 따른 팽창률이 크다.
④ 상온에서는 기체 상태이다.
⑤ 액화하기 쉽고 용기에 넣어 수송이 편리하다.
⑥ 공기보다 무겁다.
⑦ 비중은 0.52
⑧ 발화온도가 높다.(460~520℃)
⑨ 용해성이 있다.
⑩ 기화하면 체적이 250배 정도 늘어난다.
⑪ 연소 시 다량의 공기가 필요하다.
⑫ 연소한계가 좁다.

문제 35

용접기의 사용률이 40%일 때, 아크 발생시간과 휴식시간의 합이 10분이면 아크 발생시간은?

① 2분 ② 4분
③ 6분 ④ 8분

$$\text{용접기의 사용률} = \frac{\text{아크시간}}{\text{아크시간} + \text{휴식시간}} \times 100$$

$$\text{아크시간} \times 100 = 40 \times 10$$

$$\therefore \text{아크시간} = \frac{40\% \times 10\text{분}}{100\%} = 4\text{분}$$

문제 36

보기와 같이 연강용 피복아크 용접봉을 표시하였다. 설명으로 틀린 것은?

〈보기〉 E 4 3 1 6

① E : 전기 용접봉 ② 43 : 용착 금속의 최저 인장강도
③ 16 : 피복제의 계통 표시 ④ E4316 : 일미나이트계

해설 E4316(저수소계) : 주성분은 석회석, 형석. 내균열성이 우수. 기계적 성질도 우수. 300~350℃에서 1~2시간 건조.

해답

34. ④ 35. ② 36. ④

문제 37

가스 절단에서 고속 분출을 얻는 데 가장 적합한 다이버전트 노즐은 보통의 팁에 비하여 산소 소비량이 같을 때 절단속도를 몇 % 정도 증가시킬 수 있는가?

① 5~10%　② 10~15%
③ 20~25%　④ 30~35%

해설 아크 절단에서 고속 분출을 얻는 데 가장 적합한 다이버전트 노즐은 보통의 팁에 비하여 산소 소비량이 같을 때 절단속도를 20~25% 정도 증가시킬 수 있다.

문제 38

다음 중 용접기의 특성에 있어 수하 특성의 역할로 가장 적합한 것은?

① 열량의 증가　② 아크의 안정
③ 아크전압의 상승　④ 개로전압의 증가

해설 **수하 특성의 역할** : 아크의 안정

문제 39

물과 얼음의 상태도에서 자유도가 "0(zero)"일 경우 몇 개의 상이 공존하는가?

① 0　② 1
③ 2　④ 3

해설 **물과 얼음의 상태도에서 자유도가 "0"일 때 몇 개의 상이 공존하는가** : 액체, 기체, 고체(3개)

문제 40

강의 표면 경화 방법 중 화학적 방법이 아닌 것은?

① 침탄법　② 질화법
③ 침탄 질화법　④ 화염 경화법

해설 **표면 경화법**

① **금속침투법** : 내식, 내산, 내마멸을 목적으로 금속을 침투시키는 열처리
　㉠ Al : 칼로라이징　㉡ Cr : 크로마이징　㉢ Zn : 세라다이징
　㉣ Si : 실리코나이징　㉤ B : 브로나이징

② **질화법** : 강 표면에 질소를 침투시켜 경화하는 방법. 가스질화법, 연질화법, 액체질화법

③ **침탄법**
　㉠ 가스침탄법 : 메탄가스와 같은 탄화수소가스를 800~900℃에서 침탄하는 방법
　㉡ 액체침탄법 : 시안화나트륨, 시안화칼리를 주성분으로 한 염을 사용하여 침탄온도 750~950℃에서 30~60분 침탄시키는 방법
　㉢ 고체침탄법

해답

37. ③ 38. ② 39. ④ 40. ④

문제 41

다음 중 비중이 가장 작은 것은?

① 청동 ② 주철
③ 탄소강 ④ 알루미늄

문제 42

Mg-희토류계 합금에서 희토류 원소를 첨가할 때 미시메탈(Misch-metal)의 형태로 첨가한다. 미시메탈에서 세륨(Ce)을 제외한 합금 원소를 첨가한 합금의 명칭은?

① 탈타뮴 ② 디디뮴
③ 오스뮴 ④ 갈바늄

해설 **디디뮴** : Mg-희토류계 합금에서 희토류 원소를 첨가할 때 미시메탈의 형태로 첨가하는데 미시메탈에서 세륨(Ce)을 제외한 합금 원소를 첨가한 합금

문제 43

강에 인(P)이 많이 함유되면 나타나는 결함은?

① 적열메짐 ② 연화메짐
③ 저온메짐 ④ 고온메짐

해설 **황** : 적열메짐(800~900℃)
인 : 상온메짐, 청열메짐(200~300℃)

문제 44

냉간가공 후 재료의 기계적 성질을 설명한 것 중 옳은 것은?

① 항복강도가 감소한다. ② 인장강도가 감소한다.
③ 경도가 감소한다. ④ 연신율이 감소한다.

해설 **냉간가공 후 재료의 기계적 성질**
① 항복강도가 증가한다. ② 인장강도가 증가한다.
③ 경도가 증가한다. ④ 연신율이 감소한다.
⑤ 단면수축률 감소 ⑥ 인성 감소

문제 45

게이지용 강이 갖추어야 할 성질에 대한 설명 중 틀린 것은?

① HRC 55 이하의 경도를 가져야 한다.
② 팽창계수가 보통강보다 작아야 한다.
③ 시간이 지남에 따라 치수변화가 없어야 한다.
④ 담금질에 의하여 변형이나 담금질 균열이 없어야 한다.

해답

41. ④ 42. ② 43. ① 44. ④ 45. ①

해설 **게이지용 강이 갖추어야 할 성질**

① 담금질에 의하여 변형이나 담금질 균열이 없어야 한다.
② 시간이 지남에 따라 치수변화가 없어야 한다.
③ 팽창계수가 보통강보다 작아야 한다.

문제 46

인장 시험에서 변형량을 원표점 거리에 대한 백분율로 표시한 것은?

① 연신율
② 항복점
③ 인장강도
④ 단면 수축률

해설 **연신율** : 변형량을 원표점 거리에 대한 백분율로 표시한 것

문제 47

변태 초소성의 조건과 원칙에 대한 설명 중 틀린 것은?

① 재료에 변태가 있어야 한다.
② 변태 진행 중에 작은 하중에도 변태 초소성이 된다.
③ 감도지수(m)의 값은 거의 0(zero)의 값을 갖는다.
④ 한 번의 열사이클로 상당한 초소성 변형이 발생한다.

해설 **변태 초소성의 조건**

① 한 번의 사이클로 상당한 초소성 변형이 발생한다.
② 변태 진행 중에 작은 하중에도 변태 초소성이 된다.
③ 재료에 변태가 있어야 한다.
④ 감도지수의 값은 거의 0의 값을 갖지 않는다.

문제 48

알루미늄에 대한 설명으로 옳지 않은 것은?

① 비중이 2.7로 낮다.
② 용융점은 1,067℃이다.
③ 전기 및 열전도율이 우수하다.
④ 고강도 합금으로 두랄루민이 있다.

해설 **알루미늄**

① 비중은 2.7이다.
② 용융점은 660℃이다.
③ 전기 및 열전도율이 우수하다.
④ 고강도 합금으로 알루미늄이 있다.
⑤ 광석의 보크사이트로부터 제조한다.
⑥ 알루미늄의 인공시효온도는 160℃이다.

해답

46. ① 47. ③ 48. ②

문제 49

금속간 화합물에 대한 설명으로 옳은 것은?

① 자유도가 5인 상태의 물질이다.
② 금속과 비금속 사이의 혼합물질이다.
③ 금속이 공기 중의 산소와 화합하여 부식이 일어난 물질이다.
④ 두 가지 이상의 금속원소가 간단한 원자비로 결합되어 있으며, 원래 원소와는 전혀 다른 성질을 갖는 물질이다.

해설 **금속간 화합물** : 두 가지 이상의 금속원소가 간단한 원자비로 결합되어 있으며, 원래 원소와는 전혀 다른 성질을 갖는 물질

문제 50

황동 합금 중에서 강도는 낮으나 전연성이 좋고 금색에 가까워 모조금이나 판 및 선에 사용되는 합금은?

① 톰백(tombac)
② 7-3 황동(cartridge brass)
③ 6-4 황동(muntz metal)
④ 주석 황동(tin brass)

해설 **톰백** : 구리(80%)+아연(20%). 강도는 낮으나 전연성이 좋고 금색에 가까워 모조금이나 판 및 선에 사용.

문제 51

그림과 같이 상하면의 절단된 경사각이 서로 다른 원통의 전개도 형상으로 가장 적합한 것은?

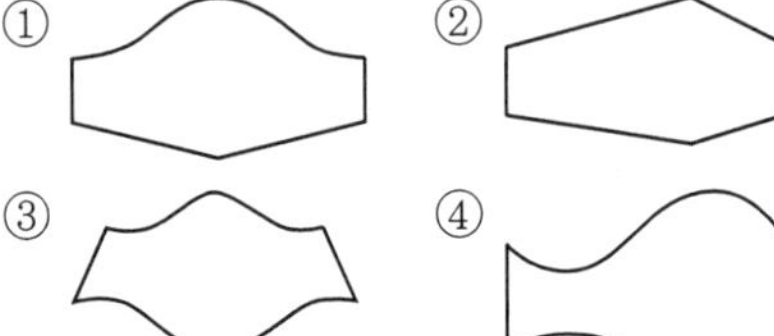

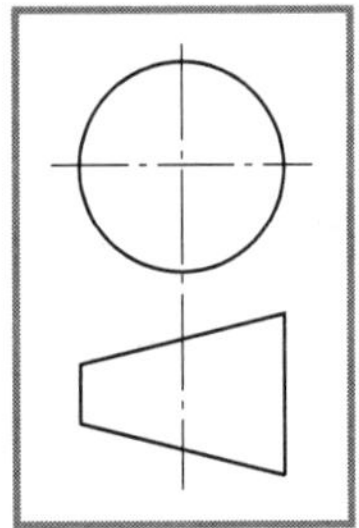

문제 52

도면에서 2종류 이상의 선이 겹쳤을 때, 우선하는 순위를 바르게 나타낸 것은?

① 숨은선 〉 절단선 〉 중심선
② 중심선 〉 숨은선 〉 절단선
③ 절단선 〉 중심선 〉 숨은선
④ 무게중심선 〉 숨은선 〉 절단선

해설 **도면에서 두 종류 이상의 선이 겹쳤을 때 우선하는 순위**
숨은선 〉 절단선 〉 중심선

해답

49. ④ 50. ① 51. ④ 52. ①

문제 53 화살표가 가리키는 용접부의 반대쪽 이음의 위치로 옳은 것은?

① A
② B
③ C
④ D

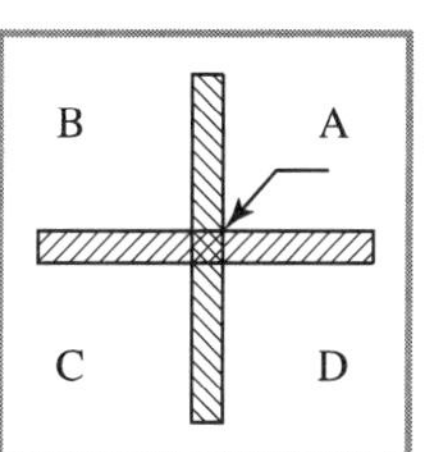

문제 54 보기 입체도의 화살표 방향이 정면일 때 평면도로 적합한 것은?

① 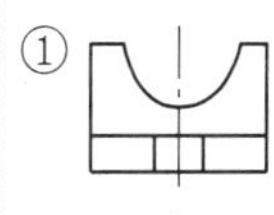
② 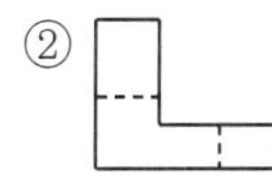
③ ④ 

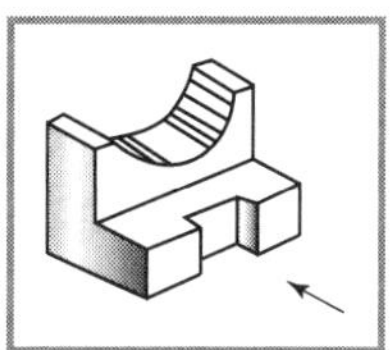

문제 55 현의 치수 기입 방법으로 옳은 것은?

① ③ 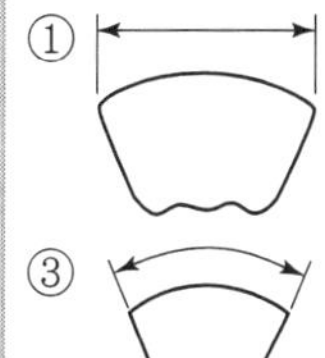
② 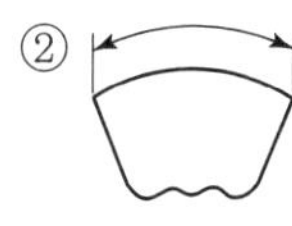
④ 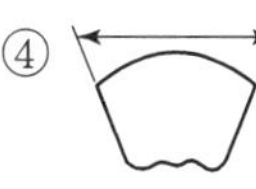

해설 ① 현의 치수기입법 ② 호의 치수기입법

문제 56 기계나 장치 등의 실체를 보고 프리핸드(freehand)로 그린 도면은?

① 배치도
② 기초도
③ 조립도
④ 스케치도

해설 **스케치도** : 기계나 장치 등의 실체를 보고 프리핸드로 그린 도면

문제 57 용접부의 보조기호에서 제거 가능한 이면 판재를 사용하는 경우의 표시 기호는?

① M
② P
③ MR
④ PR

해답

53. ② 54. ③ 55. ① 56. ④ 57. ③

문제 58

재료기호에 대한 설명 중 틀린 것은?

① SS 400은 일반 구조용 압연 강재이다.
② SS 400의 400은 최고 인장 강도를 의미한다.
③ SM 45C는 기계 구조용 탄소 강재이다.
④ SM 45C의 45C는 탄소 함유량을 의미한다.

해설 SS 400은 일반 구조용 탄소 강재

문제 59

보조 투상도의 설명으로 가장 적합한 것은?

① 물체의 경사면을 실제 모양으로 나타낸 것
② 특수한 부분을 부분적으로 나타낸 것
③ 물체를 가상해서 나타낸 것
④ 물체를 90° 회전시켜서 나타낸 것

해설 **보조 투상도** : 물체의 경사면을 실제 모양으로 나타낸 것

문제 60

관용 테이퍼 나사 중 평행 암나사를 표시하는 기호는? (단, ISO 표준에 있는 기호로 한다.)

① G ② R
③ Rc ④ Rp

해답

58. ② 59. ① 60. ④

특수용접기능사

2015년 10월 10일 시행

2015

문제 01

아크 용접에서 피닝을 하는 목적으로 가장 알맞은 것은?

① 용접부의 잔류응력을 완화시킨다.
② 모재의 재질을 검사하는 수단이다.
③ 응력을 강하게 하고 변형을 유발시킨다.
④ 모재 표면의 이물질을 제거한다.

해설 **아크 용접에서 피닝을 하는 목적** : 용접부의 잔류응력을 완화시킨다.

문제 02

다음 중 연납의 특성에 관한 설명으로 틀린 것은?

① 연납땜에 사용하는 용가제를 말한다.
② 주석-납계 합금이 가장 많이 사용된다.
③ 기계적 강도가 낮으므로 강도를 필요로 하는 부분에는 적당하지 않다.
④ 은납, 황동납 등이 이에 속하고 물리적 강도가 크게 요구될 때 사용된다.

해설 **연납의 특징**

① 기계적 강도가 낮으므로 강도를 필요로 하는 부분에는 적당하지 않다.
② 주석-납계 합금이 가장 많이 사용된다.
③ 연납땜에 사용하는 용가제를 말한다.

문제 03

다음 각종 용접에서 전격방지 대책으로 틀린 것은?

① 홀더나 용접봉은 맨손으로 취급하지 않는다.
② 어두운 곳이나 밀폐된 구조물에서 작업 시 보조자와 함께 작업한다.
③ CO_2용접이나 MIG용접 작업 도중에 와이어를 2명이 교대로 교체할 때는 전원은 차단하지 않아도 된다.
④ 용접작업을 하지 않을 때에는 TIG전극봉은 제거하거나 노즐 뒤쪽에 밀어 넣는다.

해설 CO_2용접이나 MIG용접 작업 도중에 와이어를 교체할 때는 전원은 차단하고 교체한다.

해답

01. ① 02. ④ 03. ③

문제 04 심(seam) 용접법에서 용접전류의 통전방법이 아닌 것은?

① 직 · 병렬 통전법　② 단속 통전법
③ 연속 통전법　④ 맥동 통전법

해설 **심 용접에서 용접전류 통전방법**
① 연속 통전법　② 단속 통전법　③ 맥동 통전법

문제 05 플라즈마 아크의 종류가 아닌 것은?

① 이행형 아크　② 비이행형 아크
③ 중간형 아크　④ 텐덤형 아크

해설 **플라즈마 아크의 종류**
① 이행형 아크　② 비이행형 아크　③ 중간형 아크

문제 06 피복 아크 용접 결함 중 용착금속의 냉각속도가 빠르거나, 모재의 재질이 불량할 때 일어나기 쉬운 결함으로 가장 적당한 것은?

① 용입 불량　② 언더컷
③ 오버랩　④ 선상조직

해설 **선상조직**(필릿 용접부 파단면에 나타나는 서리 모양의 조직)
용착금속의 냉각속도가 빠르거나 모재의 재질이 불량할 때 일어나는 결함

문제 07 용접기의 점검 및 보수 시 지켜야 할 사항으로 옳은 것은?

① 정격사용률 이상으로 사용한다.
② 탭전환은 반드시 아크 발생을 하면서 시행한다.
③ 2차측 단자의 한쪽과 용접기 케이스는 반드시 어스(earth)하지 않는다.
④ 2차측 케이블이 길어지면 전압강하가 일어나므로 가능한 한 지름이 큰 케이블을 사용한다.

해설 **용접기 점검 및 보수 시 지켜야 할 사항**
① 2차측 케이블이 길어지면 전압강하가 일어나므로 가능한 한 지름이 큰 케이블을 사용한다.
② 2차측 단자의 한쪽과 용접기 케이스는 반드시 어스한다.
③ 탭전환은 반드시 아크 발생하기 전에 시행한다.
④ 정격사용률 이하로 사용한다.

해답 04. ① 05. ④ 06. ④ 07. ④

문제 08

용접입열이 일정할 경우에는 열전도율이 큰 것일수록 냉각속도가 빠른데 다음 금속 중 열전도율이 가장 높은 것은?

① 구리 ② 납
③ 연강 ④ 스테인리스강

해설 **열전도율이 큰 순서**
은 〉 구리 〉 금 〉 알루미늄 등

문제 09

로봇용접의 분류 중 동작 기구로부터의 분류 방식이 아닌 것은?

① PTB 좌표 로봇 ② 직각 좌표 로봇
③ 극좌표 로봇 ④ 관절 로봇

해설 **로봇용접의 분류 중 동작 기구로부터의 분류 방식**
① 관절 로봇 ② 직각 좌표 로봇 ③ PTB 좌표 로봇

문제 10

CO_2 용접작업 중 가스의 유량은 낮은 전류에서 얼마가 적당한가?

① 10~15 l/min ② 20~25 l/min
③ 30~35 l/min ④ 40~45 l/min

해설 **CO_2 용접작업 중 가스 유량** : 10~15 l/min

문제 11

용접부의 균열 중 모재의 재질 결함으로써 강괴일 때 기포가 압연되어 생기는 것으로 설퍼 밴드와 같은 층상으로 편재해 있어 강재 내부에 노치를 형성하는 균열은?

① 라미네이션(lamination) 균열 ② 루트(root) 균열
③ 응력 제거 풀림(stress relief) 균열 ④ 크레이터(crater) 균열

해설 **라미네이션 균열** : 모재의 결함에 기인하는 것으로, 모재 내에 기포가 압연되어 발생하는 유황밴드와 같이 층상으로 편재해 강재의 내부적 노치 취성
비드 밑 균열 : 용접 비드나 바로 밑에서 용접선에 아주 가까이 거의 평행하게 모재열 영향부에 생기는 균열
라멜라티어 균열 : T이음, 모서리 이음 등에서 강의 내부에 평행하게 층상으로 발생되는 균열
루트 균열 : 맞대기 용접의 가접, 첫층용접의 루트 근방의 열영향부에 발생하는 균열
토우 균열 : 맞대기이음, 필릿 이음 등의 경우에 비드 표면과 모재의 경계부에서 발생
힐 균열 : 필릿 시 루트 부분에 발생하는 저온균열이며 모재의 수축 · 팽창에 의한 뒤틀림이 주요 원인

해답
08. ① 09. ④ 10. ① 11. ①

문제 12

다음 중 용접열원을 외부로부터 가하는 것이 아니라 금속분말의 화학반응에 의한 열을 사용하여 용접하는 방식은?

① 테르밋 용접　　② 전기저항 용접
③ 잠호 용접　　④ 플라즈마 용접

해설 **테르밋 용접**

① 용접열원을 외부로부터 가하는 것이 아니라 금속분말의 화학반응에 의한 열을 사용하여 용접
② 미세한 산화철 분말과 알루미늄 분말을 1 : 3의 중량비로 혼합한 테르밋제에 과산화바륨과 마그네슘 분말을 혼합한 점화촉진제를 넣어 화학반응에 의해 2,800℃ 이상의 고온에 달함. 주로 철도 레일, 차축, 선박 프레임에 사용.

문제 13

각종 금속의 용접부 예열온도에 대한 설명으로 틀린 것은?

① 고장력강, 저합금강, 주철의 경우 용접 홈을 50~350℃로 예열한다.
② 연강을 0℃ 이하에서 용접할 경우 이음의 양쪽 폭 100mm 정도를 40~75℃로 예열한다.
③ 열전도가 좋은 구리합금은 200~400℃의 예열이 필요하다.
④ 알루미늄합금은 500~600℃ 정도의 예열온도가 적당하다.

해설 **금속부의 용접부 예열온도**

① 알루미늄합금은 500~600℃ 정도의 예열온도가 적당하다.
② 열전도가 좋은 구리합금은 200~400℃의 예열이 필요하다.
③ 연강을 0℃ 이하에서 용접할 경우 이음의 양쪽 폭 100mm 정도를 40~75℃로 예열한다.

문제 14

논가스 아크 용접의 설명으로 틀린 것은?

① 보호가스나 용제를 필요로 한다.
② 바람이 있는 옥외에서 작업이 가능하다.
③ 용접장치가 간단하며 운반이 편리하다.
④ 용접 비드가 아름답고 슬래그 박리성이 좋다.

해설 **논가스 아크 용접**

① 바람이 있는 옥외에서 작업이 가능하다.
② 용접장치가 간단하여 운반이 편리하다.
③ 용접 비드가 아름답고 슬래그 박리성이 좋다.
④ 보호가스나 용제가 필요없다.
⑤ 피복가스 용접봉의 저수소계와 같이 수소의 발생이 적다.
⑥ 전원으로 직류 또는 교류를 모두 사용할 수 있고 전 자세 용접 가능.
⑦ 일반 피복아크 용접보다 4배 빠르므로 용착비용이 50~75% 절감된다.

해답

12. ① 13. ① 14. ①

2015

문제 15

용접부의 결함이 오버랩일 경우 보수 방법은?

① 가는 용접봉을 사용하여 보수한다.
② 일부분을 깎아내고 재용접한다.
③ 양단에 드릴로 정지구멍을 뚫고 깎아내고 재용접한다.
④ 그 위에 다시 재용접한다.

해설 **용접부 결함 보수 방법**
① 일부분을 깎아내고 재용접한다. : 오버랩, 슬래그의 보수
② 가는 용접봉을 사용하여 보수 : 언더컷
③ 양단에 드릴로 정지구멍을 뚫고 깎아내고 재용접 : 균열의 보수

문제 16

다음 중 초음파 탐상법의 종류에 해당하지 않는 것은?

① 투과법 ② 펄스 반사법
③ 관통법 ④ 공진법

해설 **초음파 탐상법의 종류**
① 투과법 ② 공진법 ③ 펄스 반사법

문제 17

피복아크 용접 작업의 안전사항 중 전격방지 대책이 아닌 것은?

① 용접기 내부는 수시로 분해 · 수리하고 청소를 하여야 한다.
② 절연 홀더의 절연부분이 노출되거나 파손되면 교체한다.
③ 장시간 작업을 하지 않을 시는 반드시 전기 스위치를 차단한다.
④ 젖은 작업복이나 장갑, 신발 등을 착용하지 않는다.

해설 용접기 내부는 6개월 1회 이상 청소를 한다.

문제 18

전자렌즈에 의해 에너지를 집중시킬 수 있고, 고용융 재료의 용접이 가능한 용접법은?

① 레이저 용접 ② 피복아크 용접
③ 전자 빔 용접 ④ 초음파 용접

해설 **전자 빔 용접** : 전자렌즈에 의해 에너지를 집중시킬 수 있고, 고용융 재료(텅스텐, 몰리브덴) 용접에 사용.

해답

15. ② 16. ③ 17. ① 18. ③

문제 19 일렉트로 슬래그 용접에서 사용되는 수냉식 판의 재료는?

① 연강 ② 동
③ 알루미늄 ④ 주철

해설 **일렉트로 슬래그 용접에서 사용되는 수냉식 판의 재료** : 동

문제 20 맞대기용접 이음에서 모재의 인장강도는 40kgf/mm^{2}이며, 용접 시험편의 인장강도가 45kgf/mm^{2}일 때 이음효율은 몇 %인가?

① 88.9 ② 104.4
③ 112.5 ④ 125.0

해설 **이음효율** $= \frac{\text{시험편의 인장강도}}{\text{모재의 인장강도}} \times 100 = \frac{45}{40} \times 100 = 112.5$

문제 21 납땜에서 경납용 용제가 아닌 것은?

① 붕사 ② 붕산
③ 염산 ④ 알칼리

해설 **연납용 용제** : 인산, 염산, 염화아연, 염화암모늄
경납용 용제 : 붕사, 붕산, 염화나트륨, 염화리튬, 산화제1구리, 빙정석

문제 22 서브머지드 아크 용접에서 동일한 전류 전압의 조건에서 사용되는 와이어 지름의 영향 설명 중 옳은 것은?

① 와이어의 지름이 크면 용입이 깊다.
② 와이어의 지름이 작으면 용입이 깊다.
③ 와이어의 지름과 상관이 없이 같다.
④ 와이어의 지름이 커지면 비드 폭이 좁아진다.

해설 와이어의 지름이 작으면 용입이 깊다.
와이어의 지름이 커지면 비드 폭이 넓어진다.

문제 23 피복 아크 용접봉에서 피복제의 주된 역할로 틀린 것은?

① 전기 절연 작용을 하고 아크를 안정시킨다.
② 스패터의 발생을 적게 하고 용착금속에 필요한 합금원소를 첨가시킨다.
③ 용착 금속의 탈산 정련 작용을 하며 용융점이 높고, 높은 점성의 무거운 슬래그를 만든다.
④ 모재 표면의 산화물을 제거하고, 양호한 용접부를 만든다.

해답

19. ② 20. ③ 21. ③ 22. ② 23. ③

해설 피복제의 역할

① 전기절연작용 ② 공기중 산화, 질화 방지
③ 아크 안정 ④ 슬래그 제거를 쉽게 한다.
⑤ 탈산정련작용 ⑥ 합금원소 첨가
⑦ 용착효율을 높인다. ⑧ 용착금속의 냉각속도를 느리게 한다.

문제 24

다음 중 부하전류가 변하여도 단자 전압은 거의 변화하지 않는 용접기의 특성은?

① 수하 특성 ② 하향 특성
③ 정전압 특성 ④ 정전류 특성

해설 용접기 특성

① 정전압 특성
㉠ 무한전류가 변하여도 단자전압은 거의 변화하지 않는 특성
㉡ MIG 또는 CO_2 용접 중에 적합한 특성으로 일명 CP 특성이라 함.
② 정전류 특성 : 부하전압이 변하여도 단자전류는 거의 변화하지 않는 특성
③ 상승 특성 : 전류의 증가에 따라서 전압이 약간 높아지는 특성
④ 수하 특성 : 부하전류가 증가하면 단자전압이 낮아지는 특성(전류와 전압의 특성)

문제 25

아크가 보이지 않는 상태에서 용접이 진행된다고 하여 일명 잠호용접이라 부르기도 하는 용접법은?

① 스터드 용접 ② 레이저 용접
③ 서브머지드 아크 용접 ④ 플라즈마 용접

해설 **서브머지드 아크 용접** : 아크가 보이지 않는 상태에서 용접이 진행된다고 하여 일명 잠호용접, 링컨 용접, 유니언 멜트 용접이라고도 함.

[특징] ① 유해광선이 적게 발생되어 작업환경이 깨끗하다.
② 비드 외관이 아름답다.
③ 기계적 성질이우수하다.
④ 개선각을 적게 하여 용접패스수를 줄일 수 있다.
⑤ 패킹제 미사용 시 루트간격 0.8mm 이하
⑥ 용입이 깊다.
⑦ 용융속도 및 용착속도가 빠르다.
⑧ 저항열이 적게 발생되어 고전류 사용이 가능.
⑨ 장비 가격이 고가이다.
⑩ 용접자세에 적용을 받는다.
⑪ 용접 진행의 양 · 부를 육안 식별이 불가능하다.

문제 26

가스 절단면의 표준 드래그(drag) 길이는 판 두께의 몇 % 정도가 가장 적당한가?

① 10% ② 20%
③ 30% ④ 40%

24. ③ 25. ③ 26. ②

해설 **표준 드래그 길이**＝판 두께×$\frac{1}{5}$(20%)

문제 27

피복아크용접에서 홀더로 잡을 수 있는 용접봉 지름[mm]이 5.0~8.0일 경우 사용하는 용접봉 홀더의 종류로 옳은 것은?

① 125호 ② 160호
③ 300호 ④ 400호

해설 **피복아크용접에서 홀더로 잡을 수 있는 용접봉 지름[mm]이 5.0~8.0일 경우 사용하는 용접봉 홀더의 종류** : 400호

문제 28

다음 중 용접봉의 내균열성이 가장 좋은 것은?

① 셀룰로오스계 ② 티탄계
③ 일미나이트계 ④ 저수소계

해설 **저수소계**(E 4316)
① 주성분 : 석회석, 형석
② 내균열성 및 기계적 성질이 좋다.
③ 용접봉의 건조온도와 시간은 300~350℃에서 1~2시이다.

문제 29

아크 길이가 길 때 일어나는 현상이 아닌 것은?

① 아크가 불안정해진다. ② 용융금속의 산화 및 질화가 쉽다.
③ 열 집중력이 양호하다. ④ 전압이 높고 스패터가 많다.

해설 **아크 길이가 길 때 나타나는 현상**
① 전압이 높고 스패터가 많다.
② 용융금속의 산화 및 질화가 쉽다.
③ 아크가 불안정하다.
④ 스패터가 많다.

문제 30

직류용접기 사용 시 역극성(DCRP)과 비교한, 정극성(DCSP)의 일반적인 특징으로 옳은 것은?

① 용접봉의 용융속도가 빠르다.
② 비드 폭이 넓다.
③ 모재의 용입이 깊다.
④ 박판, 주철, 합금강 비철금속의 접합에 쓰인다.

해답

27. ④ 28. ④ 29. ③ 30. ③

해설 **직류 정극성의 특징**

① 후판 용접에 적합 ② 비드 폭이 좁다.
③ 용입이 깊다. ④ 용접봉의 용융속도가 느리다.
⑤ 모재(+) 70%열, 용접봉(−) 30%열

문제 31

가변압식의 팁 번호가 200일 때 10시간 동안 표준 불꽃으로 용접할 경우 아세틸렌가스의 소비량은 몇 리터인가?

① 20 ② 200
③ 2,000 ④ 20,000

해설 **가변압식** : 표준불꽃으로 용접할 경우 1시간 동안의 아세틸렌가스의 소비량을 리터로 나타낸 것
$\therefore\ 200 \times 10 = 2,000l$

문제 32

정격 2차 전류가 200A, 아크출력 60kW인 교류용접기를 사용할 때 소비전력은 얼마인가? (단, 내부손실이 4kW이다.)

① 64 kW ② 104 kW
③ 264 kW ④ 804 kW

해설 **소비전력**＝아크전력＋내부손실＝60kW＋4kW＝64kW

문제 33

수중절단 작업을 할 때 가장 많이 사용하는 가스로 기포 발생이 적은 연료가스는?

① 아르곤 ② 수소
③ 프로판 ④ 아세틸렌

해설 **수소** : 수중절단, 은점, 선상조직, 헤어크랙

문제 34

용접기의 규격 AW 500의 설명 중 옳은 것은?

① AW은 직류 아크 용접기라는 뜻이다.
② 500은 정격2차전류의 값이다.
③ AW은 용접기의 사용률을 말한다.
④ 500은 용접기의 무부하 전압 값이다.

해설 **AW 500** : 정격2차전류가 500이다.

해답

31. ③ 32. ① 33. ② 34. ②

문제 35

가스용접에서 토치를 오른손에, 용접봉을 왼손에 잡고 오른쪽에서 왼쪽으로 용접을 해나가는 용접법은?

① 전진법 ② 후진법
③ 상진법 ④ 병진법

해설 **전진법** : 가스용접에서 토치를 오른손에, 용접봉을 왼손에 잡고 오른쪽에서 왼쪽으로 용접을 해나가는 용접법.

문제 36

용접기와 멀리 떨어진 곳에서 용접전류 또는 전압을 조절할 수 있는 장치는?

① 원격제어장치 ② 핫 스타트 장치
③ 고주파 발생 장치 ④ 수동전류조정장치

해설 **원격제어장치** : 용접기와 멀리 떨어진 곳에서 용접전류 또는 전압을 조절
핫 스타트 장치 : 아크 발생을 쉽게 하고, 비드 모양을 개선하고, 아크가 발생하는 초기에 용접봉과 모재가 냉각되어 있어 입열이 부족하여 아크가 불안정하기 때문에 아크 초기만 용접전류를 크게 하기 위해

문제 37

아크에어 가우징법의 작업능률은 가스 가우징법보다 몇 배 정도 높은가?

① 2~3배 ② 4~5배
③ 6~7배 ④ 8~9배

해설 아크에어 가우징법의 작업능률은 가스 가우징법보다 2~3배 정도 높다.

문제 38

가스 용접에서 프로판 가스의 성질 중 틀린 것은?

① 증발잠열이 작고, 연소할 때 필요한 산소의 양은 1 : 1 정도이다.
② 폭발한계가 좁아 다른 가스에 비해 안전도가 높고 관리가 쉽다.
③ 액화가 용이하여 용기에 충전이 쉽고 수송이 편리하다.
④ 상온에서 기체 상태이고 무색, 투명하며 약간의 냄새가 난다.

해설 증발잠열(101.8kcal/kg)이 크고 연소할 때 산소의 양은 1 : 4.5이다.

문제 39

면심입방격자의 어떤 성질이 가공성을 좋게 하는가?

① 취성 ② 내식성
③ 전연성 ④ 전기전도성

해설 **면심입방격자**(FCC) *(은, 구, 금, 알, 납, 니, 백, 세)*
면심입방격자의 전연성이 가공성을 좋게 한다.

해답

35. ① 36. ① 37. ① 38. ① 39. ③

문제 40

알루미늄과 알루미늄 가루를 압축 성형하고 약 500~600℃로 소결하여 압출 가공한 분산 강화형 합금의 기호에 해당하는 것은?

① DAP ② ACD
③ SAP ④ AMP

해설 **SAP** : 알루미늄과 알루미늄 가루를 압축 성형하고 약 500~600℃로 소결하여 압출 가공한 분산 강화형 합금의 기호

문제 41

스테인리스강 중 내식성이 제일 우수하고 비자성이나 염산, 황산, 염소가스 등에 약하고 결정입계 부식이 발생하기 쉬운 것은?

① 석출경화계 스테인리스강 ② 페라이트계 스테인리스강
③ 마텐자이트계 스테인리스강 ④ 오스테나이트계 스테인리스강

해설 **오스테나이트계 스테인리스강** : 내식성이 제일 우수하고 비자성이나 염산, 황산, 염소가스 등에 약하고 결정입계 부식이 발생

문제 42

라우탈은 Al-Cu-Si 합금이다. 이 중 3~8%Si를 첨가하여 향상되는 성질은?

① 주조성 ② 내열성
③ 피삭성 ④ 내식성

해설 라우탈은 Al-Cu-Si 합금이다. 이 중 3~8%Si를 첨가하여 향상되는 성질은 주조성이다.

문제 43

금속의 조직검사로서 측정이 불가능한 것은?

① 결함 ② 결정입도
③ 내부응력 ④ 비금속개재물

해설 **금속의 조직검사로 측정이 가능한 것**
① 비금속 개재물 ② 결정입도 ③ 결함

문제 44

탄소 함량 3.4%, 규소 함량 2.4% 및 인 함량 0.6%인 주철의 탄소당량(CE)은?

① 4.0 ② 4.2
③ 4.4 ④ 4.6

해설 **주철의 탄소당량** = (3.4 + 2.4 + 0.6 − 2) = 4.4

해답

40. ③ 41. ④ 42. ① 43. ③ 44. ③

문제 45 자기변태가 일어나는 점을 자기변태점이라 하며, 이 온도를 무엇이라고 하는가?

① 상점 ② 이슬점
③ 퀴리점 ④ 동소점

해설 **퀴리점** : 자기변태가 일어나는 점을 자기변태점이라 하며, 이 온도를 말한다.

문제 46 다음 중 경질 자성 재료가 아닌 것은?

① 센더스트 ② 알니코 자석
③ 페라이트 자석 ④ 네오디뮴 자석

해설 **경질 자성 재료**
① 페라이트 자석 ② 알니코 자석 ③ 네오디뮴 자석

문제 47 문쯔메탈(muntz metal)에 대한 설명으로 옳은 것은?

① 90%Cu-10%Zn 합금으로 톰백의 대표적인 것이다.
② 70%Cu-30%Zn 합금으로 가공용 황동의 대표적인 것이다.
③ 70%Cu-30%Zn 황동에 주석(Sn)을 1% 함유한 것이다.
④ 60%Cu-40%Zn 합금으로 황동 중 아연 함유량이 가장 높은 것이다.

해설 **문쯔메탈** : Cu(60%)-Zn(40%) 합금으로 황동 중 아연의 함유량이 가장 높은 것. 열교환기, 열간단조품, 탄피 등에 사용.

문제 48 다음의 조직 중 경도 값이 가장 낮은 것은?

① 마텐자이트 ② 베이나이트
③ 소르바이트 ④ 오스테나이트

해설 **경도 값이 제일 높은 것** : 마텐자이트
경도 값이 제일 낮은 것 : 페라이트
마텐자이트 〉 트루스타이트 〉 솔라이트 〉 펄라이트 〉 오스테나이트 〉 페라이트

문제 49 열처리의 종류 중 항온열처리 방법이 아닌 것은?

① 마퀜칭 ② 어닐링
③ 마템퍼링 ④ 오스템퍼링

해설 **항온 열처리 방법**
① 마퀜칭 : 오스테나이트 구역에서 Ar''점보다 약간 높은 온도에서 염욕에 담금질하여 항온을 유지한 후 급랭, 오스테나이트가 항온변태를 일으키기 전에 공냉으로 Ar'' 변태가 진행되어 마텐자이트 조직을 얻는 방법.
용도 : 고속도강, 고탄소강, 기어, 베어링, 게이지 등에 적합

해답
45. ③ 46. ① 47. ④ 48. ④ 49. ②

② 마템퍼링 : Ar'' 구역 중에서 Ms와 Mf 간의 염욕 중에서 항온변태 후 공냉하여 마텐자이트와 베이나이트화에 의한 균열 및 변형이 없으며 메짐성도 제거된다.
③ 오스템퍼링 : r고용체를 Ar'와 A'' 중간의 염용 중에서 항온변태 후 상온까지 냉각하여 강인한 하부 베이나이트 조직을 얻는 방법

문제 50

컬러 텔레비전의 전자총에서 나온 광선의 영향을 받아 섀도 마스크가 열팽창하면 엉뚱한 색이 나오게 된다. 이를 방지하기 위해 섀도 마스크의 제작에 사용되는 불변강은?

① 인바 ② Ni-Cr 강
③ 스테인리스강 ④ 플래티나이트

해설 **인바** : 컬러 텔레비전의 전자총에서 나온 광선의 영향을 받아 섀도 마스크가 열팽창하면 엉뚱한 색이 나오게 된다. 이를 방지하기 위해 사용.
용도 : Ni(35~36%)+Mn(0.4%)+Co(1~3%)+Fe
열팽창계수가 0에 가까워 정밀기기류의 시계에 사용. 시계추에 사용.

문제 51

다음 단면도에 대한 설명으로 틀린 것은?

① 부분 단면도는 일부분을 잘라내고 필요한 내부 모양을 그리기 위한 방법이다.
② 조합에 의한 단면도는 축, 핀, 볼트, 너트류의 절단면의 이해를 위해 표시한 것이다.
③ 한쪽 단면도는 대칭형 대상물의 외형 절반과 온 단면도의 절반을 조합하여 표시한 것이다.
④ 회전도시 단면도는 핸들이나 바퀴 등의 암, 림, 훅, 구조물 등의 절단면을 90도 회전시켜서 표시한 것이다.

해설 **단면도**
① 회전도시 단면도는 핸들이나 바퀴 등의 암, 림, 훅, 구조물 등의 절단면을 90° 회전시켜서 표시.
② 한쪽 단면도는 대칭형 대상물의 외형 절반과 온단면도의 절반을 조합하여 표시
③ 부분 단면도는 일부분을 잘라내고 필요한 내부 모양을 그리기 위한 방법

문제 52

나사의 감김 방향의 지시 방법 중 틀린 것은?

① 오른나사는 일반적으로 감김 방향을 지시하지 않는다.
② 왼나사는 나사의 호칭 방법에 약호 "LH"를 추가하여 표시한다.
③ 동일 부품에 오른나사와 왼나사가 있을 때는 왼나사에만 약호 "LH"를 추가한다.
④ 오른나사는 필요하면 나사의 호칭 방법에 약호 "RH"를 추가하여 표시할 수 있다.

해답

50. ① 51. ② 52. ②

해설 **나사의 감김 방향의 지시 방법**

① 동일 부품에 오른나사와 왼나사가 있을 때는 왼나사에만 약호 "LH"를 추가한다.
② 왼나사는 나사의 호칭 방법에 약호 "LH"를 추가하여 표시할 수 없다.
③ 오른나사는 일반적으로 감김 방향을 지시하지 않는다.
④ 오른나사는 나사의 호칭방법에 약호 "RH"를 추가하여 표시할 수 있다.

문제 53

그림과 같은 도면의 해독으로 잘못된 것은?

① 구멍 사이의 피치는 50mm
② 구멍의 지름은 10mm
③ 전체 길이는 600mm
④ 구멍의 수는 11개

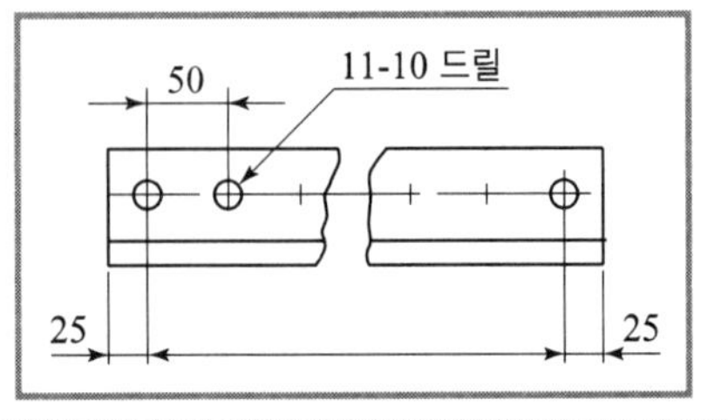

해설 **도면 해독**

① 구멍 사이의 피치는 50mm
② 구멍의 지름은 10mm
③ 전체 길이는 : 드릴 구멍까지의 거리(11×50=550mm)
끝부분까지의 거리(11×50+2×25=600mm)

문제 54

그림과 같이 제3각법으로 정투상한 도면에 적합한 입체도는?

① ②

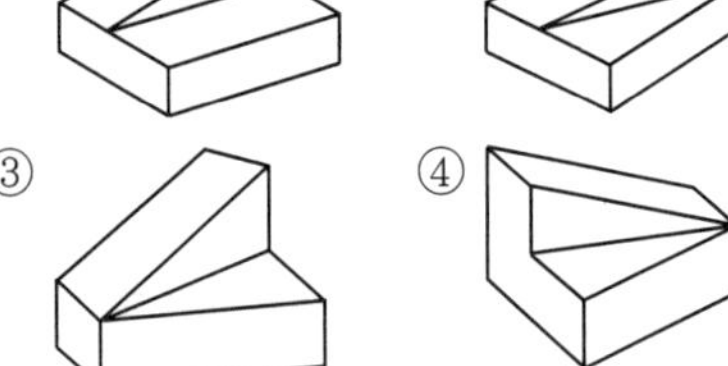

③ ④

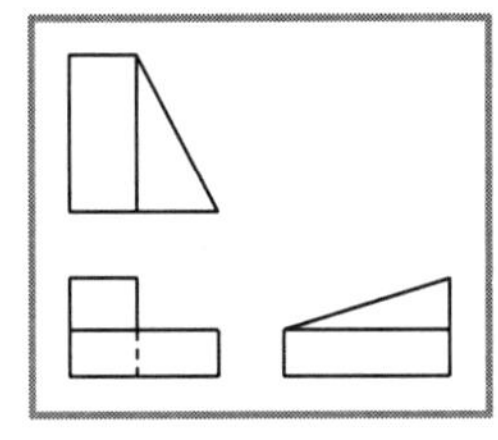

문제 55

동일 장소에서 선이 겹칠 경우 나타내야 할 선의 우선순위를 옳게 나타낸 것은?

① 외형선 〉 중심선 〉 숨은선 〉 치수보조선
② 외형선 〉 치수보조선 〉 중심선 〉 숨은선
③ 외형선 〉 숨은선 〉 중심선 〉 치수보조선
④ 외형선 〉 중심선 〉 치수보조선 〉 숨은선

해설 **동일 장소에서 선이 겹칠 경우 나타내야 할 선의 우선순위**

외형선 〉 숨은선 〉 중심선 〉 치수보조선

해답

53. ③ 54. ② 55. ③

문제 56 일반적인 판금 전개도의 전개법이 아닌 것은?

① 다각전개법　② 평행선법
③ 방사선법　④ 삼각형법

해설 **일반적인 판금 전개도의 전개법**
① 평행선법　② 방사선법　③ 삼각형법

문제 57 다음 냉동 장치의 배관 도면에서 팽창 밸브는?

① ⓐ
② ⓑ
③ ⓒ
④ ⓓ

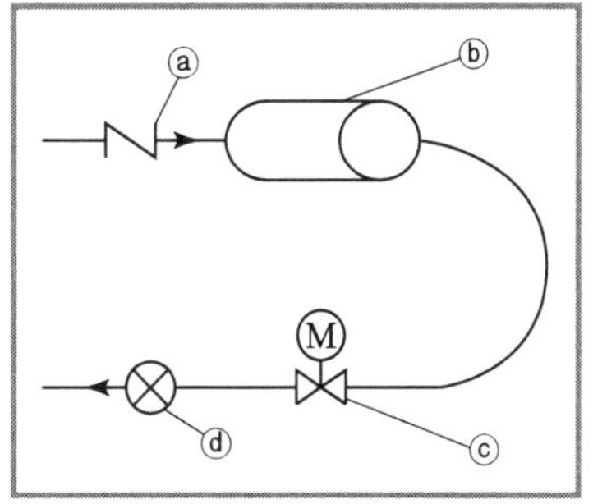

2015

해설

체크밸브 :

전동밸브 :

팽창밸브 :

앵글밸브 :

안전밸브 :

스프링식 안전밸브 :

유니언 :

플랜지 :

캡 :

게이트 밸브 : 

버터플라이 밸브 :

솔레노이드 밸브 :

문제 58 다음 중 치수 보조기호로 사용되지 않는 것은?

① π　② $S\phi$
③ R　④ □

해설 ① $S\phi$: 구의 지름　② R : 반지름
③ □ : 정사각형변　④ ( ) : 참고치수
⑤ 이론적으로 정확한 치수 : [123]　⑥ 판의 두께 : t

해답 56. ①　57. ④　58. ①

문제 59

3각법으로 그린 투상도 중 잘못된 투상이 있는 것은?

①

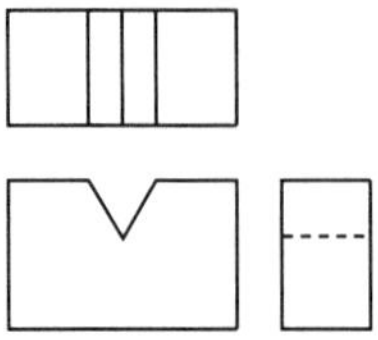

②

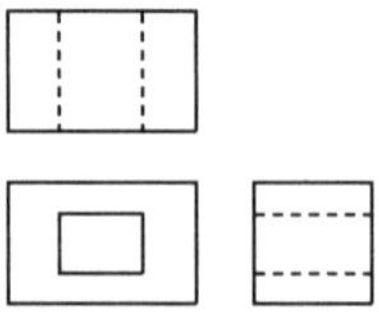

③

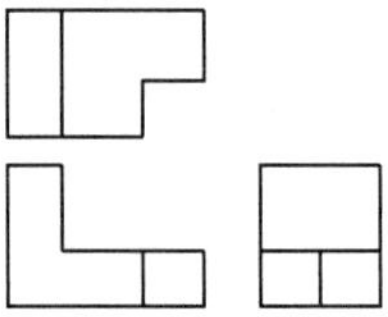

④

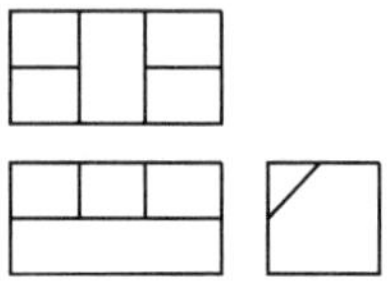

문제 60

다음 중 열간 압연 강판 및 강대에 해당하는 재료 기호는?

① SPCC
② SPHC
③ STS
④ SPB

해설 **열간 압연 강판 및 강대** : SPHC

해답

59. ④ 60. ②

특수용접기능사 필기

기출문제

2016

특수용접기능사

2016년 1월 24일 시행

2016

문제 01

TIG 용접에서 가스 이온이 모재에 충돌하여 모재 표면에 산화물을 제거하는 현상은?

① 제거효과 ② 청정효과
③ 용융효과 ④ 고주파효과

해설 **청정효과** : 가스 이온이 모재에 충돌하여 모재 표면에 산화물을 제거하는 현상

TIG 용접의 특징

① 용제를 사용하지 않으므로 슬래그 제거가 불필요하다.
② 산화, 질화 등을 방지할 수 있어 우수한 이음, 깨끗하고 아름다운 비드를 얻을 수 있다.
③ 박판은 용가재를 사용하지 않아도 양호한 용접부가 얻어짐.
④ 거의 모든 금속을 용접할 수 있으므로 응용범위가 넓다.
⑤ 불활성 가스 분위기 속에는 저전압이라도 아크는 매우 안정되어 열의 집중효과가 양호하다.
⑥ 바람의 영향을 크게 받으므로 방풍대책이 필요하다.
⑦ 불활성 가스와 용접기의 가격이 비싸다.
※ 불활성 가스(0족＝18족)에 속하는 He, Ne, Ar, Kr, Xe, Rn 등이 있다.

문제 02

용접 결함과 그 원인에 대한 설명 중 잘못 짝지어진 것은?

① 언더컷－전류가 너무 높은 때 ② 기공－용접봉이 흡습되었을 때
③ 오버랩－전류가 너무 낮을 때 ④ 슬래그 섞임－전류가 과대되었을 때

해설 **용접 결함과 그 원인**

① 슬래그의 원인
㉠ 전류가 낮을 때 ㉡ 운봉속도가 너무 느릴 때
㉢ 슬래그가 용융지보다 앞설 때 ㉣ 봉의 각도 부적당 시
② 균열의 원인
㉠ 황이 많은 용접봉 사용 시 ㉡ 고탄소강 사용 시
㉢ 용접속도가 빠를 때 ㉣ 이음각도가 너무 좁을 때
㉤ 냉각속도가 너무 빠를 때 ㉥ 아크 분위기에 수소가 너무 많을 때
③ 언더컷의 원인
㉠ 전류가 너무 높을 때 ㉡ 부적당한 용접봉 사용 시
㉢ 용접속도가 너무 빠를 때 ㉣ 아크길이가 길 때
④ 기공 및 피트의 원인
㉠ 이음부에 기름, 페인트, 녹 등이 부착해 있을 경우
㉡ 용접부가 급랭 시 ㉢ 용접봉 또는 용접부에 습기가 많을 경우
㉣ 아크길이 및 운봉법이 부적당 시 ㉤ 과대전류 사용 시
㉥ 산소, 수소, 일산화탄소가 너무 많을 때

해답

01. ② 02. ④

문제 03

다음 중 기본 용접 이음 형식에 속하지 않는 것은?

① 맞대기 이음 ② 모서리 이음
③ 마찰 이음 ④ T자 이음

해설 용접 이음 형식의 종류

① 맞대기 이음

② 겹치기 이음

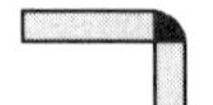
③ 모서리 이음

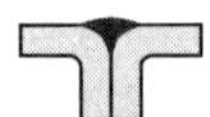
④ 플래어 이음

⑤ T형 이음

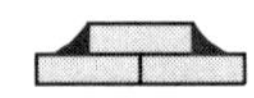
⑥ 한면 덧대기판 이음

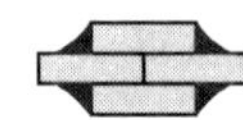
⑦ 양면 덧대기판 이음

문제 04

용접부의 표면에 사용되는 검사법으로 비교적 간단하고 비용이 싸며, 특히 자기 탐상 검사가 되지 않는 금속 재료에 주로 사용되는 검사법은?

① 방사선 비파괴 검사 ② 누수 검사
③ 침투 비파괴 검사 ④ 초음파 비파괴 검사

해설 용접부 비파괴 시험 기호

시험의 종류	기호	영문명	용도
방사선 투과 검사	RT	Radiographic Testing	
자분 탐상 검사	MT	Magnetic Particle Testing	자석 이용
침투 탐상 검사	PT	Penetrant Testing	형광물질 이용
초음파 탐상 검사	UT	Ultrasonic Testing	
와류 탐상 검사	ET	Eddy Current Testing	맴돌이전류 이용
누설 검사	LT	Leak Testing	
육안 시험	VT	View Testing	가장 많이 사용

문제 05

피복 아크 용접에 의한 맞대기 용접에서 개선 홈과 판 두께에 관한 설명으로 틀린 것은?

① I형 : 판 두께 6mm 이하 양쪽용접에 적용
② V형 : 판 두께 20mm 이하 한쪽용접에 적용
③ U형 : 판 두께 40~60mm 양쪽용접에 적용
④ X형 : 판 두께 15~40mm 양쪽용접에 적용

해설 맞대기 용접에 적용하는 개선 홈과 판 두께

① I형 : 판 두께 6mm 이하 양쪽용접에 사용
② V형 : 판 두께 6~20mm까지 한쪽용접에 사용
③ U형 : 판 두께 16mm 이상 50mm 미만 양쪽용접에만 사용
④ X형 : 판 두께 10mm 이상 400mm까지 양쪽용접에 사용
⑤ H형 : 판 두께 50mm 이상 양쪽용접에 사용

해답

03. ③ 04. ③ 05. ③

문제 06

용접에 의한 변형을 미리 예측하여 용접하기 전에 용접 반대 방향으로 변형을 주고 용접하는 방법은?

① 억제법 ② 역변형법
③ 후퇴법 ④ 비석법

해설 **용착법과 용접 순서**

① **용착법** : 전진법, 후진법, 대칭법, 스킵법
다층 용접에 있어서는 빌드업법, 캐스케이드법, 전진블록법

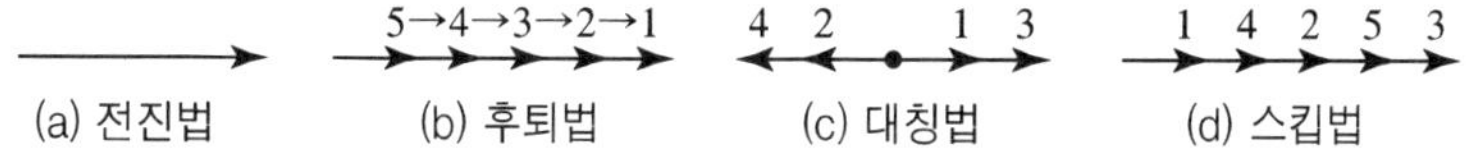

(a) 전진법 (b) 후퇴법 (c) 대칭법 (d) 스킵법

㉠ **전진법** : 가장 간단한 방법으로서 이음의 한쪽 끝에서 다른 쪽 끝으로 용접을 진행하는 방법이다. 이 방법으로 용접을 하면 시작 부분의 수축보다 끝나는 부분의 수축이 더 커지며, 잔류응력도 시작부분에 비하여 끝나는 부분 쪽이 더 크다.

㉡ **후진법** : 용접 진행 방향과 용착 방법이 반대로 되는 방법이다. 두꺼운 판의 용접에 사용되며, 잔류응력을 균일하게 하여 변형을 작게 할 수 있으나 능률이 좀 나쁘다. 후진의 단위길이는 구조물에 따라 자유롭게 선택한다.

㉢ **대칭법** : 이음의 전 길이를 분할하여 이음 중앙에 대하여 대칭으로 용접을 실시하는 방법이다. 변형, 잔류응력을 대칭으로 유지할 경우에 많이 사용된다.

㉣ **스킵법** : 이음의 전 길이에 대해서 뛰어넘어서 용접하는 방법이다. 변형, 잔류응력을 균일하게 하지만, 능률이 좋지 않으며, 용접 시작 부분과 끝나는 부분에 결함이 생길 때가 많다.

㉤ **빌드업법** : 용접 전 길이에 대해서 각 층을 연속하는 방법. 능률은 좋지 않지만, 한랭 시나 구속이 클 때, 판 두께가 두꺼울 때에는 첫 층에 균열이 생길 우려가 있다.

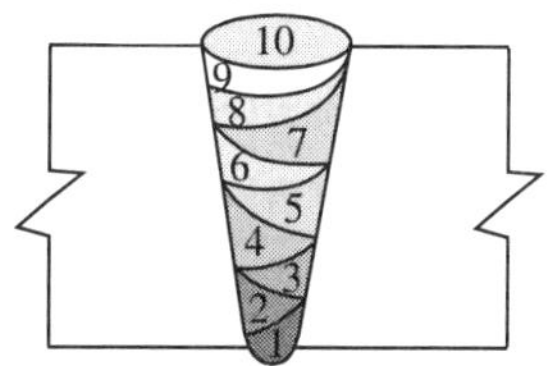

㉥ **캐스케이드법** : 한 부분에 대해 몇 층을 용접하다가 다음 부분의 층으로 연속시켜 용접하며, 후진법과 병용하여 사용되며, 결함은 잘 생기지 않으나 특수한 경우 외에는 사용하지 않는다.

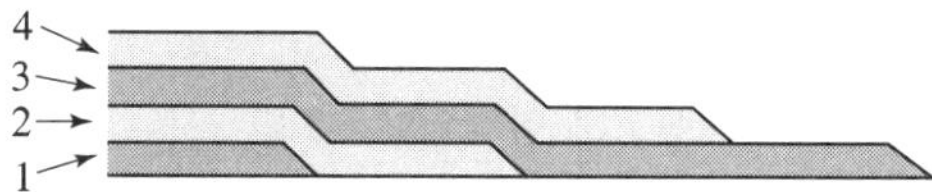

㉦ **블록법** : 짧은 용접길이로 표면까지 용착하는 방법이며, 첫 층에 균열이 발생하기 쉬울 때 사용한다.

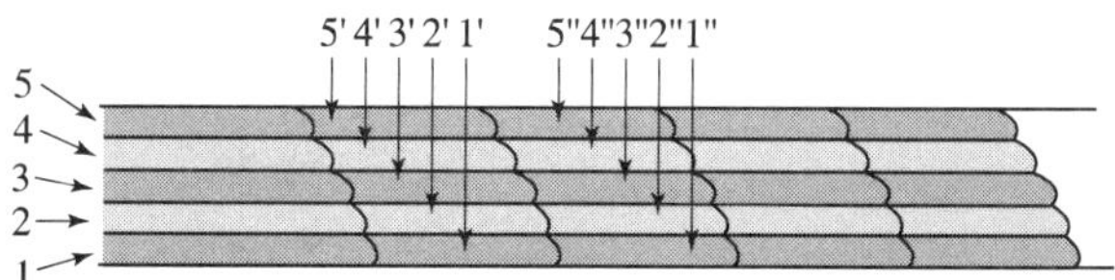

해답

06. ②

② **용접 순서** : 용착 순서는 불필요한 변형이나 잔류응력의 발생을 될 수 있는 대로 억제하기 위해 하나의 용접선의 용접을 다음과 같은 기준에 의하여 용접 순서를 결정하면 좋다.

㉠ 같은 평면 안에 많은 이음이 있을 때에는 수축은 가능한 한 자유단으로 보낸다.

㉡ 용접물 중심에 대하여 항상 대칭으로 용접을 진행시킨다.

㉢ 수축이 큰 이음을 가능한 한 먼저 용접하고 수축이 작은 이음을 뒤에 용접한다.

㉣ 용접물의 중립축을 생각하고 그 중립축에 대하여 용접으로 인한 수축력 모멘트의 합이 0이 되도록 한다. 이렇게 하면 용접선 방향에 대한 굴곡(굽힘)이 없어진다.

㉤ 리벳(rivet)과 용접이 동시에 할 때에는 용접을 먼저 한다. 이는 용접열에 의하여 리벳구멍이 늘어나지 않도록 하기 위함이다.

문제 07

화재의 분류는 소화 시 매우 중요한 역할을 한다. 서로 바르게 연결된 것은?

① A급 화재－유류화재 ② B급 화재－일반화재
③ C급 화재－가스화재 ④ D급 화재－금속화재

해설 **화재의 분류**

A급 화재 (일반화재)	종이, 목재, 플라스틱 등	주수, 산, 알칼리
B급 화재 (유류화재)	경유, 등유, 휘발유	CO_2, 분말, 포말
C급 화재 (전기화재)	CO_2, 분말	
D급 화재 (금속화재)	Mg분, 금속분 등	건조사, 팽창질석

문제 08

이산화탄소 아크 용접 방법에서 전진법의 특징으로 옳은 것은?

① 스패터의 발생이 적다.
② 깊은 용입을 얻을 수 있다.
③ 비드 높이가 낮고 평탄한 비드가 형성된다.
④ 용접선이 잘 보이지 않아 운봉을 정확하게 하기 어렵다.

해설 **CO_2 용접의 특징**

① 아크 시간을 길게 할 수 있다.
② 가시 아크이므로 시공이 편리하다.
③ 용제를 사용하지 않아 슬래그 혼입이 없고 용접 후의 처리가 간단하다.
④ 용입이 깊고 용접속도가 빠르다.
⑤ 전류밀도가 높다.
⑥ 적용 재질이 철 계통으로 한정되어 있다.
⑦ 바람의 영향을 크게 받으므로 2m/sec 이상이면 방풍장치가 필요하다.

문제 09

연강의 인장시험에서 인장시험편의 지름이 10mm이고 최대하중이 5500kgf일 때 인장강도는 약 몇 kgf/mm^{2}인가?

① 60 ② 70
③ 80 ④ 90

해답

07. ④ 08. ③ 09. ②

해설 **인장강도** $= \dfrac{W}{A} \times \dfrac{P}{\dfrac{\pi D^2}{4}} = \dfrac{5500\,\text{kgf}}{0.785 \times 10^2} = 70.06\,\text{kgf/mm}^2$

$\therefore\ \dfrac{\pi}{4} = 0.785$ (여기서, π : 3.14)

문제 10

다음 중 플라스마 아크 용접에 적합한 모재가 아닌 것은?

① 텅스텐, 백금　　② 티탄, 니켈 합금
③ 티탄, 구리　　④ 스테인리스강, 탄소강

해설 텅스텐, 몰리브덴 등은 전자빔 용접에 사용.

문제 11

일종의 피복 아크 용접법으로 피더(feeder)에 철분계 용접봉을 장착하여 수평 필릿 용접을 전용으로 하는 일종의 반자동 용접장치로서 모재와 일정한 경사를 갖는 금속지주를 용접 홀더가 하강하면서 용접되는 용접법은?

① 그래비트 용접　　② 용사
③ 스터드 용접　　④ 테르밋 용접

해설 **스터드(stud) 용접**

원리	볼트나 환봉 핀을 피스톤형의 홀더에 끼우고 모재와 볼트 사이에 순간적으로 아크(플래시)를 발생시켜 용접하는 방법
특징	① 대체로 급열, 급랭을 받기 때문에 저탄소강에 좋음. ② 용제를 채워 탈산 및 아크를 안정화 함. ③ 스터드 주변에 페룰(ferrule, 가이드)을 사용함. ④ 페룰은 아크를 보호하고 아크 집중력을 높인다.

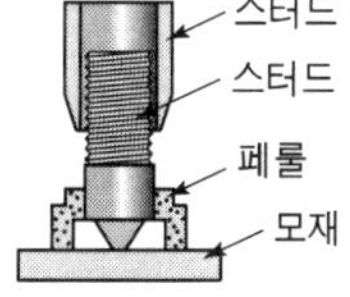

(a) 스터드의 고정

아크 발생

(b) 아크 발생

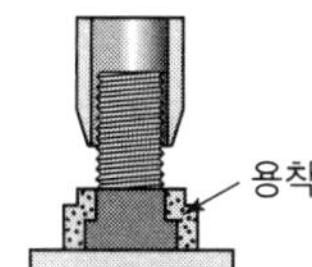

(c) 스터드의 용착

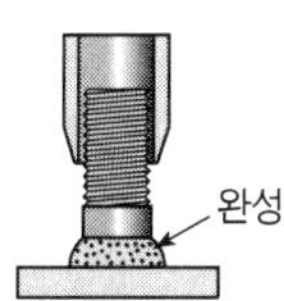

(d) 용접 완료

테르밋 용접

원리	용접 열원을 외부로부터 가하는 것이 아니라, 테르밋제 반응에 의해 생성되는 열을 이용한 금속을 용접하는 방법이다. 즉, 미세한 알루미늄 분말과 산화철 분말을 3~4 : 1의 중량비로 혼합한 테르밋제에 과산화바륨과 마그네슘 분말을 혼합한 점화촉진제를 넣어 연소시키면 화학반응에 의해 약 2,800℃ 이상의 고온에 달하며 매우 짧은 시간이다. 주로 철도 레일, 차축, 선박 프레임 등의 용접에 이용된다.
특징	① 용접 작업이 단순하고 용접 결과의 재현성이 높다. ② 전력이 불필요하다. ③ 용접용 기구가 간단하고 설비비가 싸다. 또한 작업장소의 이동이 용이하다. ④ 용접 작업 후의 변형이 적다. ⑤ 용접하는 시간이 비교적 짧다.

해답

10. ① 11. ①

문제 12

다음 중 용접 금속에 기공을 형성하는 가스에 대한 설명으로 틀린 것은?

① 응고 온도에서의 액체와 고체의 용해도 차에 의한 가스 방출
② 용접금속 중에서의 화학반응에 의한 가스 방출
③ 아크 분위기에서의 기체의 물리적 혼입
④ 용접 중 가스 압력의 부적당

해설 **용접 금속에 기공을 형성하는 가스**

① 아크 분위기에서의 기체의 물리적 혼입
② 용접금속 중에서의 화학반응에 의한 가스 방출
③ 응고 온도에서의 액체와 고체의 용해도 차에 의한 가스 방출

문제 13

일렉트로 슬래그 용접에서 주로 사용되는 전극 와이어의 지름은 보통 몇 mm 정도인가?

① 1.2~1.5
② 1.7~2.3
③ 2.5~3.2
④ 3.5~4.0

해설 **일렉트로 슬래그 용접**

원리	용융 슬래그와 용융금속이 용접부로부터 유출되지 않게 모재의 양측에 수랭식 동판을 대어주고 용융 슬래그 속에서 전극 와이어를 연속적으로 공급하여 주로 용융 슬래그의 저항열에 의하여 와이어와 모재를 용융시키면서 단층 수직 상진 용접을 하는 방법.
장점	① 아크가 눈에 보이지 않고 아크 불꽃이 없다. ② 최소한의 변형과 최단시간의 용접법이다. ③ 한 번에 장비를 설치하여 후판을 단일층으로 한 번에 용접할 수 있다. ④ 압력용기, 조선 및 대형 주물의 후판 용접 등에 바람직한 용접이다. ⑤ 용접시간을 단축할 수 있어 용접 능률과 용접 품질이 우수하다. ⑥ 용접 홈의 기공 준비가 간단하고 각(角) 변형이 적다. ⑦ 대형 물체의 용접에 있어서는 아래보기 자세 서브머지드 용접에 비하여 용접시간, 홈의 가공비, 용접봉비, 준비시간 등을 1/3~1/5 정도로 감소시킬 수 있다. ⑧ 전극 와이어의 지름은 보통 2.5~3.2mm를 주로 사용한다.
단점	① 박판 용접에는 적용할 수 없다. ② 장비가 비싸다. ③ 장비 설치가 복잡하며, 냉각장치가 필요하다. ④ 용접시간에 비하여 용접 준비시간이 더 길다. ⑤ 용접 진행 시 용접부를 직접 관찰할 수 없다. ⑥ 높은 입열로 기계적 성질이 저하될 수 있다.

해답

12. ④ 13. ③

문제 14

다음 중 전기저항 용접의 종류가 아닌 것은?

① 점 용접　　② MIG 용접
③ 프로젝션 용접　　④ 플래시 용접

해설 **전기저항 용접의 종류**

① 겹치기 용접 : ㉠ 점 용접 ㉡ 심 용접 ㉢ 프로젝션 용접
② 맞대기 용접 : ㉠ 포일 심 용접 ㉡ 퍼커션 용접 ㉢ 플래시 용접 ㉣ 업셋 용접

문제 15

서브머지드 아크 용접장치 중 전극 형상에 의한 분류에 속하지 않는 것은?

① 와이어(wire) 전극　　② 테이프(tape) 전극
③ 대상(hoop) 전극　　④ 대차(carriage) 전극

해설 **서브머지드 아크 용접장치 중 전극 형상에 의한 분류**

① 테이프 전극　② 대상 전극　③ 와이어 전극

문제 16

용접 지그를 사용했을 때의 장점이 아닌 것은?

① 구속력을 크게 하여 잔류응력 발생을 방지한다.
② 동일 제품을 다량 생산할 수 있다.
③ 제품의 정밀도를 높인다.
④ 작업을 용이하게 하고 용접 능률을 높인다.

해설 **용접 지그를 사용 시 장점**

① 동일 제품을 다량 생산할 수 있다.
② 제품의 정밀도를 높인다.
③ 작업을 용이하게 하고 용접 능률을 높인다.
④ 용접부의 신뢰성을 높인다.
⑤ 아래보기 자세로 용접할 수 있다.
⑥ 공정수를 절약할 수 있다.

문제 17

다음 중 서브머지드 아크 용접(submerged arc welding)에서 용제의 역할과 가장 거리가 먼 것은?

① 아크 안정　　② 용락 방지
③ 용접부의 보호　　④ 용착금속의 재질 개선

해설 **서브머지드 아크 용접에서 용제의 역할**

① 아크 안정　② 용접부 보호　③ 용착금속의 재질 개선

해답

14. ②　15. ④　16. ①　17. ②

서브머지드 아크 용접

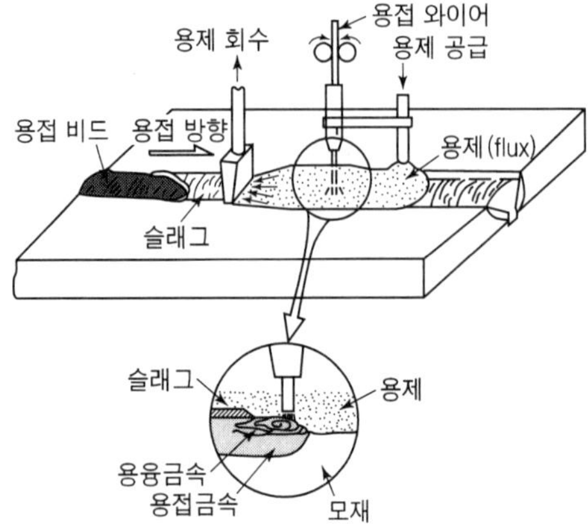

원리	자동 금속아크 용접법으로 모재의 이음 표면에 미세한 입상의 용제를 공급하고, 용제 속에 연속적으로 전극 와이어를 송급하여 모재 및 전극 와이어를 용융시켜 용접부를 대기로부터 보호하면서 용접하는 방법으로 일명 잠호 용접이라고 한다. 상품명으로는 링컨 용접, 유니언 멜트 용접이라고 불린다.
장점	① 콘택트 팁에서 통전되므로 와이어 중에 저항열이 적게 발생되어 고전류 사용이 가능하다. ② 용융속도 및 용착속도가 빠르다. ③ 용입이 깊다. ④ 작업 능률이 수동에 비하여 판두께 12mm에서 2~3배, 25mm에서 5~6배, 50mm에서 8~12배 정도가 높다. ⑤ 개선각을 적게 하여 용접 패스(pass)수를 줄일 수 있다. ⑥ 기계적 성질이 우수하다. ⑦ 유해광선이나 퓸(fume) 등이 적게 발생되어 작업환경이 깨끗하다. ⑧ 비드 외관이 매우 아름답다.
단점	① 장비의 가격이 고가이다. ② 용접 적용자세에 제약을 받는다. ③ 용접 재료에 제약을 받는다. ④ 개선 홈의 정밀을 요한다.(패킹재 미 사용 시 루트 간격 0.8mm 이하) ⑤ 용접 진행상태의 양 · 부를 육안식별이 불가능하다. ⑥ 용접선이 짧거나 복잡한 경우 수동에 비하여 비능률적이다.

문제 18 가스 용접 시 안전조치로 적절하지 않은 것은?

① 가스의 누설검사는 필요할 때만 체크하고 점검은 수돗물로 한다.
② 가스용접 장치는 화기로부터 5m 이상 떨어진 곳에 설치해야 한다.
③ 작업 종료 시 메인 밸브 및 콕 등을 완전히 잠가준다.
④ 인화성 액체 용기의 용접을 할 때는 증기 열탕물로 완전히 세척 후 통풍구멍을 개방하고 작업한다.

해설 점검은 비눗물로 한다.

해답

18. ①

문제 19 불활성 가스가 아닌 것은?

① C_2H_2　② Ar
③ Ne　④ He

해설 **불활성 가스**
① He(헬륨)　② Ar(아르곤)　③ Ne(네온)
④ Kr(크립톤)　⑤ Xe(크세논)　⑥ Rn(라돈)

문제 20 볼트나 환봉을 피스톤형의 홀더에 끼우고 모재와 볼트 사이에 순간적으로 아크를 발생시켜 용접하는 방법은?

① 서브머지드 아크 용접　② 스터드 용접
③ 테르밋 용접　④ 불활성 가스 아크 용접

해설 문제 11번 참조.

문제 21 용접이음 설계 시 충격하중을 받는 연강의 안전율은?

① 12　② 8
③ 5　④ 3

해설 **연강의 안전율**
① 정하중 : 3　② 동하중(단진응력) : 5
③ 동하중(교번응력) : 8　④ 충격하중 : 12

문제 22 용접 시공 계획에서 용접 이음 준비에 해당되지 않는 것은?

① 용접 홈의 가공　② 부재의 조립
③ 변형 교정　④ 모재의 가용접

해설 **용접 시공에서 용접 이음 준비**
① 모재의 가용접
② 부재의 조립
③ 용접 홈의 가공

문제 23 피복 아크 용접에서 "모재의 일부가 녹은 쇳물 부분"을 의미하는 것은?

① 슬래그　② 용융지
③ 피복부　④ 용착부

해답

19. ①　20. ②　21. ①　22. ③　23. ②

해설 용접 용어

① 용융지 : 모재 일부가 녹은 쇳물 부분
② 용입 : 모재가 녹은 깊이
③ 용착 : 용접봉이 용융지에 녹아 들어가는 것
④ 은점 : 용착금속 파단면에 나타나는 은백색을 한 고기눈 모양의 결함부
⑤ 스패터 : 아크 용접이나 CO_2 용접 시 비산하는 슬래그
⑥ 노치 취성 : 홈이 없을 때는 연성을 나타내는 재료라도 홈이 있으면 파괴되는 것
⑦ 용제 : 용접 시 산화물, 기타 해로운 물질을 용융금속에서 제거
⑧ 용가제 : 용착부를 만들기 위해서 녹여서 첨가하는 것

문제 24

가스 압력 조정기 취급 사항으로 틀린 것은?

① 압력 용기의 설치구 방향에는 장애물이 없어야 한다.
② 압력 지시계가 잘 보이도록 설치하며 유리가 파손되지 않도록 주의한다.
③ 조정기를 견고하게 설치한 다음 조정나사를 잠그고 밸브를 빠르게 열어야 한다.
④ 압력 조정기 설치구에 있는 먼지를 털어내고 연결부에 정확하게 연결한다.

해설 밸브는 천천히 열어야 한다.

문제 25

피복 아크 용접에서 피복제의 성분에 포함되지 않는 것은?

① 아크 안정제 ② 가스 발생제
③ 피복 이탈제 ④ 슬래그 생성제

해설 피복제 성분

① 아크 안정제 : ㉠ 산화티탄 ㉡ 석회석 ㉢ 규산칼륨 ㉣ 규산나트륨 ㉤ 자철광 ㉥ 적철광 ㉦ 탄산소다
② 가스 발생제 : ㉠ 석회석 ㉡ 탄산바륨 ㉢ 톱밥 ㉣ 녹말 ㉤ 셀룰로오스
③ 슬래그 생성제 : ㉠ 이산화망간 ㉡ 산화티탄 ㉢ 형석 ㉣ 석회석 ㉤ 일미나이트 ㉥ 알루미나 ㉦ 장석 ㉧ 규사
④ 탈산제 : ㉠ 바나듐-철 ㉡ 실리카-철 ㉢ 티탄-철 ㉣ 크롬-철 ㉤ 망간-철 ㉥ 알루미늄
⑤ 합금첨가제 : ㉠ 바나듐-철 ㉡ 실리카-철 ㉢ 망간-철 ㉣ 크롬-철 ㉤ 산화제1구리 ㉥ 빙정석
⑥ 고착제 : ㉠ 해초 ㉡ 당밀 ㉢ 아교 ㉣ 카제인 ㉤ 규산칼륨

문제 26

산소-아세틸렌 가스 절단과 비교한 산소-프로판 가스 절단의 특징으로 옳은 것은?

① 절단면이 미세하며 깨끗하다. ② 절단 개시 시간이 빠르다.
③ 슬래그 제거가 어렵다. ④ 중성불꽃을 만들기가 쉽다.

해답

24. ③ 25. ③ 26. ①

해설 **산소-프로판 가스 절단의 특징**
① 절단면이 미세하며 깨끗하다.
② 포갬 절단이 용이하다.
③ 후판 절단이 용이하다.

문제 27

전격방지기는 아크를 끊음과 동시에 자동적으로 릴레이가 차단되어 용접기의 2차 무부하 전압을 몇 V 이하로 유지시키는가?

① 20~30 ② 35~45
③ 50~60 ④ 65~75

해설 **용접기의 1차 무부하 전압** : 85~95V
용접기의 2차 무부하 전압 : 20~30V
• 전격방지기 : 무부하 전압이 85~95V로 비교적 높은 교류 아크 용접기는 감전재해의 위험이 있기 때문에 무부하 전압을 20~30V 이하로 유지하여 용접사 보호.

문제 28

피복 아크 용접봉의 용융속도를 결정하는 식은?

① 용융속도＝아크 전류×용접봉 쪽 전압강하
② 용융속도＝아크 전류×모재 쪽 전압강하
③ 용융속도＝아크 전압×용접봉 쪽 전압강하
④ 용융속도＝아크 전압×모재 쪽 전압강하

해설 **피복 아크 용접봉의 용접속도**＝아크 전류×용접봉 쪽 전압강하
• 피복제의 역할 : ① 전기절연 방지
② 공기 중 산화, 질화 방지
③ 아크 안정
④ 슬래그 제거를 쉽게 한다.
⑤ 탈산정련작용
⑥ 합금원소 첨가
⑦ 용착금속의 냉각속도를 느리게 한다.
⑧ 용착효율을 높인다.

문제 29

다음 중 산소 및 아세틸렌 용기의 취급방법으로 틀린 것은?

① 산소 용기의 밸브, 조정기, 도관, 취부구는 반드시 기름이 묻은 천으로 깨끗이 닦아야 한다.
② 산소 용기의 운반 시에는 충돌, 충격을 주어서는 안 된다.
③ 사용이 끝난 용기는 실병과 구분하여 보관한다.
④ 아세틸렌 용기는 세워서 사용하며 용기에 충격을 주어서는 안 된다.

해설 기름이 묻은 천으로 닦으면 발화의 위험이 있다.

해답

27. ① 28. ① 29. ①

문제 30

혼합가스 연소에서 불꽃 온도가 가장 높은 것은?

① 산소-수소 불꽃 ② 산소-프로판 불꽃
③ 산소-아세틸렌 불꽃 ④ 산소-부탄 불꽃

해설 **가스 불꽃 온도 및 발열량**

가스의 종류	불꽃온도	발열량 [kcal/m^3]
아세틸렌	3430	12690
부 탄	2926	26691
수 소	2900	2420
프 로 판	2820	20780
메 탄	2700	8080

- 불꽃온도가 가장 큰 것 : 아세틸렌
- 발열량이 가장 큰 것 : 부탄

문제 31

연강용 피복 아크 용접봉의 종류와 피복제 계통으로 틀린 것은?

① E4303 : 라임티타니아계 ② E4311 : 고산화티탄계
③ E4316 : 저수소계 ④ E4327 : 철분산화철계

해설 **피복제 계통**

연강용 피복 아크 용접봉의 특징

① E 4301(일미나이트계) : TiO_2, FeO를 약 30% 이상 함유. 광석, 사철 등을 주성분으로 기계적 성질이 우수하고 용접성 우수.
② E 4303(라임티탄계) : 산화티탄을 약 30% 이상 함유한 용접봉. 비드의 외관이 아름답고 언더컷이 발생되지 않는다.
③ E 4311(고셀룰로오스계) : 셀룰로오스를 20~30% 정도 포함한 용접봉으로 좁은 홈의 용접 시 사용. 보관 시 습기가 흡수되기 쉬우므로 건조 필요.
④ E 4313(고산화티탄계) : 비드 표면이 고우며 작업성이 우수. 고온 크랙을 일으키기 쉬운 결점이 있다. 산화티탄을 35% 이상 함유.
⑤ E 4316(저수소계) : 석회석, 형석을 주성분으로 한 것으로 기계적 성질, 내균열성이 우수. 용착금속 중에 수소 함유량이 다른 피복봉에 비해 1/10 정도로 매우 낮음.
⑥ E 4324(철분산화티탄계)
⑦ E 4326(철분저수소계)
⑧ E 4327(철분산화철계)
⑨ E 4340(특수계)

문제 32

용접법의 분류에서 아크 용접에 해당되지 않는 것은?

① 유도 가열 용접 ② TIG 용접
③ 스터드 용접 ④ MIG 용접

해답

30. ③ 31. ② 32. ①

해설 용접법의 분류

① 융접

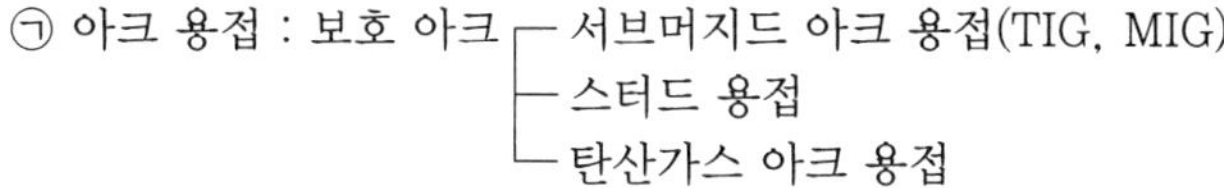

- ㉠ 아크 용접 : 보호 아크
  - 서브머지드 아크 용접(TIG, MIG)
  - 스터드 용접
  - 탄산가스 아크 용접
- ㉡ 가스 용접
  - 산소-아세틸렌
  - 공기-아세틸렌
  - 산소-수소
- ㉢ 특수 용접
  - 일렉트로 슬래그 용접
  - 테르밋 용접
  - 전자빔 용접

② 압접

- ㉠ 단접
- ㉡ 유도 가열 용접
- ㉢ 초음파 용접
- ㉣ 마찰 용접
- ㉤ 가압 테르밋 용접
- ㉥ 냉간압접
- ㉦ 저항 용접
  - 겹치기 용접
    - 점 용접
    - 심 용접
    - 프로젝션 용접
  - 맞대기 용접
    - 업셋 맞대기 용접
    - 방전 충격 용접
    - 플래시 맞대기 용접

문제 33

가스 용접이나 절단에 사용되는 가연성 가스의 구비조건으로 틀린 것은?

① 발열량이 클 것.
② 연소속도가 느릴 것.
③ 불꽃의 온도가 높을 것.
④ 용융금속과 화학반응이 일어나지 않을 것.

해설 가연성 가스의 구비조건

① 연소속도가 빠를 것.
② 발열량이 클 것.
③ 불꽃의 온도가 높을 것.
④ 용융금속과 화학반응이 일어나지 않을 것.

문제 34

피복 아크 용접에서 위빙(weaving) 폭은 심선 지름의 몇 배로 하는 것이 가장 적당한가?

① 1배　② 2~3배
③ 5~6배　④ 7~8배

해답

33. ② 34. ②

문제 35

다음 중 가변저항의 변화를 이용하여 용접전류를 조정하는 교류 아크 용접기는?

① 탭 전환형 ② 가동 코일형
③ 가동 철심형 ④ 가포화 리액터형

해설 **교류 아크 용접기의 특징**

① 가동 철심형 : ㉠ 현재 가장 많이 사용
㉡ 미세한 전류 조정이 가능
㉢ 가동 철심으로 누설자속을 가감하여 전류 조정
② 가포화 리액터형 : ㉠ 원격제어가 되고 가변저항의 변화로 용접전류를 조정
㉡ 조작이 간단
③ 가동 코일형 : ㉠ 가격이 비싸다.
㉡ 1차, 2차 코일 중의 하나를 이동하여 누설자속을 변화하여 전류 조정
④ 탭 전환형 : ㉠ 주로 소형에 사용.
㉡ 미세전류 조정이 어렵다.
㉢ 무부하 전압이 높아 전격의 위험이 있다.
㉣ 코일의 감긴 수에 따라 전류 조정

문제 36

피복 아크 용접 시 용접선 상에서 용접봉을 이동시키는 조작을 말하며 아크의 발생, 중단, 재아크, 위빙 등이 포함된 작업을 무엇이라 하는가?

① 용입 ② 운봉
③ 키홀 ④ 용융지

해설 **용접 용어**

① 운봉 : 피복 아크 용접 시 용접선상에서 용접봉을 이동시키는 조작을 말하며 아크의 발생, 중단, 재아크, 위빙 등이 포함된 작업
② 용융지 : 모재 일부가 녹은 쇳물 부분
③ 용입 : 모재가 녹은 깊이
④ 용착 : 용접봉이 용융지에 녹아 들어가는 것
⑤ 용제 : 용접 시 산화물, 기타 해로운 물질을 용융금속에서 제거
⑥ 용가제 : 용착부를 만들기 위해서 녹여서 첨가하는 것
⑦ 은점 : 용착금속 파단면에 나타나는 은백색을 한 고기눈 모양의 결함부
⑧ 스패터 : 아크 용접이나 가스 용접 시 비산하는 슬래그

문제 37

연강용 가스 용접봉에서 "625±25℃에서 1시간 동안 응력을 제거한 것"을 뜻하는 영문자 표시에 해당되는 것은?

① NSR ② GB
③ SR ④ GA

해설 **SR** : Stress Remove (응력을 제거한 것)
NSR : Non Stress Remove (응력을 제거하지 아니한 것)

해답

35. ④ 36. ② 37. ③

문제 38

AW-250, 무부하 전압 80V, 아크 전압 20V인 교류 용접기를 사용할 때 역률과 효율은 각각 약 얼마인가? (단, 내부손실은 4kW이다.)

① 역률 : 45%, 효율 : 56%
② 역률 : 48%, 효율 : 69%
③ 역률 : 54%, 효율 : 80%
④ 역률 : 69%, 효율 : 72%

해설 **효율** $= \dfrac{\text{아크 전력}}{\text{소비 전력}} \times 100 = \dfrac{5\,\text{kw}}{9\,\text{kw}} \times 100 = 55.6\%$

아크 전력 = 아크 전압 × 정격 2차 전류 = $20 \times 250 = 5000\,\text{w} = 5\,\text{kw}$

소비 전력 = 아크 전력 + 내부 손실 = $5\,\text{kw} + 4\,\text{kw} = 9\,\text{kw}$

역률 $= \dfrac{\text{소비 전력}}{\text{전원 입력}} \times 100 = \dfrac{9\,\text{kw}}{20\,\text{kw}} = 45\%$

전원 입력 = 무부하 전압 × 정격 2차 전류 = $80 \times 250 = 20000\,\text{w} = 20\,\text{kw}$

2016

문제 39

다음 중 해드필드(Hadfield)강에 대한 설명으로 틀린 것은?

① 오스테나이트 조직의 Mn 강이다.
② 성분의 10~14Mn%, 0.9~1.3C% 정도이다.
③ 이 강은 고온에서 취성이 생기므로 600~800℃에서 공랭한다.
④ 내마멸성과 내충격성이 우수하고, 인성이 우수하기 때문에 파쇄장치, 임펠러 플레이트 등에 사용한다.

해설 **고온 취성이 일어나는 것** : 황(800~900℃)

문제 40

다음 중 재결정온도가 가장 낮은 것은?

① Sn
② Mg
③ Cu
④ Ni

해설 **재결정온도** : 냉간가공, 열간가공 등에서 소성변형을 일으킨 결정이 가열되면 내부응력이 서서히 감소되어 변형이 잔류하고 있는 원래의 결정입자에서 내부변형이 없는 새로운 결정의 핵이 발생하고 이것이 차츰 성장하여 원래의 결정입자와 대치되어가는 현상으로 이때 필요한 온도를 재결정온도라 한다.

① Pb(납) : −3℃
② Zn(아연) : 5~25℃
③ Sn(주석) : 상온(0℃)
④ Ag(은) : 150℃
⑤ Cu(구리) : 150~240℃
⑥ Au(금) : 200℃
⑦ Fe(철) : 350~450℃
⑧ Al(알루미늄) : 150℃
⑨ Mg(마그네슘) : 150℃
⑩ Ni(니켈) : 15~50℃
⑪ W(텅스텐) : 1200℃
⑫ Mo(몰리브덴) : 900℃
⑬ Cd(카드뮴) : 50℃

해답

38. ① 39. ③ 40. ①

문제 41

다음 상태도에서 액상선을 나타내는 것은?

① acf
② cde
③ fdg
④ beg

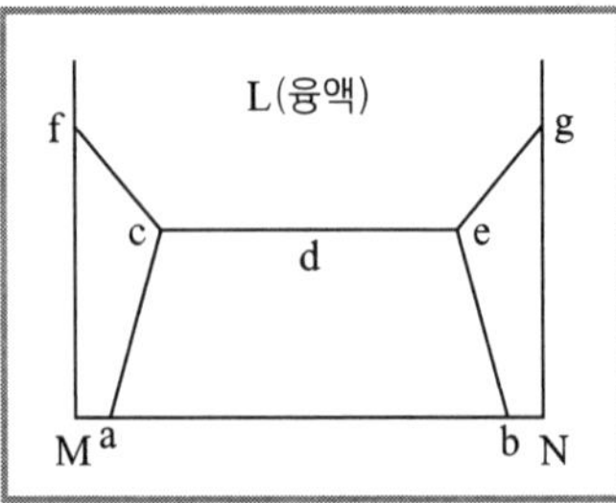

문제 42

주철의 조직은 C와 Si의 양과 냉각속도에 의해 좌우된다. 이들의 요소와 조직의 관계를 나타낸 것은?

① C.C.T 곡선
② 탄소 당량도
③ 주철의 상태도
④ 마우러 조직도

해설 **마우러 조직도** : 탄소와 규소량에 따른 주철의 조직 관계를 표시.

문제 43

Fe-C 상태도에서 A_3 와 A_4 변태점 사이에서의 결정구조는?

① 체심정방격자
② 체심입방격자
③ 조밀육방격자
④ 면심입방격자

해설 **체심입방격자(BCC)** : V, Mo, W, Cr, K, Na, Ba, Ta, α-철, δ-철
면심입방격자(FCC) : Ag, Cu, Au, Al, Pb, Ni, Pt, Ce, γ-Fe
조밀육방격자(HCP) : Ti, Mg, Zn, Co, Zr, Be
Ba(바륨), Ta(탈륨), Ce(세슘), Zr(지르코늄)

문제 44

Al-Cu-Si계 합금의 명칭으로 옳은 것은?

① 알민
② 라우탈
③ 알드리
④ 코오슨합금

해설 **합금**

① 일렉트론 : Al+Zn+Mg *(알아마)*
② 도우메탈 : Al+Mg *(알마)*
③ 하이드로날륨 : Al+Mg *(알마)* : 선박용 부품, 조리용 기구, 화학용 부품
④ 알드레이 : Al+Mg+Si *(알마소)*
⑤ 두랄루민 : Al+Cu+Mg+Mn *(알구마망)*
⑥ Y합금 : Al+Cu+Mg+Ni *(알구마니)* : 실린더 헤드, 피스톤에 사용
⑦ 로엑스 : Al+Cu+Mg+Ni+Si *(알구마니소)*
⑧ 실루민 : Al+Si *(알소)*
⑨ 라우탈 : Al+Cu+Si *(알구소)*
⑩ 켈밋 : Cu+Pb(30~40%) : 베어링에 사용

해답

41. ③ 42. ④ 43. ④ 44. ②

⑪ 양은 : 7 : 3 황동+Ni(10~20%)
⑫ 델타메탈 : 6 : 4 황동+Fe(1~2%) : 모조금, 판 및 선
⑬ 에드미럴티 : 7 : 3 황동+Sn(1~2%) : 증발기, 열교환기에 사용
⑭ 네이벌 : 6 : 4 황동+Sn(1~2%) : 파이프, 선박용 기계
⑮ 문쯔메탈 : Cu(60%)+Zn(40%) : 열교환기, 열간단조품, 탄피 등에 사용
⑯ 톰백 : Cu(80%)+Zn(20%) : 화폐, 메달에 사용
⑰ 레드브레스 : Cu(85%)+Zn(15%), 장식용에 사용
⑱ 모넬메탈 : Ni(65~70%)+Fe(1~3%) : 터빈 날개, 펌프, 임펠러 등에 사용
⑲ 인코넬 : Ni(70~80%)+Cr(12~14%) : 열전쌍 보호관, 진공관, 필라멘트
⑳ 콘스탄탄 : 구리(55%)+니켈(45%) : 통신 기자재, 전열선, 저항선
㉑ 플래티나이트 : Ni(40~50%)+Fe

문제 45

Al 표면에 방식성이 우수하고 치밀한 산화 피막이 만들어지도록 하는 방식 방법이 아닌 것은?

① 산화법　　② 수산법
③ 황산법　　④ 크롬산법

해설 **Al 표면에 방식성이 우수하고 치밀한 산화 피막이 만들어지도록 하는 방식**
① 황산법 ② 수산법 ③ 크롬산법

문제 46

Au의 순도를 나타내는 단위는?

① K(carat)　　② P(pound)
③ %(percent)　　④ μm(micron)

문제 47

금속 표면에 스텔라이트, 초경합금 등의 금속을 용착시켜 표면경화 층을 만드는 것은?

① 금속 용사법　　② 하드 페이싱
③ 쇼트 피닝　　④ 금속 침투법

해설 **하드 페이싱** : 금속 표면에 스텔라이트, 초경합금 등의 금속을 용착시켜 표면경화 층을 만드는 것
금속 침투법 : 내식, 내산, 내마열을 목적으로 금속을 침투시키는 열처리
① 칼로라이징 : Al　② 크로마이징 : Cr　③ 세라다이징 : Zn
④ 실리코나이징 : Si　⑤ 보로나이징 : B
침탄법
① 액체 침탄법 : 시안화나트륨, 시안화칼리를 주성분으로 한 염을 사용하여 침탄 온도 750~950℃에서 30~60분간 침탄시키는 방법
② 가스 침탄법 : 메탄가스와 같은 탄화수소가스를 사용하여 침탄
③ 고체 침탄법

해답

45. ① 46. ① 47. ②

문제 48

30% Zn을 포함한 황동으로 연신율이 비교적 크고, 인장강도가 매우 높아 판, 막대, 관, 선 등으로 널리 사용되는 것은?

① 톰 백(tombac)
② 네이벌 황동(naval brass)
③ 6-4 황동(muntz metal)
④ 7-3 황동(cartridge brass)

해설 문제 44번 참조.

문제 49

철강 인장시험 결과 시험편이 파괴되기 직전 표점거리 62mm, 원표점거리 50mm일 때 연신율은?

① 12%
② 24%
③ 31%
④ 36%

해설 **연신율** $= \dfrac{\text{직전 표점거리} - \text{원 표점거리}}{\text{원 표점거리}} \times 100 = \dfrac{62-50}{50} \times 100 = 24\%$

문제 50

열팽창계수가 다른 두 종류의 판을 붙여서 하나의 판으로 만든 것으로 온도 변화에 따라 휘거나 그 변형을 구속하는 힘을 발생하며 온도감응소자 등에 이용되는 것은?

① 서멧 재료
② 바이메탈 재료
③ 형상기억 합금
④ 수소저장 합금

문제 51

그림과 같은 용접 기호는 무슨 용접을 나타내는가?

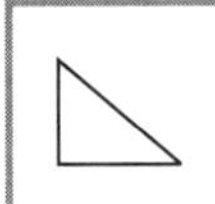

① 심 용접
② 비드 용접
③ 필릿 용접
④ 점 용접

해설 **용접 기호**

① 필릿 용접 : 
② 심 용접 : 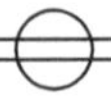
③ 점 용접(스폿 용접) : ○
④ 플러그 용접 : ⊓
⑤ : 현장 용접
⑥ : 온둘레 현장 용접

해답

48. ④ 49. ② 50. ② 51. ③

문제 52

다음 중 게이트 밸브를 나타내는 기호는?

① 　　② 

③　　④

해설 **밸브 기호**

① 체크 밸브 :
② 안전 밸브 :
③ 앵글 밸브 :
④ 볼 밸브 :
⑤ 플랜지 :
⑥ 유니온 :
⑦ 나사이음 :
⑧ 용접이음 :

문제 53

기계제도에서 도형의 생략에 관한 설명으로 틀린 것은?

① 도형이 대칭 형식인 경우에는 대칭 중심선의 한쪽 도형만을 그리고, 그 대칭 중심선의 양 끝 부분에 대칭그림기호를 그려서 대칭임을 나타낸다.
② 대칭 중심선의 한쪽 도형을 대칭 중심선을 조금 넘는 부분까지 그려서 나타낼 수도 있으며, 이 때 중심선 양 끝에 대칭그림기호를 반드시 나타내야 한다.
③ 같은 종류, 같은 모양의 것이 다수 줄지어 있는 경우에는 실형 대신 그림기호를 피치선과 중심선과의 교점에 기입하여 나타낼 수 있다.
④ 축, 막대, 관과 같은 동일 단면형의 부분은 지면을 생략하기 위하여 중간 부분을 파단선으로 잘라내서 그 긴요한 부분만을 가까이 하여 도시할 수 있다.

문제 54

나사의 종류에 따른 표시기호가 옳은 것은?

① M－미터 사다리꼴 나사　　② UNC－미니추어 나사
③ Rc－관용 테이퍼 암나사　　④ G－전구 나사

해설 **나사의 종류**

① M : 미터 보통 나사, 미터 가는 나사　　② UNC : 유니파이 보통 나사
③ Rc : 관용 테이퍼 암나사　　④ UNF : 유니파이 가는 나사
⑤ TM : 30° 사다리꼴 나사　　⑥ TW : 29° 사다리꼴 나사
⑦ PT : 관용 테이퍼 나사　　⑧ PF : 관용 평행 나사

해답

52. ① 53. ② 54. ③

문제 55

그림과 같은 제3각 정투상도에 가장 적합한 입체도는?

①
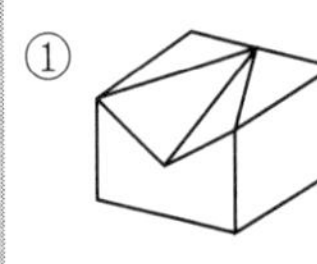

②
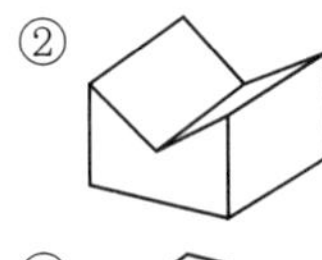

③
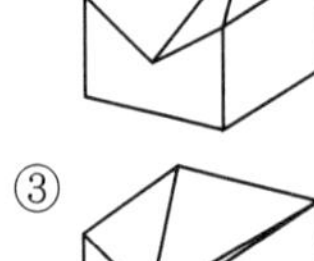

④
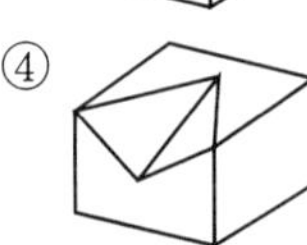

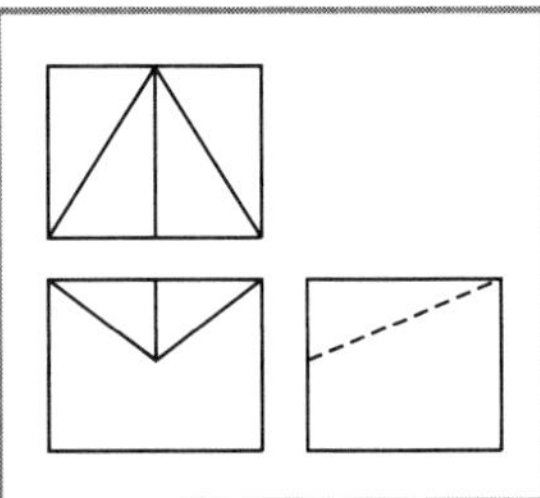

문제 56

도형의 도시 방법에 관한 설명으로 틀린 것은?

① 소성가공 때문에 부품의 초기 윤곽선을 도시해야 할 필요가 있을 때는 가는 2점 쇄선으로 도시한다.
② 필릿이나 둥근 모퉁이와 같은 가상의 교차선은 윤곽선과 서로 만나지 않은 가는 실선으로 투상도에 도시할 수 있다.
③ 널링 부는 굵은 실선으로 전체 또는 부분적으로 도시한다.
④ 투명한 재료로 된 모든 물체는 기본적으로 투명한 것처럼 도시한다.

문제 57

제3각법으로 정투상한 그림에서 누락된 정면도로 가장 적합한 것은?

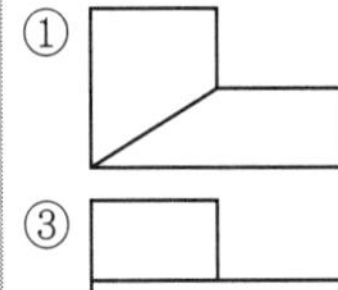

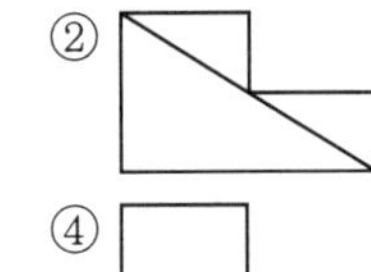

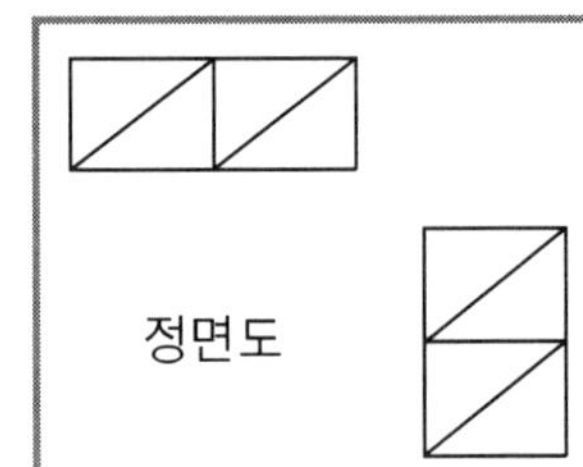

문제 58

모떼기의 치수가 2mm이고 각도가 45°일 때 올바른 치수 기입 방법은?

① C2　　② 2C
③ 2~45°　　④ 45°×2

해설 **치수의 표시 방법**
- 정면도, 평면도, 측면도 순으로 기입한다.
- 길이의 치수문자는 원칙적으로 mm의 단위로 기입한다.
- 치수문자의 소수점(.)은 아래쪽의 점으로 하고 숫자 사이를 적당히 띄워 표시한다.
- 3자리마다 숫자의 사이를 적당히 띄우고 콤마(,)는 찍지 않는다.

해답

55. ① 56. ④ 57. ② 58. ①

구 분	기호	사용법	잘못된 표기법
지름(diameter)	ϕ	ϕ20	D20
반지름(radius)	R	R20	
구(sphere)의 지름	Sϕ	Sϕ20	
구의 반지름	SR	SR10	
정사각형의 변	□	□10	⊠10
판의 두께(thickness)	t	t5	
45° 모따기	C	C3	
원호의 길이	⌒		
이론적으로 정확한 치수	□	[12]	
참고 치수	( )	(12)	

문제 59

배관용 탄소 강관의 종류를 나타내는 기호가 아닌 것은?

① SPPS 380　　② SPPH 380
③ SPCD 390　　④ SPLT 390

해설 **배관용 탄소강관**
① SPP　② SPPS　③ SPPH　④ SPLT　⑤ SPHT　⑥ SPA

문제 60

기계제도에서 가는 2점 쇄선을 사용하는 것은?

① 중심선　　② 지시선
③ 피치선　　④ 가상선

해설 **용도에 따른 선의 종류**

명칭	선의 용도	선의 종류
외형선	대상물이 보이는 부분의 모양을 표시	굵은 실선
치수선	치수 기입하기 위해	가는 실선
치수보조선	치수 기입하기 위해 도형으로부터 끌어내는 선	
파단선	대상물의 일부를 파단한 경계 표시	
해칭선	도형된 한정된 특정 부분을 다른 부분과 구별	
중심선	도면의 중심을 표시	가는 1점 쇄선
기준선	위치결정의 근거가 된다는 것을 명시	
피치선	되풀이하는 도형의 피치를 취하는 기호	
절단선	절단위치를 대응하는 그림에 표시	가는 1점 쇄선
가상선	인접부분 참고 표시, 공구 위치 참고 표시, 가공 전 · 후 표시	가는 2점 쇄선
특수지정선	특수한 가공을 하는 부분 등	굵은 1점 쇄선
특수한 용도의 선	얇은 부분의 단면 도시를 명시	아주 굵은 실선

해답
59. ③　60. ④

특수용접기능사

2016년 4월 2일 시행

문제 01 가스 용접 시 안전사항으로 적당하지 않은 것은?

① 호스는 길지 않게 하며 용접이 끝났을 때는 용기 밸브를 잠근다.
② 작업자 눈을 보호하기 위해 적당한 차광유리를 사용한다.
③ 산소병은 60℃ 이상 온도에서 보관하고 직사광선을 피하여 보관한다.
④ 호스 접속부는 호스 밴드로 조이고 비눗물 등으로 누설 여부를 검사한다.

해설 산소병은 40℃ 이하에서 보관하고 직사광선을 피하여 보관할 것.

문제 02 다음 중 일반적으로 모재의 용융선 근처의 열영향부에서 발생되는 균열이며 고탄소강이나 저합금강을 용접할 때 용접열에 의한 열영향부의 경화와 변태응력 및 용착금속 속의 확산성 수소에 의해 발생되는 균열은?

① 루트 균열　② 설퍼 균열
③ 비드 밑 균열　④ 크레이터 균열

해설 **저온 균열의 유형**

① **루트 균열**(root crack) : 저온 균열에서 가장 주의해야 하는 균열 결함으로 맞대기 용접의 가접, 첫층 용접의 루트 근방의 열영향부에 발생하는 균열이다.
② **힐 균열**(heel crack) : 힐 균형은 필릿(fillet) 시 루트 부분에 발생하는 저온 균열이며, 모재의 수축팽창에 의한 뒤틀림이 주요 원인이다.
③ **토 균열**(toe crack) : 맞대기 이음, 필릿(fillet) 이음 등의 경우에 비드 표면과 모재의 경계부에 발생되며, 반드시 벌어져 있기 때문에 침투 탐상 시험으로 검출되며, 용접 시 부재에 회전 변형을 무리하게 구속하거나 용접 후 각 변경을 주면 발생된다. 가장 큰 요인으로는 언더컷이다.
④ **라멜라 티어 균열**(lamella tear crack) : 라멜라 티어 균열은 T이음, 모서리 이음 등에서 강의 내부에 평행하게 층상으로 발생되는 균열이다.
⑤ **비드 밑 균열**(bead under crack) : 비드 바로 밑에서 용접선에 아주 가까이 비드와 거의 평행되게 모재 열영향부에 생기는 균열이다.
⑥ **마이크로 피셔 균열**(micro fissure crack) : 용착금속에 다수의 현미경적 균열이 저온에서 발생하며, 용착금속의 굽힘 연성이 현저하게 감소한다.

문제 03 다음 중 지그나 고정구의 설계 시 유의사항으로 틀린 것은?

① 구조가 간단하고 효과적인 결과를 가져와야 한다.
② 부품의 고정과 이완은 신속히 이루어져야 한다.
③ 모든 부품의 조립은 어렵고 눈으로 볼 수 없어야 한다.
④ 한번 부품을 고정시키면 차후 수정 없이 정확하게 고정되어 있어야 한다.

해답

01. ③ 02. ③ 03. ③

해설 모든 부품의 조립은 쉽고 눈으로 볼 수 있어야 한다.

문제 04

플라스마 아크 용접의 특징으로 틀린 것은?

① 비드 폭이 좁고 용접속도가 빠르다.
② 1층으로 용접할 수 있으므로 능률적이다.
③ 용접부의 기계적 성질이 좋으며 용접변형이 적다.
④ 핀치효과에 의해 전류밀도가 작고 용입이 얕다.

해설 **플라스마 아크 용접의 특징**

원리	아크 열로 가스를 가열하여 플라스마 상으로 토치의 노즐에서 분출되는 고속의 플라스마젯을 이용한 용접법이다. ※ 플라스마 : 기체를 수천 도의 높은 온도로 가열하면 그 속의 가스 원자가 원자핵과 전자로 분리되며, 양(+), 음(−)의 이온상태를 말함. ※ 열적 피치 효과 : 아크 단면은 수축하고 전류 밀도는 증가하여 아크 전압이 높아지므로 대단히 높은 온도의 아크 플라스마가 얻어지는 성질.
장점	① 전류밀도가 크므로 용입이 깊고, 비드 폭이 좁으며, 용접속도가 빠르다. ② 용접부의 기계적, 금속학적 성질이 좋으며 변형이 적다. ③ 각종 재료의 용접이 가능하다. ④ 1층으로 용접할 수 있으므로 능률적이다. ⑤ 수동 용접도 쉽게 할 수 있다. ⑥ 토치 조작에 숙련을 요하지 않는다.
단점	① 무부하 전압이 높다. ② 설비비가 많이 든다. ③ 용접속도가 크므로 가스의 보호가 불충분하다.

문제 05

다음 용접 결함 중 구조상의 결함이 아닌 것은?

① 기공　② 변형
③ 용입 불량　④ 슬래그 섞임

해설 **구조상 결함**

① 오버랩　② 용입 불량　③ 내부 기공　④ 슬래그 혼입
⑤ 언더컷　⑥ 선상 조직　⑦ 은점　⑧ 균열　⑨ 기공
⑩ 치수상 결함 : ㉠ 변형 ㉡ 치수 불량 ㉢ 형상 불량

문제 06

다음 금속 중 냉각속도가 가장 빠른 금속은?

① 구리　② 연강
③ 알루미늄　④ 스테인리스강

해설 **열전도율이 좋은 순서**

은 > 구리 > 금 > 알루미늄…
열전도율이 클수록 냉각속도도 빠르다.

해답

04. ④ 05. ② 06. ①

문제 07

다음 중 인장시험에서 알 수 없는 것은?

① 항복점 ② 연신율
③ 비틀림강도 ④ 단면수축률

해설 **인장시험에서 알 수 있는 것** : ① 항복점 ② 인장강도 ③ 연신율 ④ 단면수축률

문제 08

서브머지드 아크 용접에서 와이어 돌출 길이는 보통 와이어 지름을 기준으로 정한다. 적당한 와이어 돌출길이는 와이어 지름의 몇 배가 가장 적합한가?

① 2배 ② 4배
③ 6배 ④ 8배

해설 **서브머지드 아크 용접**

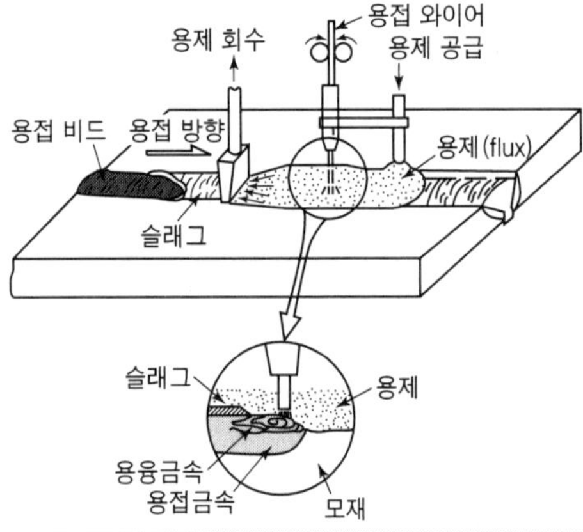

원리	자동 금속아크 용접법으로 모재의 이음 표면에 미세한 입상의 용제를 공급하고, 용제 속에 연속적으로 전극 와이어를 송급하여 모재 및 전극 와이어를 용융시켜 용접부를 대기로부터 보호하면서 용접하는 방법으로 일명 잠호 용접이라고 한다. 상품명으로는 링컨 용접, 유니언 멜트 용접이라고 불린다.
장점	① 콘택트 팁에서 통전되므로 와이어 중에 저항열이 적게 발생되어 고전류 사용이 가능하다. ② 용융속도 및 용착속도가 빠르다. ③ 용입이 깊다. ④ 작업 능률이 수동에 비하여 판두께 12mm에서 2~3배, 25mm에서 5~6배, 50mm에서 8~12배 정도가 높다. ⑤ 개선각을 적게 하여 용접 패스(pass)수를 줄일 수 있다. ⑥ 기계적 성질이 우수하다. ⑦ 유해광선이나 퓸(fume) 등이 적게 발생되어 작업환경이 깨끗하다. ⑧ 비드 외관이 매우 아름답다.
단점	① 장비의 가격이 고가이다. ② 용접 적용자세에 제약을 받는다. ③ 용접 재료에 제약을 받는다. ④ 개선 홈의 정밀을 요한다.(패킹재 미 사용 시 루트 간격 0.8mm 이하) ⑤ 용접 진행상태의 양 · 부를 육안식별이 불가능하다. ⑥ 용접선이 짧거나 복잡한 경우 수동에 비하여 비능률적이다.

해답

07. ③ 08. ④

문제 09

용접봉의 습기가 원인이 되어 발생하는 결함으로 가장 적절한 것은?

① 기공 ② 선상조직
③ 용입 불량 ④ 슬래그 섞임

해설 **용접부 결함**

① 기공 및 피트의 원인
 ㉠ 산소, 수소, 일산화탄소가 너무 많을 때
 ㉡ 과대전류 사용 시
 ㉢ 이음부에 기름, 페인트, 녹 등이 부착해 있을 경우
 ㉣ 용접봉 또는 용접부에 습기가 많을 경우
 ㉤ 아크길이 및 운봉법이 부적당 시
 ㉥ 용접부가 급랭 시
② 언더컷의 원인
 ㉠ 용접속도가 너무 빠를 때 ㉡ 전류가 너무 높을 때
 ㉢ 부적당한 용접봉 사용 시 ㉣ 아크길이가 길 때
③ 오버랩의 원인
 ㉠ 용접속도가 너무 느릴 때 ㉡ 전류가 너무 낮을 때
④ 균열의 원인
 ㉠ 황이 많은 용접봉 사용 시 ㉡ 고탄소강 사용 시
 ㉢ 용접속도가 너무 빠를 때 ㉣ 냉각속도가 너무 빠를 때
 ㉤ 아크 분위기에 수소가 너무 많을 때
 ㉥ 이음각도가 너무 좁을 때
⑤ 슬래그의 원인
 ㉠ 운봉속도가 너무 느릴 때
 ㉡ 전류가 너무 낮을 때
 ㉢ 봉의 각도 부적당 시
 ㉣ 슬래그가 용융지보다 앞설 때

문제 10

은납땜이나 황동납땜에 사용되는 용제(flux)는?

① 붕사 ② 송진
③ 염산 ④ 염화암모늄

문제 11

다음 중 불활성 가스인 것은?

① 산소 ② 헬륨
③ 탄소 ④ 이산화탄소

해설 **불활성 가스**

① He(헬륨) ② Ne(네온) ③ Ar(아르곤)
④ Kr(크립톤) ⑤ Xe(크세논) ⑥ Rn(라돈)

09. ① 10. ① 11. ②

문제 12

저항 용접의 특징으로 틀린 것은?

① 산화 및 변질부분이 적다.
② 용접봉, 용제 등이 불필요하다.
③ 작업속도가 빠르고 대량 생산에 적합하다.
④ 열손실이 많고, 용접부에 집중열을 가할 수 없다.

해설 **저항 용접의 특징**

① 산화 및 변질부분이 적다.
② 작업속도가 빠르고 대량 생산에 적합하다.
③ 용접봉, 용제 등이 불필요하다.
④ 열손실이 적고, 용접부에 집중열을 가할 수 있다.
⑤ 용접부가 깨끗하다.
⑥ 가압효과로 조직이 치밀해진다.
⑦ 설비가 복잡하고 가격이 비싸다.
⑧ 급랭경화로 인한 후열처리가 필요.
⑨ 적당한 비파괴 검사가 어렵다.
⑩ 다른 금속간 용접이 곤란하다.

문제 13

아크 용접기의 사용에 대한 설명으로 틀린 것은?

① 사용률을 초과하여 사용하지 않는다.
② 무부하 전압이 높은 용접기를 사용한다.
③ 전격방지기가 부착된 용접기를 사용한다.
④ 용접기 케이스는 접지(earth)를 확실히 해 둔다.

해설 무부하 전압이 낮은 용접기를 사용한다.
1차 무부하 전압 : 85~95V
2차 무부하 전압 : 20~30V

문제 14

용접 순서에 관한 설명으로 틀린 것은?

① 중심선에 대하여 대칭으로 용접한다.
② 수축이 적은 이음을 먼저 하고 수축이 큰 이음은 후에 용접한다.
③ 용접선의 직각 단면 중심축에 대하여 용접의 수축력의 합이 0이 되도록 한다.
④ 동일 평면 내에 많은 이음에 있을 때는 수축은 가능한 자유단으로 보낸다.

해설 **용접 순서** : 수축이 큰 이음을 먼저 용접하고 수축이 작은 이음을 나중에 용접한다.

문제 15

다음 중 TIG 용접 시 주로 사용되는 가스는?

① CO_2 ② H_2
③ O_2 ④ Ar

12. ④ 13. ② 14. ② 15. ④

해설 **TIG 용접 시 주로 사용되는 가스**
Ar(아르곤 가스) : 140기압, 용기 도색 : 회색

문제 16

서브머지드 아크 용접법에서 두 전극 사이의 복사열에 의한 용접은?

① 텐덤식　　② 횡 직렬식
③ 횡 병렬식　　④ 종 병렬식

해설 **서브머지드 아크 용접의 다전극 방식에 의한 분류**
① 텐덤식 : 두 개의 전극 와이어를 각각 독립된 전원에 연결
② 횡 병렬식 : 같은 종류의 전원에 두 개의 전극을 연결
③ 횡 직렬식 : 두 전극 사이의 복사열에 의한 용접

문제 17

다음 중 유도방사에 의한 광의 증폭을 이용하여 용융하는 용접법은?

① 맥동 용접　　② 스터드 용접
③ 레이저 용접　　④ 피복 아크 용접

해설 **레이저 용접** : 유도방사에 의한 광의 증폭을 이용하여 용융하는 용접법
[특징] ① 모재의 열 변형이 거의 없다.
② 이종금속의 용접이 가능하다.
③ 미세하고 정밀한 용접을 할 수 있다.
④ 비접촉식 용접방식으로 모재에 손상을 주지 않는다.

문제 18

심 용접의 종류가 아닌 것은?

① 횡 심 용접(circular seam welding)
② 매시 심 용접(mash seam welding)
③ 포일 심 용접(foil seam welding)
④ 맞대기 심 용접(butt seam welding)

해설 **심 용접의 종류**
① 맞대기 심 용접　② 포일 심 용접　③ 매시 심 용접

문제 19

맞대기 용접이음에서 판 두께가 6mm, 용접선 길이가 120mm, 인장응력이 9.5N/mm^{2}일 때 모재가 받는 하중은 몇 N인가?

① 5680　　② 5860
③ 6480　　④ 6840

$$P = \frac{W}{A}$$

$$\therefore W = P \times A = 9.5\,\text{N/mm}^2 \times (120 \times 6)\text{mm}^2 = 6840\,\text{N}$$

해답

16. ② 17. ③ 18. ① 19. ④

문제 20

제품을 용접한 후 일부분에 언더컷이 발생하였을 때 보수 방법으로 가장 적당한 것은?

① 홈을 만들어 용접한다.
② 결함부분을 절단하고 재용접한다.
③ 가는 용접봉을 사용하여 재용접한다.
④ 용접부 전체부분을 가우징으로 따낸 후 재용접한다.

해설 **보수 방법**

① 언더컷의 보수 : 가는 용접봉을 사용하여 재용접한다.
② 균열의 보수 : 정지구멍을 뚫어 균열부분에 홈을 판 후 재용접
③ 오버랩의 보수 : 일부분을 깎아내고 재용접한다.
④ 슬래그의 보수 : 깎아내고 재용접한다.

문제 21

다음 중 일렉트로 가스 아크 용접의 특징으로 옳은 것은?

① 용접속도는 자동으로 조절된다.
② 판 두께가 얇을수록 경제적이다.
③ 용접장치가 복잡하여, 취급이 어렵고 고도의 숙련을 요한다.
④ 스패터 및 가스의 발생이 적고, 용접 작업 시 바람의 영향을 받지 않는다.

해설 **일렉트로 가스 아크 용접의 특징**

원리	이산화탄소(CO_2) 가스를 보호가스로 사용하여 CO_2 가스 분위기 속에서 아크를 발생시키고 그 아크열로 모재를 용융시켜 접합한다. 이 용접법은 수랭식 동판을 사용하고 있으므로 이산화탄소 엔크로즈 아크 용접이라고도 한다.
특징	① 수동 용접에 비하여 약 4~5배의 용융속도를 가지며, 용착금속량은 10배 이상 된다. ② 판 두께가 두꺼울수록 경제적이다. ③ 판 두께에 관계없이 단층으로 상진 용접한다. ④ 용접장치가 간단하며, 취급이 쉽고 고도의 숙련을 요하지 않는다. ⑤ 용접속도는 자동으로 조절된다. ⑥ 용접 홈의 기계가공이 필요하다. ⑦ 가스 절단 그대로 용접할 수 있다. ⑧ 이동용 냉각동판에 급수장치가 필요하다. ⑨ 용접 작업 시 바람의 영향을 많이 받는다. ⑩ 수직상태에서 횡 경사 60~90° 용접이 가능하며, 수평면에 45~90° 경사 용접이 가능하다.

문제 22

다음 중 연소의 3요소에 해당하지 않는 것은?

① 가연물　　② 부촉매
③ 산소공급원　　④ 점화원

해설 **연소의 3요소** : ① 가연물 ② 산소공급원 ③ 점화원

해답

20. ③ 21. ① 22. ②

문제 23

일미나이트계 용접봉을 비롯하여 대부분의 피복 아크 용접봉을 사용할 때 많이 볼 수 있으며 미세한 용적이 날려서 옮겨가는 용접 이행 방식은?

① 단락형　　② 누적형
③ 스프레이형　　④ 글로뷸러형

해설 **용접 이행 방식**
① 스프레이형 : ㉠ 일미나이트계 피복 용접봉
㉡ 미세한 용적이 스프레이와 같이 날려 보내어 옮겨가서 용착
② 글로뷸러형 : ㉠ 비교적 큰 용적이 옮겨가서 용착
㉡ 서브머지드 용접과 같이 대전류 사용 시 사용
③ 단락형 : ㉠ 저수소계에 사용
㉡ 표면장력의 작용으로 모재로 옮겨가서 용착

2016

문제 24

가스 절단작업에서 절단속도에 영향을 주는 요인과 가장 관계가 먼 것은?

① 모재의 온도　　② 산소의 압력
③ 산소의 순도　　④ 아세틸렌 압력

해설 **절단속도에 영향을 주는 요인**
① 모재의 온도 ② 모재의 두께 ③ 산소의 압력 ④ 산소의 순도

문제 25

산소-아세틸렌가스 용접기로 두께가 3.2mm인 연강 판을 V형 맞대기 이음을 하려면 이에 적합한 연강용 가스 용접 봉의 지름[mm]을 계산식에 의해 구하면 얼마인가?

① 2.6　　② 3.2
③ 3.6　　④ 4.6

$$D = \frac{t}{2} + 1 = \frac{3.2}{2} + 1 = 2.6\text{mm}$$

문제 26

산소 프로판 가스 절단에서, 프로판 가스 1에 대하여 얼마의 비율로 산소를 필요로 하는가?

① 1.5　　② 2.5
③ 4.5　　④ 6

해설
$C_3H_8 + 5O_2 \rightarrow 3CO_2 + 4H_2O$
$C_2H_2 + 2.5O_2 \rightarrow 2CO_2 + H_2O$
$C_4H_{10} + 6.5O_2 \rightarrow 4CO_2 + 5H_2O$
$CH_4 + 2O_2 \rightarrow CO_2 + 2H_2O$

해답
23. ③ 24. ④ 25. ① 26. ③

문제 27 산소 용기를 취급할 때 주의사항으로 가장 적합한 것은?

① 산소밸브의 개폐는 빨리 해야 한다.
② 운반 중에 충격을 주지 말아야 한다.
③ 직사광선이 쬐이는 곳에 두어야 한다.
④ 산소 용기의 누설시험에는 순수한 물을 사용해야 한다.

해설 **산소 용기 취급 시 주의사항**
① 운반 중에 충격을 주지 말아야 한다.
② 산소밸브의 개폐는 천천히 하여야 한다.
③ 산소 용기의 누설시험은 비눗물로 한다.
④ 직사광선이 받는 곳에 두지 말아야 한다.
⑤ 산소 용기는 세워서 보관하여야 한다.
⑥ 온도는 40℃ 이하에서 보관하여야 한다.

문제 28 용접용 2차측 케이블의 유연성을 확보하기 위하여 주로 사용하는 캡 타이어 전선에 대한 설명으로 옳은 것은?

① 가는 구리선을 여러 개로 꼬아 얇은 종이로 싸고 그 위에 니켈 피복을 한 것
② 가는 구리선을 여러 개로 꼬아 튼튼한 종이로 싸고 그 위에 고무 피복을 한 것
③ 가는 알루미늄선을 여러 개로 꼬아 튼튼한 종이로 싸고 그 위에 니켈 피복을 한 것
④ 가는 알루미늄선을 여러 개로 꼬아 얇은 종이로 싸고 그 위에 고무 피복을 한 것

해설 **캡 타이어 전선** : 가는 구리선을 여러 개로 꼬아 튼튼한 종이로 싸고 그 위에 고무 피복을 한 것

문제 29 아크 용접기의 구비조건으로 틀린 것은?

① 효율이 좋아야 한다.
② 아크가 안정되어야 한다.
③ 용접 중 온도 상승이 커야 한다.
④ 구조 및 취급이 간단해야 한다.

해설 **아크 용접기의 구비조건**
① 용접 중 온도 상승이 적어야 한다.
② 효율이 좋아야 한다.
③ 구조 및 취급이 간단해야 한다.
④ 아크가 안정되어야 한다.

해답

27. ② 28. ② 29. ③

문제 30

아크가 발생될 때 모재에서 심선까지의 거리를 아크 길이라 한다. 아크 길이가 짧을 때 일어나는 현상은?

① 발열량이 작다. ② 스패터가 많아진다.
③ 기공 균열이 생긴다. ④ 아크가 불안정해진다.

해설 **아크 길이가 짧을 때 일어나는 현상**
① 발열량이 적다. ② 아크가 안정하다.
③ 스패터가 적어진다. ④ 기공이나 균열이 생기지 않는다.

문제 31

아크 용접에 속하지 않는 것은?

① 스터드 용접 ② 프로젝션 용접
③ 불활성 가스 아크 용접 ④ 서브머지드 아크 용접

해설 **아크 용접**
① 서브머지드 아크 용접 ② 불활성 가스 아크 용접
③ 스터드 용접 ④ 탄산가스 아크 용접

문제 32

아세틸렌(C_2H_2) 가스의 성질로 틀린 것은?

① 비중이 1.906으로 공기보다 무겁다.
② 순수한 것은 무색, 무취의 기체이다.
③ 구리, 은, 수은과 접촉하면 폭발성 화합물을 만든다.
④ 매우 불안전한 기체이므로 공기 중에서 폭발 위험성이 크다.

해설 **아세틸렌 가스의 성질**
① 여러 가지 액체에 잘 용해된다.(석유 : 2배, 벤젠 : 4배, 알코올 : 6배, 아세톤 : 25배)
② 비중은 0.906이며 15℃ 1kg/cm^2에서의 아세틸렌 1l의 무게는 1.179g이다.
③ 순수한 것은 무색, 무취의 기체이다.
④ 구리, 은, 수은 등과 접촉 시 폭발성 화합물을 만든다.
⑤ 온도가 406~408℃에서 자연발화, 505~515℃에서 폭발
⑥ 15℃에서 2기압 이상 시 압축하면 분해 폭발의 위험, 1.5기압 이상으로 압축하면 충격이나 가열에 의해 분해 폭발
⑦ 액체 아세틸렌보다 고체 아세틸렌이 안전하다.

문제 33

피복 아크 용접에서 아크의 특성 중 정극성에 비교하여 역극성의 특징으로 틀린 것은?

① 용입이 얕다.
② 비드 폭이 좁다.
③ 용접봉의 용융이 빠르다.
④ 박판, 주철 등 비철금속의 용접에 쓰인다.

해답

30. ① 31. ② 32. ① 33. ②

해설

직류 정극성(DCSP)	직류 역극성(DCRP)
① 후판 용접에 적합	① 박판, 주철 등 비철금속 용접에 쓰임.
② 비드 폭이 좁다.	② 비드 폭이 넓다.
③ 용입이 깊다.	③ 용입이 얕다.
④ 용접봉의 용융속도가 느리다.	④ 용접봉의 용융속도가 빠르다.
⑤ 모재(+) 70%열, 용접봉(−) 30%열	⑤ 용접봉(+) 70%열, 모재(−) 30%열

문제 34

피복 아크 용접 중 용접봉의 용융속도에 관한 설명으로 옳은 것은?

① 아크 전압×용접봉 쪽 전압강하로 결정된다.
② 단위시간당 소비되는 전류값으로 결정된다.
③ 동일 종류 용접봉인 경우 전압에만 비례하여 결정된다.
④ 용접봉 지름이 달라도 동일 종류 용접봉인 경우 용접봉 지름에는 관계가 없다.

문제 35

프로판 가스의 성질에 대한 설명으로 틀린 것은?

① 기화가 어렵고 발열량이 낮다.
② 액화하기 쉽고 용기에 넣어 수송이 편리하다.
③ 온도 변화에 따른 팽창률이 크고 물에 잘 녹지 않는다.
④ 상온에서는 기체 상태이고 무색, 투명하고 약간의 냄새가 난다.

해설 **프로판 가스의 성질**

① 액화하기 쉽고 용기에 넣어 수송이 편리하다.
② 온도 변화에 따른 팽창률이 크고 물에 잘 녹지 않는다.
③ 상온에서는 기체 상태이고 무색, 투명하고 약간의 냄새가 난다.
④ 증발잠열이 크다.(101.81kcal/kg)
⑤ 쉽게 기화하며 발열량이 높다.
⑥ 비중은 0.52이다.
⑦ 공기보다 무겁다.
⑧ 연소한계가 좁다.
⑨ 연소 시 다량의 공기가 필요하다.
⑩ 물에 녹지 않는다.
⑪ 기화 시 체적이 250배 정도 늘어난다.
⑫ 용해성이 있다.(천연고무를 녹이므로 합성고무 사용)
⑬ 발화온도가 높다.

문제 36

가스 용접에서 용제(flux)를 사용하는 가장 큰 이유는?

① 모재의 용융온도를 낮게 하여 가스 소비량을 적게 하기 위해
② 산화작용 및 질화작용을 도와 용착금속의 조직을 미세화하기 위해
③ 용접봉의 용융속도를 느리게 하여 용접봉 소모를 적게 하기 위해
④ 용접 중에 생기는 금속의 산화물 또는 비금속 개재물을 용해하여 용착금속의 성질을 양호하게 하기 위해

해답

34. ④ 35. ① 36. ④

해설 **용제를 사용하는 가장 큰 이유**
용접 중에 생기는 금속의 산화물 또는 비금속 개재물을 용해하여 용착금속의 성질을 양호하게 하기 위해

문제 37

피복 아크 용접봉에서 피복제의 역할로 틀린 것은?

① 용착금속의 급랭을 방지한다.
② 모재 표면의 산화물을 제거한다.
③ 용착금속의 탈산정련 작용을 방지한다.
④ 중성 또는 환원성 분위기로 용착금속을 보호한다.

해설 **피복제의 역할**
① 탈산정련작용 ② 합금원소 첨가
③ 전기절연작용 ④ 스패터의 발생을 적게 한다.
⑤ 슬래그 제거가 쉽다. ⑥ 아크 안정
⑦ 용착효율을 높인다. ⑧ 공기로 인한 산화, 질화 방지
⑨ 용착금속의 냉각속도를 느리게 하여 급랭 방지

문제 38

가스 용접봉 선택 조건으로 틀린 것은?

① 모재와 같은 재질일 것.
② 용융온도가 모재보다 낮을 것.
③ 불순물이 포함되어 있지 않을 것.
④ 기계적 성질에 나쁜 영향을 주지 않을 것.

해설 용융온도가 모재보다 높을 것.

문제 39

금속의 공통적 특성으로 틀린 것은?

① 열과 전기의 양도체이다. ② 금속 고유의 광택을 갖는다.
③ 이온화하면 음(−) 이온이 된다. ④ 소성변형성이 있어 가공하기 쉽다.

해설 **금속의 공통적 특성**
① 이온화하면 (+) 양이온이 된다.
② 열과 전기의 양도체이다.
③ 기계적 성질에 나쁜 영향을 주지 않을 것.
④ 모재와 같은 재질일 것.

문제 40

다음 중 Fe-C 평형상태도에서 가장 낮은 온도에서 일어나는 반응은?

① 공석반응 ② 공정반응
③ 포석반응 ④ 포정반응

37. ③ 38. ② 39. ③ 40. ①

해설 $Fe-Fe_3$ 평형상태도

비교	설 명
A	순철의 용융(응고)점, 1,539℃
AB	δ고용체에 대한 액상선
AH	δ고용체에 대한 고상선
BC	γ고용체에 대한 고상선
J	포정점(peritectic point)
HJB	포정선(peritectic line), 1,492℃
N	순철의 A_4 변태점(1,398℃)
C	공정점(eutectic point) 탄소(C) 4.3%, 1,130℃
ECF	공정선(eutectic line)
G	순철의 A_3 변태점(동소변태), 910℃
M	순철의 자기 변태점(A_2점), 768℃
S	공석점(eutectoid point), A_1 변태점, 탄소(C) 0.86%, 723℃
PSK	공석선(eutectoid line), A_1 변태선

문제 41

담금질한 강을 뜨임 열처리하는 이유는?

① 강도를 증가시키기 위하여
② 경도를 증가시키기 위하여
③ 취성을 증가시키기 위하여
④ 인성을 증가시키기 위하여

해설 열처리

① 담금질＝퀜칭 : 경도 및 강도 증가, 수냉시키는 방법
② 뜨임＝템퍼링 : 인성 증가
③ 풀림＝어닐링 : 가공응력 및 내부응력 제거
④ 불림＝노멀라이징 : 가공조직의 균일화, 결정립의 미세화, 기계적 성질의 향상, 공냉시키는 방법

문제 42

[그림]과 같은 결정격자는?

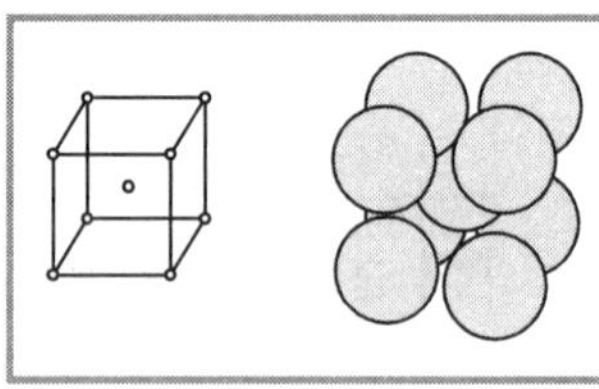

① 면심입방격자
② 조밀육방격자
③ 저심면방격자
④ 체심입방격자

문제 43

인장시험편의 단면적이 $50mm^2$이고 최대 하중이 500kgf일 때 인장강도는 얼마인가?

① $10kgf/mm^2$
② $50kgf/mm^2$
③ $100kgf/mm^2$
④ $250kgf/mm^2$

해답

41. ④ 42. ④ 43. ①

해설 **인장강도** $= \frac{W}{A} = \frac{500\,\text{kgf}}{50\,\text{mm}^2} = 10\,\text{kgf/mm}^2$

문제 44

미세한 결정립을 가지고 있으며, 어느 응력 하에서 파단에 이르기까지 수백% 이상의 연신율을 나타내는 합금은?

① 제진 합금 ② 초소성 합금
③ 비정질 합금 ④ 형상 기억 합금

해설 **제진 합금** : Mg-Zr, Mn-Cu, Cu-Al-Ti, Ti-Ni, Al-Zn, Fe-Cu-Al 등이 있으며 내부 마찰이 크므로 고유진동수가 작게 되어 금속음이 발생되지 않음.
형상 기억 합금 : 고온상태에서 기억한 형상을 언제까지라도 기억하고 있는 것으로 저온에서 작은 가열만으로도 다른 형상으로 변화시켜 곧 원래의 형상으로 돌아가는 것. 용도로는 우주선 안테나, 전투기의 파이프 이음, 치열교정기
수소 저장 합금 : 금속수소화물의 형태로 수소를 흡수 방출하는 합금. $LaNi_5$, TiFe, Mg_2Ni

2016

문제 45

합금공구강 중 게이지 용 강이 갖추어야 할 조건으로 틀린 것은?

① 경도는 HRC 45 이하를 가져야 한다.
② 팽창계수가 보통강보다 작아야 한다.
③ 담금질에 의한 변형 및 균열이 없어야 한다.
④ 시간이 지남에 따라 치수의 변화가 없어야 한다.

해설 경도는 HRC 45 이상을 가져야 한다.

문제 46

상온에서 방치된 황동 가공재나, 저온 풀림 경화로 얻은 스프링재가 시간이 지남에 따라 경도 등 여러 가지 성질이 악화되는 현상은?

① 자연 균열 ② 경년 변화
③ 탈아연 부식 ④ 고온 탈아연

해설 **탈아연 부식** : 구리-아연합금에서 아연만 용출하는 현상

문제 47

Mg의 비중과 용융점(℃)은 약 얼마인가?

① 0.8, 350℃ ② 1.2, 550℃
③ 1.74, 680℃ ④ 2.7, 780℃

해설 **비중과 용융점**

종류	비중	용융점	종류	비중	용융점
Mg	1.74	650℃	Fe	7.87	1539℃
Al	2.7	660℃	Sn	7.28	232℃
Cu	8.96	1083℃	Pb	11.36	327℃

해답

44. ② 45. ① 46. ② 47. ③

문제 48

Al-Si계 합금을 개량 처리하기 위해 사용되는 접종처리제가 아닌 것은?

① 금속나트륨 ② 염화나트륨
③ 불화알칼리 ④ 수산화나트륨

해설 **Al-Si계 합금을 개량 처리하기 위해 사용되는 접종처리제**
① 수산화나트륨 ② 불화알칼리 ③ 금속나트륨

문제 49

다음 중 소결 탄화물 공구강이 아닌 것은?

① 듀콜(Ducole)강 ② 미디아(Midia)
③ 카볼로이(Carboloy) ④ 텅갈로이(Tungalloy)

해설 **소결 탄화물 공구강** : ① 미디아 ② 텅갈로이 ③ 카볼로이

문제 50

4% Cu, 2% Ni, 1.5% Mg 등을 알루미늄에 첨가한 Al 합금으로 고온에서 기계적 성질이 매우 우수하고, 금형 주물 및 단조용으로 이용될 뿐만 아니라 자동차 피스톤용에 많이 사용되는 합금은?

① Y 합금 ② 슈퍼인바
③ 코슨합금 ④ 두랄루민

해설 **합금**
① 일렉트론 : Al+Zn+Mg *(알아마)*
② 도우메탈 : Al+Mg *(알마)*
③ 하이드로날륨 : Al+Mg *(알마)*
④ 알드레이 : Al+Mg+Si *(알마소)*
⑤ 두랄루민 : Al+Cu+Mg+Mn *(알구마망)*
⑥ Y합금 : Al+Cu+Mg+Ni *(알구마니)*
⑦ 로엑스 : Al+Cu+Mg+Ni+Si *(알구마니소)*
⑧ 실루민 : Al+Si *(알소)*
⑨ 라우탈 : Al+Cu+Si *(알구소)*
⑩ 켈밋 : Cu+Pb(30~40%)
⑪ 양은 : 7 : 3 황동+Ni(10~20%)
⑫ 델타메탈 : 6 : 4 황동+Fe(1~2%)
⑬ 에드미럴티 : 7 : 3 황동+Sn(1~2%)
⑭ 네이벌 : 6 : 4 황동+Sn(1~2%)
⑮ 문쯔메탈 : Cu(60%)+Zn(40%)
⑯ 톰백 : Cu(80%)+Zn(20%)
⑰ 레드브레스 : Cu(85%)+Zn(15%)
⑱ 모넬메탈 : Ni(65~70%)+Fe(1~3%)
⑲ 인코넬 : Ni(70~80%)+Cr(12~14%)
⑳ 콘스탄탄 : 구리(55%)+니켈(45%)
㉑ 플래티나이트 : Ni(40~50%)+Fe

문제 51

판을 접어서 만든 물체를 펼친 모양으로 표시할 필요가 있는 경우 그리는 도면을 무엇이라 하는가?

① 투상도 ② 개략도
③ 입체도 ④ 전개도

해답

48. ② 49. ① 50. ① 51. ④

해설 **전개도**

① 입체의 표면을 하나의 평면 위에 펼쳐 놓은 도형을 말한다.
② 상관선은 상관체에서 입체가 만난 경계선을 말한다.
③ 두 물체가 만나는 경계의 선을 상관선이라 한다.

문제 52

재료 기호 중 SPHC의 명칭은?

① 배관용 탄소 강관
② 열간 압연 연강판 및 강대
③ 용접구조용 압연 강재
④ 냉간 압연 강판 및 강대

해설 **재료의 종류와 기호**

① SHP1~SHP3 : 열간 압연 연강판 및 강대
② SS330, SS400, SS490, SS540 : 일반구조용 압연강판
③ SCP1~SCP3 : 냉간 압연강판 및 강대
④ SWS400A~SWS570 : 용접구조용 압연강재
⑤ PW1~PW3 : 피아노선
⑥ SPS1~SPS9 : 스프링 강재
⑦ SCr415~SCr420 : 크롬 강재
⑧ SNC415, SNC815 : 니켈 크롬 강재
⑨ SF340A~SF640B : 탄소강 단강품
⑩ STC1~STC7 : 탄소공구강재
⑪ SM10C~SM58C, SM9CK, SM15CK, SM20CK : 기계구조용 탄소강재
⑫ SC360~SC480 : 탄소 주강품
⑬ GC100~GC350 : 회 주철품
⑭ GCD370~GCD800 : 구상흑연 주철품
⑮ BMC270~BMC360 : 흑심 가단 주철품
⑯ WMC330~WMC540 : 백심 가단 주철품

배관용 강관

① SPP : 배관용 탄소강관
② SPPS : 압력 배관용 탄소강관
③ SPPH : 고압 배관용 탄소강관
④ SPLT : 저온 배관용 탄소강관
⑤ SPHT : 고온 배관용 탄소강관

문제 53

그림과 같이 기점 기호를 기준으로 하여 연속된 치수선으로 치수를 기입하는 방법은?

① 직렬 치수 기입법
② 병렬 치수 기입법
③ 좌표 치수 기입법
④ 누진 치수 기입법

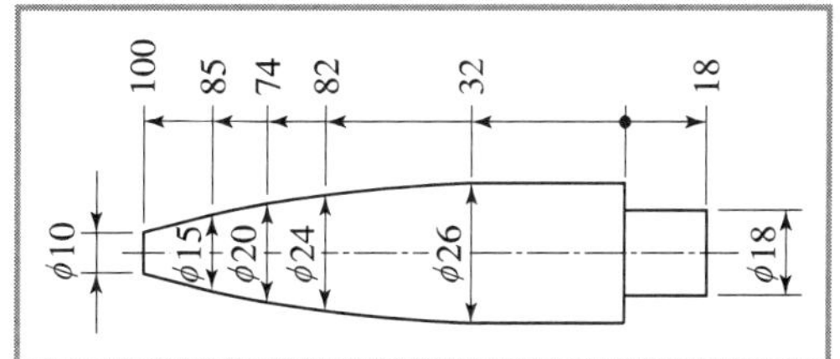

해답

52. ② 53. ④

문제 54

나사의 표시 방법에 대한 설명으로 옳은 것은?

① 수나사의 골지름은 가는 실선으로 표시한다.
② 수나사의 바깥지름은 가는 실선으로 표시한다.
③ 암나사의 골지름은 아주 굵은 실선으로 표시한다.
④ 완전 나사부와 불완전 나사부의 경계선은 가는 실선으로 표시한다.

해설 **나사의 표시 방법**

① 수나사의 바깥지름과 암나사의 안지름을 표시하는 선은 굵은 실선으로 그린다.
② 수나사와 암나사의 골을 표시하는 선은 실선으로 그린다.
③ 완전 나사부와 불완전 나사부의 경계선은 굵은 실선으로 그린다.
④ 불완전 나사부의 골을 나타내는 선은 축선에 대하여 30°의 가는 실선으로 그리고 필요에 따라 불완전 나사부의 길이를 기입한다.
⑤ 암나사의 단면 도시에서 드릴 구멍이 나타날 때에는 굵은 실선으로 120°가 되게 그린다.
⑥ 보이지 않는 나사부의 산마루는 보통의 파선으로 골을 가는 파선으로 그린다.
⑦ 수나사와 암나사의 결합부의 단면은 수나사로 나타낸다.
⑧ 수나사와 암나사의 측면 도시에서 각각의 골지름은 가는 실선으로 약 3/4원으로 그린다.

문제 55

아주 굵은 실선의 용도로 가장 적합한 것은?

① 특수 가공하는 부분의 범위를 나타내는 데 사용
② 얇은 부분의 단면 도시를 명시하는 데 사용
③ 도시된 단면의 앞쪽을 표시하는 데 사용
④ 이동한계의 위치를 표시하는 데 사용

해설 **선의 종류에 의한 용도**

용도에 의한 명칭	선의 종류		선의 용도
외형선	굵은 실선	─────	대상물이 보이는 부분의 모양을 표시하는 데 쓰인다.
치수선	가는 실선	─────	치수를 기입하는 데 쓰인다.
치수 보조선			치수를 기입하기 위하여 도형으로부터 끌어내는 데 쓰인다.
지시선			기술·기호 등을 표시하기 위하여 끌어내리는 데 있다.
회전 단면선			도형 내에 그 부분의 끊은 곳을 90° 회전하여 표시하는 데 쓰인다.
중심선			도형의 중심선을 간략하게 표시하는 데 쓰인다.
수준면선			수면, 유면 등의 위치를 표시하는 데 쓰인다.
숨은선	가는 파선 또는 굵은 파선	--------------	대상물의 보이지 않는 부분의 모양을 표시하는 데 쓰인다.

해답

54. ① 55. ②

용도에 의한 명칭	선의 종류		선의 용도
중심선	가는 1점 쇄선		① 도형의 중심을 표시하는 데 쓰인다. ② 중심이 이동한 중심궤적을 표시하는 데 쓰인다.
기준선			특히 위치 결정의 근거가 된다는 것을 명시할 때 쓰인다.
피치선			되풀이하는 도형의 피치를 취하는 기준을 표시하는 데 쓰인다.
특수 지정선	굵은 1점 쇄선		특수한 가공을 하는 부분 등 특별히 요구사항을 적용할 수 있는 범위를 표시하는 데 쓰인다.
가상선	가는 2점 쇄선		① 인접부분을 참고로 표시하는 데 쓰인다. ② 공구, 지그 등의 위치를 참고로 나타내는 데 사용한다. ③ 가공부분을 이동 중의 특정한 위치 또는 이동한계의 위치로 표시하는 데 사용한다. ④ 가공 전 또는 가공 후의 모양을 표시하는 데 사용한다. ⑤ 되풀이하는 것을 나타내는 데 사용한다. ⑥ 도시된 단면의 앞쪽에 있는 부분을 표시하는 데 사용한다.
무게 중심선			단면의 무게 중심을 연결한 선을 표시하는 데 사용한다.
파단선	불규칙한 파형의 가는 실선 또는 지그재그선		대상물의 일부를 파단한 경계 또는 일부를 떼어낸 경계를 표시하는 데 사용한다.
절단선	가는 1점 쇄선으로 끝부분 및 방향이 변하는 부분을 굵게 한 것		단면도를 그리는 경우, 그 절단 위치를 대응하는 그림에 표시하는 데 사용한다.
해칭	가는 실선으로 규칙적으로 줄을 늘어놓은 것		도형의 한정된 특정 부분을 얇은 부분의 단선도시를 명시하는 데 사용한다. 다른 부분과 구별하는 데 사용한다. 예를 들면 단면도의 절단된 부분을 사용한다.
특수한 용도의 선	가는 실선		① 외형선 및 숨은선의 연장을 표시하는 데 사용한다. ② 평면이란 것을 나타내는 데 사용한다. ③ 위치를 명시하는 데 사용한다.
	아주 굵은 실선		얇은 부분의 단선도시를 명시하는 데 사용한다.

문제 56

기계제도에서 사용하는 척도에 대한 설명으로 틀린 것은?

① 척도의 표시방법에는 현척, 배척, 축척이 있다.
② 도면에 사용한 척도는 일반적으로 표제란에 기입한다.
③ 한 장의 도면에 서로 다른 척도를 사용할 필요가 있는 경우에는 해당되는 척도를 모두 표제란에 기입한다.
④ 척도는 대상물과 도면의 크기로 정해진다.

해답

56. ③

해설 **척도**

① 도면에 사용한 척도는 일반적으로 표제란에 기입한다.
② 척도의 표시방법에는 현척, 배척, 축척이 있다.
③ 척도는 대상물과 도면의 크기로 정해진다.

문제 57

그림과 같은 입체도의 정면도로 적합한 것은?

① ② ③ ④

정면

문제 58

용접 보조기호 중 "제거 가능한 이면 판재 사용" 기호는?

① MR
② ——
③ (끝단부를 매끄럽게 함 기호)
④ M

해설 **용접 보조기호**

용접부 표면의 형상	기 호
평 면	——
볼록형	⌒
오목형	◡
끝단부를 매끄럽게 함	(기호)
영구적인 덮개판을 사용	M
제거 가능한 덮개판을 사용	MR

문제 59

배관 도시기호에서 유량계를 나타내는 기호는?

① 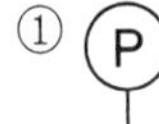

② 

③ 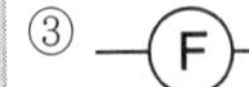

④ LG

해답

57. ② 58. ① 59. ③

해설 **배관 도시시호**

① 온도계 : (P) ② 유량계 : (F) ③ 압력계 : (T)

문제 60

다음 입체도의 화살표 방향을 정면으로 한다면 좌측면도로 적합한 투상도는?

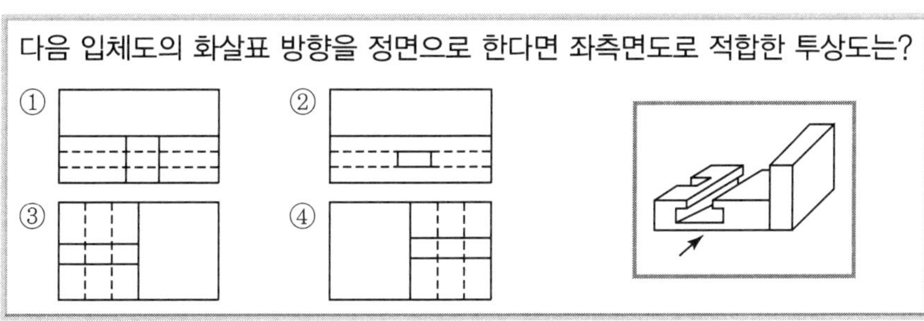

해답

60. ①

특수용접기능사

2016년 7월 10일 시행

문제 01

일반적으로 용접 순서를 결정할 때 유의해야 할 사항으로 틀린 것은?

① 용접물의 중심에 대하여 항상 대칭으로 용접한다.
② 수축이 작은 이음을 먼저 용접하고 수축이 큰 이음은 나중에 용접한다.
③ 용접구조물이 조립되어감에 따라 용접작업이 불가능한 곳이나 곤란한 경우가 생기지 않도록 한다.
④ 용접구조물의 중립축에 대하여 용접 수축력의 모멘트 합이 0이 되게 하면 용접선 방향에 대한 굽힘을 줄일 수 있다.

해설 용접 순서

① 수축이 큰 맞대기 이음을 먼저 용접하고 수축이 작은 이음을 나중에 용접한다.
② 용접구조물의 중립축에 대하여 용접 수축력의 모멘트 합이 0이 되게 하면 용접선 방향에 대한 굽힘을 줄일 수 있다.
③ 용접물의 중심에 대하여 항상 대칭으로 용접한다.
④ 용접구조물이 조립되어감에 따라 용접작업이 불가능한 곳이나 곤란한 경우가 생기지 않도록 한다.
⑤ 응력이 집중될 우려가 있는 곳은 피한다.
⑥ 본용접사와 동등한 기량을 갖는 용접사가 가접 시행.
⑦ 큰 구조물에서는 구조물의 중앙에서 끝으로 향하여 용접 실시.
⑧ 가용접 시는 본용접 때보다 지름이 약간 가는 용접봉 사용.

문제 02

플래시 버트 용접 과정의 3단계는?

① 업셋, 예열, 후열
② 예열, 검사, 플래시
③ 예열, 플래시, 업셋
④ 업셋, 플래시, 후열

해설 플래시 버트 용접 과정의 3단계

예열, 플래시, 업셋

문제 03

일렉트로 슬래그 용접의 장점으로 틀린 것은?

① 용접 능률과 용접 품질이 우수하다.
② 최소한의 변형과 최단시간의 용접법이다.
③ 후판의 단일층으로 한 번에 용접할 수 있다.
④ 스패터가 많으며 80%에 가까운 용착 효율을 나타낸다.

해답

01. ② 02. ③ 03. ④

해설 일렉트로 슬래그 용접

원리	용융 슬래그와 용융금속이 용접부로부터 유출되지 않게 모재의 양측에 수랭식 동판을 대어주고 용융 슬래그 속에서 전극 와이어를 연속적으로 공급하여 주로 용융 슬래그의 저항열에 의하여 와이어와 모재를 용융시키면서 단층 수직 상진 용접을 하는 방법.
장점	① 아크가 눈에 보이지 않고 아크 불꽃이 없다. ② 최소한의 변형과 최단시간의 용접법이다. ③ 한 번에 장비를 설치하여 후판을 단일층으로 한 번에 용접할 수 있다. ④ 압력용기, 조선 및 대형 주물의 후판 용접 등에 바람직한 용접이다. ⑤ 용접시간을 단축할 수 있어 용접 능률과 용접 품질이 우수하다. ⑥ 용접 홈의 기공 준비가 간단하고 각(角) 변형이 적다. ⑦ 대형 물체의 용접에 있어서는 아래보기 자세 서브머지드 용접에 비하여 용접시간, 홈의 가공비, 용접봉비, 준비시간 등을 1/3~1/5 정도로 감소시킬 수 있다. ⑧ 전극 와이어의 지름은 보통 2.5~3.2mm를 주로 사용한다.

2016

문제 04

용접 결함과 그 원인의 연결이 틀린 것은?

① 언더컷- 용접전류가 너무 낮을 경우
② 슬래그 섞임- 운봉속도가 느릴 경우
③ 기공- 용접부가 급속하게 응고될 경우
④ 오버랩- 부적절한 운봉법을 사용했을 경우

해설 용접부 결함

① 기공 및 피트의 원인
   ㉠ 산소, 수소, 일산화탄소가 너무 많을 때
   ㉡ 과대전류 사용 시
   ㉢ 이음부에 기름, 페인트, 녹 등이 부착해 있을 경우
   ㉣ 용접봉 또는 용접부에 습기가 많을 경우
   ㉤ 아크길이 및 운봉법이 부적당 시
   ㉥ 용접부가 급랭 시
② 언더컷의 원인
   ㉠ 용접속도가 너무 빠를 때　㉡ 전류가 너무 높을 때
   ㉢ 부적당한 용접봉 사용 시　㉣ 아크길이가 길 때
③ 오버랩의 원인
   ㉠ 용접속도가 너무 느릴 때　㉡ 전류가 너무 낮을 때
④ 균열의 원인
   ㉠ 황이 많은 용접봉 사용 시　㉡ 고탄소강 사용 시
   ㉢ 용접속도가 너무 빠를 때　㉣ 냉각속도가 너무 빠를 때
   ㉤ 아크 분위기에 수소가 너무 많을 때
   ㉥ 이음각도가 너무 좁을 때
⑤ 슬래그의 원인
   ㉠ 운봉속도가 너무 느릴 때　㉡ 전류가 너무 낮을 때
   ㉢ 봉의 각도 부적당 시　㉣ 슬래그가 용융지보다 앞설 때

해답

04. ①

문제 05

탄산가스 아크 용접에서 용착속도에 관한 내용으로 틀린 것은?

① 용접속도가 빠르면 모재의 입열이 감소한다.
② 용착률은 일반적으로 아크 전압이 높은 쪽이 좋다.
③ 와이어 용융속도는 와이어의 지름과는 거의 관계가 없다.
④ 와이어 용융속도는 아크 전류에 거의 정비례하며 증가한다.

해설 용착률은 일반적으로 아크 전압이 낮은 쪽이 좋다.

문제 06

MIG 용접의 전류밀도는 TIG 용접의 약 몇 배 정도인가?

① 2 ② 4
③ 6 ④ 8

해설 MIG 용접의 전류밀도는 TIG 용접의 약 2배 정도이다.

문제 07

다음 중 용접 이음의 종류가 아닌 것은?

① 십자 이음 ② 맞대기 이음
③ 변두리 이음 ④ 모따기 이음

해설 **용접 이음의 종류**

① 맞대기 이음

② 겹치기 이음

③ 모서리 이음

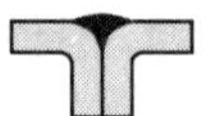
④ 플래어 이음

⑤ T형 이음

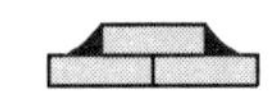
⑥ 한면 덧대기판 이음

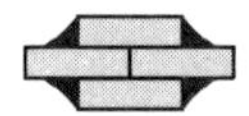
⑦ 양면 덧대기판 이음

문제 08

용접부에 생기는 결함 중 구조상의 결함이 아닌 것은?

① 기공 ② 균열
③ 변형 ④ 용입 불량

해설 **구조상 결함**

① 오버랩 ② 용입 불량 ③ 내부 기공 ④ 슬래그 혼입
⑤ 언더컷 ⑥ 선상 조직 ⑦ 은점 ⑧ 균열 ⑨ 기공
⑩ 치수상 결함 : ㉠ 변형 ㉡ 치수 불량 ㉢ 형상 불량

문제 09

다음 중 파괴시험에서 기계적 시험에 속하지 않는 것은?

① 경도 시험 ② 굽힘 시험
③ 부식 시험 ④ 충격 시험

해답

05. ② 06. ① 07. ④ 08. ③ 09. ③

해설 **기계적 시험**

① **인장 시험** : 항복점, 인장강도, 연신율, 단면수축률 등을 측정

② **굽힘 시험** : 용접부의 연성 결함을 조사하기 위하여 사용되는 시험법으로 국가기술자격 검정 시 적용하는 방법

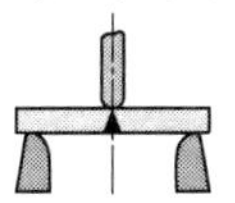

(a) 표면 굽힘

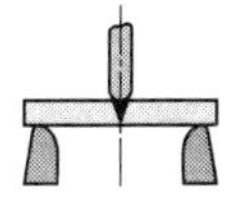

(b) 이면 굽힘

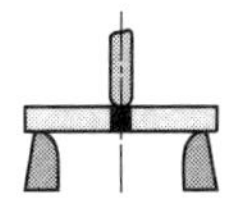

(c) 측면 굽힘

③ **경도 시험**

- **브리넬 경도** : 특수강구를 일정한 하중(3000, 1000, 750, 500kgf)으로 시험편의 표면적을 압인한 후, 이때 생긴 오목자국의 표면적을 측정하여 나타낸 값.

$$H_B = \frac{\text{하중[kgf]}}{\text{오목자국 표면적[mm}^2\text{]}} = \frac{P}{\pi Dt}$$

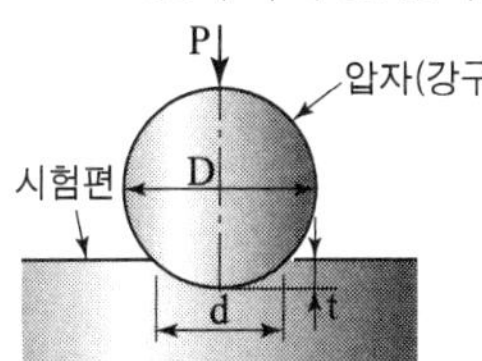

P : kg
D : 강구의 지름
d : 눌린 부분의 지름[mm]
t : 눌린 부분의 깊이

- **로크웰 경도** : 지름 1/16"인 강구(B스케일), 꼭지각이 120°인 원뿔형(C스케일)의 다이아몬드 압입자를 사용하여 기본하중 10kgf을 주면서 경도계의 지시계를 0점에 맞춘 다음, B스케일일 때 100kgf의 하중을 가하고, C스케일일 때는 150kgf의 하중을 가한 다음 하중을 제거하면 오목 자국의 깊이가 지시계에 나타나서 경도를 표시.
- **쇼어 경도** : 소형의 추를 일정높이에서 낙하시켜 튀어 오르는 높이에 의하여 경도를 측정.

$$H_s = \frac{10000}{65} \times \frac{h}{h_o}$$ [여기서, h_o : 낙하 물체의 높이(25cm), h : 낙하 물체의 튀어 오른 높이]

④ **충격 시험** : V형, U형의 노치를 만들어 충격적인 하중을 주어서 시험편을 파괴시키는 시험(샤르피식, 아이조드식)

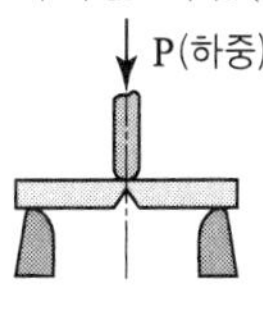

(a) 사르피식

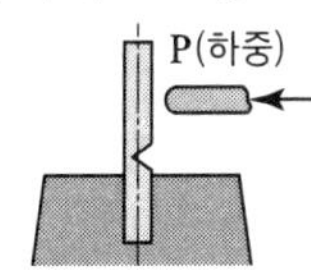

(b) 아이조드식

⑤ **피로 시험** : 작은 힘을 수없이 반복하여 작용하면 파괴를 일으키는 방법

문제 10

서브머지드 아크 용접에서 용제의 구비조건에 대한 설명으로 틀린 것은?

① 용접 후 슬래그(slag)의 박리가 어려울 것.
② 적당한 입도를 갖고 아크 보호성이 우수할 것.
③ 아크 발생을 안정시켜 안정된 용접을 할 수 있을 것.
④ 적당한 합금성분을 첨가하여 탈황, 탈산 등의 정련작용을 할 것.

해답

10. ①

해설 용접 후 슬래그의 박리가 쉬울 것.

문제 11

예열의 목적에 대한 설명으로 틀린 것은?

① 수소의 방출을 용이하게 하여 저온 균열을 방지한다.
② 열영향부와 용착금속의 경화를 방지하고 연성을 증가시킨다.
③ 용접부의 기계적 성질을 향상시키고 경화조직의 석출을 촉진시킨다.
④ 온도 분포가 완만하게 되어 열응력의 감소로 변형과 잔류응력의 발생을 적게 한다.

해설 **예열의 목적**
① 용접금속 및 열영향부의 연성 또는 인성을 향상
② 용접부의 수소변형 및 잔류응력을 경감
③ 금속 중의 수소를 방출시켜 균열을 방지
④ 용접의 작업성 개선
⑤ 열영향부의 균열을 방지
⑥ 용접부의 냉각속도를 느리게 하여 결함 방지

문제 12

다음 중 초음파 탐상법에 속하지 않는 것은?

① 공진법 ② 투과법
③ 프로드법 ④ 펄스 반사법

해설 **초음파 탐상법의 종류**
① 투과법 ② 공진법 ③ 펄스 반사법

문제 13

화재 및 소화기에 관한 내용으로 틀린 것은?

① A급 화재란 일반화재를 뜻한다.
② C급 화재란 유류화재를 뜻한다.
③ A급 화재에는 포말소화기가 적합하다.
④ C급 화재에는 CO_2 소화기가 적합하다.

해설 **화재 등급**
① A급 화재(일반화재) : 종이, 목재, 플라스틱 등. 주수, 산, 알칼리
② B급 화재(유류화재) : 경유, 등유 등. CO_2, 분말, 포말소화기
③ C급 화재(전기화재) : CO_2, 분말소화기
④ D급 화재(금속화재) : Al분, 금속분, 건조사, 팽창질석, 팽창진주암

해답

11. ③ 12. ③ 13. ②

문제 14

다음 중 MIG 용접에서 사용하는 와이어 송급 방식이 아닌 것은?

① 풀(pull) 방식
② 푸시(push) 방식
③ 푸시 풀(push-pull) 방식
④ 푸시 언더(push-under) 방식

해설 **MIG 용접에서 사용하는 와이어 송급 방법**

① 푸시 방식 ② 풀 방식 ③ 푸시-풀 방식

원리	연속적으로 공급되는 용가재(금속 용접봉)와 모재 사이에서 발생되는 아크 열을 이용하여 용접하는 방식으로 용극식, 소모식 불활성 가스 금속 아크 용접이라고 한다.
장점	① 각종 금속 용접에 다양하게 적용할 수 있어 용융범위가 넓다. ② CO_2 용접에 비해 스패터 발생이 적다. ③ TIG 용접에 비해 전류밀도가 높으므로 용융속도가 빠르다. ④ 후판 용접에 적합하다. ⑤ 수동 피복 아크 용접에 비해 용착효율이 높아 고능률적이다.
단점	① 보호가스의 가격이 비싸서 연강 용접에는 다소 부적합하다. ② 박판 용접(3mm 이하)에는 적용이 곤란하다. ③ 바람의 영향을 크게 받으므로 방풍 대책이 필요하다.

전류밀도가 대단히 커서 피복 아크 용접의 약 6배, TIG 용접의 2배, 서브머지드 용접은 동일한 밀도를 가진다.

미그 용접 제어 장치

① 예비가스 유출시간 : 아크가 발생되기 전 보호가스를 방출하여 안정시키는 제어
② 스타트 시간 : 아크가 발생되는 순간 용접전류와 전압을 크게 하여 아크 발생과 모재 융합을 돕는 제어
③ 크레이터 충전시간 : 용접이 끝나는 지점에서 토치 스위치를 다시 누르면 전류와 전압이 낮아져 쉽게 크레이터 충전
④ 번백시간 : 크레이터 처리 기능에 의해 낮아진 전류가 서서히 줄어들면서 아크가 끊어지는 기능(용접부 녹음 방치)
⑤ 가스 지연 유출시간 : 용접이 끝난 후 5~25초 동안 가스 공급(크레이터 부위 산화 방지)

문제 15

다음 중 제품별 노내 및 국부풀림의 유지온도와 시간이 올바르게 연결된 것은?

① 탄소강 주강품 : 625±25℃, 판두께 25mm에 대하여 1시간
② 기계구조용 연강재 : 725±25℃, 판두께 25mm에 대하여 1시간
③ 보일러용 압연강재 : 625±25℃, 판두께 25mm에 대하여 4시간
④ 용접구조용 연강재 : 725±25℃, 판두께 25mm에 대하여 2시간

해설 **노내풀림 및 국부풀림의 유지온도시간**

① 일반구조용 압연강재, 보일러용 압연강재 : 625±25℃, 판두께 25mm에 대해 1시간
② 고온, 고압 배관용 강관 : 725±25℃, 판두께 25mm에 대해 2시간
③ 탄소강 주강품 : 625±25℃, 판두께 25mm에 대해 1시간

해답

14. ④ 15. ①

문제 **16**

다음 중 스터드 용접법의 종류가 아닌 것은?

① 아크 스터드 용접법　② 저항 스터드 용접법
③ 충격 스터드 용접법　④ 텅스텐 스터드 용접법

해설 **스터드 용접법의 종류**

① 아크 스터드 용접법 ② 저항 스터드 용접법 ③ 충격 스터드 용접법

문제 **17**

다음 중 저항 용접의 3요소가 아닌 것은?

① 가압력　② 통전시간
③ 통전전압　④ 전류의 세기

해설 **저항 용접의 3요소** : ① 가압력 ② 통전시간 ③ 통전전류(전류의 세기)

• 저항 용접
- 겹치기 용접
  - 점 용접
  - 심 용접
  - 프로젝션 용접
- 맞대기 용접
  - 포일 심 용접
  - 퍼커션 용접
  - 플래시 용접
  - 업셋 용접

문제 **18**

스터드 용접에서 내열성의 도기로 용융금속의 산화 및 유출을 막아주고 아크열을 집중시키는 역할을 하는 것은?

① 페룰　② 스터드
③ 용접 토치　④ 제어장치

해설 **페룰의 역할**

① 용융금속의 유출 방지 ② 용융금속의 오염 방지 ③ 용융금속의 산화 방지

스터드(stud) 용접

원리	볼트나 환봉 핀을 피스톤형의 홀더에 끼우고 모재와 볼트 사이에 순간적으로 아크(플래시)를 발생시켜 용접하는 방법
특징	① 대체로 급열, 급랭을 받기 때문에 저탄소강에 좋음. ② 용제를 채워 탈산 및 아크를 안정화함. ③ 스터드 주변에 페룰(ferrule, 가이드)을 사용함. ④ 페룰은 아크를 보호하고 아크 집중력을 높인다.

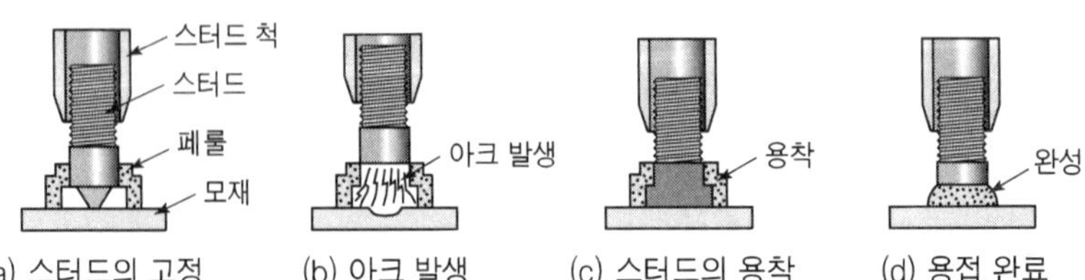

(a) 스터드의 고정　(b) 아크 발생　(c) 스터드의 용착　(d) 용접 완료

해답

16. ④ 17. ③ 18. ①

문제 19 용접 작업에서 전격의 방지대책으로 틀린 것은?

① 땀, 물 등에 의해 젖은 작업복, 장갑 등은 착용하지 않는다.
② 텅스텐봉을 교체할 때 항상 전원 스위치를 차단하고 작업한다.
③ 절연 홀더의 절연부분이 노출, 파손되면 즉시 보수하거나 교체한다.
④ 가죽장갑, 앞치마, 발 덮개 등 보호구를 반드시 착용하지 않아도 된다.

해설 가죽장갑, 앞치마, 발 덮개 등 보호구를 반드시 착용하여야 한다.

문제 20 용접 결함 중 은점의 원인이 되는 주된 원소는?

① 헬륨 ② 수소
③ 아르곤 ④ 이산화탄소

해설 **수소**
① 은점 : 용착금속 파단면에 나타나는 고기눈 모양의 결함부
② 헤어크랙 : 머리카락 모양으로 균열이 가는 것
③ 선상조직 : 용착금속 파단면에 나타나는 서리조직
④ 수중절단 : 산소+수소가스

문제 21 용접 시공에서 다층 쌓기로 작업하는 용착법이 아닌 것은?

① 스킵법 ② 빌드업법
③ 전진 블록법 ④ 캐스케이드법

해설 **용착법** : 전진법, 후진법, 대칭법, 스킵법
다층 용접에 있어서는 빌드업법, 캐스케이드법, 전진블록법

5→4→3→2→1 | 4 2 1 3 | 1 4 2 5 3

(a) 전진법 (b) 후퇴법 (c) 대칭법 (d) 스킵법

① **전진법** : 가장 간단한 방법으로서 이음의 한쪽 끝에서 다른 쪽 끝으로 용접을 진행하는 방법이다. 이 방법으로 용접을 하면 시작 부분의 수축보다 끝나는 부분의 수축이 더 커지며, 잔류응력도 시작부분에 비하여 끝나는 부분 쪽이 더 크다.
② **후진법** : 용접 진행 방향과 용착 방법이 반대로 되는 방법이다. 두꺼운 판의 용접에 사용되며, 잔류응력을 균일하게 하여 변형을 작게 할 수 있으나 능률이 좀 나쁘다. 후진의 단위길이는 구조물에 따라 자유롭게 선택한다.
③ **대칭법** : 이음의 전 길이를 분할하여 이음 중앙에 대하여 대칭으로 용접을 실시하는 방법이다. 변형, 잔류응력을 대칭으로 유지할 경우에 많이 사용된다.
④ **스킵법** : 이음의 전 길이에 대해서 뛰어넘어서 용접하는 방법이다. 변형, 잔류응력을 균일하게 하지만, 능률이 좋지 않으며, 용접 시작 부분과 끝나는 부분에 결함이 생길 때가 많다.
⑤ **빌드업법** : 용접 전 길이에 대해서 각 층을 연속하는 방법. 능률은 좋지 않지만, 한랭 시나 구속이 클 때, 판 두께가 두꺼울 때에는 첫 층에 균열이 생길 우려가 있다.

해답 19. ④ 20. ② 21. ①

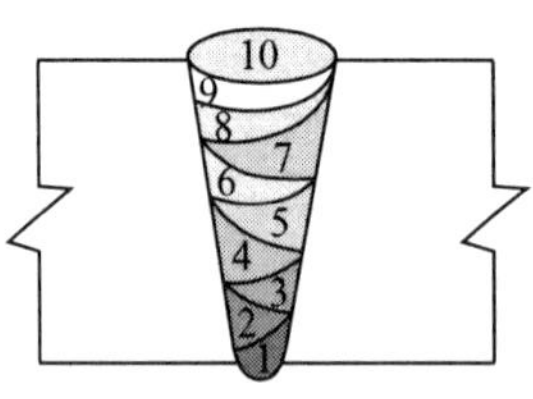

⑥ **캐스케이드법** : 한 부분에 대해 몇 층을 용접하다가 다음 부분의 층으로 연속시켜 용접하며, 후진법과 병용하여 사용되며, 결함은 잘 생기지 않으나 특수한 경우 외에는 사용하지 않는다.

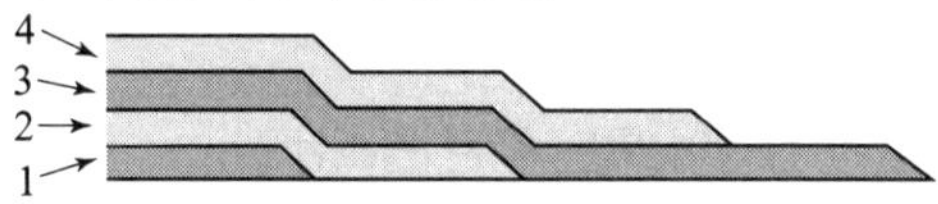

⑦ **블록법** : 짧은 용접길이로 표면까지 용착하는 방법이며, 첫 층에 균열이 발생하기 쉬울 때 사용한다.

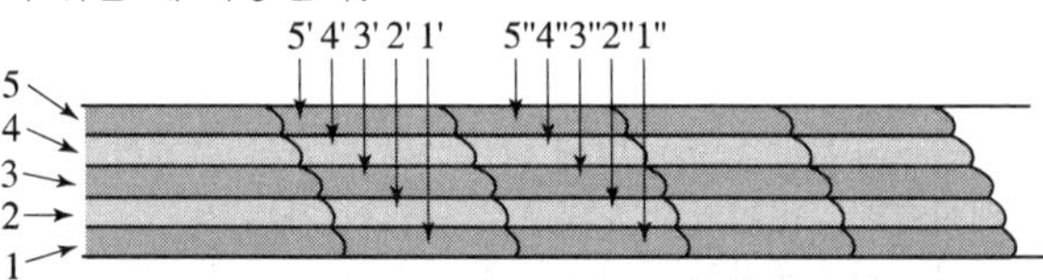

문제 22 선박, 보일러 등 두꺼운 판의 용접 시 용융 슬래그와 와이어의 저항 열을 이용하여 연속적으로 상진하는 용접법은?

① 테르밋 용접 ② 넌실드 아크 용접
③ 일렉트로 슬래그 용접 ④ 서브머지드 아크 용접

해설 **일렉트로 슬래그 용접**

원리	용융 슬래그와 용융금속이 용접부로부터 유출되지 않게 모재의 양측에 수랭식 동판을 대어주고 용융 슬래그 속에서 전극 와이어를 연속적으로 공급하여 주로 용융 슬래그의 저항열에 의하여 와이어와 모재를 용융시키면서 단층 수직 상진 용접을 하는 방법.
장점	① 아크가 눈에 보이지 않고 아크 불꽃이 없다. ② 최소한의 변형과 최단시간의 용접법이다. ③ 한 번에 장비를 설치하여 후판을 단일층으로 한 번에 용접할 수 있다. ④ 압력용기, 조선 및 대형 주물의 후판 용접 등에 바람직한 용접이다. ⑤ 용접시간을 단축할 수 있어 용접 능률과 용접 품질이 우수하다. ⑥ 용접 홈의 기공 준비가 간단하고 각(角) 변형이 적다. ⑦ 대형 물체의 용접에 있어서는 아래보기 자세 서브머지드 용접에 비하여 용접시간, 홈의 가공비, 용접봉비, 준비시간 등을 1/3~1/5 정도로 감소시킬 수 있다. ⑧ 전극 와이어의 지름은 보통 2.5~3.2mm를 주로 사용한다.
단점	① 박판 용접에는 적용할 수 없다. ② 장비가 비싸다. ③ 장비 설치가 복잡하며, 냉각장치가 필요하다. ④ 용접시간에 비하여 용접 준비시간이 더 길다. ⑤ 용접 진행 시 용접부를 직접 관찰할 수 없다. ⑥ 높은 입열로 기계적 성질이 저하될 수 있다.

해답

22. ③

문제 23

용접기 설치 시 1차 입력이 10kVA이고 전원 전압이 200V이면 퓨즈 용량은?

① 50A ② 100A
③ 150A ④ 200A

해설 **퓨즈 용량** : $\frac{10 \times 1000\text{VA}}{200\text{V}} = 50\text{A}$

$1\text{KVA} = 1000\text{VA}$

문제 24

산소-아세틸렌가스 절단과 비교한, 산소-프로판가스 절단의 특징으로 틀린 것은?

① 슬래그 제거가 쉽다.
② 절단면 윗모서리가 잘 녹지 않는다.
③ 후판 절단 시에는 아세틸렌보다 절단속도가 느리다.
④ 포갬 절단 시에는 아세틸렌보다 절단속도가 빠르다.

해설 후판 절단 시는 아세틸렌보다 용접속도가 빠르다.

문제 25

양호한 절단면을 얻기 위한 조건으로 틀린 것은?

① 드래그가 가능한 한 클 것.
② 슬래그 이탈이 양호할 것.
③ 절단면 표면의 각이 예리할 것.
④ 절단면이 평활하며 드래그의 홈이 낮을 것.

해설 **양호한 절단면을 얻기 위한 조건**

① 드래그가 가능한 한 작을 것.
② 절단면 표면의 각이 예리할 것.
③ 슬래그 이탈이 양호할 것.
④ 경제적인 절단이 이루어질 것.
⑤ 절단면이 평활하며 드래그의 홈이 낮고 노치 등이 없을 것.

문제 26

TIG 절단에 관한 설명으로 틀린 것은?

① 전원은 직류 역극성을 사용한다.
② 절단면이 매끈하고 열효율이 좋으며 능률이 대단히 높다.
③ 아크 냉각용 가스에는 아르곤과 수소의 혼합가스를 사용한다.
④ 알루미늄, 마그네슘, 구리와 구리합금, 스테인리스강 등 비철금속의 절단에 이용된다.

해답 23. ① 24. ③ 25. ① 26. ①

해설 TIG 절단

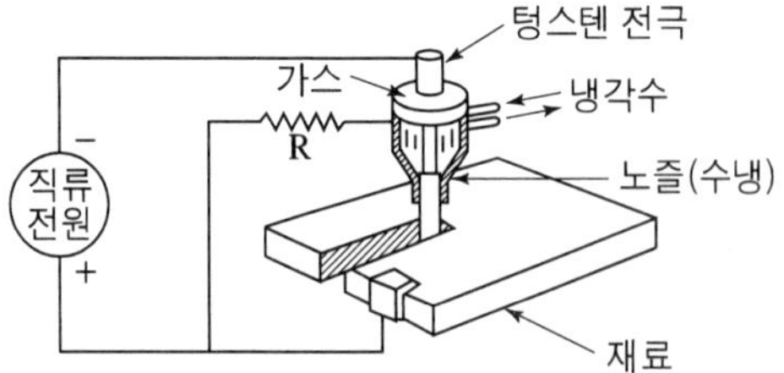

① 전원은 직류 정극성을 사용한다.
② 절단면이 매끈하고 열효율이 좋으며 능률이 대단히 높다.
③ 알루미늄, 마그네슘, 구리와 구리합금, 스테인리스강 등 비철금속의 절단에 이용
④ 아크 냉각용 가스에는 아르곤과 수소의 혼합가스를 사용
⑤ 열적 핀치 효과에 의하여 고온, 고속의 제트상의 아크 플라스마를 발생시켜 용융된 금속을 절단하는 방법

문제 27 다음 중 아크 절단에 속하지 않는 것은?

① MIG 절단 ② 분말 절단
③ TIG 절단 ④ 플라스마 제트 절단

해설 **아크 절단의 종류**

① 탄소 아크 절단 : 탄소 또는 흑연전극과 모재 사이에 아크를 일으켜 절단하는 방법
② 금속 아크 절단 : 탄소 전극봉 대신에 절단 전용의 특수 피복제를 씌운 전극봉을 써서 절단하는 방법
③ 아크 에어 가우징 : 탄소 아크 절단 장치에다 압축공기(5~7kg/cm^2)를 병용하여 아크열로 용융시킨 부분을 압축공기로 불어 날려서 홈을 파내는 작업
④ 산소 아크 절단 : 중공의 피복 용접봉과 모재 사이에 아크를 발생시켜 아크열을 이용한 가스 절단법
⑤ MIG 아크 절단
⑥ TIG 아크 절단
⑦ 플라스마 아크 절단 : 1000~3000℃의 높은 열에너지를 가진 열원을 이용하여 금속을 절단하는 절단법

문제 28 가스 용접 작업에서 양호한 용접부를 얻기 위해 갖추어야 할 조건으로 틀린 것은?

① 용착 금속의 용입 상태가 균일해야 한다.
② 용접부에 첨가된 금속의 성질이 양호해야 한다.
③ 기름, 녹 등을 용접 전에 제거하여 결함을 방지한다.
④ 과열의 흔적이 있어야 하고 슬래그나 기공 등도 있어야 한다.

해설 과열의 흔적이 없어야 하고 슬래그나 기공 등도 없어야 한다.

해답

27. ② 28. ④

문제 29 용접기의 사용률(duty cycle)을 구하는 공식으로 옳은 것은?

① 사용률(%) $= \frac{\text{휴식시간}}{\text{아크발생시간} + \text{휴식시간}} \times 100$

② 사용률(%) $= \frac{\text{아크발생시간}}{\text{아크발생시간} + \text{휴식시간}} \times 100$

③ 사용률(%) $= \frac{\text{아크발생시간}}{\text{아크발생시간} - \text{휴식시간}} \times 100$

④ 사용률(%) $= \frac{\text{휴식시간}}{\text{아크발생시간} - \text{휴식시간}} \times 100$

해설 **용접기 사용률** $= \frac{\text{아크발생시간}}{\text{아크발생시간} + \text{휴식시간}} \times 100$

허용 사용률 $= \frac{(\text{정격 2차 전류})^2}{(\text{실제 용접 전류})^2} \times \text{정격사용률}$

효율 $= \frac{\text{아크전력}}{\text{소비전력}} \times 100$

역률 $= \frac{\text{소비전력}}{\text{전원입력}} \times 100$

문제 30 다음 중 아크 쏠림 방지 대책으로 틀린 것은?

① 접지점 2개를 연결할 것.
② 용접봉 끝은 아크 쏠림 반대 방향으로 기울일 것.
③ 접지점을 될 수 있는 대로 용접부에서 가까이 할 것.
④ 큰 가접부 또는 이미 용접이 끝난 용착부를 향하여 용접할 것.

해설 **아크 쏠림 방지 대책**
① 후퇴법을 사용할 것.(후진법)
② 직류 대신 교류 용접을 할 것.
③ 아크 길이를 짧게 할 것.
④ 접지점을 용접부로부터 멀리 할 것.
⑤ 접지점을 2개 이상 연결할 것.
⑥ 큰 가접부 또는 이미 용접이 끝난 용착부를 향하여 용접할 것.
⑦ 용접봉 끝은 아크 쏠림 반대 방향으로 기울일 것.

문제 31 연강용 피복 아크 용접봉의 종류에 따른 피복제 계통이 틀린 것은?

① E 4340 : 특수계
② E 4316 : 저수소계
③ E 4327 : 철분산화철계
④ E 4313 : 철분산화티탄계

해설 **연강용 피복 아크 용접봉의 종류**
① E 4301(일미나이트계) : TiO_2, FeO를 약 30% 이상 함유. 광석, 사철 등을 주성분으로 기계적 성질이 우수하고 용접성 우수.

해답
29. ② 30. ③ 31. ④

② E 4303(라임티탄계) : 산화티탄을 약 30% 이상 함유한 용접봉. 비드의 외관이 아름답고 언더컷이 발생되지 않는다.
③ E 4311(고셀룰로오스계) : 셀룰로오스를 20~30% 정도 포함한 용접봉으로 좁은 홈의 용접 시 사용. 보관 시 습기가 흡수되기 쉬우므로 건조 필요.
④ E 4313(고산화티탄계) : 비드 표면이 고우며 작업성이 우수. 고온 크랙을 일으키기 쉬운 결점이 있다.
⑤ E 4316(저수소계) : 석회석, 형석을 주성분으로 한 것으로 기계적 성질, 내균열성이 우수. 용착금속 중에 수소 함유량이 다른 피복봉에 비해 1/10 정도로 매우 낮음.
⑥ E 4324(철분산화티탄계) ⑦ E 4326(철분저수소계)
⑧ E 4327(철분산화철계) ⑨ E 4340(특수계)

문제 32

다음 중 기계적 접합법에 속하지 않는 것은?

① 리벳 ② 용접
③ 접어 잇기 ④ 볼트 이음

해설 **야금학적 접합** : ① 용접 ② 압접 ③ 납땜

문제 33

용접 중에 아크를 중단시키면 중단된 부분이 오목하거나 납작하게 파진 모습으로 남게 되는 것은?

① 피트 ② 언더컷
③ 오버랩 ④ 크레이터

문제 34

가스 절단에서 예열불꽃의 역할에 대한 설명으로 틀린 것은?

① 절단산소 운동량 유지
② 절단산소 순도 저하 방지
③ 절단개시 발화점 온도 가열
④ 절단재의 표면스케일 등의 박리성 저하

해설 **예열불꽃의 역할**
① 절단산소 운동량 유지
② 절단산소 순도 저하 방지
③ 절단개시 발화점 온도 가열

문제 35

가스 절단 작업 시 표준 드래그 길이는 일반적으로 모재 두께의 몇 % 정도인가?

① 5 ② 10
③ 20 ④ 30

해설 **표준 드래그 길이** = 판 두께 × $\frac{1}{5}$ (20%)

32. ② 33. ④ 34. ④ 35. ③

문제 36

일반적으로 두께가 3mm인 연강판을 가스 용접하기에 가장 적합한 용접봉의 직경은?

① 약 2.6mm ② 약 4.0mm
③ 약 5.0mm ④ 약 6.0mm

해설 $D=\frac{t}{2}+1=\frac{3}{2}+1=2.5\text{mm}$

문제 37

일반적인 용접의 특징으로 틀린 것은?

① 재료의 두께에 제한이 없다.
② 작업공정이 단축되며 경제적이다.
③ 보수와 수리가 어렵고 제작비가 많이 든다.
④ 제품의 성능과 수명이 향상되며 이종 재료도 용접이 가능하다.

해설 **용접의 특징**

① 장점 : ㉠ 이음 효율이 높다. ㉡ 중량이 가벼워진다.
㉢ 재료의 두께에 제한이 없다. ㉣ 이종재료도 접합 가능
㉤ 보수와 수리가 용이 ㉥ 작업공정이 단축되며 경제적이다.
㉦ 제품의 성능과 수명이 향상된다.
㉧ 용접의 자동화가 용이하며 복잡한 구조

② 단점 : ㉠ 취성이 생길 우려가 있다.
㉡ 용접사의 기량에 따라 품질 좌우
㉢ 변형 및 수축 잔류응력이 발생
㉣ 품질 검사가 곤란

문제 38

10000~30000℃의 높은 열에너지를 가진 열원을 이용하여 금속을 절단하는 절단법은?

① TIG 절단법 ② 탄소 아크 절단법
③ 금속 아크 절단법 ④ 플라스마 제트 절단법

해설 문제 27번 참조.

문제 39

T.T.T 곡선에서 하부 임계냉각속도란?

① 50% 마텐자이트를 생성하는 데 요하는 최대의 냉각속도
② 100% 오스테나이트를 생성하는 데 요하는 최소의 냉각속도
③ 최초에 소르바이트가 나타나는 냉각속도
④ 최초에 마텐자이트가 나타나는 냉각속도

해설 **T.T.T 곡선에서 하부 임계냉각속도**란 : 최초에 마텐자이트가 나타나는 냉각속도

해답

36. ① 37. ③ 38. ④ 39. ④

문제 40 금속에 대한 성질을 설명한 것으로 틀린 것은?

① 모든 금속은 상온에서 고체 상태로 존재한다.
② 텅스텐(W)의 용융점은 약 3410℃이다.
③ 이리듐(Ir)의 비중은 약 22.5이다.
④ 열 및 전기의 양도체이다.

해설 **금속의 공통적 성질**

① 상온에서 고체이다.(단, 수은은 제외)
② 열과 전기의 양도체이다.
③ 비중이 크고 금속적 광택을 갖는다.
④ 이온화하면 양이온(+)이 된다.
⑤ 소성변형이 있어 가공하기 쉽다.

문제 41 압입체의 대면각이 136°인 다이아몬드 피라미드로 하중 1~120kg을 사용하여 특히 얇은 물건이나 표면 경화된 재료의 경도를 측정하는 시험법은 무엇인가?

① 로크웰 경도 시험법
② 비커스 경도 시험법
③ 쇼어 경도 시험법
④ 브리넬 경도 시험법

해설 **기계적 시험**

① **인장 시험** : 항복점, 인장강도, 연신율, 단면수축률 등을 측정

- 응력 구하는 식은 $\sigma = \dfrac{P}{A}\,\text{kgf/mm}^2$
- 변형률 구하는 식은 $\varepsilon = \dfrac{l - l_0}{l_0} \times 100\%$
- 단면 수축률 구하는 식은 $\phi = \dfrac{A - A_0}{A} \times 100\%$

② **굽힘 시험** : 용접부의 연성결함을 조사하기 위하여 사용되는 시험법으로 국가기술자격 검정 시 적용하는 방법

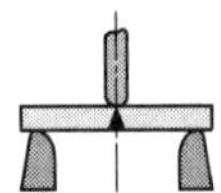
(a) 표면 굽힘

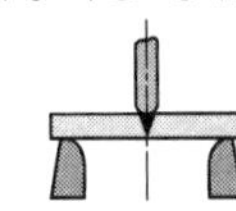
(b) 이면 굽힘

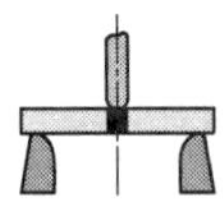
(c) 측면 굽힘

③ **경도 시험**

- **브리넬 경도** : 특수강구를 일정한 하중(3000, 1000, 750, 500kgf)으로 시험편의 표면적을 압인한 후, 이때 생긴 오목자국의 표면적을 측정하여 나타낸 값.

$$H_B = \frac{\text{하중[kgf]}}{\text{오목자국 표면적[mm}^2\text{]}} = \frac{P}{\pi D t}$$

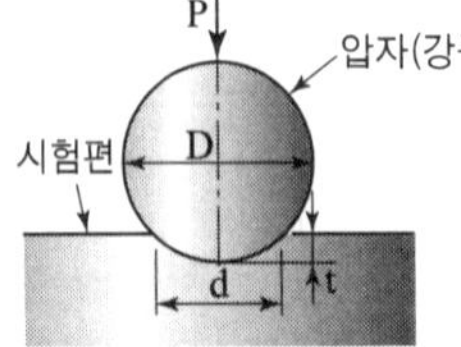

P : kg
D : 강구의 지름
d : 눌린 부분의 지름[mm]
t : 눌린 부분의 깊이

해답 40. ① 41. ②

- **로크웰 경도** : 지름 1/16"인 강구(B스케일), 꼭지각이 120°인 원뿔형(C스케일)의 다이아몬드 압입자를 사용하여 기본하중 10kgf을 주면서 경도계의 지시계를 0점에 맞춘 다음, B스케일일 때 100kgf의 하중을 가하고, C스케일일 때는 150kgf의 하중을 가한 다음 하중을 제거하면 오목 자국의 깊이가 지시계에 나타나서 경도를 표시.

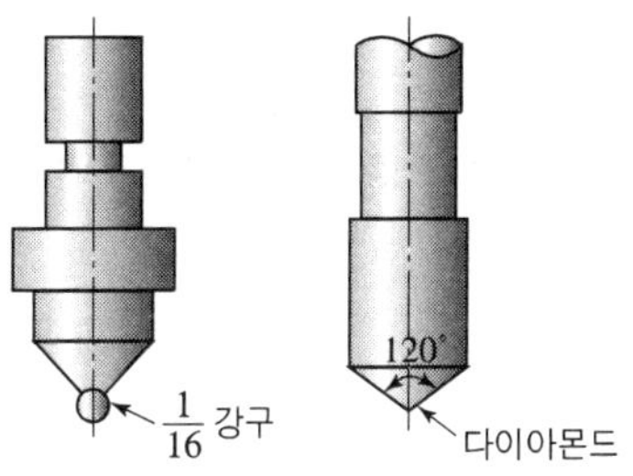

(a) B스케일 (b) C스케일

- **비커스 경도** : 꼭지각이 136°인 다이아몬드 4각추의 입자를 1~120kgf의 하중으로 시험편에 압인한 후 생긴 오목 자국의 대각선을 측정.

$$H_V = \frac{1.8544P}{D^2}$$

P(하중)
136°

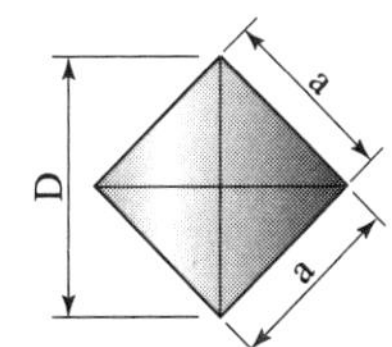

- **쇼어 경도** : 소형의 추를 일정높이에서 낙하시켜 튀어 오르는 높이에 의하여 경도를 측정.

$H_s = \frac{10000}{65} \times \frac{h}{h_o}$ [여기서, h_o : 낙하 물체의 높이(25cm), h : 낙하 물체의 튀어 오른 높이]

④ **충격 시험** : V형, U형의 노치를 만들어 충격적인 하중을 주어서 시험편을 파괴시키는 시험(샤르피식, 아이조드식)

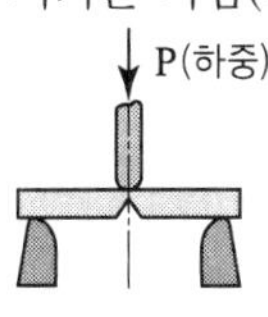
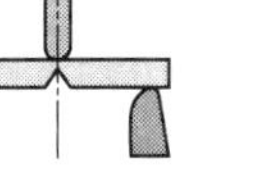
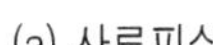

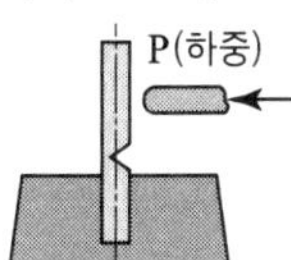

(a) 사르피식 (b) 아이조드식

문제 42 게이지용 강이 갖추어야 할 성질로 틀린 것은?

① 담금질에 의해 변형이나 균열이 없을 것.
② 시간이 지남에 따라 치수 변화가 없을 것.
③ HRC55 이상의 경도를 가질 것.
④ 팽창계수가 보통 강보다 클 것.

해답

42. ④

해설 게이지용 강이 갖추어야 할 성질

① HRC55 이상의 경도를 가져야 한다.
② 담금질에 의해 변형이나 균열이 없어야 한다.
③ 시간이 지남에 따라 치수 변화가 없어야 한다.
④ 산화되지 않고 팽창계수가 보통강과 거의 같아야 한다.

문제 43

두 종류 이상의 금속 특성을 복합적으로 얻을 수 있고 바이메탈 재료 등에 사용되는 합금은?

① 제진 합금 ② 비정질 합금
③ 클래드 합금 ④ 형상 기억 합금

해설 **제진 합금** : Mg-Zr, Mn-Cu, Cu-Al-Ti, Ti-Ni, Al-Zn, Fe-Cu-Al 등이 있으며 내부 마찰이 크므로 고유진동수가 작게 되어 금속음이 발생되지 않음.
형상 기억 합금 : 고온상태에서 기억한 형상을 언제까지라도 기억하고 있는 것으로 저온에서 작은 가열만으로도 다른 형상으로 변화시켜 원래의 형상으로 돌아가는 것.
수소 저장 합금 : 금속수소화물의 형태로 수소를 흡수 방출하는 합금. $LaNi_5$, TiFe, Mg_2Ni

문제 44

알루미늄을 주성분으로 하는 합금이 아닌 것은?

① Y합금 ② 라우탈
③ 인코넬 ④ 두랄루민

해설 합금

① 일렉트론 : Al+Zn+Mg (알아마) ② 도우메탈 : Al+Mg (알마)
③ 하이드로날륨 : Al+Mg (알마) ④ 알드레이 : Al+Mg+Si (알마소)
⑤ 두랄루민 : Al+Cu+Mg+Mn (알구마망)
⑥ Y합금 : Al+Cu+Mg+Ni (알구마니)
⑦ 로엑스 : Al+Cu+Mg+Ni+Si (알구마니소)
⑧ 실루민 : Al+Si (알소) ⑨ 라우탈 : Al+Cu+Si (알구소)
⑩ 켈밋 : Cu+Pb(30~40%) ⑪ 양은 : 7 : 3 황동+Ni(10~20%)
⑫ 델타메탈 : 6 : 4 황동+Fe(1~2%) ⑬ 에드미럴티 : 7 : 3 황동+Sn(1~2%)
⑭ 네이벌 : 6 : 4 황동+Sn(1~2%) ⑮ 문쯔메탈 : Cu(60%)+Zn(40%)
⑯ 톰백 : Cu(80%)+Zn(20%) ⑰ 레드브레스 : Cu(85%)+Zn(15%)
⑱ 모넬메탈 : Ni(65~70%)+Fe(1~3%) ⑲ 인코넬 : Ni(70~80%)+Cr(12~14%)
⑳ 콘스탄탄 : 구리(55%)+니켈(45%) ㉑ 플래티나이트 : Ni(40~50%)+Fe
㉒ 듀라나메탈 : 7 : 3 황동+Fe(2%)
㉓ 어드벤스 : Cu(54%)+Ni(44%)+Mn(1%)+Fe(0.5%)
㉔ 퍼멀로이 : Ni(70~80%)+Fe(10~30%)
㉕ 쾌삭황동 : 황동+납(1.5~3%)
㉖ 엘린바 : Ni(35%)+Cr(12%)

해답 43. ③ 44. ③

문제 45

다음의 희토류 금속원소 중 비중이 약 16.6, 용융점은 약 2996℃이고, 150℃ 이하에서 불활성 물질로서 내식성이 우수한 것은?

① Se　② Te
③ In　④ Ta

문제 46

황동 중 60%Cu+40%Zn 합금으로 조직이 $\alpha+\beta$이므로 상온에서 전연성은 낮으나 강도가 큰 합금은?

① 길딩 메탈(gilding metal)　② 문쯔 메탈(Muntz metal)
③ 두라나 메탈(durana metal)　④ 애드미럴티 메탈(admiralty metal)

문제 47

1000~1100℃에서 수중냉각함으로써 오스테나이트 조직으로 되고, 인성 및 내마멸성 등이 우수하여 광석 파쇄기, 기차 레일, 굴삭기 등의 재료로 사용되는 것은?

① 고 Mn강　② Ni-Cr강
③ Cr-Mo강　④ Mo계 고속도강

해설 강인강

① 고 Mn강
　㉠ 인성 및 내마멸성 우수
　㉡ 광석파쇄기, 기차 레일, 굴삭기 재료
　㉢ 1000~1100℃에서 수중 냉각 시 오스테나이트 조직이 됨.
② Ni-Cr강
　㉠ 내마모성, 내식성이 탄소강보다 우수하며 열처리 효과가 크다.
　㉡ 850℃에서 담금질하고 600℃에서 뜨임하여 소르바이트 조직을 얻음.
　㉢ 뜨임 취성이 있다.(방지제로는 : V, W, Mo)
③ Ni-Cr-Mo강
　㉠ Ni-Cr강에 Mo 0.15~0.3% 첨가로 뜨임 취성을 감소시킨다.
　㉡ 내열성, 열처리 효과가 좋다.
　㉢ 내연기관의 크랭크축, 강력볼트, 기어 등
④ Cr-Mo강
　㉠ C 0.25~0.5%, Cr 1.0%, Mo 0.15~0.3% 첨가한 것
　㉡ 담금질이 용이하고 뜨임 취성이 적다.
　㉢ 인장강도 및 충격저항 증가　㉣ 용접성이 좋고, 열간 가공이 용이.
　㉤ 고온강도가 크다.　㉥ 다듬질 표면이 아름답다.

문제 48

가단주철의 일반적인 특징이 아닌 것은?

① 담금질 경화성이 있다.　② 주조성이 우수하다.
③ 내식성, 내충격성이 우수하다.　④ 경도는 Si량이 적을수록 높다.

해답

45. ④ 46. ② 47. ① 48. ④

해설 **가단주철의 일반적인 특징**

① 경도는 Si량이 많을수록 높다.
② 내식성, 내충격성이 우수하다.
③ 주조성이 우수하다.
④ 담금질 경화성이 있다.
⑤ 구상흑연 주철 : 용융상태에서 Mg, Mg-Cu, Ca 등을 첨가하거나 그 밖에 특수한 열처리를 하여 편상흑연을 구상화한 것. 노듈러 주철이라고도 한다.
용도 : 자동차 크랭크 축, 캠 축, 브레이크 드럼, 자동차용 주물
⑥ 칠드 주철 : 주조 시 Si(규소)가 적은 용선에 Mn을 첨가하고 용융상태에서 철 주형에 주입하여 접촉된 면이 급랭되어 아주 가벼운 백주철로 만든 주철.
용도 : 기차 바퀴, 각종 분쇄기, 롤러 등

문제 49

순철이 910℃에서 Ac_3변태를 할 때 결정격자의 변화로 옳은 것은?

① BCT → FCC　　② BCC → FCC
③ FCC → BCC　　④ FCC → BCT

해설 **순철이 910℃에서 Ac_3변태를 할 때 결정격자의 변화**
BCC(체심입방격자) → FCC(면심입방격자)

문제 50

압력이 일정한 Fe-C 평형상태도에서 공정점의 자유도는?

① 0　　② 1
③ 2　　④ 3

해설 **압력이 일정한 Fe-C 평형상태도에서 공정점의 자유도** : 0

문제 51

다음 중 호의 길이 치수를 나타내는 것은?

①
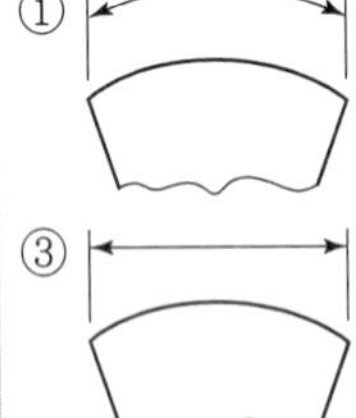
③

②
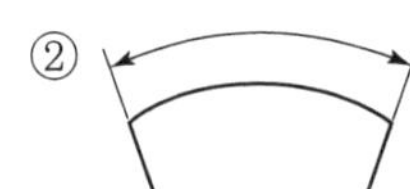

④
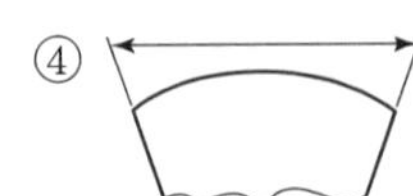

해설 **치수 기입 방법**

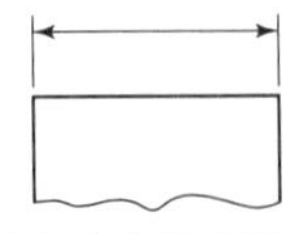
(a) 변의 길이 치수

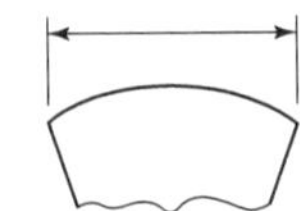
(b) 현의 길이 치수

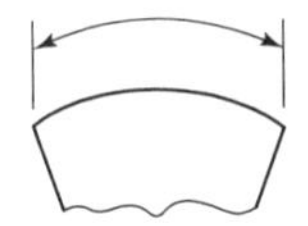
(c) 호의 길이 치수

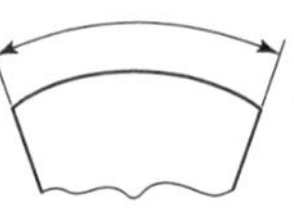
(d) 각도 치수

해답 49. ② 50. ① 51. ①

문제 52

보기 입체도의 화살표 방향 투상 도면으로 가장 적합한 것은?

① 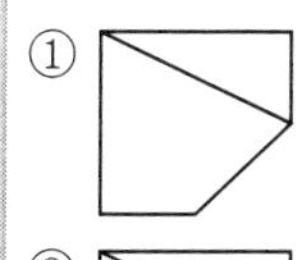

② 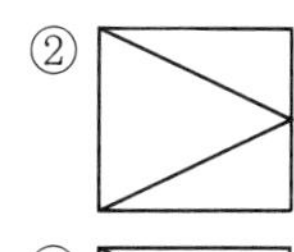

③ 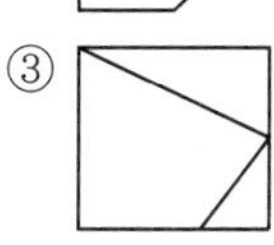

④ 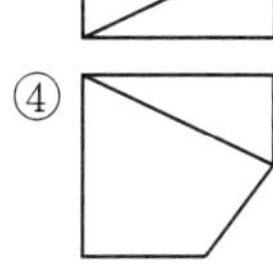

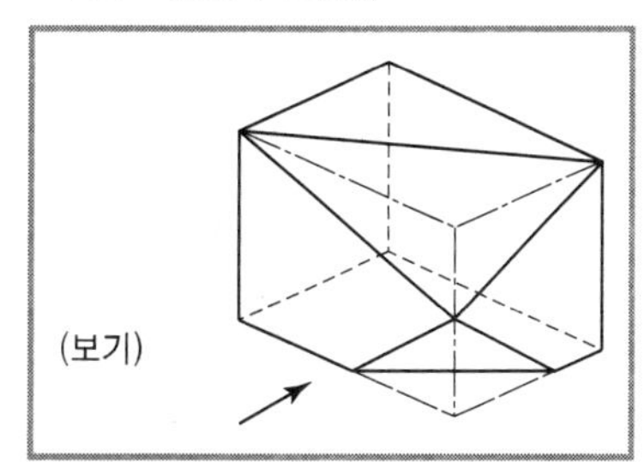

문제 53

다음 중 도면의 일반적인 구비조건으로 관계가 가장 먼 것은?

① 대상물의 크기, 모양, 자세, 위치의 정보가 있어야 한다.
② 대상물을 명확하고 이해하기 쉬운 방법으로 표현해야 한다.
③ 도면의 보존, 검색 이용이 확실히 되도록 내용과 양식을 구비해야 한다.
④ 무역과 기술의 국제 교류가 활발하므로 대상물의 특징을 알 수 없도록 보안성을 유지해야 한다.

문제 54

다음 용접 보조기호에서 현장 용접 기호는?

① 
② ⚑
③ ○
④ ——

해설 보조기호

구 분		보조기호	비 고
용접부의 표면 모양	평탄	——	
	볼록	⌒	기선의 밖으로 향하여 볼록하게 한다.
	오목	◡	기선의 밖으로 향하게 오목하게 한다.
용접부의 다듬질 방법	치핑	C	
	연삭	G	그라인더 다듬질일 경우
	절삭	M	기계 다듬질일 경우
	지정없음	F	다듬질 방법을 지정하지 않을 경우
현장 용접		⚑	온둘레 용접이 분명할 때에는 생략해도 좋다.
온둘레 용접		○	
온둘레 현장 용접		⚑○	

해답

52. ③ 53. ④ 54. ②

문제 55 단면의 무게 중심을 연결한 선을 표시하는 데 사용하는 선의 종류는?

① 가는 1점 쇄선 ② 가는 2점 쇄선
③ 가는 실선 ④ 굵은 파선

해설 선의 종류에 의한 용도

용도에 의한 명칭	선의 종류		선의 용도
외형선	굵은 실선		대상물이 보이는 부분의 모양을 표시하는 데 쓰인다.
치수선	가는 실선		치수를 기입하는 데 쓰인다.
치수 보조선			치수를 기입하기 위하여 도형으로부터 끌어내는 데 쓰인다.
지시선			기술 · 기호 등을 표시하기 위하여 끌어내리는 데 있다.
회전 단면선			도형 내에 그 부분의 끊은 곳을 90° 회전하여 표시하는 데 쓰인다.
중심선			도형의 중심선을 간략하게 표시하는 데 쓰인다.
수준면선			수면, 유면 등의 위치를 표시하는 데 쓰인다.
숨은선	가는 파선 또는 굵은 파선		대상물의 보이지 않는 부분의 모양을 표시하는 데 쓰인다.
중심선	가는 1점 쇄선		① 도형의 중심을 표시하는 데 쓰인다. ② 중심이 이동한 중심궤적을 표시하는 데 쓰인다.
기준선			특히 위치 결정의 근거가 된다는 것을 명시할 때 쓰인다.
피치선			되풀이하는 도형의 피치를 취하는 기준을 표시하는 데 쓰인다.
특수 지정선	굵은 1점 쇄선		특수한 가공을 하는 부분 등 특별히 요구사항을 적용할 수 있는 범위를 표시하는 데 쓰인다.
가상선	가는 2점 쇄선		① 인접부분을 참고로 표시하는 데 쓰인다. ② 공구, 지그 등의 위치를 참고로 나타내는 데 사용한다. ③ 가공부분을 이동 중의 특정한 위치 또는 이동한계의 위치로 표시하는 데 사용한다. ④ 가공 전 또는 가공 후의 모양을 표시하는 데 사용한다. ⑤ 되풀이하는 것을 나타내는 데 사용한다. ⑥ 도시된 단면의 앞쪽에 있는 부분을 표시하는 데 사용한다.
무게 중심선			단면의 무게 중심을 연결한 선을 표시하는 데 사용한다.
파단선	불규칙한 파형의 가는 실선 또는 지그재그선	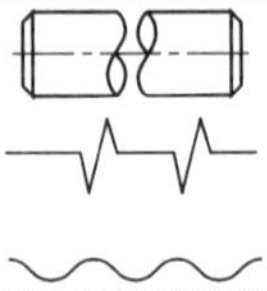	대상물의 일부를 파단한 경계 또는 일부를 떼어낸 경계를 표시하는 데 사용한다.

해답

55. ②

용도에 의한 명칭	선의 종류		선의 용도
절단선	가는 1점 쇄선으로 끝 부분 및 방향이 변하는 부분을 굵게 한 것		단면도를 그리는 경우, 그 절단 위치를 대응하는 그림에 표시하는 데 사용한다.
해칭	가는 실선으로 규칙적으로 줄을 늘어놓은 것		도형의 한정된 특정 부분을 얇은 부분의 단선도시를 명시하는 데 사용한다. 다른 부분과 구별하는 데 사용한다. 예를 들면 단면도의 절단된 부분을 사용한다.
특수한 용도의 선	가는 실선		① 외형선 및 숨은선의 연장을 표시하는 데 사용한다. ② 평면이란 것을 나타내는 데 사용한다. ③ 위치를 명시하는 데 사용한다.
	아주 굵은 실선		얇은 부분의 단선도시를 명시하는 데 사용한다.

문제 56

배관도에서 유체의 종류와 문자 기호를 나타내는 것 중 틀린 것은?

① 공기 : A　　② 연료 가스 : G
③ 증기 : W　　④ 연료유 또는 냉동기유 : O

해설 유체의 종류와 문자 기호
① 공기 : A(Air)　② 연료 가스 : G(Gas)　③ 물 : W(Water)
④ 증기 : S(Steam)　⑤ 연료유 또는 냉동기유 : O(Oil)

문제 57

보기 입체도를 제3각법으로 올바르게 투상한 것은?

①　②
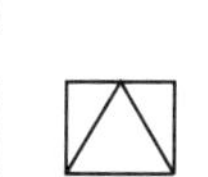
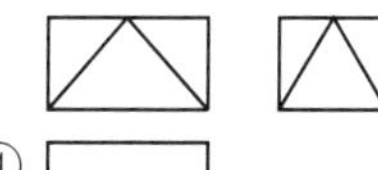
③　④

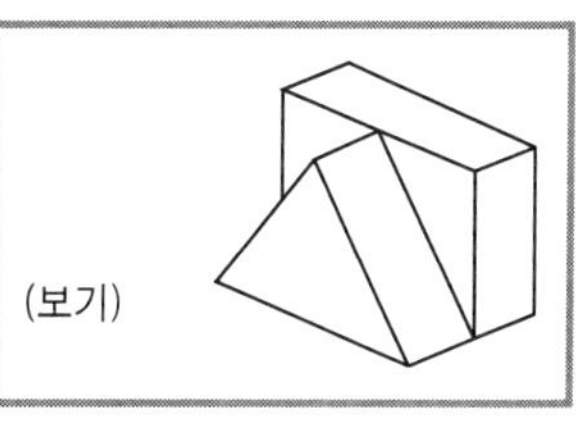
(보기)

문제 58

리벳의 호칭 표기법을 순서대로 나열한 것은?

① 규격번호, 종류, 호칭지름×길이, 재료
② 종류, 호칭지름×길이, 규격번호, 재료
③ 규격번호, 종류, 재료, 호칭지름×길이
④ 규격번호, 호칭지름×길이, 종류, 재료

해설 리벳의 호칭 표기법 : 규격번호, 종류, 호칭지름×길이, 재료

해답

56. ③ 57. ④ 58. ①

문제 59 탄소강 단강품의 재료 표시기호 "SF 490A"에서 "490"이 나타내는 것은?

① 최저 인장강도
② 강재 종류 번호
③ 최대 항복강도
④ 강재 분류 번호

문제 60 다음 중 일반적으로 긴 쪽 방향으로 절단하여 도시할 수 있는 것은?

① 리브
② 기어의 이
③ 바퀴의 암
④ 하우징

해답

59. ① 60. ④

특수용접기능사 필기

기출문제

2017

특수용접기능사

2017년 제 1 회

CBT 시험형식으로 바뀜으로 인하여 본 문제는 수험생분들의 이야기를 토대로 작성하였기에 문제가 상이할 수 있음

2017

문제 01 스카핑의 사용목적으로 옳은 것은?

① 용접결함부의제거, 용접홈의 준비 및 절단, 구멍뚫기 등에 사용한다.
② 침몰선의 해체나 교량의 개조, 항만과 방파제 공사 등에 사용된다.
③ 용접부분의 뒷면 또는 U형, H형의 용접 홈을 가공하기 위해 둥근 홈을 파는데 사용한다.
④ 강재표면의 홈이나 개재물, 탈탄층 등을 얇게 깎아 내는데 사용된다.

해설 **수중절단** : 침몰선의 해체나 교량의 개조, 항만과 방파제 공사에 사용
가스 가우징 : 용접부분의 뒷면 또는 U형, H형의 용접 홈을 가공하기 위해 둥근 홈을 파는데 사용

문제 02 산소-아세틸렌가스 용접의 장점 설명으로 틀린 것은?

① 용접기의 운반이 비교적 자유롭다.
② 아크용접에 비해서 유해광선의 발생이 적다.
③ 열의 집중성이 좋아서 용접이 효율적이다.
④ 가열시 열량조절이 비교적 자유롭다.

해설 **산소-아세틸렌가스 용접의 장점**
① 전원설비가 필요 없다.
② 전기용접에 비해 싸다.
③ 가열조절이 비교적 자유롭다.
④ 응용범위가 넓다.
⑤ 아크용접에 비해 유해광선의 발생이 적다.
⑥ 열량조절이 자유롭다.

문제 03 면심입방격자(FCC)에 속하는 것이 아닌 것은?

① Cr(크롬) ② Cu(구리)
③ Pb(납) ④ Ni(니켈)

해설 **체심입방격자**(BCC) : V, Mo, W, Cr, K, Na, Ba, Ta, α-Fe
면심입방격자(FCC) : Ag, Cu, Au, Al, Pb, Ni, Pt, Ce, γ-Fe
조밀육방격자(HCP) : Ti, Mg, Zn, Co, Zr, Be

01. ④ 02. ③ 03. ①

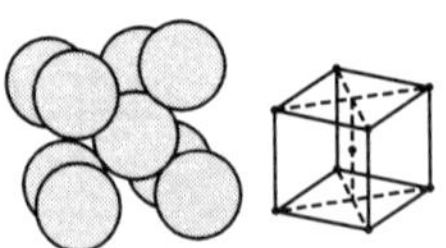
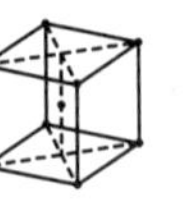
(a) 체심입방격자

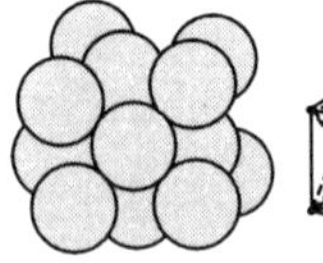
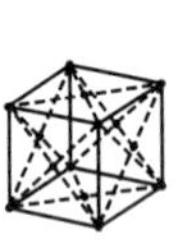
(b) 면심입방격자

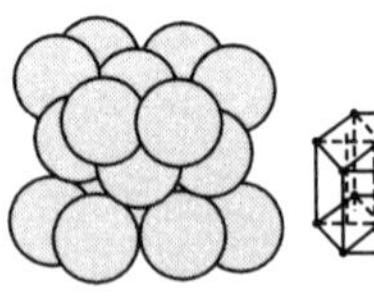
(c) 조밀육방격자

[결정격자의 기본형]

문제 04 겹치기 용접의 종류가 아닌 것은?

① 점용접 ② 포일심용접
③ 심용접 ④ 프로젝션 용접

해설 **저항용접의 종류**

① **겹치기용접** : ㉠ 점용접(스폿용접) ㉡ 시임용접 ㉢ 프로젝션용접
② **맞대기용접** : ㉠ 포일시임용접 ㉡ 퍼커션용접 ㉢ 플래쉬용접 ㉣ 업셋용접

문제 05 아크에어 가우징의 공기의 압축압력으로 맞는 것은?

① 0.1~0.3MPa ② 0.3~0.5MPa
③ 0.5~0.7MPa ④ 0.8~0.9MPa

해설 **아크에어 가우징**

① 탄소아크 절단장치에다 압축공기($5\sim7kg/cm^2=0.5\sim0.7MPa$)를 병용하여서 아크열로 용융시킨 부분을 압축공기로 불어 날려서 홈을 파내는 작업
② **장점**
㉠ 조작 방법이 간단
㉡ 용접 결함부의 발견이 쉽다.
㉢ 용융금속을 순간적으로 불어내어 모재에 악영향을 주지 않음
㉣ 가스 가우징보다 작업능률이 2~3배 높다.
㉤ 응용범위가 넓고 경비가 저렴

문제 06 서브머지드 아크용접의 용제의 종류에 속하지 않는 것은?

① 용융형 용제 ② 소결형 용재
③ 혼성형 용제 ④ 반소결형 용제

해설 **서브머지드 아크용접의 용제의 종류**

① 용융형 용제
② 소결형 용제
③ 혼성형 용제

해답

04. ② 05. ③ 06. ④

문제 07

알루미늄 용접시 사용하는 용제가 아닌 것은?

① 황산칼륨 ② 플루오루화 칼륨
③ 염화나트륨 ④ 탄산소다

해설 **용제**

금속	용제
연강	사용하지 않는다.
반경강	중탄산나트륨+탄산나트륨
주철	중탄산나트륨(70%)+붕사(15%)+탄산나트륨(15%)
구리합금	붕사(75%)+염화리튬(25%)
알루미늄	염화칼륨(45%)+염화나트륨(30%)+염화리튬(15%)+플루오르화칼륨+황산칼륨

문제 08

아크쏠림의 방지대책으로 틀린 것은?

① 모재와 같은 재료를 처음과 끝에 용접선을 연장하도록 가용접 한 후 용접할 것
② 직류대신 교류용접을 할 것
③ 용접부가 긴 경우 전진법으로 용접할 것
④ 접지점을 용접부에서 멀리 할 것

해설 **아크쏠림 방지대책**

① 용접부가 긴 경우 후진법으로 할 것
② 아크길이를 짧게 할 것
③ 직류용접을 교류용접으로 할 것
④ 접지점을 용접부에서 멀리 할 것
⑤ 접지점 2개 이상 설치할 것

문제 09

내용적이 40리터의 산소용기에 100kgf/cm^{2}의 산소가 들어 있다면 가변압식 팁 200번으로 중성불꽃을 사용하여 용접시 몇 시간 사용할 수 있는가?

① 20시간 ② 15시간
③ 10시간 ④ 8시간

해설 **용접시간**$= \dfrac{40 \times 100}{200} = 20$시간

문제 10

용접결함에 해당되지 않는 용어는?

① 비드톱 균열 ② 비드 밑 균열
③ 토우균열 ④ 설퍼균열

해답

07. ④ 08. ③ 09. ① 10. ①

해설 **저온 균열의 유형**

① **라메라 티어 균열** : T이음, 모서리 이음 등에서 강의 내부에 평행하게 층상으로 발생되는 균열
② **비드 밑 균열** : 용접비드 바로 밑에서 용접선에 아주 가까이 거의 평행하게 모재 열영향부에 생기는 균열
③ **루트 균열** : 맞대기 용접의 가접, 첫 층 용접의 루트 근방의 열영향부에 발생하는 균열
④ **힐 균열** : 필릿 시 루트 부분에 발생하는 저온 균열이며, 모재의 수축팽창에 의한 뒤틀림이 주요 원인
⑤ **토우 균열** : 맞대기 이음, 필릿 이음 등의 경우에 비드 표면과 모재의 경계부에서 발생

고온 균열의 유형

① **설퍼균열**(유황균열) : 강중의 황이 층상으로 존재하는 유황밴드가 심한 모재를 서브머지드 아크용접시 나타나는 균열
② **라미네이션 균열** : 모재의 결함에 기인되는 것으로 모재 내에 기포가 압연되어 발생하는 유황밴드와 같은 층상으로 편재해 강재 내부적 노치 취성

문제 11 직류역극성으로 용접하였을 때, 나타나는 현상 설명으로 가장 적합한 것은?

① 용접봉의 용융속도는 늦고 모재의 용입은 직류 정극성보다 깊어진다.
② 용접봉의 용융속도는 빠르고 모재의 용입은 직류 정극성보다 얕아진다.
③ 용접봉의 용융속도는 극성에 관계없으며 모재의 용입만 직류정극성 보다 얕아진다.
④ 용접봉의 용융속도와 모재의 용입은 극성에 관계없이 전류의 세기에 따라 변한다.

해설 **직류정극성(DCSP)과 직류역극성(DCRP)의 비교**

직류정극성(DCSP)	직류역극성(DCRP)
① 후판용접에 적합	① 박판용접에 적합
② 비드 폭이 좁다.	② 비드 폭이 넓다.
③ 용입이 깊다.	③ 용입이 얕다.
④ 용접봉의 용융속도가 느리다.	④ 용접봉의 용융속도가 빠르다.
⑤ 모재(+) 70%열, 용접봉(－) 30%열	⑤ 용접봉(+) 70%열, 모재(－) 30%열

문제 12 연납과 경납을 구분하는 용융점은 몇 ℃인가?

① 200℃ ② 300℃
③ 450℃ ④ 500℃

해설 **연납땜** : 450℃ 이하
(용제 : 인산, 염산, 염화아연, 염화암모늄)
경납땜 : 450℃ 초과
(용제 : 붕사, 붕산, 염화나트륨, 염화리튬, 산화제일구리, 빙정석)

해답

11. ② 12. ③

문제 13

아크를 9분동안 일으켜 작업을 한 후, 6분 쉬고 위와 같은 작업을 반복했다. 이 용접기의 사용률은?

① 55%　② 60%
③ 65%　④ 70%

해설 **용접기 사용률**$=\frac{\text{아크시간}}{\text{아크시간}+\text{휴식시간}}\times 100=\frac{9}{9+6}\times 100=60\%$

문제 14

연강재의용접 이음부에 충격 하중이 작용할 때 안전율은 다음 중 얼마가 적당한가?

① 3　② 5
③ 8　④ 12

해설 **연강의 안전율**
① 정하중 : 3
② 동하중 : ㉠ 단진응력 : 5, ㉡ 교번응력 : 8
③ 충격하중 : 12

문제 15

순철의 자기 변태점은 다음 중 몇 ℃인가?

① 520℃　② 768℃
③ 907℃　④ 1400℃

해설 **자기변태** : 원자배열은 변화가 없고 자성만 변하는 것
자기변태 금속 : ㉠ 철(Fe) 768℃
㉡ 니켈(Ni) 358℃
㉢ 코발트(Co) 1160℃

문제 16

18-4-1형의 고속도강의 표준조성은?

① Cr 18% - W 4% - V 1%　② Cr 4% - W 18% - V 1%
③ Cr 1% - W 4% -V 18%　④ Cr 4% - W 1% - V 18%

해설 **고속도강**(δKH) : W + Cr + V
18　4　1

문제 17

탄소강 표면에 산소-아세틸렌 화염으로 표면만을 가열하여 오스테나이트로 만든 다음 급랭하여 표면층만을 담금질하는 방법은?

① 기체 침탄법　② 질화법
③ 고주파 경화법　④ 화염 경화법

해답

13. ②　14. ④　15. ②　16. ②　17. ④

해설 **표면경화법**

① **금속 침투법** : 내식, 내산, 내마열을 목적으로 금속을 침투시키는 열처리
㉠ Al : 칼로라이징 ㉡ Cr : 크로마이징 ㉢ Zn : 세라다이징
㉣ Si : 실리코나이징 ㉤ B : 브로나이징

② **질화법** : 강표면에 질소를 침투시켜 경화하는 방법으로 가스질화법, 연질화법, 액체질화법 등이 있다.

③ **침탄법**
㉠ 가스 침탄법 : 메탄가스와 같은 탄화수소가스를 사용하여 침탄하는 방법
㉡ 액체 침탄법 : 시안화나트륨(NaCN), 시안화칼리(KCN)를 주성분으로 한 염을 사용하여 침탄온도 750~950℃에서 30~60분간 침탄 시키는 방법
㉢ 고체 침탄법 : 고체 침탄제를 사용하여 강 표면에 침탄탄소를 확산 침투시켜 표면을 경화시키는 방법

④ **화염경화법** : 탄소강 표면에 산소-아세틸렌화염으로 표면만을 가열하여 오스테나이트로 만든 다음 급냉하여 표면층만 담금질

문제 18

다음의 그림은 다층용접을 할 때 중앙에서 비드를 쌓아 올리면서 좌우로 진행하는 방법이다. 무슨 융착법인가?

① 빌드업법
② 케스케이드법
③ 전진 블록법
④ 스킵법

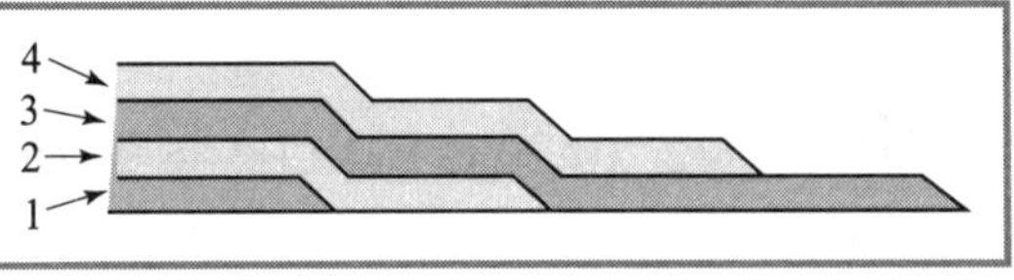

해설 **스킵법** : 이음의 전 길이에 대하여 뛰어 넘어서 용접하는 방법이다. 변형, 잔류 응력을 균일하게 하지만, 능률이 좋지 않으며, 용접 시작 부분과 끝나는 부분에 결함이 생길 때가 많다.

1 4 2 5 3

빌드업법 : 용접 전 길이에 대하여 각 층을 연속하는 방법. 능률은 좋지 않지만 한랭시나 구속이 클 때, 판 두께가 두꺼울 때에는 첫 층에 균열이 생길 우려가 있다.

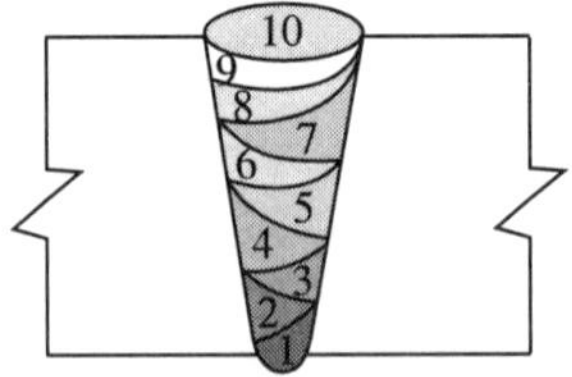

문제 19

볼트나 환봉 등을 직접 강판이나 형강에 용접하는 방법으로 볼트나 환봉을 피스톤형의 홀더에 끼우고 모재와 볼트사이에 순간적으로 아크를 발생시켜 용접하는 방법은?

① 테르밋 용접 ② 스터드용접
③ 서브머지드 아크용접 ④ 불활성 가스 용접

**해답**

18. ② 19. ②

해설 **스터드(stud) 용접**

원리	볼트나 환봉 핀을 피스톤형의 홀더에 끼우고 모재와 볼트 사이에 순간적으로 아크(플래시)를 발생시켜 용접하는 방법
특징	① 대체로 급열, 급랭을 받기 때문에 저탄소강에 좋음 ② 용제를 채워 탈산 및 아크를 안정화 함 ③ 스터드 주변에 페롤(ferrule, 가이드)을 사용함 ④ 페롤은 아크를 보호하고 아크집중력을 높인다.

페룰의 역할

① 용접이 진행되는 동안 아크열을 집중
② 용착금속의 유출방지
③ 용융금속의 산화방지
④ 용착금속의 오염방지
⑤ 용접시의 눈을 아크로부터 보호

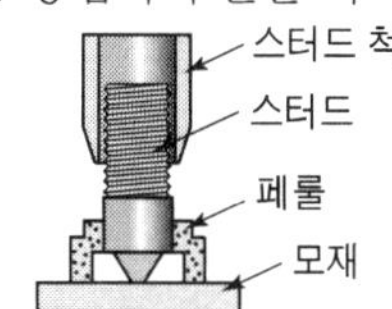

a) 스터드의 고정

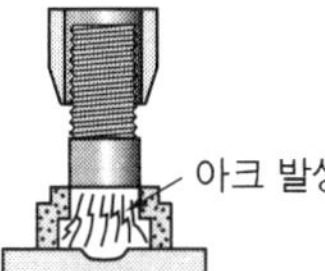

(b) 아크 발생

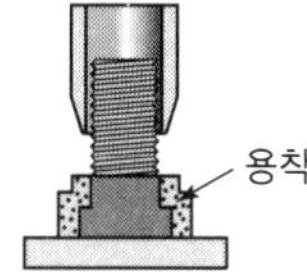

(c) 스터드의 용착

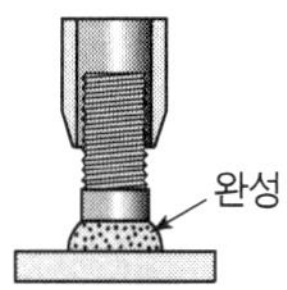

(d) 용접 완료

문제 20

수동가스 절단은 강재의 절단부분을 가스불꽃으로 미리 예열하고 팁의 중심에서 고압의 산소를 불어내어 절단한다. 이때 예열온도는 다음 중 약 몇 ℃인가?

① 600　　② 900
③ 1200　　④ 1500

해설 **구리, 알루미늄** : 200~400℃

문제 21

산소와 아세틸렌가스의 불꽃의 종류가 아닌 것은?

① 탄화불꽃　　② 산화불꽃
③ 혼합불꽃　　④ 중성불꽃

해설 **산소-아세틸렌 불꽃**

① **탄화불꽃** ㉠ 아세틸렌 과잉 불꽃
㉡ 아세틸렌 페더가 있는 불꽃
㉢ 적황색으로 매연을 내면서 탐
㉣ 모넬메탈, 스테인리스, 스텔라이트

② **산화불꽃** ㉠ 산소 과잉 불꽃
㉡ 구리, 황동용접에 사용

③ **중성불꽃** ㉠ 표준불꽃이라 한다.
㉡ 산소와 아세틸렌의 비가 1:1이다.
㉢ 탄소강, 주철, 주강용접에 사용

해답

20. ② 21. ③

문제 22 다음 중 산소 용기의 취급에 설명이 잘못된 것은?

① 산소병 밸브, 조정기 등은 기름천으로 잘 닦는다.
② 산소병 운반시는 충격을 주어서는 안된다.
③ 산소밸브의 개폐는 천천히 해야 한다.
④ 가스누설의 점검을 수시로 해야 한다.

해설 기름이 있는 천으로 닦으면 발화의 위험이 있다.

문제 23 가스용접시 철판의 두께가 3.2mm일 때 용접봉의 지름은 얼마로 하는가?

① 1.2mm ② 2.6mm
③ 3.5mm ④ 4mm

해설

$$D=\frac{t}{2}+1=\frac{3.2}{2}+1=2.6\text{mm}$$

문제 24 초음파 탐상법의 장점이 아닌 것은?

① 얇은 판에 적합하다. ② 검사자에게 위험이 있다.
③ 한쪽에서도 탐상할 수 있다. ④ 길이가 긴 물체의 탐상에 적합하다.

해설 **초음파탐상법의 종류**
① 투과법 ② 공진법 ③ 펄스반사법(가장 많이 사용)
[장점] ① 두꺼운 판 용접에 적합
② 길이가 긴 물체의 탐상에 적합
③ 한쪽에서도 탐상할 수 있다.
④ 검사자에게 위험이 없다.

문제 25 수중절단 작업시 절단산소의 압력은 공기 중에서의 몇 배 정도로 하는가?

① 1.5~2배 ② 3~4배
③ 4~8배 ④ 8~10배

해설 **수중절단** : 물에 잠겨있는 침몰선의 교량의 교각개조, 댐, 항만, 방파제 등의 공사에 사용되며 수중 작업시 예열가스의 양은 공기 중에서 4~8배, 절단산소의 압력은 1.5~2배이다.

문제 26 주철의 일반적인 보수용접 방법이 아닌 것은?

① 덧살 올림법 ② 스터드법
③ 비녀장법 ④ 버터링법

해답

22. ① 23. ② 24. ① 25. ① 26. ①

해설 **주철의 보수용접 방법**

① **버터링법** : 처음에는 모재와 잘 융합되는 용접봉으로 적당한 두께까지 융착시키고 난 후 다른 용접봉으로 용접하는 방법

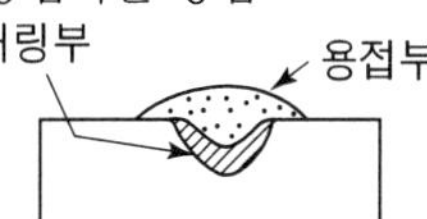

② **비녀장법** : 균열부 수리 및 가늘고 긴 용접을 할 때 용접선에 직각이 되게 지름 6~10mm정도의 ㄷ자형의 강봉을 박고 용접

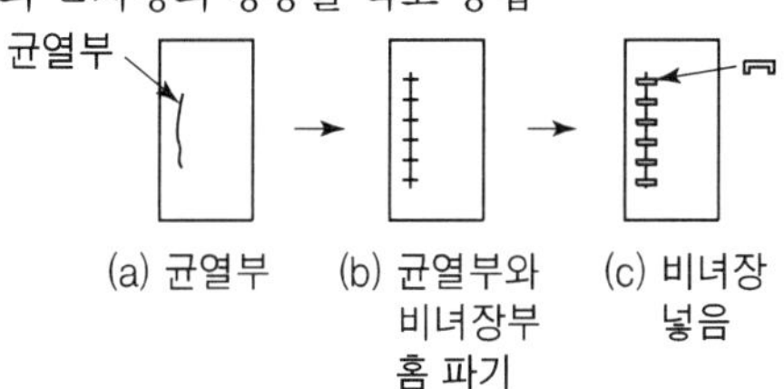

③ **로킹법** : 스터드 볼트 대신 용접부 바닥에 둥근 홈을 파고 이 부분에 걸쳐 힘을 받도록 하는 방법

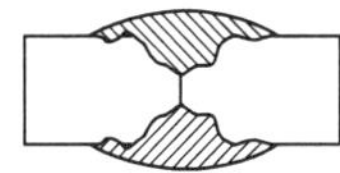

④ **스터드법** : 용접경계부의 바로 밑부분의 모재가 갈라지는 약점을 보강키 위해 스터드 볼트를 용접 홈의 경사면에 심은 다음 함께 용접하는 방법

2017

문제 27

다음 중 화학적인 표면 경화법이 아닌 것은?

① 침탄법 ② 화염경화법
③ 금속침투법 ④ 질화법

해설 문제 17번 참조

문제 28

잔류응력을 완화시켜 주는 방법이 아닌 것은?

① 응력제거 어닐링 ② 저온응력 완화법
③ 기계적응력 완화법 ④ 케이블 커넥터법

해설 **잔류응력을 완화시켜 주는 방법**

① 피닝법 ② 기계적 응력완화법
③ 저온 응력완화법 ④ 국부풀림법
⑤ 노내풀림법 ⑥ 응력제거 어닐링

해답

27. ② 28. ④

문제 29

균열에 대한 감수성이 좋아서 두꺼운 판, 구조물의 첫 층 용접 혹은 구속도가 큰 구조물과 고장력강 및 탄소나 황의 함유량이 많은 강의 용접에 가장 적합한 용접봉은?

① 일미나이트계(E4301) ② 고셀룰로오스계(E4311)
③ 고산화티탄계(E4313) ④ 저수소계(E4316)

해설 **연강용 피복아크 용접봉의 특징**

① E 4301(일미나이트계)
 ㉠ TiO_2, FeO를 약 30% 함유
 ㉡ 주성분은 광석 사철
 ㉢ 용접성과 기계적 성질이 우수
 ㉣ 가열온도와 가열시간 : 70~100℃, 30~60분
② E 4303(라임티탄계)
 ㉠ TiO_2(산화타탄)을 약 30% 이상 함유
 ㉡ 비드의 외관이 아름답다.
 ㉢ 언더컷이 발생되지 않는다.
③ E 4311(고셀룰로오스계)
 ㉠ 셀룰로오스를 20~30%정도 포함
 ㉡ 비드표면이 거칠고 스패터가 많은 것이 결점
 ㉢ 좁은 홈의 용접 시 사용
 ㉣ 습기가 흡수되기 쉬우므로 건조
④ E 4313(고산화티탄계)
 ㉠ 산화티탄을 약 35% 이상 함유
 ㉡ 일반 경구조물 용접에 사용
 ㉢ 비드 표면이 고우며 작업성이 우수
 ㉣ 고온크랙을 일으키기 쉬운 결점이 있다.
⑤ E 4316(저수소계)
 ㉠ 주성분으로는 석회석, 형석 등이 있다.
 ㉡ 내균열성, 기계적 성질 우수
 ㉢ 용착금속 중에서 수소 함유량이 다른 피복봉에 비해 1/10 정도로 매우 낮음.
 ㉣ 가열온도와 가열시간 : 300~350℃, 1~2시간
⑥ E 4324(철분산화티탄계)
⑦ E 4316(철분저수소계)
⑧ E 4327(철분산화철계)

문제 30

현재 많이 사용되고 있는 오스테나이트계 스테인리스강의 대표적인 화학적 조성으로 맞는 것은?

① 13% Cr ② 13% Ni
③ 18%Cr, 8% NI ④ 18% NI, 8% Cr

해설 오스테나이트계 스테인리스강＝18−8 스테인리스강
Cr(18%) − Ni(8%)

해답

29. ④ 30. ③

문제 31

용접결함 중 구조상의 결함이 아닌 것은?

① 기공 ② 언더컷
③ 변형 ④ 용입불량

해설 **구조상 결함**

① 오우버랩 ② 용입불량 ③ 내부기공 ④ 슬래그혼입 ⑤ 언더컷
⑥ 선상조직 ⑦ 은점 ⑧ 균열 ⑨ 기공

치수상 결함

① 변형 ② 치수불량 ③ 형상불량

문제 32

6 : 4 황동에 주석을 1~2% 정도 첨가한 합금으로 강도가 크고 내식성이 좋은 황동은?

① 델타메탈 ② 네이벌황동
③ 망간황동 ④ 망가닌

해설 **합금**

① 일렉트론 : Al+Zn+Mg (알아마) – 항공기, 자동차부품
② 도우메탈 : Al+Mg (알마)
③ 실루민 : Al+Si (알소) – 개량처리 효과 크다(Na, F, NaOH)
④ 두랄루민 : Al+Cu+Mg+Mn (알구마망)
⑤ 알드레이 : Al+Mg+Si (알마소)
⑥ Y합금 : Al+Cu+Mg+Ni (알구마니) – 실린더헤드, 피스톤에 사용
⑦ 하이드로날륨 : Al+Mg (알마) – 선박용 부품, 조리용기구, 화학용 부품
⑧ 로엑스 : Al+Cu+Mg+Ni+Si (알구마니소)
⑨ 켈밋 : Cu+Pb(30~40%) (켈구납) – 베어링에 사용
⑩ 양은 : 7:3 황동+Ni(10~20%)
⑪ 델타메탈 : 6:4 황동+Fe(1~2%) – 모조금, 판 및 선, 선박용 기계, 광산용 기계, 화학용 기계
⑫ 에드미럴티 : 7:3 황동+Sn(1~2%) – 증발기, 열교환기, 탈아연 부식억제, 내수성 및 내해수성 증대
⑬ 네이벌 : 6:4 황동+Sn(1~2%) – 파이프, 선박용 기계
⑭ 문쯔메탈 : Cu(60%)+Zn(20%) – 열교환기, 열간단조품, 탄피
⑮ 톰백 : Cu(80%)+Zn(20%) – 화폐, 메달에 사용
⑯ 레드브레스 : Cu(85%)+Zn(15%) – 장식품에 사용
⑰ 모네메탈 : Ni(65~70%)+Fe(1~3%) – 터빈 날개, 펌프, 임펠러 등에 사용
⑱ 인코넬 : Ni(70~80%)+Cr(12~14%) – 진공관, 필라멘트, 열전쌍보호관
⑲ 콘스탄탄 : 구리(55%)+니켈(45%) – 전열선, 통신기자재, 저항선
⑳ 플래티나이트 : Ni(40~50%)+Fe – 진공관이나 전구의 도입선
㉑ 쾌삭황동 : 황동+납(1.5~3%) – 시계톱니바퀴, 절삭성 향상 스크류
㉒ 코로손 합금 : 구리+니켈+철(1~2%) – 전화선, 통신선에 사용
㉓ 퍼벌로이 : Ni(70~80%)+Fe(10~30%) – 해저전선의 장하코일용
㉔ 화이트메탈 : 구리+안티몬+주석(구안주)
㉕ 고속도강(SKH) : 텅스텐+크롬+바나듐(텅크바)

해답

31. ③ 32. ②

㉙ **하드필드강** : 주강 + 망간(**하주망**)
㉗ **어드벤스** : Cu(54%) + Ni(44%) + Mn(1%) + Fe(0.5%)
㉘ **듀라나메탈** : 7:3 황동 + Fe(2%)
㉙ **인바** : Ni(36%)+Mn(0.4%)+C(0.2%) – 시계의 진자, 줄자, 계측기의 부품, 미터기준봉 바이메탈
㉚ **초인바** : Ni(32%) + Co(4~6%)
㉛ **엘린바** : Ni(36%) + Cr(13%) – 고급시계, 정밀저울의 스프링
㉜ **코엘린바** : Ni(10~16%) + Cr(10~11%) + Co(2.6~5.8%) – 태엽, 기상관측용 기구의 부품, 스프링
㉝ **미하나이트 주철** : 퍼얼라이트 바탕에 흑연이 미세하고 고르게 분포되어 있으며 내마멸성이 요구되는 피스톤링 등 자동차부품에 많이 사용
㉞ **라우탈** : Al + Cu + Si – 피스톤, 기계 부속품
㉟ **포금** : Sn(8~12%) + Zn(1%) – 기어, 밸브의 콕, 피스톤, 플랜지
㊱ **니칼로이** : Ni(50%) + Fe(50%) – 해저전선, 소형변압기
㊲ **하스텔로이** : Ni + Mo + Fe
㊳ **배빗메탈** : Cu + Sb + Sn

문제 33

용접전류의 조정을 직류여자 전류로 조정하고 또한 원격조정이 가능한 교류아크 용접기는?

① 탭 전환용 ② 가동 철심형
③ 가동코일형 ④ 가포화 리액터형

해설 **교류아크용접기의 특징**

① **가동철심형**
㉠ 현재 가장 많이 사용
㉡ 미세한 전류 조정이 가능
㉢ 가동철심으로 누설자속을 가감하여 전류조정
㉣ 광범위한 전류조정이 어렵다.

② **가동코일형**
㉠ 가격이 비싸다.
㉡ 1차, 2차 코일중의 하나를 이동하여 누설자속을 변화하여 전류조정

③ **가포화리액터형**
원격제어가 되고 가변저항의 변화로 용접전류를 조정

④ **탭전환형**
㉠ 무부하전압이 높아 전격의 위험이 있다.
㉡ 코일의 감긴 수에 따라 전류조정
㉢ 미세전류조정이 어렵다.

문제 34

아크가 발생하는 초기에 용접봉과 모재가 냉각되어 있어 용접입열이 부족하여 아크가 불안정하기 때문에 아크초기만 용접 전류를 특별히 높게 하는 장치는?

① 원격제어장치 ② 전동기 조작장치
③ 핫 스타트장치 ④ 머니퓰레이터 장치

해답

33. ④ 34. ③

해설 **교류아크용접기의 부속장치**

① **핫 스타트 장치** : 아크가 발생하는 초기에 용접봉과 모재가 냉각되어 있어 입열이 부족하여 아크가 불안정하기 때문에 아크 초기만 용접전류를 특별히 크게 하기 위해
② **전격방지장치** : 무부하전압이 85~95V로 비교적 높은 교류아크용접기는 감전재해의 위험이 있기 때문에 무부하전압을 20~30V 이하로 유지하여 용접사 보호
③ **고주파발생장치** : 교류아크용접기에 고주파를 병용시키면 아크가 안정되므로 작은 전류로 얇은 판에 비철금속 용접시 사용

문제 35

선철과 탈산제로 부터 잔류하게 되며 보통 탄소강 중에 0.1~0.35% 정도 함유되어 있고 강의 인장강도 탄성한계, 경도 등은 높아지나 용접성을 저하시키는 원소는?

① Cu ② Mn
③ Ni ④ Si

해설 **특수원소의 영향**

① **규소(Si)** : ㉠ 인장강도, 경도, 탄성한계 높아진다.
㉡ 용접성을 저하시킴
㉢ 용융금속의 유동성을 좋게 한다.
㉣ 충격저항감소, 연신율 감소
㉤ 결정립의 조대화
② **니켈(Ni)** : ㉠ 인성증가 ㉡ 저온충격저항 증가
㉢ 질화촉진 ㉣ 주철의 흑연화 촉진
③ **크롬(Cr)** : ㉠ 내식성, 내마모성 향상 ㉡ 흑연화를 안정
㉢ 탄화물 안정 ㉣ 담금질 효과 증대
④ **몰리브덴(Mo)** : ㉠ 뜨임취성 방지
㉡ 고온강도 개선
㉢ 저온취성 방지
⑤ **망간(Mn)** : ㉠ 적열취성방지
㉡ 황의 해를 제거
㉢ 고온에서 결정립 성장 억제
㉣ 흑연화를 방해하여 백주철화 촉진
⑥ **티탄(Ti)** : ㉠ 탄화물 생성용이 ㉡ 결정입자의 미세화
⑦ **붕소(B)** : 담금질성 개선
⑧ **인(P)** : 제강시 편석을 일으키기 쉽다.

문제 36

용접의 일반적인 특징을 설명한 것 중 틀린 것은?

① 제품의 성능과 수명이 향상되며 이종재료도 용접이 가능하다.
② 재료의 두께에 제한이 없다.
③ 보수와 수리가 어렵고 제작비가 많이 든다.
④ 작업공정이 단축되며 경제적이다.

해답

35. ④ 36. ③

해설 용접의 특징

① 이종재료 용접이 가능
② 중량이 가벼워진다.
③ 재료의 두께에 제한이 없다.
④ 제품의 성능과 수명 향상
⑤ 보수와 수리용이
⑥ 수밀, 기밀, 유밀성 양호
⑦ 작업공정이 간단하다.
⑧ 용접사의 기량에 따라 품질 좌우
⑨ 품질검사 곤란
⑩ 잔류응력이 생긴다.

문제 37

알루미늄에 대한 설명으로 틀린 것은?

① 전기 및 열의 전도율이 매우 떨어진다.
② 경금속에 속한다.
③ 융점이 650℃ 정도이다.
④ 내식성이 좋다.

해설 알루미늄의 성질

① 비중은 2.7, 용융점은 650℃이다.
② 열과 전기의 양도체이다.
③ 무기산 염류에 침식된다.
④ 알루미늄의 전기전도도는 구리의 65%이다.
⑤ 알루미늄은 광석의 보크사이트로부터 제조한다.
⑥ 전성, 연성이 풍부하여 400~500℃에서 연신율이 최대이다.

문제 38

특수용도강의 스테인리스강에서 그 종류를 나열한 것 중 틀린 것은?

① 페라이트계
② 베이나이트계
③ 마텐자이트계
④ 오스테나이트계

해설 스테인리스강의 종류

① 오스테나이트계 스테인리스강
② 마아텐자이트계 스테인리스강
③ 페라이트계 스테인리스강(Cr : 13%)
④ 석출경화용 스테인리스강(PH형 스테인리스강)

문제 39

용접 결함이 언더컷일 경우 결함의 보수방법은?

① 일부분을 깎아내고 재용접 한다.
② 홈을 만들어 용접 한다.
③ 가는 용접봉을 사용하여 보수한다.
④ 결함부분을 절단하여 재용접 한다.

해답

37. ① 38. ② 39. ③

문제 40

정격전류 200A, 정격사용률 45%인 용접기로써 실제아크전압 30V, 아크전류 150A 로 수행한다고 가정하면 허용사용률은 약 얼마인가?

① 70% ② 80%
③ 90% ④ 65%

해설 **허용사용률** $= \dfrac{(\text{정격2차전류})^2}{(\text{실제용접전류})^2} \times \text{정격사용률} = \dfrac{(200)^2}{(150)^2} \times 45 = 80$

문제 41

산소-아세틸렌 용접법에서 전진법과 비교한 후진법의 특징 설명으로 틀린 것은?

① 열 이용률이 좋다. ② 용접변형이 적다.
③ 용접속도가 느리다. ④ 홈의 각도가 적다.

2017

해설 **후진법의 특징**

① 두꺼운 판 용접에 적합 ② 용접속도가 빠르다.
③ 용접변형이 적다. ④ 열 이용률이 좋다.
⑤ 홈의 각도가 적다. ⑥ 비드표면이 매끈하지 못하다.
⑦ 산화정도 약하다.

문제 42

피복아크 용접봉에서 피복제의 주된 역할이 아닌 것은?

① 아크를 안정하게 한다.
② 용착금속의 탈산정련 작용을 한다.
③ 용착금속의 냉각속도를 느리게 한다.
④ 용융점이 높은 적당한 점성의 가벼운 슬래그를 만든다.

해설 **피복제의 역할**

① 전기절연작용 ② 공기 중 산화, 질화방지
③ 아크 안정 ④ 슬래그제거를 쉽게 한다.
⑤ 탈산정련작용 ⑥ 합금원소첨가
⑦ 용착 효율을 높인다. ⑧ 용착금속의 냉각속도를 느리게 한다.
⑨ 스패터 발생을 적게 한다.

문제 43

CO_2가스아크용접에서 플럭스 코드와이어의 단면형상이 아닌 것은?

① NCG 형 ② Y관상형
③ 풀(pull)형 ④ 아코스형

해설 **플럭스코드 와이어의 단면형상**

① 아코스형 ② Y관상형 ③ NCG형

해답

40. ② 41. ② 42. ④ 43. ③

문제 44

오스테나이트계 스테인리스강 용접시 냉각되면서 고온균열이 발생되는데 주 원인이 아닌 것은?

① 아크 길이가 짧을 때
② 모재가 오염 되었을 때
③ 크레이터 처리를 하지 않았을 때
④ 구속력이 가해진 상태에서 용접할 때

해설 **고온균열이 발생하는 주원인**

① 구속력이 가해진 상태에서 용접할 때
② 모재가 오염 되었을 때
③ 아크길이가 길 때
④ 크레이터 처리를 하지 않았을 때

문제 45

가스 절단면의 표준 드래그 길이는 얼마 정도로 하는가?

① 판두께의1/2 ② 판두께의 1/3
③ 판두께의 1/5 ④ 판두께의 1/7

해설

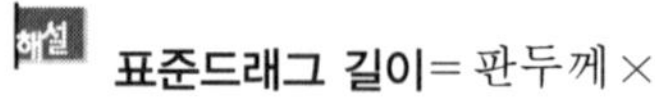

표준드래그 길이= 판두께 $\times \frac{1}{5}$

문제 46

A2 용지의 세로와 가로의 크기는?

① 세로 841mm, 가로 1189mm ② 세로 594mm, 가로 841mm
③ 세로420mm, 가로 594mm ④ 세로 297mm, 가로 420mm

해설 **도면의 크기**

용지	가로	세로
A0	841	1189
A1	594	841
A2	420	594
A3	297	420
A4	210	297

문제 47

비소모 전극 방식의 아크용접에 해당하는 것은?

① 불활성가스 아크용접 ② 서브머지드 아크용접
③ 피복금속 아크 용접 ④ 탄산가스 아크용접

해답

44. ① 45. ③ 46. ③ 47. ①

문제 48

탄소강에 함유된 가스중에서 강을 여리게 하고 산이나 알카리에 약하며 백점이나, 헤어크랙의 원인이 되는 것은?

① 이산화탄소 ② 질소
③ 산소 ④ 수소

해설 **수소**
① 헤어크랙의 원인 ② 은점의 원인
③ 기공의 원인 ④ 선상조직의 원인
⑤ 수소취성의 원인

문제 49

알루미늄-규소계 합금으로, 10~14%의 규소가 함유되어 있고 알펙스라고도 하는 것은?

① 실루민 ② 두랄루민
③ 하이드로날륨 ④ Y합금

해설 문제 32번 참조

문제 50

베어링에 사용되는 대표적인 구리 합금으로Cu70%-Pb30% 합금은?

① 켈밋 ② 톰백
③ 다우메탈 ④ 배빗메탈

해설 문제 32번 참조

문제 51

다음 중 일반구조용 압연강재의 KS 재료 기호는?

① SS490 ② SSW41
③ SBC1 ④ SM400A

해설 **재료의 종류와 기호**
① SHP1~SHP3 : 열간 압연 연강판 및 강대
② SS330, SS400, SS490, SS540 : 일반구조용 압연강판
③ SCP1~SCP3 : 냉간 압연강판 및 강대
④ SWS400A~SWS570 : 용접구조용 압연강재
⑤ PW1~PW3 : 피아노선
⑥ SPS1~SPS9 : 스프링 강재
⑦ SCr415~SCr420 : 크롬 강재
⑧ SNC415, SNC815 : 니켈 크롬 강재
⑨ SF340A~SF640B : 탄소강 단강품
⑩ STC1~STC7 : 탄소공구강재
⑪ SM10C~SM58C, SM9CK, SM15CK, SM20CK : 기계구조용 탄소강재
⑫ SC360~SC480 : 탄소 주강품

해답

48. ④ 49. ① 50. ① 51. ①

⑬ GC100~GC350 : 회 주철품
⑭ GCD370~GCD800 : 구상흑연 주철품
⑮ BMC270~BMC360 : 흑심 가단 주철품
⑯ WMC330~WMC540 : 백심 가단 주철품

문제 52

다음 정투상법에 관한 설명으로 올바른 것은?

㉮ 제1각법에서는 정면도의 왼쪽에 평면도를 배치한다.
㉯ 제1각법에서는 정면도의 밑에 평면도를 배치한다.
㉰ 제3각법에서는 평면도의 왼쪽에 우측면도를 배치한다.
㉱ 제3각법에서는 평면도의 위쪽에 정면도를 배치한다.

해설 **정투상법**

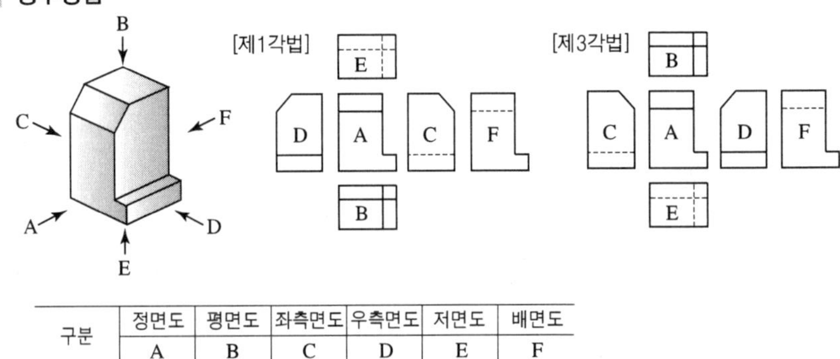

구분	정면도	평면도	좌측면도	우측면도	저면도	배면도
	A	B	C	D	E	F

문제 53

기계제도 도면에서 치수 기입시 사용되는 기호가 잘못된 것은?

① ϕ20 ② R30
③ Sϕ40 ④ □ϕ10

해설 **치수의 표기방법**

① 정면도, 평면도, 측면도 순으로 기입한다.
② 길이의 치수문자는 원칙적으로 mm의 단위로 기입한다.
③ 치수문자의 소수점(.)은 아래쪽의 점으로 하고 숫자사이를 적당히 띄워 표시한다.
④ 3자리마다 숫자의 사이를 적당히 띄우고 콤마(,)는 찍지 않는다.

구분	기호	사용법	잘못된 표기법
지름(diameter)	ϕ	ϕ20	D20
반지름(radius)	R	R20	
구(Sphere)의 지름	Sϕ	sϕ20	
구의 반지름	SR	SR10	
정사각형의 변	□	□10	⊠10
판의 두께(thickness)	t	t5	
45˚의 모따기	C	C3	
원호의 길이	⌒		
이론적으로 정확한 치수	▭	[12]	
참고치수	( )	(12)	

해답

52. ② 53. ④

문제 54 기계제도에서 표제란과 부품란이 있을 때 표제란에 기입할 사항들로만 묶인 것은?

① 도번, 도명, 척도, 투상법 ② 도면, 도번, 재질, 수량
③ 품번, 품명, 척도, 투상법 ④ 품번, 품번, 재질, 수량

해설 표제란에 기입할 사항
① 투상법 ② 척도 ③ 소속단체명 ④ 작성년월일 ⑤ 도번 ⑥ 도명

문제 55 다음의 도면에서 "A"의 길이는 얼마인가?

㉮ A=1500mm
㉯ A=1600mm
㉰ A=1700mm
㉱ A=1800mm

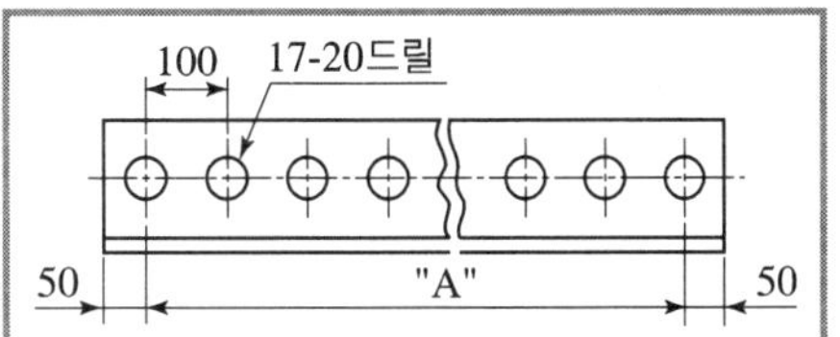

해설 A의 길이=(100×17)−(2×50)=1600mm

문제 56 보기 그림은 배관용 밸브의 도시 기호이다. 어떤 밸브의 도시 기호인가?

㉮ 앵글 밸브
㉯ 체크 밸브
㉰ 게이트 밸브
㉱ 안전 밸브

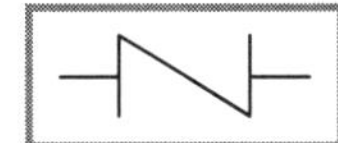

해설 밸브 도시 기호
① 앵글밸브 : ③ 체크밸브 :
② 게이트밸브 : ④ 안전밸브 :

문제 57 보기 입체도에서 화살표 방향을 정면도로 투상했을 때 평면도로 맞는 것은?

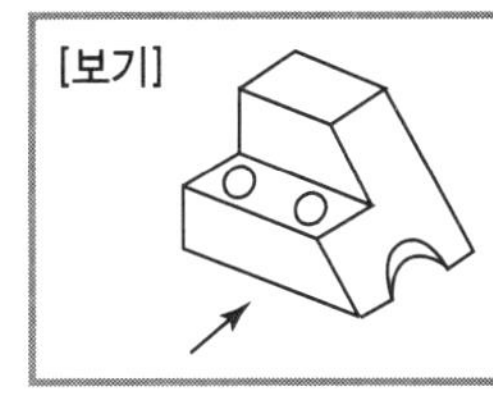

㉮ 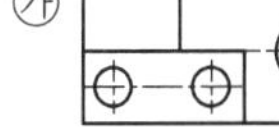

㉯ 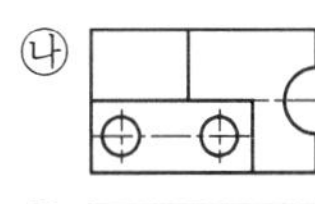

㉰

㉱ 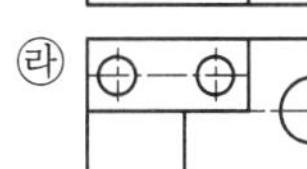

해답 54. ① 55. ② 56. ② 57. ②

문제 58 기계재료의 표시법에서 탄소 주강품을 나타내는 재료 기호는?

㉮ SC ㉯ SM
㉰ GCD ㉱ STC

문제 59 보기 입체도를 제3각법으로 투상한 도면에 대한 설명으로 가장 적합한 것은?

㉮ 정면도 만 틀림
㉯ 평면도 만 맞음
㉰ 우측면도 만 맞음
㉱ 모두 맞음

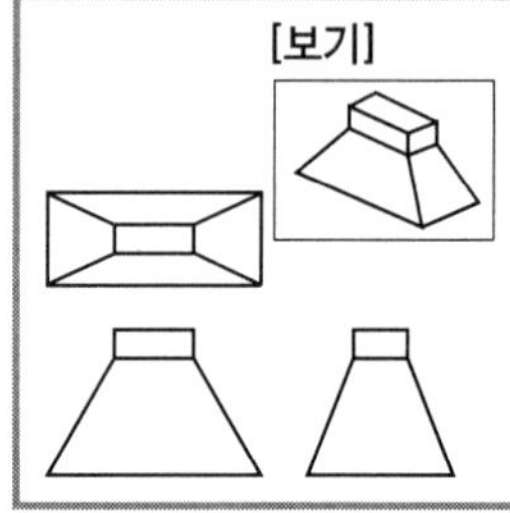

문제 60 보기 원추를 전개하였을 경우 전개면의 꼭지각이 180°가 되려면 ϕD의 치수는 얼마가 되어야 하는가?

㉮ $\phi100$
㉯ $\phi120$
㉰ $\phi150$
㉱ $\phi200$

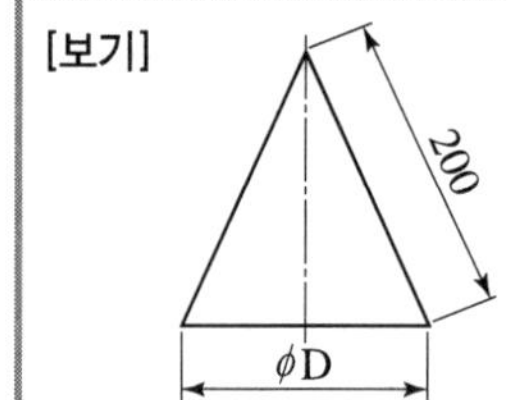

해설

$$Q = 360 \times \frac{r}{e}$$

$$180 = 360 \times \frac{r}{200}$$

$$r = \frac{180 \times 200}{360} = 100\text{mm} \qquad \therefore\ 100 \times 2 = 200\text{mm}$$

해답

58. ① 59. ④ 60. ④

특수용접기능사

2017년 제 2 회

CBT 시험형식으로 바뀜으로 인하여 본 문제는 수험생분들의 이야기를 토대로 작성하였기에 문제가 상이할 수 있음

문제 01 일명 유니온멜트용접이라고도 불리며 아크가 용제속에 잠겨있어 밖에서는 보이지 않는 용접법은?

① 서브머지드 아크용접 ② 이산화탄소 아크용접
③ 일렉트로 슬래그 용접 ④ 불활성가스 텅스텐 아크용접

해설 **서브머지드 아크용접**

① **원리** : 자동 금속아크 용접법으로 모재의 이음표면에 미세한 입상의 용제를 공급하고, 용제 속에 연속적으로 전극와이어를 송급하여 모재 및 전극와이어를 용융시켜 용접부를 대기로부터 보호하면서 용접하는 방법으로 일명 잠호용접이라고 한다. 상품명으로는 링컨용접, 유니언멜트용접이라고 불리운다.

② **장점**
㉠ 콘텍크 팁에서 통전되므로 와이어 중에 저항 열이 적게 발생되어 고전류 사용이 가능하다.
㉡ 용융 속도 및 용착속도가 빠르다.
㉢ 용입이 깊다.
㉣ 작업 능률이 수동에 비하여 판두께 12mm에서 2~3배, 25mm에서 5~6배, 50mm에서 8~12배 정도가 높다.
㉤ 개선각을 적게 하여 용접 패스(pass)수를 줄일 수 있다.
㉥ 기계적 성질이 우수하다.
㉦ 유해광선이나 퓸(fume) 등이 적게 발생되어 작업환경이 깨끗하다.
㉧ 비드 외관이 매우 아름답다.

③ **단점**
㉠ 장비의 가격이 고가이다.
㉡ 용접 적용 자세에 제약을 받는다.
㉢ 용접 재료에 제약을 받는다.
㉣ 개선 홈의 정밀을 요한다.(팩킹재 미 사용시 루트간격 0.8mm 이하)
㉤ 용접 진행 상태의 양 · 부를 육안식별이 불가능하다.
㉥ 용접선이 짧거나 복잡한 경우 수동에 비하여 비능률적이다.

일렉트로 슬래그 용접

① **원리** : 용융 슬래그와 용융금속이 용접부로부터 유출되지 않게 모재의 양측에 수랭식 동판을 대어주고 용융 슬래그 속에서 전극 와이어를 연속적으로 공급하여 주로 용융 슬래그의 저항열에 의하여 와이어와 모재를 용융시키면서 단층 수직 상진 용접을 하는 방법

② **장점**
㉠ 아크가 눈에 보이지 않고 아크불꽃이 없다.
㉡ 최소한의 변형과 최단시간의 용접법이다.
㉢ 한 번에 장비를 설치하여 후판을 단일층으로 한 번에 용접할 수 있다.

해답

01. ①

2017

㉣ 압력용기, 조선 및 대형 주물의 후판 용접 등에 바람직한 용접이다.
㉤ 용접시간을 단축할 수 있어 용접능률과 용접 품질이 우수하다.
㉥ 용접 홈의 기공준비가 간단하고 각(角) 변형이 적다.
㉦ 대형물체의 용접에 있어서는 아래보기 자세 서브머지드 용접에 비하여 용접시간, 홈의 가공비, 용접봉비, 준비시간 등을 1/3~1/5정도로 감소시킬 수 있다.
㉧ 전극와이어의 지름은 보통 2.5~3.2mm를 주로 사용한다.
㉨ 판두께가 두꺼울수록 경제적이다.
㉩ 용접장치가 간단하며 취급이 쉽고 고도의 숙련을 요하지 않는다.

③ 단점
㉠ 박판용접에는 적용할 수 없다.
㉡ 장비가 비싸다.
㉢ 장비설치가 복잡하며, 냉각장치가 필요하다.
㉣ 용접시간에 비하여 용접 준비시간이 더 길다.
㉤ 용접 진행시 용접부를 직접 관찰할 수 없다.
㉥ 높은 입열로 기계적 성질이 저하될 수 있다.

탄산가스 아크용접

① **원리** : 불활성 가스 대신에 탄산가스(CO_2)를 이용한 용극식 용접 방법이고, 가시 아크이므로 아크 및 용융지의 상태를 보면서 용접하는 방법.

② **장점**
㉠ 전류밀도가 높다.
㉡ 용입이 깊고 용접 속도를 빠르게 할 수 있다.
㉢ 용착 금속의 기계적 성질 및 금속학적 성질이 우수하다.
㉣ 박판용접(0.8mm까지)은 단락이행 용접법에 의해 가능하며, 전자세 용접도 가능하다.
㉤ 가시(可視) 아크이므로 시공이 편리하다.
㉥ 용제를 사용하지 않아 슬래그 혼입이 없고 용접 후의 처리가 간단하다.
㉦ 아크시간(용접 작업시간)을 길게 할 수 있다.
㉧ 용접진행의 양부를 판단할 수 없다.

③ **단점**
㉠ 바람의 영향을 크게 받으므로 2m/sec 이상이면 방풍장치가 필요하다.
㉡ 적용 재질이 철(Fe)계통으로 한정되어 있다.
㉢ 비드 외관은 피복아크 용접이나 서브머지드 아크 용접에 비해 약간 거칠다.

문제 02

용접 작업 전 예열을 하는 목적으로 틀린 것은?

① 금속중의 수소를 방출시켜 균열을 방지
② 고탄소강이나 합금강 열 영향부의 경도를 높게 함
③ 용접부의 수축 변형 및 잔류응력을 경감
④ 용접 금속 및 열 영향부의 연성 또는 인성을 향상

해설 **예열의 목적**
① 용접금속 및 열영향부의 연성 또는 인성을 향상
② 용접부의 수소변형 및 잔류응력을 경감
③ 금속 중의 수소를 방출시켜 균열을 방지

해답

02. ②

④ 용접의 작업성 개선
⑤ 열영향부의 균열을 방지
⑥ 용접부의 냉각속도를 느리게 하여 결함방지

문제 03

일렉트로 가스 아크 용접에 주로 사용하는 실드 가스는?

① 아르곤
② CO_2가스
③ 질소
④ 헬륨

해설 문제 1번 참조

문제 04

가연물의 자연발화를 방지하는 방법을 설명한 것 중 틀린 것은?

① 저장실의 온도를 낮게 유지할 것
② 공기의 유통이 잘 되게 할 것
③ 가연물의 열 축적이 용이하지 않도록 할 것
④ 공기와의 접촉면적을 크게 할 것

해설 **자연발화 방지법**
① 공기의 유통이 잘 되게 할 것
② 열 축적이 없도록 할 것
③ 저장실의 온도를 낮출 것
④ 공기와의 접촉면적을 크게 할 것

문제 05

아세틸렌, 수소 등의 가연성가스와 산소를 혼합연소 시켜 그 연소열을 이용하여 용접하는 것은?

① 탄산가스 아크 용접
② 불활성가스 아크 용접
③ 가스 용접
④ 서브머지드 아크 용접

문제 06

맞대기 용접 이음에서 최대 인장하중이 800kgf이고 판두께가 5mm, 용접선의 길이가 20cm일 때 용착금속의 인장강도는 얼마인가?

① $8kgf/mm^2$
② $0.8kgf/mm^2$
③ $0.9kgf/mm^2$
④ $10kgf/mm^2$

 **인장강도** $= \dfrac{800\text{kgf}}{5 \times 200\text{mm}} = 0.8\text{kgf/mm}^2$

해답

03. ② 04. ④ 05. ③ 06. ②

문제 07

티그 용접에 사용하는 토륨 텅스텐 전극봉에는 몇 %의 토륨이 함유되어 있는가?

① 1~2% ② 3~4%
③ 4~5% ④ 5~6%

해설 토륨이 1~2% 함유한 토륨텅스텐 전극봉을 사용한다.

참고 순텅스텐 전극봉 : 녹색
지르코늄텅스텐 전극봉 : 갈색
토륨 1%인 텅스텐 전극봉 : 황색
토륨 2%인 텅스텐 전극봉 : 적색

문제 08

시험편의 노치부를 액체 질소로 냉각하고 반대쪽을 가스불꽃으로 가열하여 거의 직선적인 온도구배를 주고 시험균열 상태를 알아보는 시험법은?

① 로버트슨 시험 ② 노치충격 시험
③ 슬릿형 용접 균열 시험 ④ T형 용접 균열 시험

문제 09

이산화탄소 아크용접의 솔리드와이어 용접봉에 대한 설명으로 YGA−50W−1.2−20에서 〈50〉이 뜻하는 것은?

① 용접봉의 무게 ② 가스실드 아크 용접
③ 용착금속의 최소 인장강도 ④ 용접 와이어

해설 **솔리드와이어의 이행형식**
YGA − 50W − 1.2 − 20
① Y : 용접와이어 ② G : 가스실드아크용접
③ A : 내후성강용 ④ 50 : 용착금속의 최소인장강도
⑤ W : 와이어의 화학성분 ⑥ 1.2 : 지름
⑦ 20 : 무게

참고 **플럭스와이어 CO_2법**
① 아코스아크법 ② 퓨즈아크법 ③ NCG법 ④ 유니온아크법

문제 10

불활성가스 금속 아크용접에 관한 설명으로 틀린 것은?

① CO_2 용접에 비해 스패터 발생이 적어 비교적 아름답고 깨끗한 비드를 얻을 수 있다.
② 티그용접에 비해 전류밀도가 높아 용융속도가 빠르다.
③ 박판용접(3mm 이하)에 적당하다.
④ 피복아크용접에 비해 용착효율이 높아 고능률적이다.

해답

07. ① 08. ① 09. ③ 10. ③

해설 **불활성가스 금속아크용접**

용극	용극식, 소모식
상품명	에어코우메틱(air comatic), 시그마(sigma), 필러아크(filler arc), 알곤노트(argonaut)
원리	연속적으로 공급되는 용가재(금속 용접봉)와 모재 사이에서 발생되는 아크 열을 이용하여 용접하는 방식으로 용극식, 소모식 불활성가스 금속아크 용접이라고 한다.
장점	① 각종 금속용접에 다양하게 적용할 수 있어 용융범위가 넓다. ② CO_2용접에 비해 스패터 발생이 적다. ③ TIG용접에 비해 전류밀도가 높으므로 용융속도가 빠르다. ④ 후판용접에 적합하다. ⑤ 수동 피복아크 용접에 비해 용착효율이 높아 고능률적이다.
단점	① 보호가스의 가격이 비싸서 연강용접에는 다소 부적당하다. ② 박판용접(3mm 이하)에는 적용이 곤란하다. ③ 바람의 영향을 크게 받으므로 방풍대책이 필요하다. ④ 용접 후 슬래그가 없어서 용착금속의 냉각속도가 빠르기 때문에 금속 조직과 기계적 성질이 변할 수 있다.

MIG 용접장치의 구성

용접토치, 와이어 송급장치, 제어장치, 가스 실린더, 가스유량조정기, 용접전원, 케이블

용접토치

커브형	① 단단한 와이어를 사용하는 CO_2용접에 적합하다. ② 공랭식 토치에 사용
피스톨형	① 연한 비철금속 와이어를 사용하는 MIG용접에 적합하다. ② 수냉식 토치에 사용

와이어 송급방식

① 풀(Pull)방식
② 푸시(Push)방식
③ 푸시(Push) – 풀(Pull)방식
④ 더블 푸시(Double Push)방식

제어장치의 기능

① 예비 가스 유출시간 : 아크가 발생되기 전 보호가스를 방출하여 안정시키는 제어
② 스타트 시간 : 아크가 발생되는 순간 용접전류와 전압을 크게 하여 아크발생과 모재 융합을 돕는 제어
③ 크레이터 충전 시간 : 용접이 끝나는 지점에서 토치 스위치를 다시 누르면 전류와 전압이 낮아져 쉽게 크레이터 충전
④ 번언 백 시간 : 크레이터 처리 기능에 의해 낮아진 전류가 서서히 줄어들면서 아크가 끊어지는 기능(용접부 녹음 방지)

문제 11 용접결함이 언더컷일 경우 그 보수방법으로 가장 적당한 것은?

① 가는 용접봉을 사용하여 보수한다. ② 정지구멍을 뚫고 재용접한다.
③ 홈을 만들어 용접한다. ④ 결함부분을 절단하여 재용접한다.

해답

11. ①

2017

해설 보수방법

① 언더컷의 보수 : 가는용접봉을 이용하여 보수
② 오우버랩의 보수 : 일부분을 깎아내고 재용접
③ 슬래그의 보수 : 일부분을 깎아내고 재용접
④ 균열의 보수 : 정지구멍을 뚫어 균열부분은 홈을 판 후 재용접

문제 12

다음 중에서 합금주강에 해당되지 않는 것은?

① 니켈 주강 ② 망간 주강
③ 크롬 주강 ④ 납 주강

해설 합금주강의 종류

① 크롬주강 ② 망간주강 ③ 니켈주강

문제 13

합금강에서 티탄을 약간 첨가하였을 때 얻는 효과로 가장 적합한 것은?

① 고온강도 개선 ② 결정입자 미세화
③ 담금질 성질 개선 ④ 경화능 개선

해설 특수원소의 영향

① 규소(Si) : ㉠ 인장강도, 경도, 탄성한계 높아진다.
㉡ 용접성을 저하시킴
㉢ 용융금속의 유동성을 좋게 한다.
㉣ 충격저항감소, 연신율 감소
㉤ 결정립의 조대화
② 니켈(Ni) : ㉠ 인성증가 ㉡ 저온충격저항 증가
㉢ 질화촉진 ㉣ 주철의 흑연화 촉진
③ 크롬(Cr) : ㉠ 내식성, 내마모성 향상 ㉡ 흑연화를 안정
㉢ 탄화물 안정 ㉣ 담금질 효과 증대
④ 몰리브덴(Mo) : ㉠ 뜨임취성 방지 ㉡ 고온강도 개선 ㉢ 저온취성 방지
⑤ 망간(Mn) : ㉠ 적열취성방지
㉡ 황의 해를 제거
㉢ 고온에서 결정립 성장 억제
㉣ 흑연화를 방해하여 백주철화 촉진
⑥ 티탄(Ti) : ㉠ 탄화물 생성용이 ㉡ 결정입자의 미세화
⑦ 붕소(B) : 담금질성 개선
⑧ 인(P) : 제강시 편석을 일으키기 쉽다.

문제 14

아크 용접시 고탄소강의 용접 균열을 방지하는 방법이 아닌 것은?

① 급냉경화 처리를 한다. ② 예열 및 후열을 한다.
③ 용접속도를 느리게 한다. ④ 용접 전류를 낮춘다.

해답

12. ④ 13. ② 14. ①

해설 **고탄소강의 용접균열 방지법**

① 예열 및 후열을 한다.
② 용접속도를 느리게 한다.
③ 용접전류를 낮춘다.

문제 15

소재를 일정온도(A3)에 가열한 후 공냉시켜 표준화 하는 열처리 방법은?

① 노멀라이징
② 어닐링
③ 퀜칭
④ 탬퍼링

해설 **열처리**

① **담금질** : 강을 A_3 변태 및 A_1선 이상 30~50℃ 가열 후 물 또는 기름으로 급랭하는 방법으로 경도 및 강도 증가
② **뜨임** : 담금질된 강을 A_1 변태점 이하의 일정온도로 가열하여 인성증가
③ **풀림** : 재질의 연화를 목적으로 일정시간 가열 후 노내에서 서냉. 내부응력 및 잔류응력 제거
④ **불림** : 강을 A_3 및 A_1선 이상 30~50℃ 가열 후 공냉시키는 방법. 가공조직의 균일화, 결정립의 미세화, 기계적 성질의 향상 목적
⑤ **심랭처리**(서브제로처리) : 담금질된 강의 경도를 증가시키고 시효변형을 방지하기 위한 목적으로 0℃ 이하의 온도에서 처리
⑥ **질량효과** : 재료의 내 · 외부에 열처리 효과의 차이가 나는 현상

2017

문제 16

알루미늄은 공기중에서 산화하나 내부로 침투하지 못한다. 그 이유는?

① 표면에 산화철이 생성되기 때문
② 내부에 산화철이 생성되기 때문
③ 표면에 산화알루미늄이 생성되기 때문
④ 내부에 산화알루미늄이 생성되기 때문

문제 17

구리합금의 가스 용접시 사용되는 용제로 가장 적합한 것은?

① 붕사, 염화리튬
② 염화리튬, 염화칼륨
③ 붕사, 탄산수소 나트륨
④ 사용하지 않는다.

해설 **용제**

금속	용제
연강	사용하지 않는다.
반경강	중탄산나트륨+탄산나트륨
주철	중탄산나트륨(70%)+붕사(15%)+탄산나트륨(15%)
구리합금	붕사(75%)+염화리튬(25%)
알루미늄	염화칼륨(45%)+염화나트륨(30%)+염화리튬(15%)+플루오르화칼륨+황산칼륨

15. ① 16. ③ 17. ①

문제 18 오스테나이트 스테인리스강 용접시 유의해야 할 사항으로 틀린 것은?

① 짧은 아크 길이를 유지한다.
② 아크를 중단하기 전에 크레이터 처리를 한다.
③ 낮은 전류값으로 용접하여 용접 입열을 억제한다.
④ 용접하기 전에 예열을 하여야 한다.

해설 **오스테나이트계 스테인리스강 용접 시 주의사항**
① 예열을 하지 말아야 한다.
② 층간온도가 320℃ 이상을 넘어서는 안 된다.
③ 짧은 아크길이를 유지한다.
④ 아크를 중단하기 전에 크레이터 처리를 한다.
⑤ 낮은 전류값으로 용접하여 용접 입열을 억제한다.
⑥ 용접봉은 모재와 동일한 재료를 쓰며 가는 용접봉으로 사용

문제 19 금속의 표면에 스텔라이트나 경합금 등을 용접 또는 압접으로 용착시키는 것은?

① 하드 페이싱 ② 숏 피닝
③ 화염 경화법 ④ 샌드 블라스트

해설 **숏피닝** : 금속재료의 표면에 강이나 주철의 작은 입자들을 고속으로 분사시켜 가공 경화에 의하여 표면층의 경로를 높이는 방법

문제 20 용접시 층간온도를 반드시 지켜야 할 용접재료는?

① 저탄소강 ② 고탄소강
③ 순철 ④ 중탄소강

해설 ① **저탄소강** : 탄소함유량이 0.3% 이하
② **중탄소강** : 탄소함유량이 0.3% 초과~0.5% 이하
③ **고탄소강** : 탄소함유량이 0.5% 초과~2.0% 이하

문제 21 수동아크 용접기가 갖추어야 할 용접기 특성은?

① 수하특성과 상승특성 ② 정전류특성과 상승특성
③ 수하특성과 정전류특성 ④ 정전류특성과 정전압특성

해설 **수하특성** : 부하전류가 증가하면 단자전압이 낮아지는 특성
정전류특성 : 부하전압이 변하여도 단자전류는 거의 변화하지 않는 특성

해답 18. ④ 19. ① 20. ② 21. ③

문제 22

가스용접에서 전진법과 비교한 후진법의 설명으로 맞는 것은?

① 열이용률이 나쁘다.　② 용접속도가 느리다.
③ 용접변형이 크다.　④ 두꺼운 판의 용접에 적합하다.

해설 후진법의 특징

① 두꺼운 판 용접에 적합　② 용접속도가 빠르다.
③ 용접변형이 적다.　④ 열 이용률이 좋다.
⑤ 홈의 각도가 적다.　⑥ 비드표면이 매끈하지 못하다.
⑦ 산화정도 약하다.　⑧ 용착금속의 조직이 미세하다.

문제 23

다음 중 야금학적 접합법이 아닌 것은?

① 융접　② 확관법
③ 납땜　④ 압접

해설 야금학적 접합법

① 융접 ② 압접 ③ 납땜

문제 24

가스용접봉의 채색 표시로 틀린 것은?

① GA 46　② GA 43
③ GB 35　④ GB46

해설 가스용접봉의 채색

GA 32 : ㉯녹색
GA 35 : 황색　GB 35 : 자색
GA 43 : 청색　GB 43 : 흑색
GA 46 : 적색　GB 46 : 백색

문제 25

아크쏠림을 방지하는 방법중 맞는 것은?

① 직류전원을 사용한다.
② 용접봉의 끝을 아크 쏠림 반대 방향으로 기울인다.
③ 아크길이를 길게 유지한다.
④ 긴 용접에는 전진법으로 용착한다.

해설 아크쏠림 방지법

① 긴 용접시에는 후진법으로 용접한다.
② 직류용접 대신 교류용접을 한다.
③ 아크길이를 짧게 한다.
④ 접지점을 용접부로부터 멀리한다.
⑤ 접지점을 2개 이상 설치한다.

해답

22. ④ 23. ② 24. ④ 25. ②

2017

문제 **26**

아크용접에서 피복제의 역할이 아닌 것은?

① 용접을 미세화하고 용착효율을 높인다.
② 전기 절연작용을 한다.
③ 용착금속의 응고와 냉각속도를 빠르게 한다.
④ 용착금속에 적당한 합금원소를 첨가한다.

해설 **피복제의 역할**
① 전기절연작용
② 공기 중 산화, 질화방지
③ 아크 안정
④ 슬래그제거를 쉽게 한다.
⑤ 탈산정련작용
⑥ 합금원소첨가
⑦ 용착 효율을 높인다.
⑧ 용착금속의 냉각속도를 느리게 한다.
⑨ 스패터 발생을 적게 한다.

문제 **27**

강괴절단시 가장 적당한 방법은?

① 분말 절단법　② 산소창 절단법
③ 겹치기 절단법　④ 탄소아크 절단법

해설 **산소창절단** : 두꺼운 판, 주강의 슬랙 덩어리, 암석의 천공 등의 절단에 사용
분말절단 : 스테인리스강, 비철금속, 주철 등은 가스절단이 용이하지 않으므로 철분 또는 연속적으로 절단용 산소에 혼합 공급함으로서 그 산화열 또는 용제의 화학작용을 이용 절단
산소아크절단 : 중공(가운데가 빈)의 피복용접봉과 모재 사이에 아크를 발생시키고 중심에서 산소를 분출시키며 절단
탄소아크절단 : 탄소 또는 흑연 전극과 모재사이에 아크를 일으킨 절단
금속아크절단 : 탄소 전극봉 대신에 절단전용의 특수피복제를 씌운 전극봉을 써서 절단하는 방법

문제 **28**

아세틸렌이 충전되어 있는 병의 무게가 644kg이었고 사용 후 공병의 무게가 61kg이었다면 이때 사용된 아세틸렌의 양은 몇 리터인가?

① 350　② 450
③ 1050　④ 2715

해설 **용해 아세틸렌의 양** $= 905(A-B)$
$= 905(64-61)$
$= 2715l$

해답

26. ③ 27. ② 28. ④

문제 29

가스절단 장치에 관한 설명으로 틀린 것은?

① 중압식 절단 토치는 아세틸렌가스 압력이 보통 0.007MPa 이하에서 사용한다.
② 산소나 아세틸렌 용기내의 압력이 고압이므로 그 조정을 위해 압력 조정기가 필요하다.
③ 독일식 절단 토치의 팁은 이심형이다.
④ 프랑스식 절단 토치의 팁은 동심형이다.

해설 **저압식 절단토치** : 0.07kg/cm^2 (0.007MPa 미만)
중압식 절단토치 : 0.07kg/cm^2 ~ 1.3kg/cm^2 미만(0.007~1.3MPa)
고압식 절단토치 : 1.3kg/cm^2 미만(0.13MPa 미만)

문제 30

피복아크 용접에서 직류 정극성의 성질로서 옳은 것은?

① 용접봉의 용융속도가 빠르므로 모재의 용입이 깊게 된다.
② 용접봉의 용융속도가 빠르므로 모재의 용입이 얇게 된다.
③ 모재쪽의 용융속도가 빠르므로 모재의 용입이 깊게 된다.
④ 모재쪽의 용융속도가 빠르므로 모재의 용입이 얇게 된다.

해설 **직류정극성(DCSP)**
① 후판용접에 적합
② 비드 폭이 좁다.
③ 용입이 깊다.
④ 용접봉의 용융속도가 느리다.
⑤ 모재(+) 70%열, 용접봉(−) 30%열

문제 31

교류아크용접기의 네임 플레이트에 사용률이 40%로 나타나 있다면 그 의미는?

① 아크를 발생시킨 용접 작업시간
② 용접작업 준비시간
③ 용접기가 쉬는 시간
④ 전체 용접시간

문제 32

용접부의 표면이 좋고 나쁨을 검사하는 것으로 가장 많이 사용하고 있으며 간편하며 경제적인 검사방법은?

① 자분검사
② 외관검사
③ 초음파검사
④ 침투검사

해설 **비파괴검사**
① RT(방사선투과검사) : 대상물에 X선이나 γ선을 투과하여 필름에 나타나는 현상
② UT(초음파탐상법) : 0.5~15μ의 초음파를 피검사물의 내부에 침투시켜 반사

해답

29. ① 30. ③ 31. ① 32. ②

파를 이용하여 내부의 결함과 불균일층의 존재여부 검사
③ PT(침투탐상법) : 형광물질을 이용하여 표면 결함검사
④ MT(자분검사법) : 자석을 이용하여 표면결함검사

문제 33

용접결함과 그 원인을 조사한 것 중 틀린 것은?

① 선상조직 – 홈 각도의 과대 ② 오버랩 – 운봉법 불량
③ 기공 – 용접봉의 습기 ④ 슬랙섞임 – 용접이음 설계의 부적당

해설 **선상조직** : 용착금속의 급냉시

문제 34

잔류응력을 완화시켜 주는 방법이 아닌 것은?

① 응력제거–어닐링 ② 저온응력 완화법
③ 기계적응력 완화법 ④ 케이블 커넥터법

해설 **잔류응력을 완화시켜 주는 방법**
① 피닝법 ② 기계적 응력완화법
③ 저온 응력완화법 ④ 국부풀림법
⑤ 노내풀림법 ⑥ 응력제거 어닐링

문제 35

용접설계상 주의사항으로 틀린 것은?

① 부재 및 이음은 될 수 있는 대로 조립작업, 용접 및 검사를 학 쉽도록 한다.
② 용접은 될 수 있는 한 아래보기 자세로 하도록 한다.
③ 용접이음은 가능한 많게하고 용접선을 집중시키며, 용착량도 많게 한다.
④ 부재 및 이음은 단면적의 급격한 변화를 피하고 응력 집중을 받지 않도록 한다.

문제 36

산소–아세틸렌가스 절단과 비교한 산소–프로판 가스 절단의 특징이 아닌 것은?

① 절단면 윗모서리가 잘 녹지 않는다.
② 슬레그 제거가 쉽다.
③ 포갬 절단시에는 아세틸렌보다 절단속도가 느리다.
④ 후판 절단시에는 아세틸렌보다 절단속도가 빠르다.

해설 **산소–프로판가스의 특징**
① 후판 절단시에는 아세틸렌보다 절단속도가 빠르다.
② 포갬 절단시에는 아세틸렌보다 절단속도가 빠르다.

해답

33. ① 34. ④ 35. ③ 36. ③

문제 37

보호 안경이 필요 없는 작업은?

① 탁상 그라인더 작업 ② 디스크 그라인더 작업
③ 수동가스 절단 작업 ④ 금긋기 작업

문제 38

용접할 때 발생한 변형을 교정하는 방법들 중 가열할 때 발생되는 열응력을 이용하여 소성변형을 일으켜 변형을 교정하는 방법은?

① 박판에 대한 점 수축법 ② 가열 후 햄머로 두드리는 방법
③ 피닝법 ④ 롤러에 거는 방법

해설 **용접변형 교정방법**
① 박판에 대한 점 수축법 : 열응력을 이용 소성변형을 일으켜 변형을 교정
② 형재에 대한 직선가열 수축법 : 가열하는 열응력으로 소성변형을 일으키게 하여 변형 교정
③ 후판에 대하여는 가열 후 압력을 걸고 수냉하는 방법
④ 가열할 때 발생하는 열응력 이용한 소성변형법
⑤ 소성변형 시켜서 교정하는 방법
⑥ 외력을 이용한 소성변형법
⑦ 롤러에 거는 방법

2017

문제 39

용접결함에서 피트가 발생하는 원인이 아닌 것은?

① 모재 가운데 탄소 망간 등의 합금원소가 많을 때
② 습기가 많거나 기름, 녹, 페인트가 묻었을 때
③ 모재를 예열하고 용접 하였을 때
④ 모재 가운데 황 함유량이 많을 때

해설 **피트가 발생하는 원인**
① 이음부에 기름, 페인트, 녹 등이 부착해 있을 경우
② 용접부가 급 냉시
③ 아크길이 및 운봉법이 부적당시
④ 과대전류 사용 시
⑤ 수소, 산소, 일산화탄소가 너무 많을 때
⑥ 모재 가운데 황 함유량이 많을 때
⑦ 모재 가운데 탄소, 망간 등의 합금 원소가 많을 때

문제 40

균열에 대한 감수성이 좋아서 구속도가큰 구조물의 용접이나 탄소가 많은 고탄소강 및 황의 함유량이 많은 쾌삭강 등의 용접에 사용되는 용접봉은?

① 일미나이트계 ② 저수소계
③ 고산화티탄계 ④ 고셀룰로오스계

해답

37. ④ 38. ① 39. ③ 40. ②

해설 **연강용 피복아크 용접봉의 특징**

① E 4301(일미나이트계)
  ㉠ TiO_2, FeO를 약 30% 함유
  ㉡ 주성분은 광석 사철
  ㉢ 용접성과 기계적 성질이 우수
  ㉣ 가열온도와 가열시간 : 70~100℃, 30~60분

② E 4303(라임티탄계)
  ㉠ TiO_2(산화타탄)을 약 30% 이상 함유
  ㉡ 비드의 외관이 아름답다.
  ㉢ 언더컷이 발생되지 않는다.

③ E 4311(고셀룰로오스계)
  ㉠ 셀룰로오스를 20~30%정도 포함
  ㉡ 비드표면이 거칠고 스패터가 많은 것이 결점
  ㉢ 좁은 홈의 용접 시 사용
  ㉣ 습기가 흡수되기 쉬우므로 건조

④ E 4313(고산화티탄계)
  ㉠ 산화티탄을 약 35% 이상 함유
  ㉡ 일반 경구조물 용접에 사용
  ㉢ 비드 표면이 고우며 작업성이 우수
  ㉣ 고온크랙을 일으키기 쉬운 결점이 있다.

⑤ E 4316(저수소계)
  ㉠ 주성분으로는 석회석, 형석 등이 있다.
  ㉡ 내균열성, 기계적 성질 우수
  ㉢ 용착금속 중에서 수소 함유량이 다른 피복봉에 비해 $\frac{1}{10}$ 정도로 매우 낮음.
  ㉣ 가열온도와 가열시간 : 300~350℃, 1~2시간

⑥ E 4324(철분산화티탄계)

⑦ E 4316(철분저수소계)

⑧ E 4327(철분산화철계)

문제 41

아크절단의 종류에 해당하는 것은?

① 수중절단　　② 아크 에어 가우징
③ 철분 절단　　④ 스카핑

해설 **아크절단의 종류**

① 탄소 아크절단　② 금속 아크절단
③ 아크에어 가우징　④ TIG 절단
⑤ 미그절단　⑥ 플라스마절단

문제 42

전기 저항용접에 속하지 않는 것은?

① 점용접　　② 테르밋 용접
③ 심 용접　　④ 프로젝션 용접

해답

41. ② 42. ②

해설 **전기저항용접**
① 겹치기용접
㉠ 점용접 ㉡ 시임용접 ㉢ 프로젝션용접
② 맞대기용접
㉠ 포일시임용접 ㉡ 퍼커션용접 ㉢ 플래쉬용접 ㉣ 업셋용접

문제 43

탄소강이 표준상태에서 탄소의 양이 증가하면 기계적 성질은 어떻게 되는가?

① 인장강도, 경도 및 연신율이 모두 감소한다.
② 인장강도, 경도 및 연신율이 모두 증가한다.
③ 인장강도와 경도는 증가하나 연신율은 감소한다.
④ 인장가도와 연신율은 증가하나 경도는 감소한다.

해설 **탄소의 양 증가시**
① 인장강도, 경도, 항복점, 비저항 증가
② 인성, 전성, 연성, 충격치, 연신율, 단면수축률 감소

문제 44

구리합금 중에서 가장 높은 강도와 경도를 가진 청동은?

① 규소청동 ② 니켈청동
③ 망간청동 ④ 베릴륨 청동

문제 45

담금질된 강의 경도를 증가시키고 시효변형을 방지하기 위한 목적으로 0℃ 이하의 온도에서 처리하는 것은?

① 뜨임처리 ② 심냉처리
③ 항온열처리 ④ 풀림처리

해설 문제 15번 참조

문제 46

용접할 부위에 황의 분포 여부를 알아보기 위해 설퍼 프린트 하고자 한다. 이때 사용할 시약은?

① 황산 ② 시안화칼리
③ 질산알코올 ④ 피크린산 알코올

해설 용접부에 황의 분포여부를 알아보기 위해 설퍼 프린트 할 때 사용하는 시약 : 황산 (H_2SO_4)

해답
43. ③ 44. ④ 45. ② 46. ①

문제 47

영팽창 계수가 높으며 케이블의 피복, 활자 합금용, 방사선 물질의 보호재로 사용 되는 것은?

① Au　　② Cr
③ Cu　　④ Pb

해설 납(Pb)
① 방사선물질의 보호재
② 케이블의 피복
③ 활자 합금용

문제 48

다음 중 주철의 성장을 방지하는 방법이 아닌 것은?

① 반복 가열 냉각에 의한 균열처리를 한다.
② 탄소 및 규소의 양을 적게 한다.
③ 편상흑연을 구상흑연화 시킨다.
④ 흑연의 미세화로서 조직을 치밀하게 한다.

해설 **주철의 성장을 방지하는 방법**
① 흑연의 미세화로서 조직을 치밀하게 한다.
② 편상 흑연을 구상 흑연화 시킨다.
③ 탄소 및 규소의 양을 적게 한다.

문제 49

6 : 4 황동에 철을 1~2% 정도 첨가한 합금으로 강도가 크고 내식성이 좋은 황동은?

① 델타메탈　　② 네이벌 황동
③ 에드미럴티　　④ 망간황동

해설 문제 40번 참조

문제 50

보통 주철에 0.4~1% 정도 함유되며, 화학성분 중 흑연화를 분해하여 백주철화를 촉진하고 황의 해를 감소시키는 것은?

① 수소　　② 구리
③ 망간　　④ 알루미늄

해설 문제 13번 참조

해답

47. ④ 48. ① 49. ① 50. ③

문제 51

제3각법에 의한 정투상도에서 배면도의 위치는?

① 정면도 위 ② 우측면도의 우측
③ 좌측면도의 좌측 ④ 정면도의 아래

해설 **정투상법**

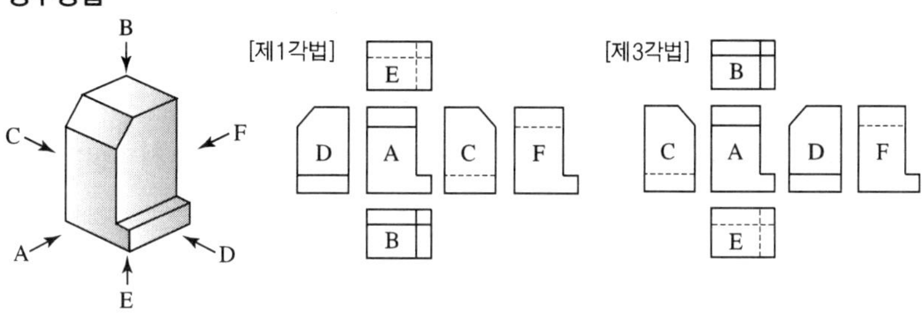

구분	정면도	평면도	좌측면도	우측면도	저면도	배면도
	A	B	C	D	E	F

문제 52

기계제도에서 표제란과 부품란이 있을 때 표제란에 기입할 사항들로만 묶인 것은?

① 도명, 도번, 재질, 수량 ② 도번, 도명, 척도, 투상법
③ 품번, 품명, 척도, 투상법 ④ 품번, 품명, 척도, 투상법

해설 **표제란에 기입할 사항**
① 투상법 ② 척도 ③ 소속단체명 ④ 작성년월일 ⑤ 도번 ⑥ 도명

문제 53

기계제도에서 가상선의 용도가 아닌 것은?

① 인접부분을 참고로 표시 하는데 사용
② 도시된 단면의 앞쪽에 있는 부분을 표시하는데 사용
③ 가동하는 부분을 이동한계의 위치로 표시하는데 사용
④ 부분 단면도를 그릴 경우 절단위치를 표시하는데 사용

해설 **가상선의 용도**(가는 이점쇄선)
① 인접부분 참고 표시
② 공구위치 참고 표시
③ 가공전 · 후 표시
④ 가동하는 부분을 이동한계의 위치로 표시하는데 사용
⑤ 도시된 단면의 앞쪽에 있는 부분을 표시하는데 사용

해답

51. ② 52. ② 53. ④

문제 54

제도용지의 크기는 한국산업규격에 따라 사용하고 있다. 일반적으로큰 도면을 접을 경우 다음 중 어느 크기로 접어야 하는가?

① A2 ② A3
③ A4 ④ A5

해설 일반적으로 큰 도면을 접을 경우 : A4

문제 55

지름이 동일한 원통이 직각으로 교차하는 부분의 상관선을 그린 것이다. 상관선의 모양으로 가장 적합한 것은?

㉮
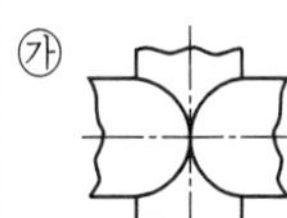
㉯
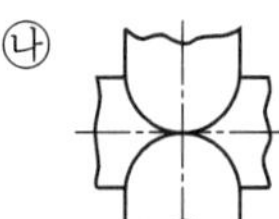
㉰
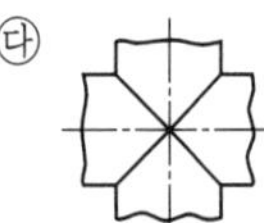
㉱
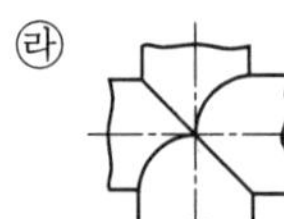

문제 56

보기의 용접도시기호를 가장 올바르게 설명한 것은?

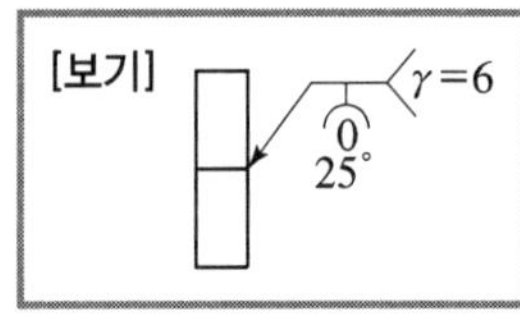

㉮ 홈깊이 6mm, 루트 간격 0mm, 홈각도 25°, 화살쪽 용접
㉯ 홈각도 25°, 루트 반지름 6mm, 루트간격 0mm, 화살쪽 용접
㉰ 루트면 0mm, 루트 반지름 6mm, 용입깊이 25mm, 화살쪽 용접
㉱ 루트면 0mm, 홈 각도 25°, 홈깊이 6mm, 화살쪽 용접

문제 57

다음의 도면에서 “A”의 길이는 얼마인가?

㉮ A＝1500mm
㉯ A＝1600mm
㉰ A＝1700mm
㉱ A＝1800mm

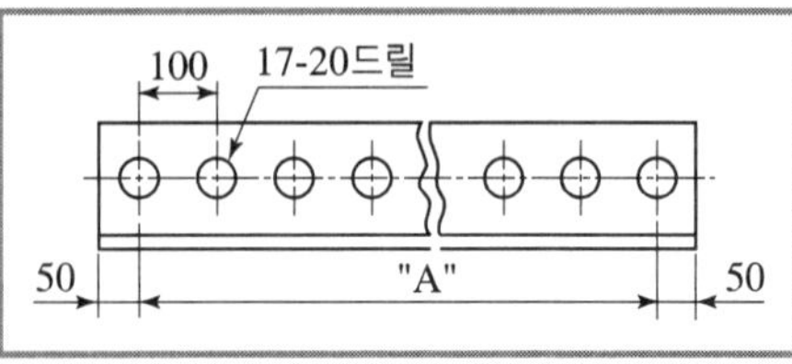

해설 **A의 길이**＝(100×17)－(2×50)＝1600mm

해답

54. ③ 55. ③ 56. ② 57. ②

문제 58

보기 입체도의 화살표 방향 투상도로 가장 적합한 것은?

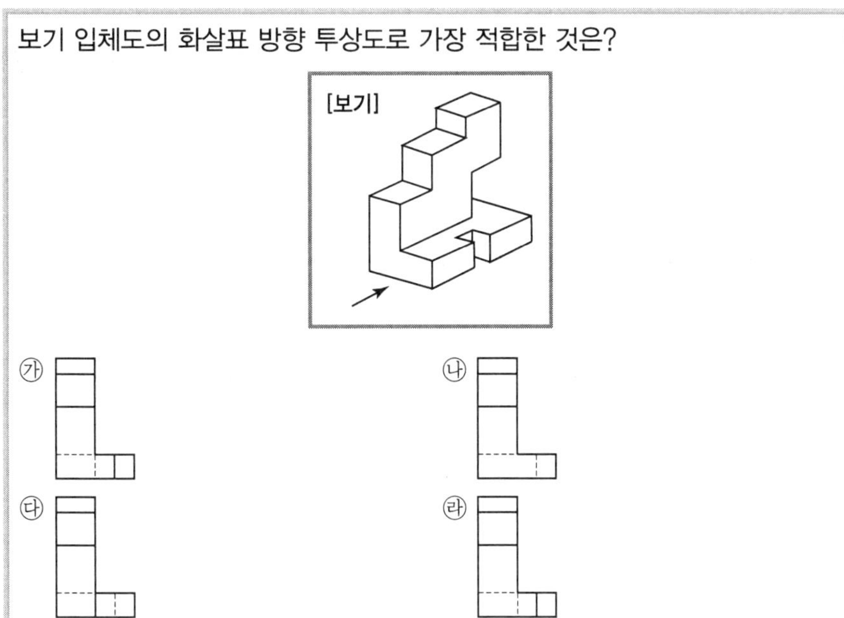

문제 59

그림과 같이 외경은 550mm, 두께가 6mm, 높이는 900mm 인 원통을 만들려고 할 때, 소요되는 철판의 크기로 다음 중 가장 적합한 것은? (단, 양쪽 마구리는 없는 상태이며 이음매 부위는 고려하지 않음)

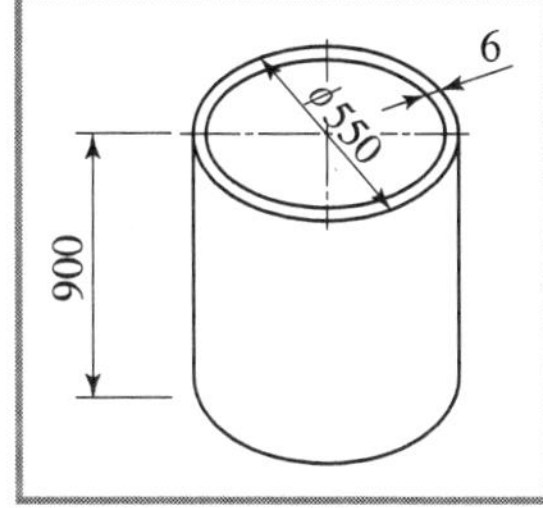

㉮ 900×1709
㉯ 900×1749
㉰ 900×1765
㉱ 900×1800

해설 외경$=\pi\times(D-t)\times l=3.14\times(550-6)\times900=1708.16\times900$
내경$=\pi\times(ID+t)\times l$

문제 60

보기와 같은 원통을 경사지게 절단한 제품을 제작할 때, 다음 중 어떤 전개법이 가장 적합한가?

㉮ 혼합형법
㉯ 평형선법
㉰ 삼각형법
㉱ 방사선법

해답

58. ② 59. ① 60. ②

특수용접기능사

2017년 제 3 회

CBT 시험형식으로 바뀜으로 인하여 본 문제는 수험생분들의 이야기를 토대로 작성하였기에 문제가 상이할 수 있음

문제 01 독일의 공업규격은 무엇으로 나타내는가?

① JIS ② BS
③ DIN ④ ANSI

해설 **국가규격**

① ISO : 국제 표준화 규격 ② KS : 한국 산업 규격
③ BS : 영국 규격 ④ DIN : 독일 규격
⑤ ANSI : 미국 규격 ⑥ SNV : 스위스 규격
⑦ NF : 프랑스 규격 ⑧ JIS : 일본 공업 규격

문제 02 다음 화재의 분류 중 B급화재에 사용하는 소화약제가 아닌 것은?

① 주수 ② CO_2
③ 분말 ④ 포말

해설 **화재의 분류**

① A급화재(일반화재) : 주수, 산, 알카리, 강화액소화기
② B급화재(유류화재) : CO_2, 분말, 포말소화기
③ C급화재(전기화재) : CO_2, 분말
④ D급화재(금속화재) : Al분, Mg분 등
⑤ E급화재(가스화재)
⑥ K급화재(주방화재)

문제 03 스테인리스강의 종류가 아닌 것은?

① 오스테나이트계 스테인리스강 ② 마아텐자이트계 스테인리스강
③ 페라이트계 스테인리스강 ④ 시멘타이트계 스테인리스강

해설 **스테인리스강의 종류**

① 오스테나이트계 스테인리스강
② 마아텐자이트계 스테인리스강
③ 페라이트계 스테인리스강
④ 석출경화용 스테인리스강(PH형 스테인리스강)

해답

01. ③ 02. ① 03. ④

문제 04 압력이 일정한 상태에서 Fe_2–C 평형상태도에서 공정점의 자유도는 얼마인가?

① 0 ② 1
③ 3 ④ 4

해설 압력이 일정한 상태에서 Fe_2–C 평형상태도에서 공정점의 자유도 : 0

문제 05 한쪽 또는 양쪽에 돌기를 만들어 한곳에 집중적으로 용접전류를 가하여 용접하는 것을 무슨 용접이라 하는가?

① 프로젝션 용접 ② 점용접
③ 퍼커션 용접 ④ 시임 용접

문제 06 주강의 슬랙 덩어리나 암석의 천공 등의 절단에 사용되는 것은?

① 탄소아크 절단 ② 산소창 절단
③ 금속아크 절단 ④ 미그 절단

해설 **탄소아크절단** : 탄소 또는 흑연 전극과 모재사이에 아크를 일으켜 절단
산소창절단 : 두꺼운 판, 주강의 슬랙 덩어리, 암석의 천공 등의 절단에 사용
금속아크절단 : 탄소 전극봉 대신에 절단전용의 특수피복제를 씌운 전극봉을 써서 절단하는 방법
산소아크절단 : 중공(가운데가 빈)의 피복용접봉과 모재 사이에 아크를 발생시키고 중심에서 산소를 분출시키며 절단

문제 07 다음 중 용접변형 방지법이 아닌 것은?

① 스킵법 ② 후진법
③ 억제법 ④ 대칭법

해설 **용접변형 방지법**
① 전진법 ② 후진법 ③ 대칭법 ④ 스킵법
⑤ 빌드업법 ⑥ 전진블록법 ⑦ 캐스케이드법

문제 08 레이저 용접의 특징이 아닌 것은?

① 모재의 열변형이 거의 없다. ② 이종금속 용접이 가능하다.
③ 접촉식 용접 방법이다. ④ 미세하고 정밀한 용접이 가능하다.

해설 **레이저용접의 특징**(유도방출에 의한 빛의 증폭이라는 뜻)
① 모재의 열 변형이 거의 없다. ② 이종금속용접이 가능하다.
③ 비접촉식 용접방법이다. ④ 미세하고 정밀한 용접이 가능하다.
⑤ 모재에 손상을 주지 않는다.

04. ① 05. ① 06. ② 07. ③ 08. ③

문제 09 다음 중 가연성 가스가 아닌 것은?

① 수소 ② 산소
③ 메탄 ④ 프로판

해설 **가연성가스** : 폭발하한이 10% 이하이거나 하한과 상한의 차가 20% 이상인 가스
① 수소 : 4~75% ② 프로판 : 2.1~9.5%
③ 메탄 : 5~15% ④ 부탄 : 1.8~8.4%
⑤ 아세틸렌 : 2.5~81% ⑥ 에탄 : 3~12.5% 등
조연성(지연성)가스 : ① 공기 ② 불소 ③ 염소 ④ 이산화질소 ⑤ 산소
불연성가스 : ① N_2 ② CO_2
불활성가스 : ① He ② Ne ③ Ar ④ Kr ⑤ Xe ⑥ Rn

문제 10 미그용접 차광유리 번호로 맞는 것은?

① 9-10 ② 10-11
③ 12-13 ④ 13-14

해설 **차광유리**
① 납땜작업 : NO. 2~4번 ② 가스용접 : NO. 4~6번
③ 피복아크용접 : NO. 10~12번 ④ 미그용접 : NO. 12~13번

문제 11 구리에 납이 30~40% 포함된 금속으로 베어링 등에 사용되는 것은?

① 켈밋 ② 네이벌
③ 델타메탈 ④ 문쯔메탈

해설 **합금**
① 일렉트론 : Al+Zn+Mg *(알아마)* – 항공기, 자동차부품
② 도우메탈 : Al+Mg *(알마)*
③ 실루민 : Al+Si *(알소)* – 개량처리 효과 크다(Na, F, NaOH)
④ 두랄루민 : Al+Cu+Mg+Mn *(알구마망)*
⑤ 알드레이 : Al+Mg+Si *(알마소)*
⑥ Y합금 : Al+Cu+Mg+Ni *(알구마니)* – 실린더헤드, 피스톤에 사용
⑦ 하이드로날륨 : Al+Mg *(알마)* – 선박용 부품, 조리용기구, 화학용 부품
⑧ 로엑스 : Al+Cu+Mg+Ni+Si *(알구마니소)*
⑨ 켈밋 : Cu+Pb(30~40%) *(켈구납)* – 베어링에 사용
⑩ 양은 : 7:3 황동+Ni(10~20%)
⑪ 델타메탈 : 6:4 황동+Fe(1~2%) – 모조금, 판 및 선, 선박용 기계, 광산용 기계, 화학용 기계
⑫ 에드미럴티 : 7:3 황동+Sn(1~2%) – 증발기, 열교환기, 탈아연 부식억제, 내수성 및 내해수성 증대
⑬ 네이벌 : 6:4 황동+Sn(1~2%) – 파이프, 선박용 기계
⑭ 문쯔메탈 : Cu(60%)+Zn(20%) – 열교환기, 열간단조품, 탄피

해답

09. ② 10. ③ 11. ①

⑮ **톰백** : Cu(80%) + Zn(20%) – 화폐, 메달에 사용
⑯ **레드브레스** : Cu(85%) + Zn(15%) – 장식품에 사용
⑰ **모네메탈** : Ni(65~70%) + Fe(1~3%) – 터빈 날개, 펌프, 임펠러 등에 사용
⑱ **인코넬** : Ni(70~80%) + Cr(12~14%) – 진공관, 필라멘트, 열전쌍보호관
⑲ **콘스탄탄** : 구리(55%) + 니켈(45%) – 전열선, 통신기자재, 저항선
⑳ **플래티나이트** : Ni(40~50%) + Fe – 진공관이나 전구의 도입선
㉑ **쾌삭황동** : 황동 + 납(1.5~3%) – 시계톱니바퀴, 절삭성 향상 스크류
㉒ **코로손 합금** : 구리 + 니켈 + 철(1~2%) – 전화선, 통신선에 사용
㉓ **퍼벌로이** : Ni(70~80%) + Fe(10~30%) – 해저전선의 장하코일용
㉔ **화이트메탈** : 구리 + 안티몬 + 주석(구안주)
㉕ **고속도강(SKH)** : 텅스텐 + 크롬 + 바나듐(텅크바)
㉙ **하드필드강** : 주강 + 망간(하주망)
㉗ **어드벤스** : Cu(54%) + Ni(44%) + Mn(1%) + Fe(0.5%)
㉘ **듀라나메탈** : 7:3 황동 + Fe(2%)
㉙ **인바** : Ni(36%)+Mn(0.4%)+C(0.2%) – 시계의 진자, 줄자, 계측기의 부품, 미터기준봉 바이메탈
㉚ **초인바** : Ni(32%) + Co(4~6%)
㉛ **엘린바** : Ni(36%) + Cr(13%) – 고급시계, 정밀저울의 스프링
㉜ **코엘린바** : Ni(10~16%) + Cr(10~11%) + Co(2.6~5.8%) – 태엽, 기상관측용 기구의 부품, 스프링
㉝ **미하나이트 주철** : 퍼얼라이트 바탕에 흑연이 미세하고 고르게 분포되어 있으며 내마멸성이 요구되는 피스톤링 등 자동차부품에 많이 사용
㉞ **라우탈** : Al + Cu + Si – 피스톤, 기계 부속품
㉟ **포금** : Sn(8~12%) + Zn(1%) – 기어, 밸브의 콕, 피스톤, 플랜지
㊱ **니칼로이** : Ni(50%) + Fe(50%) – 해저전선, 소형변압기
㊲ **하스텔로이** : Ni + Mo + Fe
㊳ **배빗메탈** : Cu + Sb + Sn

문제 12

내식성 알루미늄 합금이 아닌 것은?

① 하이드로날륨 ② 알민
③ 코비탈륨 ④ 알드레이

해설 **내식용 알루미늄 합금**

종류	특징 및 용도
하이드로 날륨 (hydronalium) (Al–Mg계)	① 압출재 25%, 특수목적 10%의 Mg 첨가 ② 해수, 알칼리성에 대한 내식성이 강하다. ③ 용접성 양호, 가공경화에 의해 경화 ④ 일반적으로 Mg 6% 이하로 첨가
알민(almin) (Al–Mn 1~1.5%)	① 내식성 우수 ② Alcoa 3S는 가공성, 용접성 우수하며 저장탱크, 기름탱크에 사용
알드리(aldrey) (Al–Mg–Si계)	① 강도와 인성이 있고 큰 가공 변형에도 견딤 ② 담금질 온도 : 560℃ ③ 담근 후 120~200℃로 인공시효경화, 송전선에 사용
알클래드 (Alclad)	① 강력 Al 합금 표면에 순수 Al 또는 내식 Al 합금을 피복한 것 ② 내식성과 강도 증가의 목적

해답

12. ③

문제 13 가스용접시 주로 사용 되는 강은?

① 저탄소강 ② 중탄소강
③ 고탄소강 ④ 주철

문제 14 다음 중 아크안정제에 속하는 것은?

① 이산화망간 ② 형석
③ 망간철 ④ 탄산나트륨

해설 **피복 배합제의 종류**

① **탈산제**
㉠ 페로망간(Fe-Mn) ㉡ 페로티탄(Fe-Ti) ㉢ 페로바나듐(Fe-V)
㉣ 페로크롬(Fe-Cr) ㉤ 페로실리콘(Fe-Si) ㉥ Al ㉦ Mg

② **아크 안정제**
㉠ 석회석($CaCO_3$) ㉡ 규산칼륨(K_2SiO_3) ㉢ 규산나트륨(Na_2SiO_3)
㉣ 산화티탄(TiO_2) ㉤ 적철광 ㉥ 자철광 ㉦ 탄산소다

③ **합금첨가제**
㉠ 페로망간 ㉡ 페로실리콘 ㉢ 페로크롬 ㉣ 산화니켈 ㉤ 페로바나듐
㉥ 산화몰리브덴 ㉦ 구리

④ **가스 발생제**
㉠ 석회석 ㉡ 탄산바륨 ㉢ 톱밥 ㉣ 녹말 ㉤ 셀룰로오스

⑤ **슬래그 생성제**
㉠ 이산화망간 ㉡ 산화철 ㉢ 산화티탄 ㉣ 형석 ㉤ 석회석 ㉥ 일미나이트
㉦ 알루미나 ㉧ 규사 ㉨ 장석

⑥ **고착제**
㉠ 해초 ㉡ 당밀 ㉢ 아교 ㉣ 카제인 ㉤ 규산칼륨 ㉥ 규산나트륨

문제 15 다음 중 전자빔 용접의 특징으로 틀린 것은?

① 에너지 집중이 가능하기 때문에 고속으로 용접이 가능하다.
② 용접을 정밀하고 정확하게 할 수 있다.
③ 박판용접에 적합하다.
④ 고진공에서도 용접을 하므로 대기와 반응하기 쉬운 활성재료도 사용할 수 있다.

해설 **전자빔의 특징**

① 10^{-4}mmHg 이상의 높은 진공실 속에서 음극으로부터 방출되는 전자를 고전압으로 방출시켜 피용접물과 충돌에 의한 에너지로 용접을 행하는 방법
② 텅스텐이나 몰리브덴 등과 같이 고용융점 금속용접 가능

해답

13. ① 14. ④ 15. ③

장점	① 고진공 속에서 용접을 하므로 대기와 반응되기 쉬운 활성 재료로 용이하게 용접된다. ② 대기 중의 유해 원소로부터 용접부가 보호되어 기계적 성질과 야금적 성질이 양호한 용접부를 얻을 수 있다. ③ 고용융 재료의 용접이 가능하다. ④ 얇은 판에서 두꺼운 판까지 광범위한 용접이 가능하다. ⑤ 에너지의 집중이 가능하기 때문에 고속으로 용접이 된다. ⑥ 이음부의 열 영향부가 적어 용접부의 변형이 없어 완성치수가 정확하다. ⑦ 슬래그 섞임 등의 결함이 생기지 않는다.
단점	① 배기장치 필요하고 피용접물의 크기도 제한을 받는다. ② 용접기가 고가이다. ③ 용융부가 좁기 때문에 냉각속도가 빠르다.(용접 균열 발생이 생기기 쉽다)

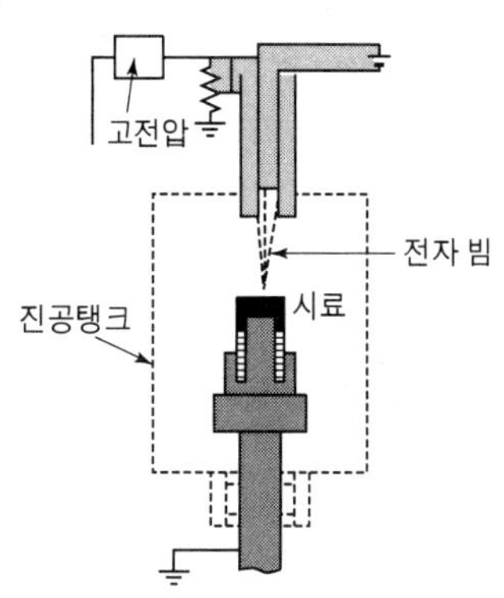

2017

문제 16

문쯔메탈을 무슨 황동 이라고도 하는가?

① 7 : 3 황동 ② 6 : 4 황동
③ 8 : 2 황동 ④ 5 : 5 황동

해설 문제 11번 참조

문제 17

강재의 가스 절단시 예열온도로 맞는 것은?

① 500~600℃ ② 600~700℃
③ 800~900℃ ④ 900~1000℃

해설 **구리, 알루미늄의 예열온도** : 200~400℃

문제 18

SC 310 에서 310 은 무엇을 나타내는가?

① 용착금속의 최소인장강도 ② 탄소함유량
③ 용착금속의 최대인장강도 ④ 흑연함유량

문제 19

치수상 결함에 해당되지 않는 것은?

① 변형 ② 치수불량
③ 형상불량 ④ 슬랙 섞임

해답

16. ② 17. ③ 18. ① 19. ④

해설 **구조상 결함**

① 오우버랩 ② 용입불량 ③ 내부기공 ④ 슬래그혼입 ⑤ 언더컷
⑥ 선상조직 ⑦ 은점 ⑧ 균열 ⑨ 기공

치수상 결함

① 변형 ② 치수불량 ③ 형상불량

문제 20

용접후 처리방법에 해당되지 않는 것은?

① 기계적응력 완화법 ② 고온응력 완화법
③ 피닝법 ④ 노내 풀림법

해설 **용접 후 처리방법**

① **피닝법** : 해머로써 용접부를 연속적으로 때려 용접표면에 소성변형을 주는 방법
② **기계적 응력완화법** : 잔류응력이 있는 제품에 하중을 주어 용접부에 약간의 소성변형을 일으킨 다음, 하중을 제거하는 방법
③ **저온 응력완화법** : 용접선 양측을 가스불꽃에 의하여 너비 약 150mm를 150~200℃정도의 비교적 낮은 온도를 가열한 다음 곧 수냉하는 방법
④ **국부풀림법** : 제품이 커서 노내에 넣을 수 없을 때 또는 설비, 용량 등으로 노내 풀림을 바라지 못할 경우에 용접부 근처만을 풀림
⑤ **노내풀림법** : 제품 전체를 가열로 안에 넣고 적당한 온도에서 일정시간 유지한 다음 노내에서 서냉

문제 21

금속합금 중 실루민에 해당되는 것은?

① 알루미늄-규소 ② 알루미늄-아연-마그네슘
③ 알루미늄-마그네슘 ④ 알루미늄-구리-규소

해설 문제 11번 참조

문제 22

다음 중 조밀입방격자에 속하는 것은?

① 바나듐 ② 몰리브덴
③ 텅스텐 ④ 아연

해설 **체심입방격자(BCC)**

(바)나듐 (몰)리브덴 (텅)스텐 (크)롬 (칼)륨 (나)트륨 (바)륨 (탈)륨 α-Fe δ-철

면심입방격자(FCC)

(은) (구)리 (금) (알)루미늄 (납) (니)켈 (백)금 (세)슘 γ-철

해답 20. ② 21. ① 22. ④

조밀입방격자(HCP)

㉪ ㉯ ㉰ ㉲ ㉶ 베

탄 그네슘 연 발트 르코늄 릴륨

문제 23

저항용접의 3요소로 틀린 것은?

① 통전 시간 ② 가압력
③ 통전전류 ④ 통전 전압

해설 **저항용접의 3요소**
① 가압력 ② 통전시간 ③ 통전전류(용접전류)

문제 24

아세틸렌의 자연발화 온도로 맞는 것은?

① 406~408℃ ② 505~515℃
③ 700~780℃ ④ 900~950℃

해설 **아세틸렌의 자연발화온도** : 406~408℃
아세틸렌의 폭발온도 : 505~515℃

문제 25

수나사의 바깥지름과 암나사의 안지름은 무슨 선으로 나타내는가?

① 가는실선 ② 굵은실선
③ 가는 이점쇄선 ④ 파단선

문제 26

다음은 나사의 호칭방법이다. 틀린 것은?

좌 – 2줄 – M50×2 – 6H

① 좌 : 나사의 감긴방향 ② 2줄 : 나사의 줄수
③ M50×2 : 나사의 호칭 ④ 6H : 나사의 표시

해설 **좌 – 2줄 – M50×2 – 6H**
① 좌 : 나사산의 감긴 방향 ② 2줄 : 나사산의 줄 수
③ M50×2 : 나사의 호칭 ④ 6H : 나사의 등급

문제 27

수나사와 암나사의 골을 표시하는 선으로 맞는 것은?

① 가는 실선 ② 굵은 실선
③ 가는 일점쇄선 ④ 가는 이점쇄선

해답

23. ④ 24. ① 25. ② 26. ④ 27. ①

2017

문제 **28**

강의 조직 중 과공석강에 해당하는 것은?

① 펄라이트 ② 펄라이트+페라이트
③ 펄라이트+시멘타이트 ④ 시멘타이트+레데뷰라이트

해설 **강의 조직**

① 공석강 : 펄라이트(공펄)
② 아공석강 : 펄라이트+페라이트(아펄페)
③ 과공석강 : 펄라이트+시멘타이트(과펄시)
④ 공정주철 : 레데뷰라이트(정레)
⑤ 과공정주철 : 시멘타이트+레데뷰라이트(주시레)

문제 **29**

불변강의 종류가 아닌 것은?

① 인바 ② 엘린바
③ 퍼멀로이 ④ 콘스탄탄

해설 **불변강(고Ni강)**

온도 변화에도 선팽창 계수나 탄성계수가 변하지 않는 강을 말한다. Ni 26%에서 오스테나이트 조직으로 내식성이 강한 비자성강이다.

① 인바(invar)
　㉠ Ni 36%, C 0.2%, Mn 0.4%의 합금으로 길이 불변이다.
　㉡ 용도 : 미터기준봉 바이메탈, 시계의 진자, 줄자, 계측기의 부품
② 초인바(super invar)
　㉠ Ni 32%, Co 4~6%의 합금
　㉡ 팽창계수 : $0.1 \sim 10^{-6}$
③ 엘린바(elinvar)
　㉠ Ni 36%, Cr 13%의 합금
　㉡ 팽창계수 : 1.2×10^{-6}(상온에서 탄성율이 변하지 않는다.)
　㉢ 용도 : 고급시계, 정밀저울의 스프링, 정밀기계의 재료
④ 코엘린바(koelinvar)
　㉠ Ni 10~16%, Cr 10~11%, Co 2.6~5.8%의 합금
　㉡ 용도 : 스프링, 태엽, 기상관측용 기구의 부품 등
⑤ 플래티나이트(Platinite)
　㉠ Ni 40~50%의 Ni-Fe계 합금
　㉡ 팽창계수 : $5 \sim 9 \times 10^{-4}$
　㉢ 종류 : 코버트(Ni 28%, Co 17%), 페르니코(Ni 28%, Co 17%, Cr 0~8%)
　㉣ 용도 : 전구나 진공관의 도입선(열팽창계수가 유리나 백금과 같다.)
⑥ 퍼멀로이(permalloy)
　Ni 75~80%, Co 0.5% 함유, 약한 자장으로 큰 투자율을 가지므로 해저전선의 장하코일용으로 사용된다.

해답

28. ③ 29. ④

문제 30

합금 첨가제 중 탈산제에 해당하지 않는 것은?

① 바나듐-철 ② 티탄-철
③ 크롬-철 ④ 산화티탄

해설 문제 14번 참조

문제 31

SCr이나 SNC 강은용 접열로 인하여 뜨임취성이 발생되는데 다음 중 뜨임취성을 방지하기 위해 첨가하는 원소는?

① Mo ② Ni
③ Cr ④ Ti

문제 32

피복아크 용접봉에서 피복제의 역할로 틀린 것은?

① 아크를 안정시킴 ② 전기절연 작용을 함
③ 슬래그 제거가 쉬움 ④ 냉각 속도를 빠르게 함

해설 **피복제의 역할**

① 전기절연작용 ② 공기 중 산화, 질화방지
③ 아크 안정 ④ 슬래그제거를 쉽게 한다.
⑤ 탈산정련작용 ⑥ 합금원소첨가
⑦ 용착 효율을 높인다. ⑧ 용착금속의 냉각속도를 느리게 한다.
⑨ 스패터 발생을 적게 한다.

문제 33

수하특성에 관한 설명 중 가장 적당한 것은?

① 부하전류가 증가하면 단자전압이 저하하는 특성
② 부하전압이 증가하면 단자전압이 상승하는 특성
③ 아크전류가 증가하여도 단자 전압이 변하지 않는 특성
④ 부하전압이 변화하여도 전압이 변화하지 않는 특성

해설 **용접기 특성**

① **수하특성** : 부하전류가 증가하면 단자전압이 낮아지는 특성
② **정전압특성**
  ㉠ 부하전류가 변하여도 단자전압은 거의 변화하지 않는 특성
  ㉡ MIG 또는 CO_2 용접 등에 적합한 특성으로 일명 CP특성이라고 함
③ **정전류특성** : 부하전압이 변하여도 단자전류는 거의 변화하지 않는 특성
④ **상승특성** : 전류의 증가에 따라서 전압이 약간 높아지는 특성

해답

30. ④ 31. ④ 32. ④ 33. ①

문제 34

맞대기 용접 이음에서 최대 인장하중이 8000kgf 이고, 판두께가 9mm, 용접선의 길이가15cm인 용착금속의 인장강도는 약 몇 kgf/mm^2인가?

① 5.9 ② 5.5
③ 5.6 ④ 5.2

해설 **인장강도**$= \dfrac{P}{t \cdot l} = \dfrac{8000\text{kgf}}{9 \times 150\text{mm}^2} = 5.9\text{kg/mm}^2$

문제 35

본용접의 용착법 중 각 층마다 전체 길이를 용접하면서 쌓아올리는 방법으로 용접하는 것은?

① 전진 블록법 ② 빌드업법
③ 스킵법 ④ 케스케이드법

해설 **빌드업법**(덧살올림법) : 각 층마다 전체길이를 용접하면서 쌓아올리는 방법
스킵법 : 이음 전 길이에 대해 뛰어넘어서 용접하는 방법
케스케이드법 : 한 부분에 대해 몇 층을 용접하다가 다음 부분의 층으로 연속시켜 용접

문제 36

서브머지드 아크 용접의 특징이 아닌 것은?

① 콘택트 팁에서 통전되므로 와이어 중에 저항열이 적게 발생되어 고전류 사용이 가능하다.
② 아크가 보이지 않으므로 용접부의 적부를 확인하기가 곤란하다.
③ 용접길이가 짧을 때 능률적이며 수평 및 위보기 자세 용접에 주로 이용된다.
④ 일반적으로 비드 외관이 아름답다.

해설 **서브머지드 아크용접의 특징**

[장점]
① 콘택트 팁에서 통전되므로 와이어 중에 저항 열이 적게 발생되어 고전류 사용이 가능하다.
② 용융 속도 및 용착속도가 빠르다며, 용입이 깊다.
③ 작업 능률이 수동에 비하여 판두께 12mm에서 2~3배, 25mm에서 5~6배, 50mm에서 8~12배 정도가 높다.
④ 개선각을 적게 하여 용접의 패스 수를 줄일 수 있다.
⑤ 인장강도, 연신율, 충격치, 균일성 등 기계적 성질이 우수하다.
⑥ 유해광선이나 흄(fume) 등의 발생이 적어 작업환경이 양호한 편이다.
⑦ 비드의 외관이 아름답다.

[단점]
① 장비의 가격이 고가이다.
② 용접선이 짧거나 복잡한 경우 수동에 비하여 비능률적이다.
③ 홈가공의 정밀을 요한다.(루트간격 0.8mm 이하)

해답

34. ① 35. ② 36. ③

④ 불가시 용접으로 용접도중 용접상태를 육안으로 확인할 수 없다.
⑤ 특수한 지그를 사용하지 않는 한 아래보기 자세로 한정된다.
⑥ 탄소강, 저합금강, 스테인리스강 등 한정된 재료의 용접에 사용한다.

문제 37

표준 고속도강의 성분 조성은?

① W(18%)−Ni(4%)−Co(1%)−Co(2%)
② W(18%)−NI(6%)−Co(2%)
③ W(18%)−Cr(4%)−V(1%)
④ W(18%)−Cr(6%)−Ni(2%)

해설 **고속도강(SKH)**
텅스텐(18%)+크롬(4%)+바나듐(1%)

문제 38

용접봉의 피복제중에 산화티탄을 약 35% 정도 포함한 용접봉으로서, 일반 경구조물의 용접에 많이 사용되는 용접봉은?

① 저 수소계　　② 고산화티탄계
③ 철분산화철계　　④ 일미나이트계

해설 **연강용 피복아크 용접봉의 특징**

① E 4301(일미나이트계)
㉠ TiO_2, FeO를 약 30% 함유
㉡ 주성분은 광석 사철
㉢ 용접성과 기계적 성질이 우수
㉣ 가열온도와 가열시간 : 70~100℃, 30~60분

② E 4303(라임티탄계)
㉠ TiO_2(산화타탄)을 약 30% 이상 함유
㉡ 비드의 외관이 아름답다.
㉢ 언더컷이 발생되지 않는다.

③ E 4311(고셀룰로오스계)
㉠ 셀룰로오스를 20~30%정도 포함
㉡ 비드표면이 거칠고 스패터가 많은 것이 결점
㉢ 좁은 홈의 용접 시 사용
㉣ 습기가 흡수되기 쉬우므로 건조

④ E 4313(고산화티탄계)
㉠ 산화티탄을 약 35% 이상 함유
㉡ 일반 경구조물 용접에 사용
㉢ 비드 표면이 고우며 작업성이 우수
㉣ 고온크랙을 일으키기 쉬운 결점이 있다.

⑤ E 4316(저수소계)
㉠ 주성분으로는 석회석, 형석 등이 있다.
㉡ 내균열성, 기계적 성질 우수

해답

37. ③ 38. ②

㉢ 용착금속 중에서 수소 함유량이 다른 피복봉에 비해 $\frac{1}{10}$ 정도로 매우 낮음.

㉣ 가열온도와 가열시간 : 300~350℃, 1~2시간

⑥ E 4324(철분산화티탄계)
⑦ E 4316(철분저수소계)
⑧ E 4327(철분산화철계)

문제 39

모떼기의 치수가 2mm이고 각도가 45도일 때 올바른 치수 기입법은?

① C2
② 2C
③ 2-45도
④ 45도×2

문제 40

가스용접시 전진법과 후진법을비교 설명한 것 중 틀린 것은?

① 전진법은 용접 속도가 느리다.
② 후진법은 용접변형이 크다.
③ 후진법은 열이용률이 좋다.
④ 전진법은 개선홈의 각도가 크다.

해설 **후진법의 특징**(두용용열홈비산)
① 두꺼운 판 용접에 적합
② 용접속도가 빠르다.
③ 용접변형이 적다.
④ 열 이용률이 좋다.
⑤ 홈의 각도가 적다.
⑥ 비드표면이 매끈하지 못하다.
⑦ 산화정도 약하다.
⑧ 용착금속의 조직이 미세하다.

문제 41

산업용 용접로봇 구성의 작업 기능으로 잘못된 것은?

① 동작기능
② 구속기능
③ 교시기능
④ 이동기능

해설 **산업용 용접로봇 구성의 작업 기능**
① 이동기능 ② 구속기능 ③ 동작기능

문제 42

용접에서 결함이 언더컷일 경우 보수방법으로 가장 적절한 것은?

① 용접부에 홈을 만들어 다시 용접한다.
② 결함부분을 깍아내고 다시 용접한다.
③ 결함부분에 홈을 만들어 용접한다.
④ 가는 용접봉을 사용하여 용접한다.

해답

39. ① 40. ② 41. ③ 42. ④

해설 결함의 보수

① **언더컷의 보수** : 지름이 작은 용접봉을 이용하여 보수
② **오우버랩의 보수** : 일부분을 깎아내고 재용접
③ **슬래그의 보수** : 깎아내고 재용접
④ **균열의 보수** : 정지구멍을 뚫어 균열부분은 홈을 판 후 재용접

문제 43

침탄법을 침탄처리애 사용되는 침탄제의 종류에 따라 분류할 때 해당되지 않는 것은?

① 액체 침탄법 ② 고체 침탄법
③ 가스 침탄법 ④ 화염 경화법

해설 침탄법

① **액체 침탄법** : 시안화나트륨, 시안화칼리를 주성분으로 한 염을 사용하여 침탄온도 750~950℃에서 30~60분간 침탄시키는 방법
② **가스 침탄법** : 탄화수소 가스인 메탄가스를 사용하여 침탄온도 950℃에서 침탄시키는 방법
③ **고체 침탄법** : 고체 침탄제를 사용하여 강 표면에 침탄산소를 확산 침투시켜 표면을 경화시키는 방법

2017

문제 44

재료의 내 · 외부에 열처리 효과의 차이가 생기는 현상을 질량효과라고 한다. 이것은 강의 담금질성에 의해 영향을 받는데 이 담금질성을 개선시키는 효과가 있는 원소는?

① 붕소 ② 아연
③ 납 ④ 탄소

해설 특수원소의 영향

① **규소(Si)** : ㉠ 인장강도, 경도, 탄성한계 높아진다.
㉡ 용접성을 저하시킴
㉢ 용융금속의 유동성을 좋게 한다.
㉣ 충격저항감소, 연신율 감소
㉤ 결정립의 조대화
② **니켈(Ni)** : ㉠ 인성증가 ㉡ 저온충격저항 증가
㉢ 질화촉진 ㉣ 주철의 흑연화 촉진
③ **크롬(Cr)** : ㉠ 내식성, 내마모성 향상 ㉡ 흑연화를 안정
㉢ 탄화물 안정 ㉣ 담금질 효과 증대
④ **몰리브덴(Mo)** : ㉠ 뜨임취성 방지
㉡ 고온강도 개선
㉢ 저온취성 방지
⑤ **망간(Mn)** : ㉠ 적열취성방지
㉡ 황의 해를 제거
㉢ 고온에서 결정립 성장 억제

해답

43. ④ 44. ①

㉣ 흑연화를 방해하여 백주철화 촉진
⑥ 티탄(Ti) : ㉠ 탄화물 생성용이 ㉡ 결정입자의 미세화
⑦ 붕소(B) : 담금질성 개선
⑧ 인(P) : 제강시 편석을 일으키기 쉽다.

문제 45

용접 중에 아크를 중단시키면 중단된 부분이 오목 하거나 납작하게 파진 모습으로 남는 것을 무엇이라 하는가?

① 오버랩 ② 언더컷
③ 은점 ④ 크레이터

문제 46

X형 홈과 같이 양면용접이 가능한 경우에 용착금속의 양과 패수 수를 줄일 목적으로 사용 되며 모재가 두꺼울수록 유리한 홈의 형상은?

① I형 홈 ② V형 홈
③ U형 홈 ④ H형 홈

해설 홈의 형상
① H형 : X형 홈과 같이 양면용접이 가능한 경우에 용착금속의 양과 패스 수를 줄일 목적으로 사용되며 모재가 두꺼울수록 유리한 홈의 형상
② X형 : 이음 홈 형상 중에서 동일한 판 두께에 대하여 가장 변형이 적게 설계된 것
③ V형 : 맞대기 용접에서 한쪽방향의 완전한 용입을 얻고자 할 때
④ U형 : V형에 비해 홈의 폭이 좁아도 되고 또한 루트간격을 0으로 해도 작업성과 용입이 좋으며 한 쪽에서 용접하여 충분한 용입을 얻을 필요가 있을 때 사용
⑤ I형 : 맞대기 이음에서 가장 얇은 박판에 사용

문제 47

알루미늄 합금의 인공시효 온도는 다음 중 몇 ℃ 정도에서 행하여지는가?

① 100℃ ② 120℃
③ 140℃ ④ 160℃

문제 48

마찰이 매우 적고 백래쉬가 작아, 정밀공작기계의 이송장치에 사용되는 나사는?

① 톱니나사 ② 볼나사
③ 사각나사 ④ 사다리꼴나사

해설 운동용 나사
① 사각 나사(square thread)
축방향에 하중을 크게 받는 운동용 나사로 적합하며, 특히 하중의 방향이 일정하지 않은 교번하중 작용시 사용된다. 스러스트(thrust : 추력)를 전달시킬 수 있

해답
45. ③ 46. ④ 47. ④ 48. ②

고, 강력한 이송나사 등에 이용된다.

② **사다리꼴 나사(trapezoidal thread)**
인치계에서는 산의 각도가 29°, 미터계에서는 30°로서 두 종류가 있으며, 29°의 사다리꼴 나사를 애크미 나사라고 한다. 용도는 선반의 리드 스크류, 잭, 프레스 등의 축방향 힘을 전달하는 운동용 나사 및 공작 기계의 이송나사로 사용된다.

③ **톱니 나사(buttress thread)**
나사산의 각도가 30°인 것과 45°인 것이 있으며, 추력이 한 방향으로만 작용하는 바이스, 압착기 등에 사용한다.

④ **너클 나사(knuckle thread)**
원형나사 또는 둥근나사라고도 하며, 나사산의 각(α)은 30°로 산마루와 골은 둥글다.
용도는 먼지와 모래 등이 들어가기 쉬운 곳, 토목공사용 윈치(winch) 등에 사용한다. 또는 전구나사라고도 한다.

⑤ **볼나사(ball screw)**
나사 축과 너트 부분에 나선모양의 홈을 파고, 그 홈 사이에 많은 볼을 삽입하여 볼의 구름접촉을 이용한 나사로서, 보통 나사에 비하여 마찰 계수가 극히 작으며 0.05 이하이고 전동효율은 90% 이상이다. 용도는 공작기계의 이송 나사와 수치 제어장치, 최근의 정밀기계류, 자동차의 스티어링부에 사용된다.

2017

문제 49

용접순서를 결정하는 사항으로 틀린 것은?

① 같은 평면 안에 많은 이음이 있을 때에는 수축은 되도록 자유단으로 보낸다.
② 중심에 대하여 항상 대칭으로 용접을 진행시킨다.
③ 수축이 작은 이음을 먼저 용접하고 큰 이음을 뒤에 용접한다.
④ 용접물의 중립축에 대하여 용접으로 인한 수축력 모멘트의 합이 0이 되도록 한다.

해설 **용접순서를 결정하는 사항**

① 수축이 큰 이음을 먼저 용접하고 작은 이음을 나중에 용접한다.
② 용접물의 중립축에 대하여 용접으로 인한 수축력 모멘트의 합이 0이 되도록 한다.
③ 중심에 대하여 항상 대칭으로 용접을 진행시킨다.
④ 같은 평면 안에 많은 이음이 있을 때에는 수축은 되도록 자유단으로 보낸다.
⑤ 응력이 집중될 우려가 있는 곳은 피한다.
⑥ 본 용접사와 동등한 기량을 갖는 용접사가 가접 시행
⑦ 가용접시는 본 용접 때보다 지름이 약간 가는 용접봉 사용

문제 50

티그용접에서 직류 정극성으로 용접할 때 전극 선단의 각도가 다음 중 몇 도 정도이면 가장 적합한가?

① 5~10도　　② 10~20도
③ 30~50도　　④ 60~70도

해답

49. ③ 50. ③

문제 51

아세톤은 각종 액체에 잘 용해된다. 15℃ 15기압에서 아세톤 2리터에 아세틸렌 몇 리터 정도가 용해되는가?

① 150리터 ② 225리터
③ 375리터 ④ 750리터

해설 15℃ 1기압에서 아세톤 $1l$에 아세틸렌이 $25l$ 용해
15℃ 15기압에서 아세톤 $1l$에 아세틸렌이 xl 용해

$$x = \frac{15\text{기압} \times 25l}{1\text{기압}} = 375l$$

문제 52

이산화탄소 아크용접시 이산화탄소의 농도가 몇 %일 때 두통이나 뇌빈혈을 일으키는가?

① 3～4% ② 5～6%
③ 7～8% ④ 9～10%

해설 CO_2 농도에 따른 인체의 영향

공기 중의 CO_2 농도	인체에 미치는 영향
2%	불쾌감이 있다.
4%	두통, 현기증, 귀울림, 눈의 자극, 혈압상승
8%	호흡곤란
9%	구토, 감정둔화
10%	1분 이내의 의식상실, 장기간 노출시 사망, 시력장애
20%	중추신경마비, 단시간내 사망
30%	인체 치사량

문제 53

다음 중 호의 길이 42mm를 나타낸 것은?

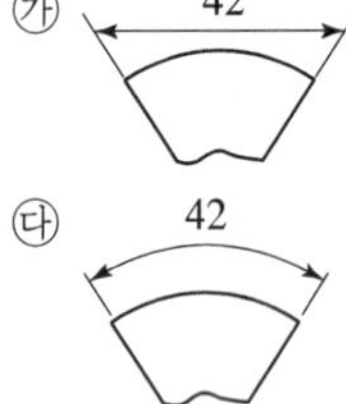

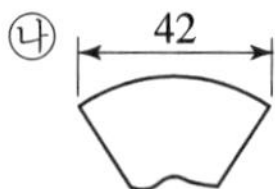

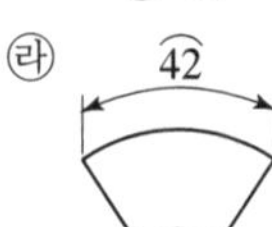

해설 ① 호의 길이 :  ② 현의 길이 : 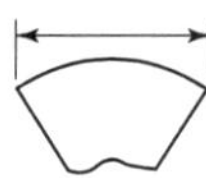

해답 51. ④ 52. ① 53. ④

문제 54

온 둘레 현장 용접의 용접 보조 기호는?

㉮ ○　　㉯ ●

㉰ ◎　　㉱

해설 ① 온 둘레 현장 용접 : ② 현장용접 : ③ 전둘레용접 : ○

문제 55

보기 도면과 같은 단면도 명칭으로 가장 적합한 것은?

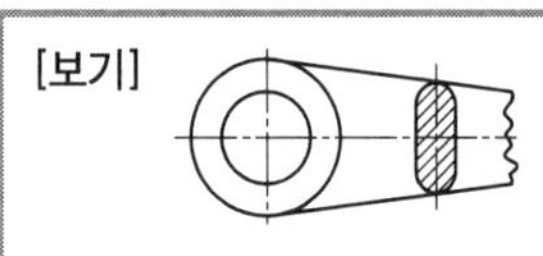

㉮ 부분 단면도　　㉯ 직각 도시 단면도

㉰ 회전 도시 단면도　　㉱ 가상 단면도

문제 56

보기 입체도의 화살표 방향이 정면일 경우 좌측면도로 가장 적합한 것은?

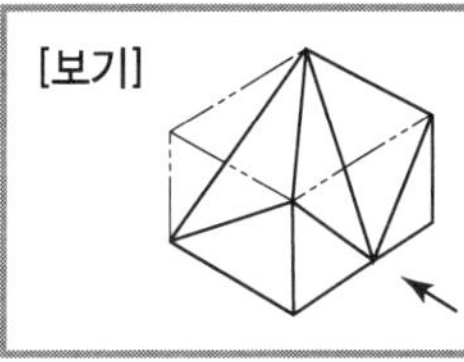

㉮

㉯ 

㉰

㉱

문제 57

보기 그림과 같은 리벳이음 명칭으로 가장 적합한 것은?

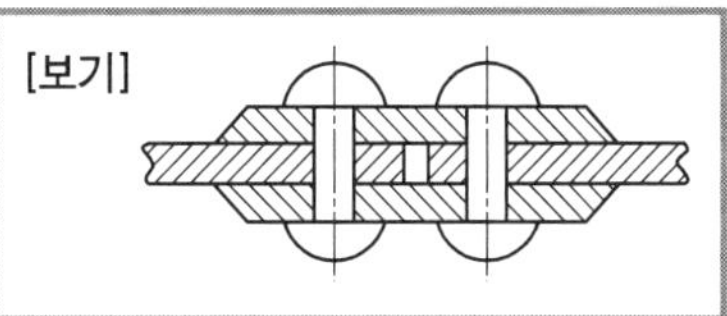

㉮ 1열 2점 겹치기 이음　　㉯ 1열 맞대기 이음

㉰ 2열 겹치기 이음　　㉱ 2열 맞대기 이음

해답

54. ④ 55. ③ 56. ① 57. ②

문제 58

다음 그림은 어떤 단면을 나타내고 있는가?

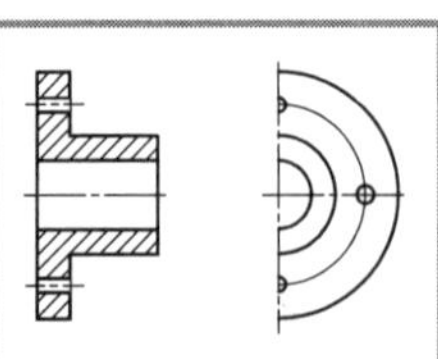

㉮ 한쪽 단면도(반단면)　　㉯ 온 단면도(전단면도)
㉰ 부분 단면도　　㉱ 계단 단면도

문제 59

판금 제품의 원통에 진원이 구멍을 내려면 전개도에서의 현도 판의 진원 구멍부 형상으로 가장 적합한 것은?

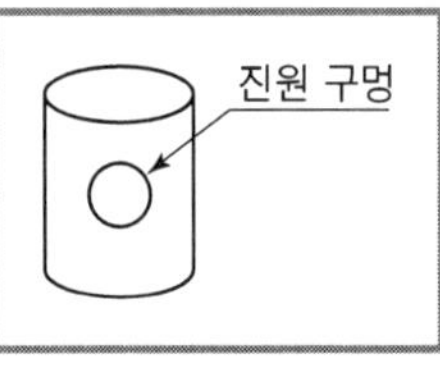

㉮　　㉯
㉰　　㉱

문제 60

실제길이가 100mm인 제품을 척도 2 : 1로 도면을 작성했을 때 도면에 길이치수로 기입되는 값은?

㉮ 200　　㉯ 150
㉰ 100　　㉱ 50

해답

58. ② 59. ④ 60. ③

특수용접기능사

2017년 제 4 회

CBT 시험형식으로 바뀜으로 인하여 본 문제는 수험생분들의 이야기를 토대로 작성하였기에 문제가 상이할 수 있음

문제 01

리벳이음과 비교한 용접이음의 특징 설명으로 틀린 것은?

① 응력집중이 생기기 쉽다. ② 품질검사가 간단하다.
③ 저온취성이 생길 우려가 있다. ④ 수밀, 기밀, 유밀이 우수하다.

해설 용접이음의 특징

① 이종재료 접합이 가능하다. ② 중량이 가벼워진다.
③ 이음효율이 높다. ④ 보수와 수리가 용이하다.
⑤ 재료의 두께에 제한이 없다. ⑥ 제품의 성능과 수명 향상
⑦ 품질검사 곤란 ⑧ 용접사의 기량에 따라 품질 좌우
⑨ 작업공정이 단축되며 경제적이다. ⑩ 수밀, 유밀, 기밀성이 좋다.
⑪ 변형 및 잔류응력발생 ⑫ 취성이 생길 우려가 있다.

문제 02

가스용접에서 전진법과 비교한 후진법의 설명으로 맞는 것은?

① 용접속도가 느리다. ② 용접변형이 크다.
③ 두꺼운판의 용접에 적합하다. ④ 열이용률이 나쁘다.

해설 후진법의 특징

① 두꺼운 판 용접에 적합하다. ② 용접변형이 적다.
③ 용접속도가 빠르다. ④ 열 이용률이 좋다.
⑤ 홈의 각도가 적다. ⑥ 비드표면이 매끈하지 못하다.
⑦ 산화정도 약하다.

문제 03

가스용접에서 아세틸렌용 고무호스의 사용 색은?

① 백색 ② 흑색
③ 노랑 ④ 적색

해설 가스용접에서 고무호스의 사용색

① 아세틸렌 : 적색
② 산소 : 녹색 또는 흑색

문제 04

저수소계 용접봉은 사용하기 전 몇 ℃에서 몇 시간정도 건조시켜 사용해야 하는가?

① 300℃~350℃ 1~2시간 ② 450℃~500℃ 3~4시간
③ 150℃~300℃ 1~2시간 ④ 100℃~150℃ 2~3시간

해답

01. ② 02. ③ 03. ④ 04. ①

해설 **저수소계 용접봉**(E4316)

① 주성분 : 석회석, 형석
② 내균열성이 우수하다.
③ 용착금속 중의 수소량이 타용접봉에 비해 $\frac{1}{10}$ 정도 적다.
④ 건조온도와 건조시간은 : 300~350℃에서 1~2시간

문제 05

피복 아크 용접에서 아크 전류와 아크 전압을 일정하게 유지하고 용접속도를 증가시킬 때 나타나는 현상은?

① 비드폭은 넓어지고 용입은 깊어진다.
② 비드폭은 좁아지고 용입은 깊어진다.
③ 비드폭은 좁아지고 용입은 얕아진다.
④ 비드폭은 넓어지고 용입은 얕아진다.

문제 06

철계 주조재의 기계적 성질 중 인장강도가 가장 높은 주철은?

① 구상흑연주철 ② 고급주철
③ 보통주철 ④ 백심가단주철

문제 07

풀림 열처리의 목적으로 틀린 것은?

① 조직의 미세화 ② 내부응력제거
③ 조직의 균일화 ④ 가스 및 불순물 방출

해설 **열처리**

① **담금질**=퀜칭 : 강을 A_3 변태 및 A_1선 이상 30~ 50℃ 가열 후 물 또는 기름으로 급랭하는 방법으로 경도 및 강도 증가
② **뜨임**=탬퍼링 : 담금질된 강을 A_1 변태점 이하의 일정온도로 가열하여 인성증가
③ **풀림**=어닐링 : 재질의 연화를 목적으로 일정시간 가열 후 노내에서 서냉. 내부응력 및 잔류응력 제거
④ **불림**=노멀라이징 : 강을 표준상태로 하기 위하여 가공조직의 균일화, 결정립의 미세화, 기계적 성질의 향상 목적으로 실시

문제 08

피복금속 아크 용접에 비해 서브머지드 아크용접의 특징 설명으로 옳은 것은?

① 비드외관이 거칠다.
② 용접속도가 느리므로 저능률의 용접이 된다.
③ 용접장비의 가격이 싸다.
④ 개선각을 크게 하여 용접 패스 수를 줄일 수 있다.

해답

05. ③ 06. ① 07. ② 08. ④

해설 서브머지드 아크용접의 특징

① 유해광선의 발생이 적다.
② 비드외관이 매우 아름답다.
③ 기계적 성질이 우수하다.
④ 패킹재 미사용시 루트간격은 0.8mm 이하
⑤ 개선각을 적게 하여 용접 패스 수를 줄일 수 있다.
⑥ 용융속도 및 용착속도가 빠르다.
⑦ 용접재료에 제약을 받는다.
⑧ 용접진행상태의 양, 부를 육안식별이 불가능하다.
⑨ 용접적용자세에 제약을 받는다.
⑩ 이음의 신뢰도를 높일 수 있다.
⑪ 용접변형이 적다.
⑫ 한번 용접으로 75mm까지 가능하다.

문제 09

비드 밑 균열은 비드의 바로 밑 용융선을 따라 열 영향부에 생기는 균열로 고탄소강이나 합금강 같은 재료를 용접할 때 생기는데 그 원인으로 맞는 것은?

① 아세틸렌가스 ② 산소가스
③ 수소가스 ④ 아르곤가스

해설 수소

① 은점의 원인 ② 선상조직의 원인
③ 헤어크랙의 원인 ④ 비드 및 균열의 원인

문제 10

응급처치의 3대 요소가 아닌 것은?

① 기도유지 ② 쇼크방지
③ 응급후송 ④ 상처보호

해설 응급처치 4대 요소

① 기도유지 ② 지혈
③ 상처보호 ④ 쇼크방지

문제 11

용접부의 형상에 따른 필릿용접의 종류가 아닌 것은?

① 경사 필릿 ② 연속 필릿
③ 단속 지그재그 필릿 ④ 단속 필릿

해설 용접부의 형상에 따른 필릿 용접의 종류

① 연속 필릿
② 단속 필릿
③ 단속지그재그 필릿

해답

09. ③ 10. ③ 11. ①

문제 12 기체나 액체 연료를 토치나 버너로 연소시켜 그 불꽃을 이용하여 납땜하는 것은?

① 저항 납땜 ② 담금 납땜
③ 유도가열 납땜 ④ 가스 납땜

해설 **유도가열납땜** : 땜납과 용제를 삽입한 틈을 고주파 전류를 이용하여 가열하는 납땜법
저항납땜 : 납땜할 이음부에 용제를 바르고 납땜재를 삽입하여 저항열로 가열하는 방법
담금납땜 : 이음 면에 땜납을 삽입하여 미리 가열된 염욕에 침지하여 가열하는 방법
노내납땜 : 전열이나 가스 불꽃 등으로 가열된 노내에서 납땜하는 방법

문제 13 일렉트로 슬래그 용접법에 사용되는 용제의 주성분이 아닌 것은?

① 산화알루미늄 ② 산화티탄
③ 산화망간 ④ 산화규소

해설 **일렉트로 슬래그 용접법에 사용되는 용제의 주성분**
① 산화알루미늄 ② 산화망간 ③ 산화규소

문제 14 스터드 용접에서 페롤의 역할은?

① 용접사의 눈을 아크로부터 보호 ② 용융금속의 유출 방지
③ 용융금속의 탈산방지 ④ 용착부의 오염방지

해설 **스터드 용접에서 페룰(가이드)의 역할**
① 용착금속의 유출방지 ② 용착금속의 오염방지
③ 용착금속의 산화방지 ④ 용접사의 눈을 아크로부터 보호

문제 15 기계제도에서 도면에 치수를 기입하는 방법에 대한 설명으로 틀린 것은?

① 길이는 원칙으로 mm의 단위로 기입하고 단위기호는 붙이지 않는다.
② 치수의 자릿수가 많은 경우 세 자리마다 콤마를 붙인다.
③ 관련치수는 되도록 한곳에 모아서 기입한다.
④ 치수는 되도록 한 곳에 모아서 기입한다.

해설 **기계제도에서 도면에 치수를 기입하는 방법**
① 참고치수는 치수수치에 괄호를 붙인다.
② 외형치수 전체길이 치수는 반드시 기입한다.
③ 치수는 계산할 필요가 없도록 기입한다.
④ 치수의 중복기입을 피한다.
⑤ 길이는 원칙으로 mm의 단위로 기입하고 단위기호는 붙이지 않는다.
⑥ 관련치수는 되도록 한 곳에 모아서 기입한다.
⑦ 치수는 되도록 주 투상도에 집중하여 기입한다.

해답

12. ④ 13. ② 14. ③ 15. ②

문제 16

도면에서 표제란과 부품란으로 구분할 때 부품란에 기입할 사항이 아닌 것은?

① 수량　② 재질
③ 척도　④ 품명

해설 **부품란에 기입할 사항**

① 재질　② 수량　③ 무게
④ 품명

표제란에 기입할 사항

① 투상법　② 척도　③ 소속단체명
④ 작성연월일　⑤ 도면번호　⑥ 도면명칭

문제 17

기계제도에서 대상물의 보이는 부분의 외형을 나타내는 선의 종류는?

① 굵은 실선　② 가는 일점쇄선
③ 가는 실선　④ 굵은 파선

해설 **용도에 따른 선의 종류**

① 외형선 : 대상물의 보이는 부분의 모양 표시(굵은 실선)
② 가상선
　㉠ 가공전 · 후 표시
　㉡ 공구위치 참고표시
　㉢ 인접부분 참고표시(가는 이점쇄선)
③ 가는 실선
　㉠ 파단선 : 대상물의 일부를 파단한 경계
　㉡ 해칭선 : 도형의 한정된 특정부분을 다른 부분과 구별
　㉢ 치수선 : 치수를 기입하기 위해
④ 가는 일점쇄선
　㉠ 중심선　㉡ 기준선　㉢ 피치선　㉣ 절단선

문제 18

용접기 사용률이 40%인 경우 아크시간과 휴식시간을 합한 전체시간은 10분을 기준으로 했을 때 아크 발생시간은 몇 분인가?

① 4분　② 6분
③ 8분　④ 10분

해설

사용률$= \frac{\text{아크시간}}{\text{아크시간}+\text{휴식시간}} \times 100$

$40\% = \frac{\text{아크시간} \times 100\%}{10}$

∴ **아크시간**$= \frac{40\% \times 10\text{분}}{100\%} = 4\text{분}$

해답

16. ③ 17. ① 18. ①

2017

문제 19

용접열원의 하나인 가스에너지 중 가연성 가스가 아닌 것은?

① 수소 ② 부탄
③ 산소 ④ 아세틸렌

해설 **가연성가스** : 폭발하한이 10% 이하이거나 하한과 상한의 차가 20% 이상인 가스
① 아세틸렌 : 2.5~81% ② 수소 : 4~75%
③ 프로판 : 2.1~9.5% ④ 부탄 : 1.8~8.4%
⑤ 메탄 : 5~15% ⑥ 에탄 : 3~12.5%

문제 20

연강의 용접에 적당한 용제는?

① 중탄산소다 ② 탄산소다
③ 염화나트륨 ④ 일반적으로 사용하지 않음

해설 **용제**
① 연강 : 사용하지 않는다.
② 반경강 : 중탄산나트륨+탄산나트륨
③ 주철 : 중탄산나트륨(70%)+탄산나트륨(15%)+붕사(15%)
④ 구리합금 : 붕사(75%)+염화나트륨(25%)
⑤ 알루미늄 : 염화칼륨(45%)+염화나트륨(30%)+염화리튬(15%)
+플루오르화칼륨(7%)+황산칼륨(3%)

문제 21

합금주철의 원소 중 인성을 증가하고 주철의 흑연화를 촉진시키는 원소는?

① 구리 ② 니켈
③ 몰리브덴 ④ 크롬

해설 **특수원소의 영향**
① 규소(Si) : ㉠ 인장강도, 경도, 탄성한계 높아진다.
㉡ 용접성을 저하시킴
㉢ 용융금속의 유동성을 좋게 한다.
㉣ 충격저항감소, 연신율 감소
㉤ 결정립의 조대화
② 니켈(Ni) : ㉠ 인성증가 ㉡ 저온충격저항 증가
㉢ 질화촉진 ㉣ 주철의 흑연화 촉진
③ 크롬(Cr) : ㉠ 내식성, 내마모성 향상 ㉡ 흑연화를 안정
㉢ 탄화물 안정 ㉣ 담금질 효과 증대
④ 몰리브덴(Mo) : ㉠ 뜨임취성 방지
㉡ 고온강도 개선
㉢ 저온취성 방지
⑤ 망간(Mn) : ㉠ 적열취성방지
㉡ 황의 해를 제거
㉢ 고온에서 결정립 성장 억제

해답
19. ③ 20. ④ 21. ②

㉣ 흑연화를 방해하여 백주철화 촉진

⑥ 티탄(Ti) : ㉠ 탄화물 생성용이 ㉡ 결정입자의 미세화

⑦ 붕소(B) : 담금질성 개선

⑧ 인(P) : 제강시 편석을 일으키기 쉽다.

문제 22 Mg-Al-Zn의 합금으로 내연기관의 피스톤 등에 사용되는 것은?

① 두랄루민 ② 실루민

③ Y합금 ④ 일렉트론

해설 합금

① 일렉트론 : Al+Zn+Mg (알아마) - 항공기, 자동차부품
② 도우메탈 : Al+Mg (알마)
③ 실루민 : Al+Si (알소) - 개량처리 효과 크다(Na, F, NaOH)
④ 두랄루민 : Al+Cu+Mg+Mn (알구마망)
⑤ 알드레이 : Al+Mg+Si (알마소)
⑥ Y합금 : Al+Cu+Mg+Ni (알구마니) - 실린더헤드, 피스톤에 사용
⑦ 하이드로날륨 : Al+Mg (알마) - 선박용 부품, 조리용기구, 화학용 부품
⑧ 로엑스 : Al+Cu+Mg+Ni+Si (알구마니소)
⑨ 켈밋 : Cu+Pb(30~40%) (켈구납) - 베어링에 사용
⑩ 양은 : 7:3 황동+Ni(10~20%)
⑪ 델타메탈 : 6:4 황동+Fe(1~2%) - 모조금, 판 및 선, 선박용 기계, 광산용 기계, 화학용 기계
⑫ 에드미럴티 : 7:3 황동+Sn(1~2%) - 증발기, 열교환기, 탈아연 부식억제, 내수성 및 내해수성 증대
⑬ 네이벌 : 6:4 황동+Sn(1~2%) - 파이프, 선박용 기계
⑭ 문쯔메탈 : Cu(60%)+Zn(20%) - 열교환기, 열간단조품, 탄피
⑮ 톰백 : Cu(80%)+Zn(20%) - 화폐, 메달에 사용
⑯ 레드브레스 : Cu(85%)+Zn(15%) - 장식품에 사용
⑰ 모네메탈 : Ni(65~70%)+Fe(1~3%) - 터빈 날개, 펌프, 임펠러 등에 사용
⑱ 인코넬 : Ni(70~80%)+Cr(12~14%) - 진공관, 필라멘트, 열전쌍보호관
⑲ 콘스탄탄 : 구리(55%)+니켈(45%) - 전열선, 통신기자재, 저항선
⑳ 플래티나이트 : Ni(40~50%)+Fe - 진공관이나 전구의 도입선
㉑ 쾌삭황동 : 황동+납(1.5~3%) - 시계톱니바퀴, 절삭성 향상 스크류
㉒ 코로손 합금 : 구리+니켈+철(1~2%) - 전화선, 통신선에 사용
㉓ 퍼벌로이 : Ni(70~80%)+Fe(10~30%) - 해저전선의 장하코일용
㉔ 화이트메탈 : 구리+안티몬+주석(구안주)
㉕ 고속도강(SKH) : 텅스텐+크롬+바나듐(텅크바)
㉙ 하드필드강 : 주강+망간(하주망)
㉗ 어드벤스 : Cu(54%)+Ni(44%)+Mn(1%)+Fe(0.5%)
㉘ 듀라나메탈 : 7:3 황동+Fe(2%)
㉙ 인바 : Ni(36%)+Mn(0.4%)+C(0.2%) - 시계의 진자, 줄자, 계측기의 부품, 미터기준봉 바이메탈
㉚ 초인바 : Ni(32%)+Co(4~6%)
㉛ 엘린바 : Ni(36%)+Cr(13%) - 고급시계, 정밀저울의 스프링

해답 22. ④

2017

㉜ **코엘린바** : Ni(10~16%)+Cr(10~11%)+Co(2.6~5.8%) - 태엽, 기상관측용 기구의 부품, 스프링
㉝ **미하나이트 주철** : 퍼얼라이트 바탕에 흑연이 미세하고 고르게 분포되어 있으며 내마멸성이 요구되는 피스톤링 등 자동차부품에 많이 사용
㉞ **라우탈** : Al+Cu+Si - 피스톤, 기계 부속품
㉟ **포금** : Sn(8~12%)+Zn(1%) - 기어, 밸브의 콕, 피스톤, 플랜지
㊱ **니칼로이** : Ni(50%)+Fe(50%) - 해저전선, 소형변압기
㊲ **하스텔로이** : Ni+Mo+Fe
㊳ **배빗메탈** : Cu+Sb+Sn

문제 23

크로마이징의 금속침투법은 철강 표면에 어떤 금속을 침투시키는가?

① 아연 ② 알루미늄
③ 크롬 ④ 규소

해설 **금속침투법** : 내식, 내산, 내마멸을 목적으로 금속을 침투시키는 열처리
① Al(알루미늄) : 칼로라이징
② Cr(크롬) : 크로마이징
③ Zn(아연) : 세라다이징
④ Si(규소) : 실리코나이징
⑤ B(붕소) : 브로나이징

문제 24

이산화탄소 아크용접에서 아르곤과 이산화탄소를 혼합한 보호가스를 사용할 경우의 설명으로 가장 거리가 먼 것은?

① 박판의 용접조건 범위가 좁아진다.
② 혼합비는 아르곤이 80%일 때 용착효율이 가장 좋다.
③ 용착효율이 양호하다.
④ 스패터의 발생이 적다.

문제 25

MIG 용접의 와이어 송급 방식중 와이어 릴과 토치측의 양측에 송급장치를 부착하는 방식을 무엇이라 하는가?

① 푸시-풀방식 ② 더블푸시 방식
③ 풀방식 ④ 푸시방식

해설 **용접장치**
① 푸시 방식

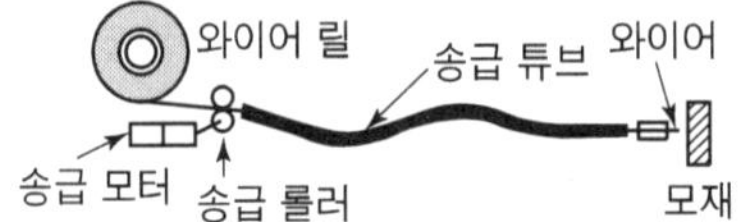

② 풀 방식

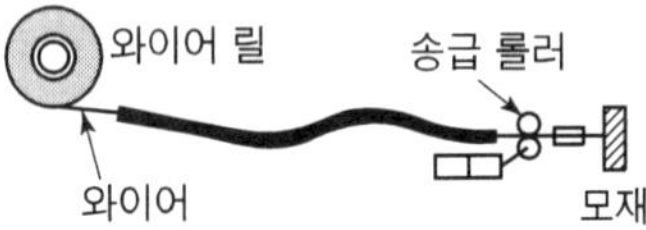

해답

23. ③ 24. ① 25. ①

③ 푸시-풀 방식

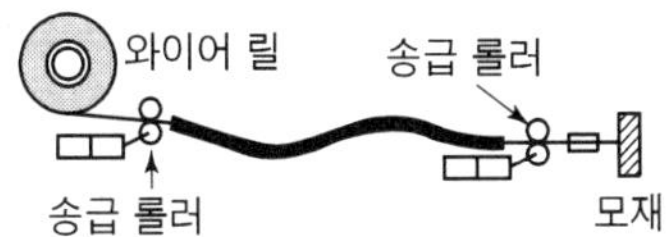

문제 26

플리스틱 용접의 용접 방법만으로 조합된 것은?

① 초음파 용접, 업셋용접
② 열기구 용접, 프라즈마 용접
③ 열풍용접, 고주파 용접
④ 아크용접, 마찰용접

해설 **플라스틱 용접 방법**

① 열풍용접
② 고주파용접

문제 27

용접부에 생긴 잔류응력을 제거하는 방법에 해당 되지 않는 것은?

① 기계적 응력 완화법
② 역변형법
③ 국부풀림법
④ 노내풀림법

해설 **용접 잔류응력 제거법**

① **피닝법** : 해머로써 용접부를 연속적으로 때려 용접표면에 소성변형을 주는 방법
② **기계적 응력완화법** : 잔류응력이 있는 제품에 하중을 주어 용접부에 약간의 소성변형을 일으킨 다음, 하중을 제거하는 방법
③ **저온 응력완화법** : 용접선 양측을 가스불꽃에 의하여 너비 약 150mm를 150~200℃정도의 비교적 낮은 온도를 가열한 다음 곧 수냉하는 방법
④ **국부풀림법** : 제품이 커서 노내에 넣을 수 없을 때 또는 설비, 용량 등으로 노내 풀림을 바라지 못할 경우에 용접부 근처만을 풀림
⑤ **노내풀림법** : 제품 전체를 가열로 안에 넣고 적당한 온도에서 일정시간 유지한 다음 노내에서 서냉

문제 28

다층 용접에서 각 층마다 전체의 길이를 용접하면서 쌓아 올리는 용착법은?

① 스킵법
② 캐스케이드법
③ 전진블록법
④ 덧살 올림법

해설 **용착법**

① **빌드업법**(덧살올림법) : 다층 용접에서 각 층마다 전체길이를 용접하면서 쌓아 올리는 용접 방법
② **캐스케이드법** : 한 부분에 대해 몇 층을 용접하다가 다음 부분의 층으로 연속시켜 용접
③ **스킵법** : 이음 전 길이에 대해 뛰어넘어서 용접하는 방법
④ **전진블록법** : 용접진행방향과 용착방향이 서로 동일한 방법

해답

26. ③ 27. ② 28. ④

문제 29

CO_2 가스 아크용접시 이산화탄소의 농도가 3~4%이면 일반적으로 인체에는 어떤 현상이 일어나는가?

① 아무렇지도 않다. ② 두통, 뇌빈혈을 일으킨다.
③ 위험상태가 된다. ④ 치사량이 된다.

해설 CO_2 농도에 따른 인체의 영향

공기 중의 CO_2 농도	인체에 미치는 영향
2%	불쾌감이 있다.
4%	두통, 현기증, 귀울림, 눈의 자극, 혈압상승
8%	호흡곤란
9%	구토, 감정둔화
10%	1분 이내의 의식상실, 장기간 노출시 사망, 시력장애
20%	중추신경마비, 단시간내 사망
30%	인체 치사량

문제 30

불활성 가스 금속 아크용접의 특징 설명으로 옳은 것은?

① 티그용접에 비해 전류밀도가 낮아 용접속도가 느리다.
② CO_2 용접에 비해 스패터 발생이 많다.
③ 피복금속 아크용접에 비해 용착 효율이 높아 고능률적이다.
④ 전자세 용접이 불가능하다.

해설 불활성가스 금속 아크(MIG)용접의 특징

① 응용범위가 넓다.
② CO_2 용접에 비해 스패터 발생이 적다.
③ TIG용접에 비해 전류밀도가(3~4배) 높으므로 용융속도가 빠르다.
④ 후판용접에 적합하다.
⑤ 모든 금속의 용접이 가능
⑥ 전자세용접이 가능
⑦ 피복아크용접에 비해 용착효율이 높아 고능률적이다.

문제 31

불활성가스 텅스텐 아크 용접에서 직류전원을 역극성으로 접속하여 사용할 때의 특성으로 틀린 것은?

① 알루미늄 용접시 용제 없이 용접이 가능하다.
② 정극성에 비해 비드 폭이 넓다.
③ 정극성에 비해 용입이 깊다.
④ 아르곤 가스 사용시 청정효과가 있다.

해설 직류역극성

① 박판용접에 적합
② 비드 폭이 넓다.

해답

29. ② 30. ② 31. ③

③ 용입이 얕다.
④ 용접봉의 녹음이 빠르다.
⑤ 용접봉(+) 70%, 모재(−) 30%
⑥ 청정효과가 있다.
⑦ 알루미늄 용접시 용제 없이 용접 가능

문제 32

아세틸렌이 연소하는 과정에 포함되지 않는 원소는?

① 유황 ② 수소
③ 탄소 ④ 산소

해설 **아세틸렌 완전연소 반응식**

$C_2H_2 + 2.5O_2 \rightarrow 2CO_2 + H_2O$

문제 33

피복아크 용접봉에 사용되는 피복제의 성분 중에서 탈산제에 해당하는 것은?

① 산화철 ② 티탄철
③ 산화티탄 ④ 석회석

해설 **피복 배합제의 종류**

① 탈산제
㉠ 페로망간(Fe−Mn) ㉡ 페로티탄(Fe−Ti) ㉢ 페로바나듐(Fe−V)
㉣ 페로크롬(Fe−Cr) ㉤ 페로실리콘(Fe−Si) ㉥ Al ㉦ Mg
② 아크 안정제
㉠ 석회석($CaCO_3$) ㉡ 규산칼륨(K_2SiO_3) ㉢ 규산나트륨(Na_2SiO_3)
㉣ 산화티탄(TiO_2) ㉤ 적철광 ㉥ 자철광 ㉦ 탄산소다
③ 합금첨가제
㉠ 페로망간 ㉡ 페로실리콘 ㉢ 페로크롬 ㉣ 산화니켈 ㉤ 페로바나듐
㉥ 산화몰리브덴 ㉦ 구리
④ 가스 발생제
㉠ 석회석 ㉡ 탄산바륨 ㉢ 톱밥 ㉣ 녹말 ㉤ 셀룰로오스
⑤ 슬래그 생성제
㉠ 이산화망간 ㉡ 산화철 ㉢ 산화티탄 ㉣ 형석 ㉤ 석회석 ㉥ 일미나이트
㉦ 알루미나 ㉧ 규사 ㉨ 장석
⑥ 고착제
㉠ 해초 ㉡ 당밀 ㉢ 아교 ㉣ 카제인 ㉤ 규산칼륨 ㉥ 규산나트륨

문제 34

프로판 가스가 완전연소 하였을 때 설명으로 맞는 것은?

① 완전연소하면 아세틸렌이 된다.
② 완전연소하면 일산화탄소와 물이 된다.
③ 완전연소하면 이산화탄소로 된다.
④ 완전연소하면 이산화탄소와 물이 된다.

해답

32. ① 33. ② 34. ④

해설 **프로판의 완전연소 반응식**

$C_3H_8 + 5O_2 \rightarrow 3CO_2 + 4H_2O$

참고 $CH_4 + 2O_2 \rightarrow CO_2 + 2H_2O$

$C_4H_{10} + 6.5O_2 \rightarrow 4CO_2 + 5H_2O$

문제 35 산소–아세틸렌 가스 용접의 장점이 아닌 것은?

① 피복아크 용접보다 유해광선의 발생이 적다.
② 전원설비가 없는 곳에서도 쉽게 설치할 수 있다.
③ 가열시 열량 조절이 쉽다.
④ 피복아크 용접보다 일반적으로 신뢰성이 높다.

해설 **산소–아세틸렌가스 용접의 장점**

① 전원설비가 없는 곳에서도 쉽게 설치할 수 있다.
② 전기용접에 비해 싸다.
③ 응용범위가 넓다.
④ 가열시 열량조절이 쉽다.
⑤ 피복아크용접보다 유해광선의 발생이 적다.
⑥ 박판용접에 적합하다.

문제 36 피복아크 용접기에 필요한 조건으로 전류와 전압의 특성은?

① 정전류 특성 ② 상승 특성
③ 수하 특성 ④ 정전압 특성

해설 **용접기 특성**

① **수하특성** : 부하전류가 증가하면 단자전압이 낮아지는 특성(전류와 전압의 특성)
② **정전압특성**
  ㉠ 부하전류가 변하여도 단자전압은 거의 변화하지 않는 특성
  ㉡ MIG 또는 CO_2 용접 등에 적합한 특성으로 일명 CP특성이라고도 함
③ **정전류특성** : 부하전압이 변하여도 단자전류는 거의 변화하지 않는 특성
④ **상승특성** : 전류의 증가에 따라서 전압이 약간 높아지는 특성

문제 37 강을 담금질할 때 정지 상태의 냉각수 냉각속도를 1 로 했을 때 냉각효과가 가장 빠른 냉각액은?

① 물 ② 소금물
③ 공기 ④ 기름

해답

35. ④ 36. ③ 37. ②

문제 38

실용 특수 황동으로 6 : 4황동에 0.75%의 주석을 첨가한 것으로 선박, 기계부품 등으로 사용되는 것은?

① 주석황동　　② 네이벌 황동
③ 알브랙 황동　　④ 톰백

해설 문제22번 참고

문제 39

형상이 크거나 복잡하여 단조품으로 만들기가 곤란하고 주철로서는 강도가 부족할 경우에 사용되며, 주조 후 완전 풀림을 실시하는 강은?

① 주강　　② 스프링강
③ 공구강　　④ 일반 구조용강

문제 40

혼합가스 연소에서 불꽃온도가 가장 높은 것은?

① 산소-부탄 불꽃　　② 산소-프로판 불꽃
③ 산소-아세틸렌 불꽃　　④ 산소-수소 불꽃

해설 **불꽃온도**

① 아세틸렌 : 3430℃　　② 부탄 : 2926℃
③ 수소 : 2900℃　　④ 프로판 : 2820℃
⑤ 메탄 : 2700℃

발열량(kcal/m^3)

① 부탄 : 26691　　② 프로판 : 20780
③ 아세틸렌 : 12690　　④ 메탄 : 8080
⑤ 수소 : 2420

문제 41

가스 용접에서 충전가스의 용기 도색으로 틀린 것은?

① 아세틸렌-황색　　② 프로판-흰색
③ 산소-녹색　　④ 탄산가스-청색

해설 **공업용기 도색**

청탄산(①) 산녹(②)에서 황아(③)체 안주삼아 수주(④)잔 높이 들고 백암(⑤)산 바라보니
염소(⑥)는 갈색으로 보이고 쥐들은 기타(⑦)를 치더라.

① 탄산가스 : 청색　② 산소 : 녹색　③ 아세틸렌 : 황색　④ 수소 : 주황
⑤ 암모니아 : 백색　⑥ 염소 : 갈색　⑦ 기타 : 쥐색(회색), 아르곤, 프로판

해답

38. ② 39. ① 40. ③ 41. ②

문제 42

다음 중 조연성 가스는?

① 프로판 ② 메탄
③ 수소 ④ 산소

해설 **조연성가스**
① 공기 ② 불소 ③ 염소 ④ 이산화질소 ⑤ 산소

문제 43

가스용접에서 산소 과잉불꽃이라 하며 구리, 황동 용접에 사용하는 불꽃의 명칭은?

① 탄화불꽃 ② 중성불꽃
③ 산화불꽃 ④ 속불꽃

해설 **산소-아세틸렌 불꽃**
① **탄화불꽃** ㉠ 아세틸렌 페더가 있는 불꽃
㉡ 적황색으로 매연을 내면서 탐
㉢ 아세틸렌 과잉 불꽃
㉣ 모넬메탈, 스텔라이트, 스테인리스
② **산화불꽃** ㉠ 산소 과잉 불꽃
㉡ 구리, 황동용접에 사용
③ **중성불꽃** ㉠ 산소와 아세틸렌의 비가 1:1이다.
㉡ 표준불꽃이라고도 한다.

문제 44

Cu-Ni 합금에 Si를 첨가하여 전기전도율을 좋게 한 것은?

① 코로손 합금 ② 에드미럴티
③ 네이벌 ④ 켈밋

해설 문제 22번 참고

문제 45

주철의 일반적인 특성 및 성질에 대한 설명으로 틀린 것은?

① 금속재료 중에서 단위 무게당의 값이 싸다.
② 인장강도, 휨강도 및 충격값은 크나, 압축강도는 작다.
③ 금속재료 중에서 단위 무게당의 값이 싸다.
④ 주조성이 우수하며, 크고 복잡한 것도 제작할 수 있다.

해설 인장강도, 휨강도, 충격값이 작다.

해답

42. ④ 43. ③ 44. ① 45. ②

문제 46

황동이 고온에서 탈아연 되는 현상을 방지하는 방법으로 황동 표면에 어떤 피막을 형성시키는가?

① 염화물 ② 질화물
③ 탄화물 ④ 산화물

해설 황동이 고온에서 탈아연 되는 현상을 방지하는 방법으로 황동 표면에 산화물 피막을 형성시킴

문제 47

피복 아크용접에서 기공 발생의 원인으로 가장 적당한 것은?

① 용접봉이 가늘었을 때 ② 용접봉이 건조하였을 때
③ 용접봉에 습기가 있었을 때 ④ 용접봉이 굵었을 때

해설 **기공발생원인**

① 이음부에 기름, 페인트, 녹 등이 부착해 있을 경우
② 용접부가 급냉시
③ 용접봉 또는 용접부에 습기가 많을 경우
④ 과대전류 사용시
⑤ 수소, 산소, 일산화탄소가 많을 때
⑥ 아크길이 및 운봉법이 부적당시

문제 48

텅스텐, 몰리브덴 같은 대기에서 반응하기 쉬운 금속도 용이하게 용접할 수 있으며 고진공속에서 음극으로부터 방출되는 전자를 고속으로 가속시켜 충돌에너지를 이용하는 용접방법은?

① 전자빔 용접 ② 일렉트로 슬래그 용접
③ 테르믹 용접 ④ 레이져 용접

해설 **전자 빔 용접** : 텅스텐, 몰리브덴 같은 대기에서 반응하기 쉬운 금속도 용이하게 용접할 수 있으며 고진공에서 음극으로부터 방출되는 전자를 고속으로 가속시켜 충돌에너지를 이용하는 용접법

일렉트로 슬래그 용접 : 용융슬래그와 용융금속이 용접부로부터 유출되지 않게 모재의 양측에 수랭식 동판을 대어주고 용융슬래그 속에서 전극와이어를 연속적으로 공급하여 주로 용융슬래그의 저항열에 의하여 와이어와 모재를 용융시키면서 단층 수직상진 용접하는 방법

테르밋 용접 : 미세한 알루미늄 분말과 산화철 분말을(3 : 1)의 중량비로 테르밋제 반응에 의해 생성되는 열을 이용한 금속을 용접하는 방법

레이저용접(유도방출에 의한 빛의 증폭이라는 뜻) : 광학렌즈를 이용하여 이 빛을 원하는 지점에 쏘면 순간적인 에너지의 상승으로 모재가 용융, 특징으로는 모재의 열 변형이 거의 없으며,이종금속의 용접이 가능하고, 미세하고 정밀한 용접을 할 수 있으며, 비접촉식 용접방식으로 모재에 손상을 주지 않는다.

해답

46. ④ 47. ③ 48. ①

문제 49

용접 지그 사용에 대한 설명으로 틀린 것은?

① 동일 제품을 다량 생산할 수 있다.
② 구속력을 매우 크게 하여 잔류응력의 발생을 줄인다.
③ 작업이 용이하고 용접능률을 높일 수 있다.
④ 아래보기 자세로 용접할 수 있다.

해설 **용접지그의 사용**

① 아래보기 자세로 용접할 수 있다.
② 작업이 용이하고 용접능률을 높일 수 있다.
③ 제품의 정밀도를 높일 수 있다.
④ 동일제품을 다량 생산할 수 있다.
⑤ 구속력을 적게 하여 잔류응력의 발생을 줄인다.

문제 50

전기저항 용접에 속하지 않는 것은?

① 테르밋 용접　② 프로젝션 용접
③ 점용접　④ 시임 용접

해설 **전기저항용접**

① 겹치기용접
　㉠ 점용접 ㉡ 시임용접 ㉢ 프로젝션용접
② 맞대기용접
　㉠ 퍼커션용접 ㉡ 포일시임용접 ㉢ 플래쉬용접 ㉣ 업셋용접

문제 51

불활성 가스 금속 아크 용접의 특징 설명으로 틀린 것은?

① MIG용접은 전극이 녹는 용극식 아크 용접이다.
② 일반적으로 전원은 직류 역극성이 이용 된다.
③ 일반적으로 굵은 와이어일수록 용융속도가 빠르다.
④ 아크의 자기제어 특성이 있다.

해설 플러그용접에서 전단강도는 일반적으로 구멍의 면적당 전용착금속 인장강도의 60~70%이다.

문제 52

대상물의 일부를 파단한 경계 또는 떼어낸 경계를 표시하는데 사용 되는 선은?

① 가상선　② 파단선
③ 절단선　④ 외형선

해답

49. ② 50. ① 51. ③ 52. ②

해설 **용도에 따른 선의 종류**

명칭	선의 용도	선의 종류
파단선	대상물의 일부를 파단한 경계	가는 실선
해칭선	도형된 한정된 특정 부분을 다른 부분과 구별	
치수선	치수 기입하기 위해	
치수 보조선	치수 기입하기 위해 도형으로부터 끌어내는 선	
기준선	위치결정의 근거가 된다는 것을 명시	가는 일점쇄선
절단선	절단위치를 대응하는 그림에 표시	
중심선	도면의 중심을 표시	
피치선	되풀이 하는 도형의 피치를 취하는 기호	
외형선	대상물이 보이는 부분의 모양을 표시	굵은 실선
특수 지정선	특수한 가공을 하는 부분	굵은 일점쇄선
가상선	가공전 · 후 표시, 인접부분 참고표시, 공구위치 참고표시	가는 이점쇄선

문제 53

배관도에서 유체의 종류와 글자 기호를 나타내는 것 중 틀린 것은?

① 공기 : A ② 연료가스 : G
③ 연료유 : O ④ 증기 : V

해설 **배관도에서 유체의 종류와 글자기호**

① 공기(A) : Air
② 가스(G) : Gas
③ 연료유 또는 냉동기유(O) : Oil
④ 증기(S) : Steam
⑤ 온도(T) : Temperature
⑥ 압력(P) : Pressure
⑦ 유량계(F) : Flowmeter

문제 54

산소용기의 윗부분에 각인되어 있지 않은 것은?

① 최저 충전압력 ② 충전가스의 내용적
③ 내압시험 압력 ④ 용기의 중량

해설 **산소용기의 각인**

① 최고충전압력
② 내압시험압력
③ 충전가스내용적
④ 용기중량

문제 55

탄소아크 절단에 압축공기를 병용한 방법은?

① 플라즈마 절단 ② 아크에어 가우징
③ 산소창 절단 ④ 스카핑

해답

53. ④ 54. ① 55. ②

해설 **아크에어 가우징** : 탄소아크 절단장치에다 압축공기($5\sim7kg/cm^2$)를 병용하여서 아크열로 용융시킨 부분을 압축공기로 불어 날려서 홈을 파내는 방법

[장점] ① 조작 방법이 간단
② 용융금속을 순간적으로 불어내어 모재에 악영향을 주지 않는다.
③ 용접 결함부의 발견이 쉽다.
④ 작업능률이 2~3배 높다.(가스 가우징보다)
⑤ 응용범위가 넓고 경비가 저렴

산소창 절단 : 두꺼운 판, 주강의 슬랙 덩어리, 암석의 천공 등의 절단에 사용

스카핑 : 강편, 슬래그, 주름, 탈탄층, 표면균열 등의 표면결함을 불꽃가공에 의해 제거하는 방법으로 얇은 홈 가공 시 사용

문제 56

배관설비 도면에서 보기와 같은 관 이음의 도시기호가 의미하는 것은?

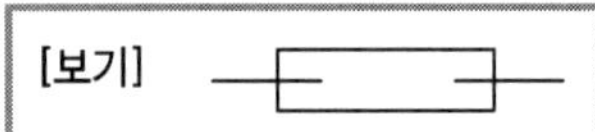

㉮ 신축관 이음 ㉯ 하프 커플링
㉰ 슬루스 밸브 ㉱ 플랙시블 커플링

해설 **도시기호**

① : 슬리브형 신축이음
② : 벨로우즈형 신축이음
③ : 루우프형 신축이음
④ : 스위블형 신축이음
⑤ : 게이트밸브(슬로우스밸브)
⑥ : 체크밸브
⑦ : 앵글밸브
⑧ : 글로우브밸브
⑨ : 전동밸브

문제 57

보기의 제3각 정투상도에 가장 적합한 입체도는?

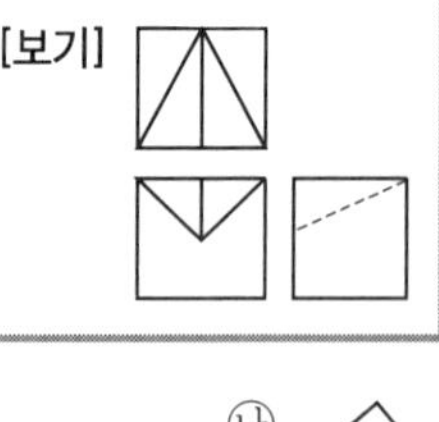

㉮
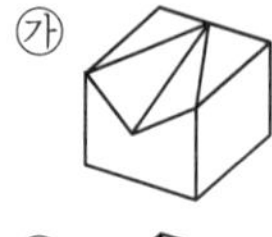

㉯

㉰
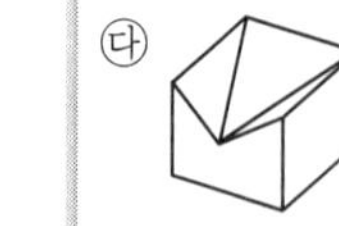

㉱

해답

56. ① 57. ①

문제 58

다음 중 호의 길이 42mm를 나타낸 것은?

㉮ ㉰

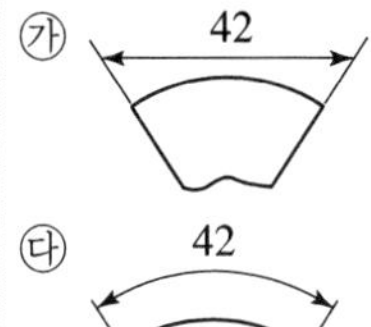

㉯

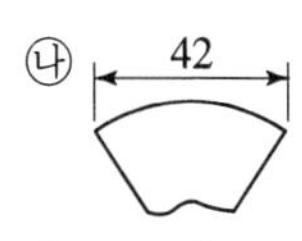

㉱

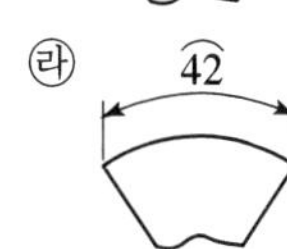

해설 ① 호의 길이 :

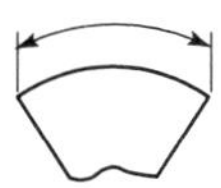

② 현의 길이 :

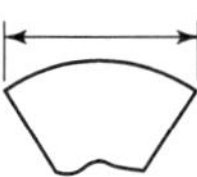

문제 59

그림과 같이 외경은 550mm, 두께가 6mm, 높이는 900mm 인 원통을 만들려고 할 때, 소요되는 철판의 크기로 다음 중 가장 적합한 것은? (단, 양쪽 마구리는 없는 상태이며 이음매 부위는 고려하지 않음)

㉮ 900×1709
㉯ 900×1749
㉰ 900×1765
㉱ 900×1800

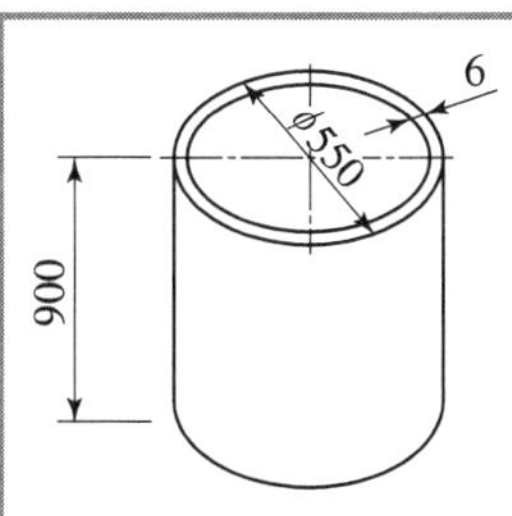

해설 **외경**$= \pi \times (D-t) \times l = 3.14 \times (550-6) \times 900 = 1708.16 \times 900$
내경$= \pi \times (ID+t) \times l$

문제 60

보기 입체도에서 화살표 방향을 정면도로 투상했을 때 평면도로 맞는 것은?

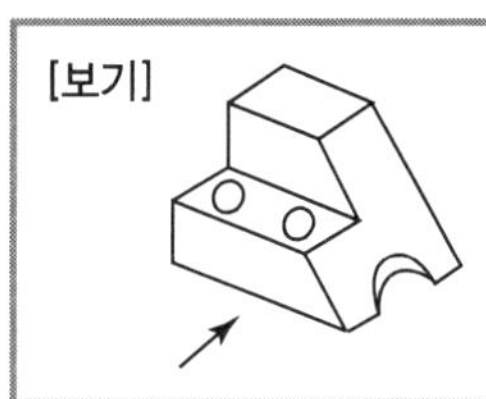

㉮

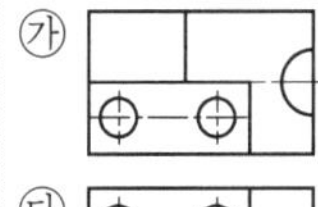

㉯

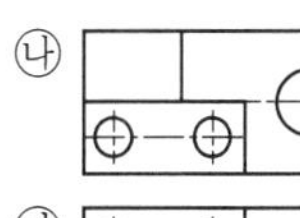

㉰

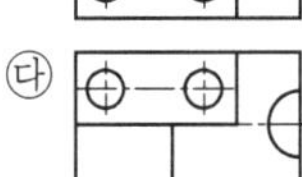

㉱

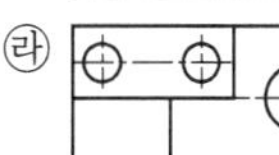

해답

58. ④ 59. ① 60. ②

특수용접기능사 필기

2023년 CBT 시험대비

모의고사

CBT Test

국가기술자격 필기시험문제

CBT 시험대비 모의고사 [제 1 회]

자격종목	시험시간	문제수	형별	수험번호	성 명
특수용접기능사	1시간	60	A		

정답 398쪽

01

리벳 이음에 비교한 용접 이음의 특징 설명으로 틀린 것은?

① 수밀, 기밀, 유밀이 우수하다.
② 품질검사가 간단하다.
③ 응력집중이 생기기 쉽다.
④ 저온취성이 생길 우려가 있다.

02

가스 용접 작업에서 보통 작업할 때 압력조정기의 산소 압력은 몇 kgf/cm^2 이하이어야 하는가?

① 5~6　② 3~4
③ 1~2　④ 0.1~0.3

03

일반적으로 모재의 두께가 1mm 이상일 때 용접봉의 지름을 결정하는 방법으로 사용되는 식은? [단, D : 용접봉의 지름(mm), T : 판 두께(mm)]

① $D=\frac{1}{2}+T$　② $D=\frac{2}{1}+T$
③ $D=\frac{2}{T}+1$　④ $D=\frac{T}{2}+1$

04

가변압식의 팁 번호가 200일 때 10시간 동안 표준불꽃으로 용접할 경우 아세틸렌가스의 소비량은 몇 리터인가?

① 20　② 200
③ 2000　④ 20000

05

가스 용접에서 전진법과 비교한 후진법의 설명으로 맞는 것은?

① 열 이용률이 나쁘다.
② 용접속도가 느리다.
③ 용접변형이 크다.
④ 두꺼운 판의 용접에 적합하다.

06

용접 중에 아크를 중단시키면 중단된 부분이 오목하거나 납작하게 파진 모습으로 남게 되는 것은?

① 언더컷　② 크레이터
③ 피트　④ 오버랩

07

피복 아크 용접봉에서 피복제의 역할 중 틀린 것은?

① 중성 또는 환원성 분위기로 용착금속을 보호한다.
② 용착금속의 급랭을 방지한다.
③ 모재 표면의 산화물을 제거한다.
④ 용착금속의 탈산정련작용을 방지한다.

08

1차 압력이 22kVA, 전원 전압을 220V의 전기를 사용할 때 퓨즈 용량(A)은?

① 1000　② 100
③ 10　④ 1

09

아크 절단의 종류에 해당하는 것은?

① 철분 절단 ② 수중 절단
③ 스카핑 ④ 아크 에어 가우징

10

직류 아크 용접에서 용접봉을 용접기의 음(−)극에, 모재를 양(+)극에 연결한 경우의 극성은?

① 직류 정극성 ② 직류 역극성
③ 용극성 ④ 비용극성

11

강재 표면의 홈이나 개재물, 탈탄층 등을 제거하기 위하여 얇고 타원형 모양으로 표면을 깎아내는 가공법은?

① 산소창 절단 ② 스카핑
③ 탄소 아크 절단 ④ 가우징

12

가스 절단면의 표준드래그의 길이는 얼마 정도로 하는가?

① 판 두께의 $\frac{1}{2}$ ② 판 두께의 $\frac{1}{3}$
③ 판 두께의 $\frac{1}{5}$ ④ 판 두께의 $\frac{1}{7}$

13

가스 용접에서 산소용 고무호스의 사용 색은?

① 노랑 ② 흑색
③ 흰색 ④ 적색

14

가스 용접에서 주로 사용되는 산소의 성질에 대해서 설명한 것 중 옳은 것은?

① 다른 원소와 화합 시 산화물 생성을 방지한다.
② 다른 물질의 연소를 도와주는 조연성 기체이다.
③ 유색, 유취, 유미의 기체이다.
④ 공기보다 가볍다.

15

저수소계 용접봉은 사용하기 전 몇 ℃에서 몇 시간 정도 건조시켜 사용해야 하는가?

① 100℃~150℃ 30시간
② 150℃~250℃ 1시간
③ 300℃~350℃ 1~2시간
④ 450℃~550℃ 3시간

16

피복 아크 용접에서 아크 전류와 아크 전압을 일정하게 유지하고 용접속도를 증가시킬 때 나타나는 현상은?

① 비드 폭은 넓어지고 용입은 얕아진다.
② 비드 폭은 좁아지고 용입은 깊어진다.
③ 비드 폭은 좁아지고 용입은 얕아진다.
④ 비드 폭은 넓어지고 용입은 깊어진다.

17

용접기의 규격 AW 500의 설명 중 맞는 것은?

① AW은 직류 아크 용접기라는 뜻이다.
② 500은 정격 2차 전류의 값이다.
③ AW은 용접기의 사용률을 말한다.
④ 500은 용접기의 무부하 전압 값이다.

18

철계 주조재의 기계적 성질 중 인장강도가 가장 높은 철은?

① 보통주철 ② 백심가단주철
③ 고급주철 ④ 구상흑연주철

19

알루미늄합금, 구리합금 용접에서 예열온도로 가장 적합한 것은?

① 200~400℃ ② 100~200℃
③ 60~100℃ ④ 20~50℃

20

풀림 열처리의 목적으로 틀린 것은?

① 내부의 응력 증가
② 조직의 균일화
③ 가스 및 불순물 방출
④ 조직의 미세화

21

탄소강에서 자성이 있으며 전성과 연성이 크고 연하며 순철에 가까운 조직은?

① 마텐자이트 ② 페라이트
③ 오스테나이트 ④ 시멘타이트

22

오스테나이트계 스테인리스강을 용접하여 사용 중에 용접에서 녹이 발생하였다. 이를 방지하기 위한 방법이 아닌 것은?

① Ti, V, Nb 등이 첨가된 재료를 사용한다.
② 저탄소의 재료를 선택한다.
③ 용제화 처리 후 사용한다.
④ 크롬탄화물을 형성토록 시효처리한다.

23

내열성 알루미늄 합금으로 실린더 헤드, 피스톤 등에 사용되는 것은?

① 알민 ② Y합금
③ 하이드로날륨 ④ 알드레이

24

제강법 중 쇳물 속으로 공기 또는 산소(O_2)를 불어넣어 불순물을 제거하는 방법으로 연료를 사용하지 않는 것은?

① 평로 제강법 ② 아크 전기로 제강법
③ 전로 제강법 ④ 유도 전기로 제강법

25

마그네슘 합금에 속하지 않는 것은?

① 다우메탈 ② 일렉트론
③ 미쉬메탈 ④ 화이트메탈

26

속표면에 내식성과 내산성을 높이기 위해 다른 금속을 침투 확산시키는 방법으로 종류와 침투제가 바르게 연결된 것은?

① 세라다이징–Mn ② 크로마이징–Cr
③ 칼로라이징–Fe ④ 실리코나이징–C

27

킬드강을 제조할 때 사용하는 탈산제는?

① C, Fe–Mn ② C, Al
③ Fe–Mn, S ④ Fe–Si, Al

28

니켈–구리 합금이 아닌 것은?

① 큐프로니켈 ② 콘스탄탄
③ 모넬메탈 ④ 먼츠메탈

29

피복 금속 아크 용접에 비해 서브머지드 아크 용접의 특징 설명으로 옳은 것은?

① 용접장비의 가격이 싸다.
② 용접속도가 느리므로 저능률의 용접이 된다.
③ 비드 외관이 거칠다.
④ 용접선이 구부러지거나 짧으면 비능률적이다.

30

TIG 용접에서 직류 정극성으로 용접할 때 전극 선단의 각도가 가장 적합한 것은?

① 5~10˚　② 10~20˚
③ 30~50˚　④ 60~70˚

31

비드 밑 균열은 비드의 바로 밑 용융선을 따라 열 영향부에 생기는 균열로 고탄소강이나 합금강 같은 재료를 용접할 때 생기는데, 그 원인으로 맞는 것은?

① 탄산가스　② 수소가스
③ 헬륨가스　④ 아르곤가스

32

응급처치의 3대 요소가 아닌 것은?

① 상처 보호　② 쇼크 방지
③ 기도 유지　④ 응급후송

33

수평 필릿 용접 시 목의 두께는 각장(다리길이)의 약 몇 % 정도가 적당한가?

① 50　② 160
③ 70　④ 180

34

서브머지드 아크 용접 시, 받침쇠를 사용하지 않을 경우 루트 간격이 몇 mm 이하로 하여야 하는가?

① 0.2　② 0.4
③ 0.6　④ 0.8

35

용접 전 꼭 확인해야 할 사항이 틀린 것은?

① 예열, 후열의 필요성을 검토한다.
② 용접전류, 용접 순서, 용접 조건을 미리 선정한다.
③ 양호한 용접성을 얻기 위해서 용접부에 물로 분무한다.
④ 이음부에 페인트, 기름, 녹 등의 불순물이 없는지 확인 후 제거한다.

36

저항 용접의 3요소가 아닌 것은?

① 가압력　② 통전시간
③ 통전전압　④ 전류의 세기

37

용접부의 형상에 따른 필릿 용접의 종류가 아닌 것은?

① 연속 필릿　② 단속 필릿
③ 경사 필릿　④ 단속 지그재그 필릿

38

용접작업 시 주의사항으로 거리가 가장 먼 것은?

① 좁은 장소 및 탱크 내에서의 용접은 충분히 환기한 후에 작업한다.
② 훼손된 케이블은 용접작업 종료 후에 절연 테이프로 보수한다.
③ 전격방지기가 설치된 용접기를 사용하여 작업한다.
④ 안전모, 안전화 등 보호장구를 착용한 후 작업한다.

39
이산화탄소의 성질이 아닌 것은?

① 색, 냄새가 없다.
② 대기 중에서 기체로 존재한다.
③ 상온에서도 쉽게 액화한다.
④ 공기보다 가볍다.

40
화재 및 폭발의 방지 조치로 틀린 것은?

① 대기 중에 가연성 가스를 방출시키지 말 것.
② 필요한 곳에 화재 진화를 위한 방화설비를 설치할 것.
③ 용접작업 부근에 점화원을 둘 것.
④ 배관에서 가연성 증기의 누출 여부를 철저히 점검할 것.

41
용접부에 오버랩의 결함이 생겼을 때, 가장 올바른 보수 방법은?

① 작은 지름의 용접봉을 사용하여 용접한다.
② 결함부분을 깎아내고 재용접한다.
③ 드릴로 정지구멍을 뚫고 재용접한다.
④ 결함부분을 절단한 후 덧붙임 용접을 한다.

42
불활성 가스 금속 아크(MIG) 용접에서 주로 사용되는 가스는?

① CO　　② Ar
③ O_2　　④ H

43
텅스텐 전극과 모재 사이에 아크를 발생시켜 모재를 용융하여 절단하는 방법은?

① 티그 절단　　② 미그 절단
③ 플라스마 절단　　④ 산소 아크 절단

44
기체나 액체 연료를 토치나 버너로 연소시켜 그 불꽃을 이용하여 납땜하는 것은?

① 유도 가열 납땜　　② 담금 납땜
③ 가스 납땜　　④ 저항 납땜

45
일렉트로 슬래그 용접법에 사용되는 용제(flux)의 주성분이 아닌 것은?

① 산화규소　　② 산화망간
③ 산화알루미늄　　④ 산화티탄

46
샤르피식의 시험기를 사용하는 시험 방법은?

① 경도시험　　② 충격시험
③ 인장시험　　④ 피로시험

47
용접부의 완성검사에 사용되는 비파괴 시험이 아닌 것은?

① 방사선 투과시험　　② 형광침투시험
③ 자기탐상법　　④ 현미경 조직시험

48
스터드 용접에서 페룰의 역할이 아닌 것은?

① 용융금속의 탈산 방지
② 용융금속의 유출 방지
③ 용착부의 오염 방지
④ 용접사의 눈을 아크로부터 보호

49

용접할 때 변형과 잔류응력을 경감시키는 방법으로 틀린 것은?

① 용접 전 변형 방지책으로 억제법, 역변형법을 쓴다.
② 용접시공에 의한 경감법으로는 대칭법, 후진법, 스킵법 등을 쓴다.
③ 모재의 열전도를 억제하여 변형을 방지하는 방법으로는 도열법을 쓴다.
④ 용접 금속부의 변형과 응력을 제거하는 방법으로는 담금질을 한다.

50

가스 용접 작업에 관한 안전사항으로서 틀린 것은?

① 산소 및 아세틸렌병 등 빈병은 섞어서 보관한다.
② 호스의 누설 시험 시에는 비눗물을 사용한다.
③ 용접 시 토치의 끝을 긁어서 오물을 털지 않는다.
④ 아세틸렌병 가까이에서는 흡연하지 않는다.

51

절단된 원추를 3각법으로 정투상한 정면도와 평면도가 보기와 같을 때, 가장 적합한 전개도 형상은?

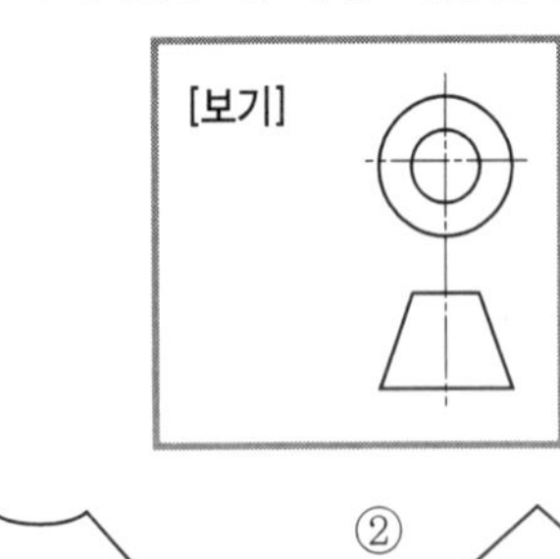

① 
② 
③
④ 

52

기계제도에서 도면에 치수를 기입하는 방법에 대한 설명으로 틀린 것은?

① 길이는 원칙으로 mm의 단위로 기입하고, 단위기호는 붙이지 않는다.
② 치수의 자릿수가 많은 경우 세 자리마다 콤마를 붙인다.
③ 관련치수는 되도록 한 곳에 모아서 기입한다.
④ 치수는 되도록 주 투상도에 집중하여 기입한다.

53

보기 도면의 "□40"에서 치수 보조기호인 "□"가 뜻하는 것은?

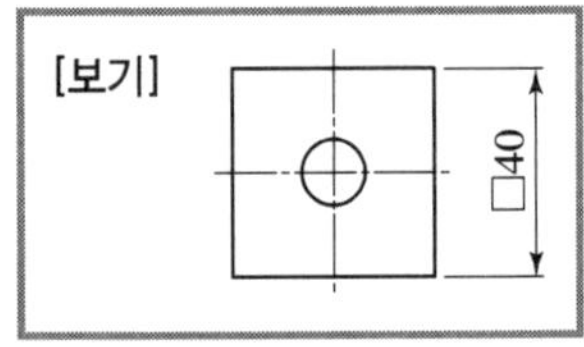

① 정사각형의 변
② 이론적으로 정확한 치수
③ 판의 두께
④ 참고 치수

54

보기와 같은 KS 용접 기호 해독으로 올바른 것은?

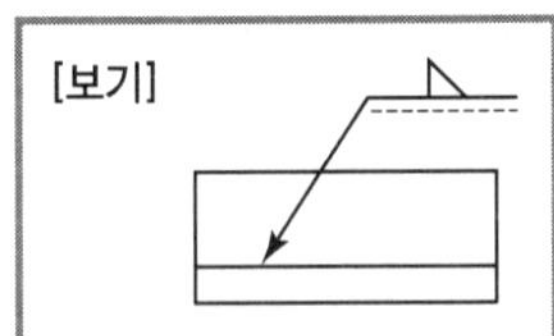

① 화살표 쪽에 용접
② 화살표 반대쪽에 용접
③ V 홈에 단속 용접
④ 작업자 편한 쪽에 용접

55

물체의 구멍, 홈 등 특정부분만의 모양을 도시하는 것으로 그림과 같이 그려진 투상도의 명칭은?

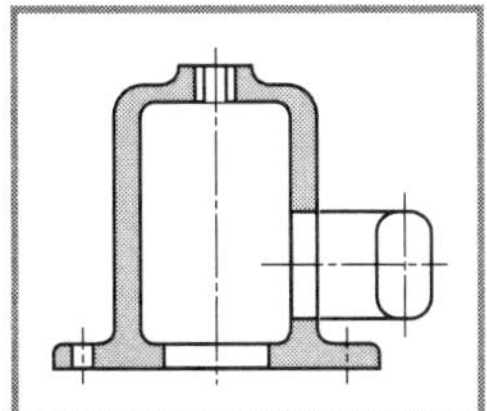

① 회전 투상도 ② 보조 투상도
③ 부분 확대도 ④ 국부 투상도

56

나사의 단면도에서 수나사와 암나사의 골밑(골지름)은 어떤 선으로 도시하는가?

① 굵은 실선 ② 가는 1점 쇄선
③ 가는 파선 ④ 가는 실선

57

도면에서 표제란과 부품란으로 구분할 때, 부품란에 기입할 사항이 아닌 것은?

① 품명 ② 재질
③ 수량 ④ 척도

58

열간 성형 리벳의 호칭법 표시 방법으로 옳은 것은?

① (종류) (호칭지름)×(길이) (재료)
② (종류) (호칭지름) (길이)×(재료)
③ (종류)×(호칭지름) (길이)−(재료)
④ (종류) (호칭지름) (길이)−(재료)

59

보기 입체도의 화살표 방향이 정면일 때 평면도로 적합한 것은?

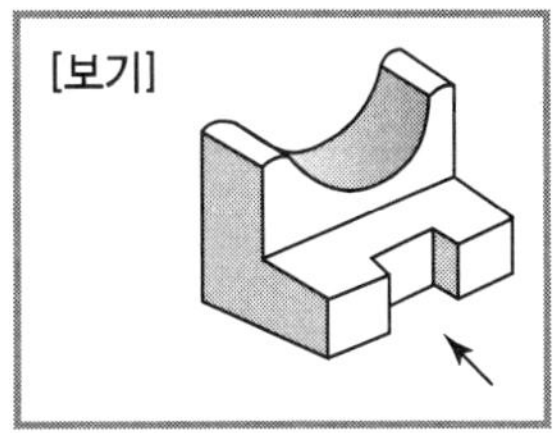

①
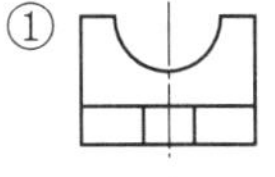
③
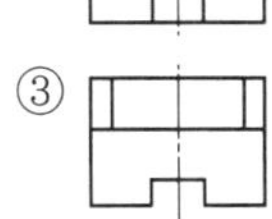
② ④
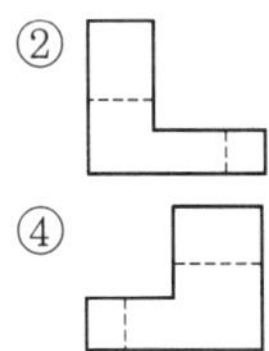

60

기계제도에서 대상물의 보이는 부분의 외형을 나타내는 선의 종류는?

① 가는 실선 ② 굵은 파선
③ 굵은 실선 ④ 가는 일점 쇄선

국가기술자격 필기시험문제

CBT 시험대비 모의고사 [제 2 회]

자격종목	시험시간	문제수	형별	수험번호	성 명
특수용접기능사	1시간	60	A		

정답 403쪽

01

용해 아세틸렌 용기 취급 시 주의사항으로 잘못된 것은?

① 아세틸렌 충전구가 동결 시는 50℃ 이상의 온수로 녹여야 한다.
② 저장장소는 통풍이 잘 되어야 한다.
③ 용기는 반드시 캡을 씌워 보관한다.
④ 용기는 진동이나 충격을 가하지 말고 신중히 취급해야 한다.

02

피복 아크 용접봉 취급 시 주의사항으로 잘못된 것은?

① 보관 시 진동이 없고 건조한 장소에 보관한다.
② 보통 용접봉은 70~100℃에서 30~60분 건조 후 사용한다.
③ 사용 중에 피복제가 떨어지는 일이 없도록 통에 넣어 운반 사용한다.
④ 하중을 받지 않는 상태에서 지면보다 낮은 곳에 보관한다.

03

교류 아크 용접기에서 안정한 아크를 얻기 위하여 상용주파의 아크 전류에 고전압의 고주파를 중첩시키는 방법으로 아크 발생과 용접작업을 쉽게 할 수 있도록 하는 부속장치는?

① 전격방지장치 ② 고주파 발생장치
③ 원격제어장치 ④ 핫 스타트 장치

04

표준불꽃에서 프랑스식 가스 용접 토치의 용량은?

① 1시간에 소비하는 아세틸렌가스의 양
② 1분에 소비하는 아세틸렌가스의 양
③ 1시간에 소비하는 산소가스의 양
④ 1분에 소비하는 산소가스의 양

05

용접법 중 융접에 해당하지 않는 것은?

① 피복 아크 용접 ② 서브머지드 아크 용접
③ 스터드 용접 ④ 단접

06

용접기의 사용률이 40%인 경우 아크 시간과 휴식시간을 합한 전체시간은 10분을 기준으로 했을 때 아크 발생시간은 몇 분인가?

① 4 ② 6
③ 8 ④ 10

07

피복 아크 용접에서 직류 역극성(DCRP) 용접의 특징으로 옳은 것은?

① 모재의 용입이 깊다.
② 비드 폭이 좁다.
③ 봉의 용융이 느리다.
④ 박판, 주철, 고탄소강의 용접 등에 쓰인다.

08

수중절단 시 높은 수압에서 사용이 가능하고 기포의 발생이 적은 연료 가스는?

① 수소 ② 부탄
③ 헬륨 ④ 이산화탄소

09

아크 에어 가우징의 특징 설명으로 관계가 없는 것은?

① 가스 가우징이나 치핑에 비해 작업능률이 높다.
② 보수용접 시 균열부분이나 용접 결함부를 제거하는 데 적합하다.
③ 장비가 복잡하고 작업방법이 어렵다.
④ 활용범위가 넓어 스테인리스강, 동합금, 알루미늄에도 적용될 수 있다.

10

용접열원의 하나인 가스에너지 중 가연성 가스가 아닌 것은?

① 아세틸렌 ② 부탄
③ 산소 ④ 수소

11

산소-아세틸렌 불꽃의 종류가 아닌 것은?

① 중성 불꽃 ② 탄화 불꽃
③ 질화 불꽃 ④ 산화 불꽃

12

피복 아크 용접봉의 피복 배합제 중 아크 안정제가 아닌 것은?

① 알루미늄 ② 석회석
③ 산화티탄 ④ 규산나트륨

13

가스 용접에 사용되는 연소가스의 혼합으로 틀린 것은?

① 산소-아세틸렌 ② 산소-질소가스
③ 산소-프로판 ④ 산소-수소가스

14

연강의 가스 용접에 적당한 용제는?

① 탄산나트륨
② 염화나트륨
③ 인산
④ 일반적으로 사용하지 않음

15

피복 아크 용접 작업에서 아크 길이 및 아크 전압에 관한 설명으로 틀린 것은?

① 양호한 용접을 하려면 되도록 짧은 아크를 사용하는 것이 유리하다.
② 아크 길이는 지름이 2.6mm 이하의 용접봉에서는 심선의 지름보다 3배 길어야 좋다.
③ 아크 전압은 아크 길이에 비례한다.
④ 아크 길이가 너무 길면 아크가 불안정하게 된다.

16

U형, H형의 용접홈을 가공하기 위하여 슬로 다이버전트로 설계된 팁을 사용하여 깊은 홈을 파내는 가공법은?

① 치핑 ② 슬래그 절단
③ 가스 가우징 ④ 아크 에어 가우징

17

연강용 가스 용접봉의 KS규격 GA43에서 43이 의미하는 것은?

① 용착금속의 연신율 구분
② 용착금속의 최소 인장강도 수준
③ 용착금속의 탄소함유량
④ 가스용접봉

18

다이캐스팅용 알루미늄 합금으로 요구되는 성질이 아닌 것은?

① 유동성이 좋을 것.
② 열간취성이 적을 것.
③ 금형에 대한 점착성이 좋을 것.
④ 응고 수축에 대한 용탕 보급성이 좋을 것.

19

합금주철의 원소 중 흑연화를 방지하고 탄화물을 안정시키는 원소는?

① 크롬(Cr) ② 니켈(Ni)
③ 구리(Cu) ④ 몰리브덴(Mo)

20

다음 중 비중이 가장 작은 금속은?

① Au(금) ② Pt(백금)
③ V(바나듐) ④ Mn(망간)

21

철강의 열처리에서 열처리 방식에 따른 종류가 아닌 것은?

① 계단 열처리 ② 항온 열처리
③ 표면경화 열처리 ④ 내부경화 열처리

22

Mg-Al-Zn 합금으로 내연기관의 피스톤 등에 사용되는 것은?

① 실루민(silumin)
② 두랄루민(duralumin)
③ Y합금(Y-alloy)
④ 일렉트론(elektron)

23

다음 중 특수 주강의 종류가 아닌 것은?

① 망간(Mn) 주강 ② 니켈(Ni) 주강
③ 크롬(Cr) 주강 ④ 티탄(Ti) 주강

24

탄소강 함유원소 중 망간(Mn)의 영향으로 가장 거리가 먼 것은?

① 고온에서 결정립 성장을 억제시킨다.
② 주조성을 좋게 하여 S의 해를 감소시킨다.
③ 강의 담금질 효과를 증대시킨다.
④ 강의 강도, 경도, 인성을 저하시킨다.

25

구리(Cu)의 성질을 설명한 것으로 틀린 것은?

① 전기 및 열의 전도성이 우수하다.
② 비중이 철(Fe)보다 작고 아름다운 광택을 갖고 있다.
③ 전연성이 좋아 가공이 용이하다.
④ 화학적 저항력이 커서 부식되지 않는다.

26

칼로라이징(Calorizing) 금속침투법은 철강 표면에 어떤 금속을 침투시키는가?

① 규소 ② 알루미늄
③ 크롬 ④ 아연

27

다음 중 18% W – 4% Cr – 1% V 조성으로 된 공구용 강은?

① 고속도강　　② 합금공구강
③ 다이스강　　④ 게이지용강

28

스테인리스강 중에서 내식성이 가장 높고 비자성(非磁性)체인 것은?

① 페라이트계　　② 마텐자이트계
③ 오스테나이트계　　④ 시멘타이트계

29

TIG 용접에서 아크 발생이 용이하며 전극의 소모가 적어 직류 정극성에는 좋으나 교류에는 좋지 않은 것으로 주로 강, 스테인리스강, 동합금 용접에서 사용되는 전극봉은?

① 토륨 텅스텐 전극봉
② 순 텅스텐 전극봉
③ 니켈 텅스텐 전극봉
④ 지르코늄 텅스텐 전극봉

30

MIG 용접의 와이어 송급 방식 중 와이어 릴과 토치 측의 양측에 송급장치를 부착하는 방식을 무엇이라 하는가?

① 푸시 방식　　② 풀 방식
③ 푸시–풀 방식　　④ 더블푸시 방식

31

플라스마 아크 용접의 장점(長點)이 아닌 것은?

① 펀치효과에 의해 전류밀도가 작고 용입이 얕다.
② 용접부의 기계적 성질이 좋으며 용접변형이 적다.
③ 1층으로 용접할 수 있으므로 능률적이다.
④ 비드 폭이 좁고 용접속도가 빠르다.

32

이산화탄소 아크 용접에서 아르곤과 이산화탄소를 혼합한 보호가스를 사용할 경우의 설명으로 가장 거리가 먼 것은?

① 스패터의 발생량이 적다.
② 용착효율이 양호하다.
③ 박판의 용접조건 범위가 좁아진다.
④ 혼합비는 아르곤이 80%일 때 용착효율이 가장 좋다.

33

이산화탄소 아크 용접의 시공법에 대한 설명으로 맞는 것은?

① 와이어의 돌출길이가 길수록 비드가 아름답다.
② 와이어의 용융속도는 아크 전류에 정비례하여 증가한다.
③ 와이어의 돌출길이가 길수록 늦게 용융된다.
④ 와이어의 돌출길이가 길수록 아크가 안정된다.

34

보수용접에 관한 설명 중 잘못된 것은?

① 보수용접이란 마멸된 기계 부품에 덧살 올림 용접을 하고 재생, 수리하는 것을 말한다.
② 용접 금속부의 강도는 매우 높으므로 용접할 때 충분한 예열과 후열 처리를 한다.
③ 덧살 올림의 경우에 용접봉을 사용하지 않고, 용융된 금속을 고속기류에 의해 불어 붙이는 용사 용접이 사용되기도 한다.
④ 서브머지드 아크 용접에서는 덧살 올림 용접이 전혀 이용되지 않는다.

35

전기스위치류의 취급에 관한 안전사항으로 틀린 것은?

① 운전 중 정전되었을 때 스위치는 반드시 끊는다.
② 스위치의 근처에는 여러 가지 재료 등을 놓아두지 않는다.
③ 스위치를 끊을 때는 부하를 무겁게 해 놓고 끊는다.
④ 스위치는 노출시켜 놓지 말고, 반드시 뚜껑을 만들어 장착한다.

36

연강의 인장시험에서 하중 100kgf, 시험편의 최초 단면적 20mm^{2}일 때 응력은 몇 kgf/mm^{2}인가?

① 5　　② 10
③ 15　　④ 20

37

가스 절단 작업 시 주의사항이 아닌 것은?

① 절단 진행 중에 시선은 절단면을 떠나서는 안 된다.
② 가스 호스가 용융 금속이나 산화물의 비산으로 인해 손상되지 않도록 한다.
③ 가스 호스가 꼬여 있거나 막혀 있는지를 확인한다.
④ 가스 누설의 점검은 수시로 해야 하며 간단히 라이터로 할 수 있다.

38

이음부에 납땜재와 용제를 발라 저항열을 이용하여 가열하는 방법으로 스폿 용접이 곤란한 금속의 납땜이나 작은 이종금속의 납땜에 적당한 방법은?

① 담금 납땜　　② 저항 납땜
③ 노내 납땜　　④ 유도 가열 납땜

39

필릿 용접에서 루트 간격이 1.5mm 이하일 때, 보수용접 요령으로 가장 적당한 것은?

① 그대로 규정된 다리길이로 용접한다.
② 그대로 용접하여도 좋으나 넓혀진 만큼 다리길이를 증가시킬 필요가 있다.
③ 다리길이를 3배수로 증가시켜 용접한다.
④ 라이너를 넣든지, 부족한 판을 300mm 이상 잘라내서 대체한다.

40

TIG 용접에서 모재가 (－)이고 전극이 (＋)인 극성은?

① 정극성　　② 역극성
③ 반극성　　④ 양극성

41

서브머지드 아크 용접에서 루트 간격이 몇 mm 이상이면 받침쇠를 사용하는가?

① 0.1　　② 0.3
③ 0.5　　④ 0.8

42

플라스틱 용접(plastics welding)의 용접 방법만으로 조합된 것은?

① 마찰 용접, 아크 용접
② 고주파 용접, 열풍 용접
③ 플라스마 용접, 열기구 용접
④ 업셋 용접, 초음파 용접

43

점 용접의 3대 요소가 아닌 것은?

① 전극모양　　② 통전시간
③ 가압력　　④ 전류세기

44

피로시험에서 사용되는 하중 방식이 아닌 것은?

① 반복하중　② 교번하중
③ 편진하중　④ 회전하중

45

용접 결합의 분류에서 치수상 결함에 속하는 것은?

① 융합불량　② 변형
③ 슬래그 섞임　④ 언더컷

46

공장 내에 안전표시판을 설치하는 가장 주된 이유는?

① 능동적인 작업을 위하여
② 통행을 통제하기 위하여
③ 사고방지 및 안전을 위하여
④ 공장 내의 환경 정리를 위하여

47

가연물을 가열할 때 가연물이 점화원의 직접적인 접촉 없이 연소가 시작되는 최저온도를 무엇이라고 하는가?

① 인화점　② 발화점
③ 면소점　④ 융점

48

용접부에 생긴 잔류응력을 제거하는 방법에 해당되지 않는 것은?

① 노내풀림법　② 역변형법
③ 국부풀림법　④ 기계적 응력 완화법

49

피복 아크 용접에서 용접전류가 너무 낮을 때 생기는 용접결함 현상 중 가장 적절한 것은?

① 언더컷　② 기공
③ 스패터　④ 오버랩

50

용접부의 연성결함을 조사하기 위하여 사용되는 시험법은?

① 브리넬 시험　② 비커스 시험
③ 굽힘시험　④ 충격시험

51

용접 보조기호에서 현장용접인 것은?

① ▶ (깃발)　② (깃발과 원)
③ ○　④ —

52

보기 입체도의 화살표 방향에서 본 투상도로 가장 적합한 것은?

[보기]

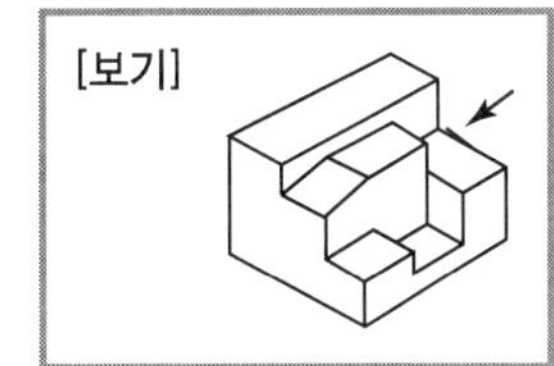

①
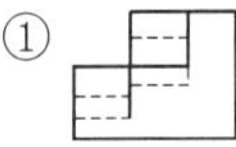

②
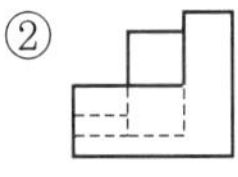

③
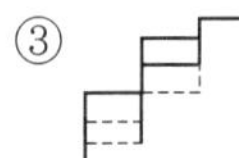

④
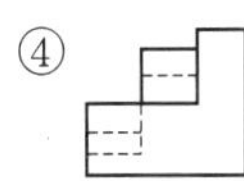

53

보기 입체도를 제3각법으로 올바르게 투상한 것은?

[보기]

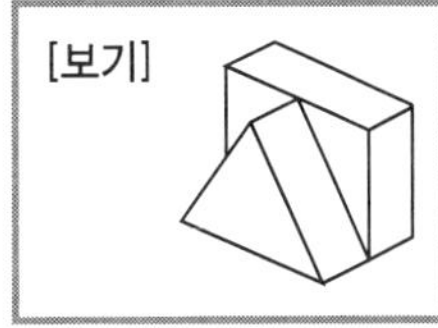

①

②

③
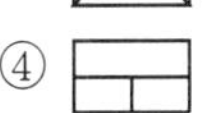

④
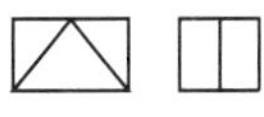

54

기계제도에서 도형의 표시 방법으로 가장 적절하지 않은 것은?

① 투상도는 표준 배치에 의한 6면도를 모두 그린다.
② 물체의 특징이 가장 잘 나타난 면을 주 투상도로 한다.
③ 투상도에는 가급적 숨은선을 쓰지 않고 나타낼 수 있도록 한다.
④ 도형이 대칭인 것은 중심선을 경계로 하여 한쪽만을 도시할 수 있다.

55

다음 그림에서 A부의 치수는 얼마인가?

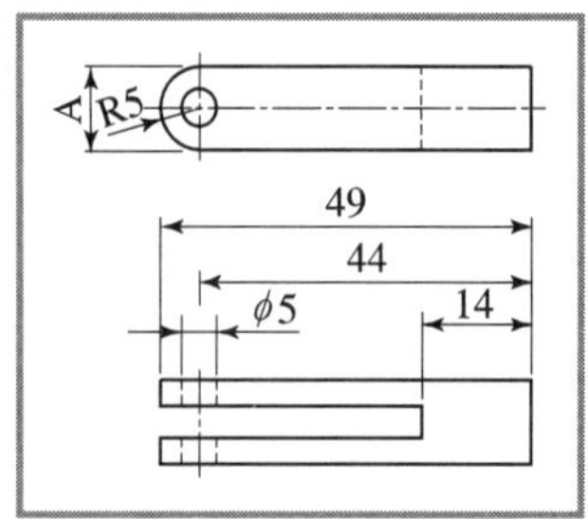

① 5 ② 10
③ 15 ④ 14

56

용도에 따른 선의 종류에서 가는 1점 쇄선의 용도가 아닌 것은?

① 중심선 ② 기준선
③ 피치선 ④ 니시선

57

재료 기호가 "SM400C"로 표시되어 있을 때 이는 무슨 재료인가?

① 일반 구조용 압연 강재
② 용접 구조용 압연 강재
③ 스프링 강재
④ 탄소 공구강 강재

58

도면에서 척도란에 NS로 표시된 것은 무엇을 뜻하는가?

① 축척임을 표시 ② 제1각법임을 표시
③ 배척임을 표시 ④ 비례척이 아님을 표시

59

다음 도면의 (★) 안에 치수로 가장 적합한 것은?

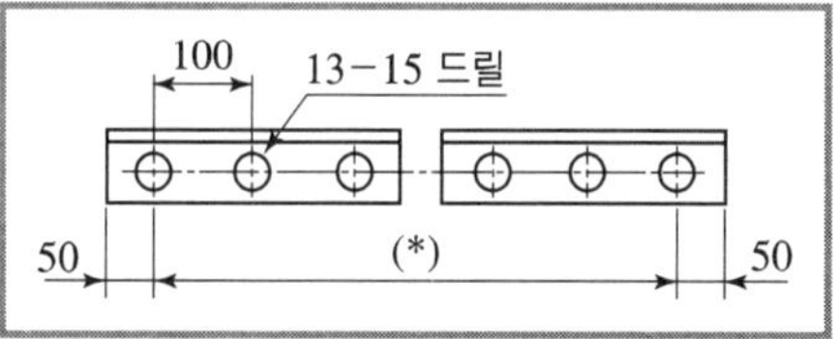

① 1400m ② 1300mm
③ 1200mm ④ 1100mm

60

제1각법에서 좌측면도는 정면도를 기준으로 어느 쪽에 배치되는가?

① 좌측 ② 우측
③ 상부 ④ 하부

국가기술자격 필기시험문제

CBT 시험대비 모의고사 [제 3 회]

자격종목	시험시간	문제수	형별	수험번호	성 명
특수용접기능사	1시간	60	A		

정답 409쪽

01
용접부의 결함은 용접조건이 좋지 않거나 용접기술이 미숙함으로써 생기는데 언더컷의 발생 원인이 아닌 것은?

① 용접전류가 너무 높을 때
② 아크길이가 너무 길 때
③ 용접속도가 적당하지 않을 때
④ 용착금속의 냉각속도가 너무 빠를 때

02
이산화탄소 아크 용접에서 일반적인 용접작업(약 200A미만)에서의 팁과 모재간 거리는 몇 mm 정도가 가장 적당한가?

① 0~5 ② 10~15
③ 40~50 ④ 30~40

03
용착금속의 인장강도 45kgf/mm^{2}에 안전율이 9라면 이음의 허용응력은 몇 kgf/mm^{2}인가?

① 50 ② 0.5
③ 5 ④ 10

04
용접 결함의 종류 중 구조상의 결함에 속하지 않는 것은?

① 변형 ② 기공
③ 용입불량 ④ 융합불량

05
용접부의 잔류응력을 경감시키기 위한 방법에 속하지 않는 것은?

① 저온 응력 완화법 ② 피닝법
③ 냉각법 ④ 기계적 응력 완화법

06
인장시험기를 사용하여 측정할 수 없는 것은?

① 항복점 ② 연신율
③ 경도 ④ 인장강도

07
전기 저항 용접의 장점이 아닌 것은?

① 작업속도가 빠르다.
② 용접봉의 소비량이 많다.
③ 접합강도가 비교적 크다.
④ 열 손실이 적고, 용접부에 집중 열을 가할 수 있다.

08
용접용 용제는 성분에 의해 용접작업성, 용착금속의 성질에 크게 변화하는데 서브머지드 아크 용접의 용접용 용제에 속하지 않는 것은?

① 고온 소결형 용제 ② 저온 소결형 용제
③ 용융형 용제 ④ 스프레이형 용제

09

다층 용접에서 각 층마다 전체의 길이를 용접하면서 쌓아 올리는 용착법은?

① 전진 블록법 ② 덧살 올림법
③ 캐스케이드법 ④ 스킵법

10

CO_2 가스 아크 용접 시 이산화탄소의 농도가 3~4%이면 일반적으로 인체에는 어떤 현상이 일어나는가?

① 두통, 니빈혈을 일으킨다.
② 위험상태가 된다.
③ 치사(致死)량이 된다.
④ 아무렇지도 않다.

11

용접경비를 적게 하기 위해 고려할 사항으로 가장 거리가 먼 것은?

① 용접봉의 적절한 선정과 그 경제적 사용방법
② 용접사의 작업능률의 향상
③ 고정구 사용에 의한 능률 향상
④ 용접 지그의 사용에 의한 전 자세 용접의 적용

12

용접작업 시 전격 방지를 위한 주의사항으로 틀린 것은?

① 안전 홀더 및 안전한 보호구를 사용한다.
② 협소한 장소에서는 용접공의 몸에 열기로 인하여 땀에 젖어 있을 때가 많으므로 신체가 노출되지 않도록 한다.
③ 스위치의 개폐는 지정한 방법으로 하고, 절대로 젖은 손으로 개폐하지 않도록 한다.
④ 장시간 작업을 중지할 경우에는 용접기의 스위치를 끊지 않아도 된다.

13

자분 탐상 검사의 장점이 아닌 것은?

① 표면 균열검사에 적합하다.
② 정밀한 전처리가 요구된다.
③ 결함 모양이 표면에 직접 나타나 육안으로 관찰할 수 있다.
④ 작업이 신속 간단하다.

14

가스 용접 작업 시 주의사항으로 틀린 것은?

① 반드시 보호안경을 착용한다.
② 산소 호스와 아세틸렌 호스는 색깔 구분이 없이 사용한다.
③ 불필요한 긴 호스를 사용하지 말아야 한다.
④ 용기 가까운 곳에서는 인화물질의 사용을 금한다.

15

금속산화물이 알루미늄에 의하여 산소를 빼앗기는 반응에 의해 생성되는 열을 이용하여 금속을 접합하는 용접 방법은?

① 일렉트로 슬래그 용접
② 테르밋 용접
③ 불활성 가스 금속 아크 용접
④ 스폿 용접

16

CO_2 가스 아크 용접에서 아크 전압이 높을 때 나타나는 현상으로 맞는 것은?

① 비드 폭이 넓어진다.
② 아크 길이가 짧아진다.
③ 비드 높이가 높아진다.
④ 용입이 깊어진다.

17

불활성 가스 금속 아크(MIG) 용접의 특징 설명으로 옳은 것은?

① 바람의 영향을 받지 않아 방풍대책이 필요 없다.
② 피복 금속 아크 용접에 비해 용착 효율이 높아 고능률적이다.
③ 각종 금속 용접이 불가능하다.
④ TIG 용접에 비해 전류밀도가 낮아 용접속도가 느리다.

18

은, 구리, 아연이 주성분으로 된 합금이며 인장강도, 전연성 등의 성질이 우수하여 구리, 구리합금, 철강, 스테인리스강 등에 사용되는 납은?

① 마그네슘납 ② 인동납
③ 은납 ④ 알루미늄납

19

플라스마 아크 용접의 아크 종류 중 텅스텐 전극과 구속 노즐 사이에서 아크를 발생시키는 것은?

① 이행형(transferred) 아크
② 비이행형(non transferred) 아크
③ 반이행형(semi transferred) 아크
④ 펄스(pulse) 아크

20

불활성 가스 텅스텐 아크 용접에서 직류전원을 역극성으로 접속하여 사용할 때의 특성으로 틀린 것은?

① 아르곤 가스 사용 시 청정효과가 있다.
② 정극성에 비해 비드 폭이 넓다.
③ 정극성에 비해 용입이 깊다.
④ 알루미늄 용접 시 용제 없이 용접이 가능하다.

21

KS 규격에서 화재안전, 금지 표시의 의미를 나타내는 안전색은?

① 노랑 ② 초록
③ 빨강 ④ 파랑

22

아세틸렌(acetylene)이 연소하는 과정에 포함되지 않는 원소는?

① 유황(S) ② 수소(H)
③ 탄소(C) ④ 산소(O)

23

용접 전류의 조정을 직류 여자 전류로 조정하고 또한 원격 조정이 가능한 교류 아크 용접기는?

① 탭 전환형 ② 가동 철심형
③ 가동 코일형 ④ 가포화 리액터형

24

용접봉의 내균열성이 가장 좋은 것은?

① 셀룰로오스계 ② 티탄계
③ 일미나이트계 ④ 저수소계

25

절단법 중에서 직류 역극성을 사용하여 주로 절단하는 방법은?

① 불활성 가스 금속 아크 절단
② 탄소 아크 절단
③ 산소 아크 절단
④ 금속 아크 절단

26

가스 용접 작업에서 양호한 용접부를 얻기 위해 갖추어야 할 조건과 가장 거리가 먼 것은?

① 기름, 녹 등을 용접 전에 제거하여 결함을 방지한다.
② 모재의 표면이 균일하면 과열이 흔적은 있어도 된다.
③ 용착금속의 용입상태가 균일해야 한다.
④ 용접부에 첨가된 금속의 성질이 양호해야 한다.

27

용접 중에 아크를 중단시키면 중단된 부분이 오목하거나 납작하게 파진 모습으로 남게 되는데 이것을 무엇이라고 하는가?

① 시점 ② 비드 이음부
③ 용융지 ④ 크레이터

28

피복 아크 용접봉에 사용되는 피복제의 성분 중에서 탈산제에 해당하는 것은?

① 산화티탄 ② 페로망간
③ 붕산 ④ 일미나이트

29

가스 용접기의 압력조정기가 갖추어야 할 점이 아닌 것은?

① 조정압력이 용기 내의 가스량 변화에 따라 유동성 있을 것.
② 동작이 예민하고 빙결(氷結)되지 않을 것.
③ 조정압력과 사용압력의 차이가 작을 것.
④ 가스의 방출량이 많더라도 흐르는 양이 안정될 것.

30

수중절단작업에 주소 사용되는 연료가스는?

① 아세틸렌 ② 프로판
③ 벤젠 ④ 수소

31

프로판가스가 완전연소하였을 때 설명으로 맞는 것은?

① 완전연소하면 이산화탄소로 된다.
② 완전연소하면 이산화탄소와 물이 된다.
③ 완전연소하면 일산화탄소와 물이 된다.
④ 완전연소하면 수소가 된다.

32

A는 병 전체 무게(빈병의 무게+아세틸렌가스의 무게)이고, B는 빈병의 무게이며, 또한 15℃ 1기압에서의 아세틸렌 가스 용적을 905리터라고 할 때, 용해 아세틸렌가스의 양 C(리터)를 계산하는 식은?

① $C=905(B-A)$ ② $C=905+(B-A)$
③ $C=905(A-B)$ ④ $C=905+(A-B)$

33

가스 용접봉의 표시가 GA46에서 46이 뜻하는 것은?

① 제품의 고유번호
② 용접할 재질의 종류
③ 용접봉의 최소지름
④ 용착금속의 최소 인장강도

34

산소-아세틸렌 가스 용접의 장점이 아닌 것은?

① 가열 시 열량 조절이 쉽다.
② 전원설비가 없는 곳에서도 쉽게 설치할 수 있다.
③ 피복 아크 용접보다 유해광선의 발생이 적다.
④ 피복 아크 용접보다 일반적으로 신뢰성이 높다.

35

직류 아크 용접의 정극성과 역극성의 특징에 대한 설명으로 맞는 것은?

① 정극성은 용접봉의 용융이 느리고 모재의 용입이 깊다.
② 역극성은 용접봉의 용융이 빠르고 모재의 용입이 깊다.
③ 모재에 음극(−), 용접봉에 양극(+)을 연결하는 것을 정극성이라 한다.
④ 역극성은 일반적으로 비드 폭이 좁고 두꺼운 모재의 용접에 적당하다.

36

피복 아크 용접기에 필요한 조건으로 부하전류가 증가하면 단자전압이 저하하는 특성은?

① 정전압 특성　② 동전류 특성
③ 상승 특성　④ 수하 특성

37

가스 절단에서 양호한 가스절단면을 얻기 위한 조건으로 틀린 것은?

① 절단면이 깨끗할 것.
② 드래그가 가능한 한 작을 것.
③ 절단면 표면의 각이 예리할 것.
④ 슬래그의 이탈성 나쁠 것.

38

아크가 발생하는 초기에 용접봉과 모재가 냉각되어 있어 용접입열이 부족하여 아크가 불안정하기 때문에 아크 초기만 용접전류를 특별히 높게 하는 장치는?

① 원격제어장치　② 전동기 조작장치
③ 핫 스타트 장치　④ 머니퓰레이터 장치

39

용접 구조물이 리벳 구조물에 비하여 나쁜 점이라고 할 수 없는 것은?

① 품질검사 곤란
② 작업공정 수의 단축
③ 열 영향에 의한 재질변화
④ 잔류응력의 발생

40

미터나사 호칭이 M8×1로 표시되어 있다면 "1"이 의미하는 것은?

① 호칭지름　② 산의 수
③ 피치　④ 나사의 등급

41

제3각법으로 작성한 보기 투상도의 입체도로 가장 적합한 것은?

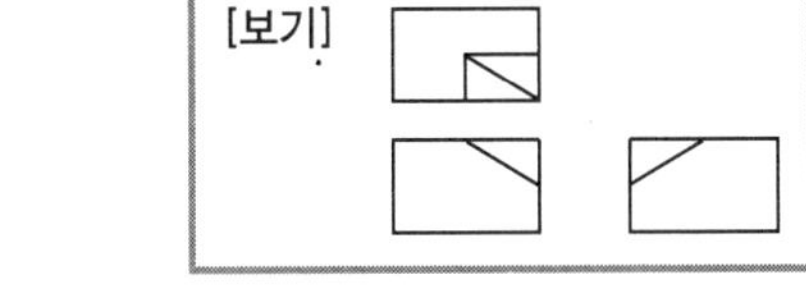

① 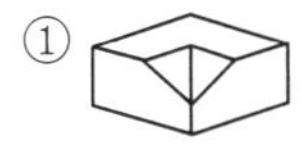
② 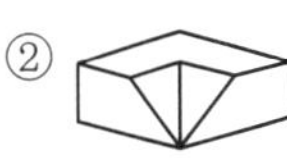
③ 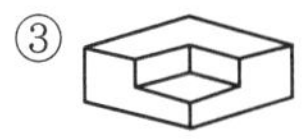
④ 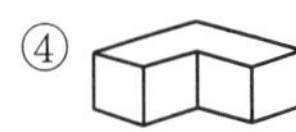

42

그림과 같은 원뿔을 전개하였을 경우 나타난 부채꼴의 전개각(전개된 물체의 꼭지각)이 120°가 되려면 l의 치수는?

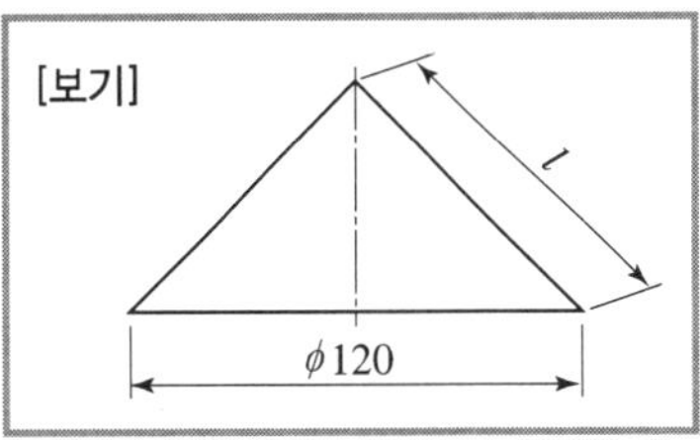

① 90　② 120
③ 180　④ 270

43

보기 입체도의 화살표 방향을 정면으로 제3각법으로 제도한 것으로 맞는 것은?

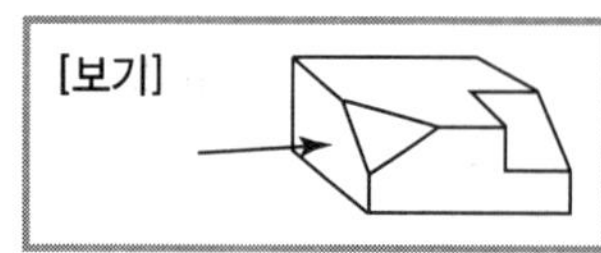

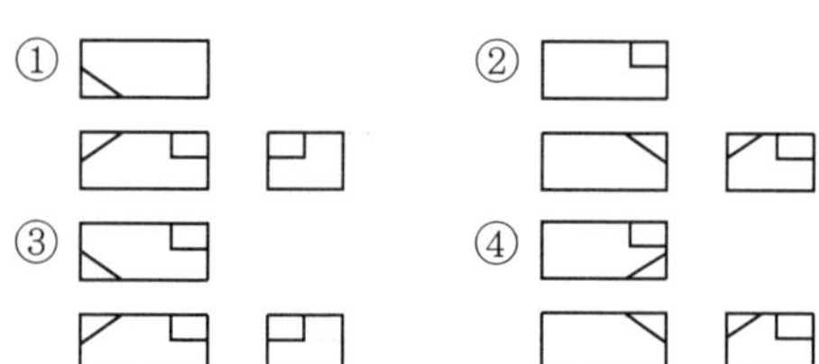

44

도면의 양식 중 반드시 갖추어야 할 사항은?

① 방향 마크 ② 도면의 구역
③ 재단 마크 ④ 중심 마크

45

보기와 같은 KS 용접기호 설명으로 올바른 것은?

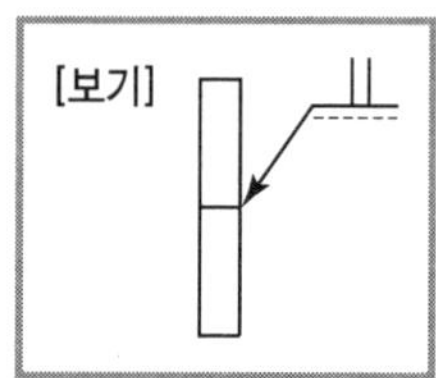

① I형 맞대기 용접으로 화살표 쪽 용접
② I형 맞대기 용접으로 화살표 반대쪽 용접
③ H형 맞대기 용접으로 화살표 쪽 용접
④ H형 맞대기 용접으로 화살표 반대쪽 용접

46

도면에서 치수 숫자의 아래쪽에 굵은 실선이 의미하는 것은?

① 일부의 도형이 그 치수 수치에 비례하지 않는 치수
② 진직도가 정확해야 할 치수
③ 가장 기준이 되는 치수
④ 참고 치수

47

파이프 이음 도시기호 중에서 플랜지 이음에 대한 기호는?

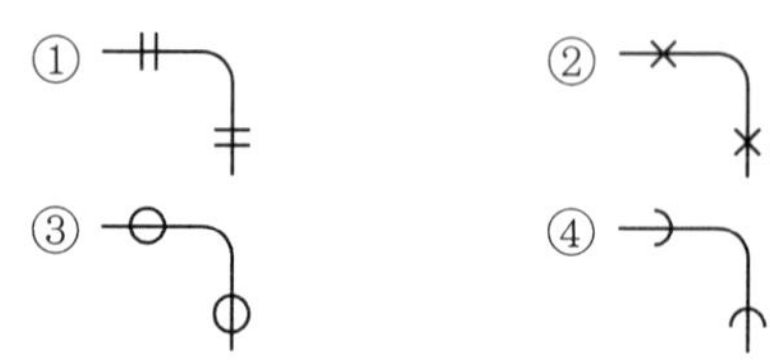

48

보기와 같은 투상도의 명칭으로 가장 적합한 것은?

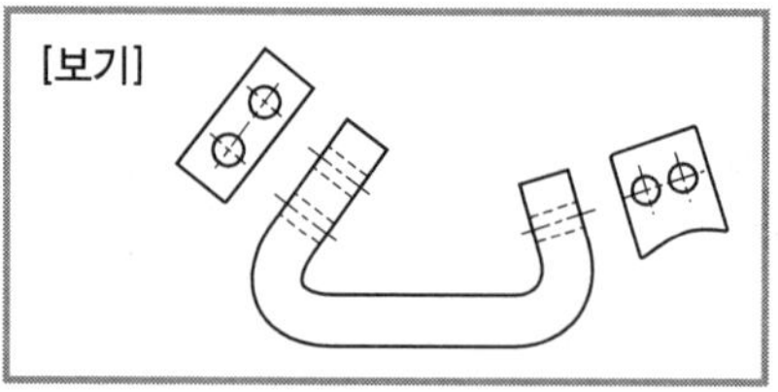

① 보조 투상도 ② 국부 투상도
③ 주 투상도 ④ 경사 투상도

49

보기 도면에서 A~D선의 용도에 의한 명칭으로 틀린 것은?

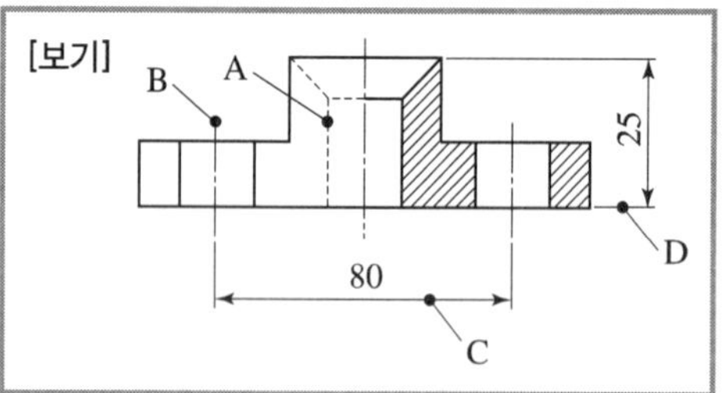

① A : 숨은선 ② B : 중심선
③ C : 치수선 ④ D : 지시선

50

일반적으로 순금속이 합금에 비해 갖고 있는 좋은 성질로 가장 적절한 것은?

① 경도 및 강도가 우수하다.
② 전기전도도가 우수하다.
③ 주조성이 우수하다.
④ 압축강도가 우수하다.

51

질화처리의 특징 설명으로 틀린 것은?

① 침탄에 비해 높은 표면경도를 얻을 수 있다.
② 고온에서 처리되는 관계로 변형이 크고 처리시간이 짧다.
③ 내마모성이 커진다.
④ 내식성이 우수하고 피로한도가 향상된다.

52

강을 담금질할 때 정지상태의 냉각수 냉각속도를 1로 했을 때 냉각효과가 가장 빠른 냉각액은?

① 기름 ② 소금물
③ 물 ④ 공기

53

백주철을 고온에서 장시간 열처리하여 시멘타이트 조직을 분해 또는 소실시켜서 얻는 가단주철에 속하지 않는 것은?

① 흑심 가단주철 ② 백심 가단주철
③ 펄라이트 가단주철 ④ 소르바이트 가단주철

54

Cr 18% – Ni 8%의 조성으로 되어 있는 18–8 스테인리스강의 조직계는?

① 오스테나이트계 ② 페라이트계
③ 마텐자이트계 ④ 석출경화계

55

실용 특수 황동으로 6 : 4 황동에 0.75% 정도의 주석을 첨가한 것으로 용접봉, 선박, 기계부품 등으로 사용되는 것은?

① 애드미럴티 황동 ② 네이벌 황동
③ 함연 황동 ④ 알브랙 황동

56

다이캐스팅용 알루미늄 합금의 요구되는 성질 설명으로 틀린 것은?

① 유동성이 좋을 것.
② 열간취성이 적을 것.
③ 응고수축에 대한 용탕 보급성이 좋을 것.
④ 금형에 대한 점착성이 좋을 것.

57

내열강의 구비조건 중 틀린 것은?

① 고온에서 기계적 성질이 우수하고 조직이 안정되어야 한다.
② 냉간, 열간 가공 및 용접, 단조 등이 쉬워야 한다.
③ 반복 응력에 대한 피로강도가 커야 한다.
④ 고온에서 취성파괴가 커야 한다.

58

선철과 탈산제로부터 잔류하게 되며 보통 탄소강 중에 0.1~0.35% 정도 함유되어 있고 강의 인장강도, 탄성 한계, 경도 등은 높아지나 용접성을 저하시키는 원소는?

① Cu ② Mn
③ Ni ④ Si

59

형상이 크거나 복잡하여 단조품으로 만들기가 곤란하고 주철로서는 강도가 부족할 경우에 사용되며, 주조 후 완전 풀림을 실시하는 강은?

① 일반 구조용강 ② 주강
③ 공구강 ④ 스프링강

60

퓨즈, 활자, 정밀 모형 등에 사용되는 아연, 주석, 납계의 저용융점 합금이 아닌 것은?

① 비스무트 땜납　　② 리포위츠 합금
③ 다우메탈　　④ 우드메탈

국가기술자격 필기시험문제

CBT 시험대비 모의고사 [제 4 회]

자격종목	시험시간	문제수	형별	수험번호	성 명
특수용접기능사	1시간	60	A		

정답 414쪽

CBT Test

01

상온에서 강하게 압축함으로써 경계면을 국부적으로 소성변형시켜 압접하는 방법은?

① 가스 압접 ② 마찰 압접
③ 냉간 압접 ④ 테르밋 압접

02

용접의 일반적인 특징을 설명한 것 중 틀린 것은?

① 제품의 성능과 수명이 향상되며 이종재료도 용접이 가능하다.
② 재료의 두께에 제한이 없다.
③ 보수와 수리가 어렵고 제작비가 많이 든다.
④ 작업공정이 단축되며 경제적이다.

03

혼합가스 연소에서 불꽃온도가 가장 높은 것은?

① 산소-수소 불꽃
② 산소-프로판 불꽃
③ 산소-아세틸렌 불꽃
④ 산소-부탄 불꽃

04

피복 아크 용접 회로의 구성요소로 맞지 않는 것은?

① 용접기 ② 전극 케이블
③ 용접봉 홀더 ④ 콘덴싱 유닛

05

피복제 중에 TiO_2를 포함하고, 아크가 안정되고 스패터도 적으며 슬래그의 박리성이 대단히 좋아 비드 표면이 고우며 작업성이 우수한 피복 아크 용접봉은?

① E4301 ② E4311
③ E4316 ④ E4313

06

가스 용접에서 충전가스의 용기 도색으로 틀린 것은?

① 산소-녹색 ② 프로판-흰색
③ 탄산가스-청색 ④ 아세틸렌-황색

07

피복 아크 용접에서 아크의 발생 및 소멸 등에 관한 설명으로 틀린 것은?

① 용접봉 끝으로 모재 위를 긁는 기분으로 운봉하여 아크를 발생시키는 방법이 긁기법이다.
② 용접봉 끝을 모재의 표면에서 10mm 정도 되게 가까이 대고 아크 발생 위치를 정하고 핸드실드로 얼굴을 가린다.
③ 아크를 소멸시킬 때에는 용접을 정지시키려는 곳에서 아크 길이를 길게 하여 운봉을 정지시킨 후 한다.
④ 용접봉을 순간적으로 재빨리 모재면에 접촉시켰다가 3~4mm 정도 떼면 아크가 발생한다.

08

교류 피복 아크 용접기에서 아크 발생 초기에 용접 전류를 강하게 흘려보내는 장치를 무엇이라고 하는가?

① 원격제어장치 ② 핫 스타트 장치
③ 전격방지기 ④ 고주파 발생장치

09

산소-아세틸렌가스 용접기로 두께가 3.2mm인 연강판을 V형 맞대기 이음을 하려면 이에 적당한 연강용 가스 용접봉의 지름(mm)은?

① 4.6 ② 3.2
③ 3.6 ④ 2.6

10

가스 용접용 토치의 팁 중 표준불꽃으로 1시간 용접 시 아세틸렌 소모량이 100l인 것은?

① 고압식 200번 팁 ② 중압식 200번 팁
③ 가변압식 100번 팁 ④ 불변압식 100번 팁

11

다음 중 조연성 가스는?

① 수소 ② 프로판
③ 산소 ④ 메탄

12

가스 용접에서 아세틸렌 과잉 불꽃이라 하며 속불꽃과 겉불꽃 사이에 아세틸렌 페더가 있는 불꽃의 명칭은?

① 바깥불꽃 ② 중성불꽃
③ 산화불꽃 ④ 탄화불꽃

13

스카핑(scarfing)에 대한 설명 중 옳지 않은 것은?

① 수동용 토치는 서서 작업할 수 있도록 긴 것이 많다.
② 토치는 가우징 토치에 비해 능력이 큰 것을 사용한다.
③ 되도록 좁게 가열해야 첫 부분이 깊게 파지는 것을 방지할 수 있다.
④ 예열면이 점화온도에 도달하여 표면의 불순물이 떨어져 깨끗한 금속면이 나타날 때까지 가열한다.

14

피복 아크 용접봉의 피복제가 연소한 후 생성된 물질이 용접부를 보호하는 형식에 따라 분류한 것에 해당되지 않는 것은?

① 반가스 발생식 ② 스프레이 형식
③ 슬래그 생성식 ④ 가스 발생식

15

발전형(모터, 엔진형) 직류 아크용접기와 비교하여 정류기형 직류 아크 용접기를 설명한 것 중 틀린 것은?

① 고장이 적고 유지보수가 용이하다.
② 취급이 간단하고 가격이 싸다.
③ 초소형 경량화 및 안정된 아크를 얻을 수 있다.
④ 완전한 직류를 얻을 수 있다.

16

가스 용접에서 용제를 사용하는 가장 중요한 이유로 맞는 것은?

① 용접봉 용융속도를 느리게 하기 위하여
② 용융온도가 높은 슬래그를 만들기 위하여
③ 침탄이나 질화를 돕기 위하여
④ 용접 중에 생기는 금속의 산화물을 용해하기 위하여

17

다음 중 가스 절단이 가장 용이한 금속은?

① 주철 ② 저합금강
③ 알루미늄 ④ 아연

18

재료의 내·외부에 열처리 효과의 차이가 생기는 현상으로 강의 담금질성에 의해 영향을 받는 것은?

① 심랭처리 ② 질량효과
③ 금속간 화합물 ④ 소성변형

19

알루미늄에 대한 설명으로 틀린 것은?

① 전기 및 열의 전도율이 매우 떨어진다.
② 경금속에 속한다.
③ 융점이 650℃ 정도이다.
④ 내식성이 좋다.

20

금속 표면에 알루미늄을 침투시켜 내식성을 증가시키는 것은?

① 칼로라이징 ② 크로마이징
③ 세라다이징 ④ 실리코라이징

21

Cu-Ni 합금에 소량의 Si를 첨가하여 전기전도율을 좋게 한 것은?

① 네이벌 황동 ② 암즈 청동
③ 코로손 합금 ④ 켈밋

22

탄소 주강에 망간이 10~14% 정도 첨가된 하드 필드 주강을 주조상태의 딱딱하고 메진 성질을 없어지게 하고 강인한 성질을 갖게 하기 위하여 몇 ℃에서 수인법으로 인성을 부여하는가?

① 400~500℃ ② 600~700℃
③ 800~900℃ ④ 1000~1100℃

23

주철의 일반적인 특성 및 성질에 대한 설명으로 틀린 것은?

① 주조성이 우수하며, 크고 복잡한 것도 제작할 수 있다.
② 인장강도, 휨강도 및 충격값은 크나, 압축강도는 작다.
③ 금속재료 중에서 단위 무게당의 값이 싸다.
④ 주물의 표면은 굳고 녹이 잘 슬지 않는다.

24

탄소강의 주성분 원소로 맞는 것은?

① Fe+C ② Fe+Si
③ Fe+Mn ④ Fe+P

25

특수 용도강의 스테인리스강에서 그 종류를 나열한 것 중 틀린 것은?

① 페라이트계 ② 베이나이트계
③ 마텐자이트계 ④ 오스테나이트계

26

다음 중 연성이 가장 큰 재료는?

① 순철 ② 탄소강
③ 경강 ④ 주철

27

구조용 강 중 크롬강의 특성으로 틀린 것은?

① 경화층이 깊고 마텐자이트 조직을 안정화한다.
② Cr_4C_2, Cr_7C_3 등의 탄화물이 형성되어 내마모성이 크다.
③ 내식성 및 내열성이 좋아 내식강 및 내열강으로 사용된다.
④ 유중 담금질 효과가 좋아지면서 단접이 잘 된다.

28

황동이 고온에서 탈아연(Zn)되는 현상을 방지하는 방법으로 황동 표면에 어떤 피막을 형성시키는가?

① 탄화물 ② 산화물
③ 질화물 ④ 염화물

29

용접 결함이 언더컷일 경우 결함의 보수 방법은?

① 일부분을 깎아내고 재용접한다.
② 홈을 만들어 용접한다.
③ 가는 용접봉을 사용하여 보수한다.
④ 결함부분을 절단하여 재용접한다.

30

전기용접 작업 시 전격에 관한 주의사항으로 틀린 것은?

① 무부하 전압이 필요 이상으로 높은 용접기는 사용하지 않는다.
② 전격을 받은 사람을 발견했을 때는 즉시 스위치를 꺼야 한다.
③ 작업 종료 시 또는 장시간 작업을 중시할 때는 반드시 용접기의 스위치를 끄도록 한다.
④ 낮은 전압에서는 주의하지 않아도 되며, 습기 찬 구두는 착용해도 된다.

31

전류가 증가하여도 전압이 일정하게 되는 특성으로 이산화탄소 아크 용접장치 등의 아크 발생에 필요한 용접기의 외부 특성은?

① 상승 특성 ② 정전류 특성
③ 정전압 특성 ④ 부저항 특성

32

CO_2 가스 아크 용접에서 기공 발생의 원인이 아닌 것은?

① CO_2 가스 유량이 부족하다.
② 노즐과 모재간 거리가 지나치게 길다.
③ 바람에 의해 CO_2 가스가 날린다.
④ 엔드 탭(end tab)을 부착하여 고전류를 사용한다.

33

용접변형과 잔류응력을 경감시키는 방법을 틀리게 설명한 것은?

① 용접 전 변형 방지책으로는 역변형법을 쓴다.
② 용접시공에 의한 잔류응력 경감법으로는 대칭법, 후진법, 스킵법 등이 쓰인다.
③ 모재의 열전도를 억제하여 변형을 방지하는 방법으로는 도열법을 쓴다.
④ 용접 금속부의 변형과 응력을 제거하는 방법으로는 담금질법을 쓴다.

34

연소의 3요소에 해당하지 않는 것은?

① 가연물 ② 부촉매
③ 산소공급원 ④ 점화에너지 열원

35

피복 아크 용접에서 기공 발생의 원인으로 가장 적당한 것은?

① 용접봉이 건조하였을 때
② 용접봉에 습기가 있었을 때
③ 용접봉이 굵었을 때
④ 용접봉이 가늘었을 때

36

텅스텐, 몰리브덴 같은 대기에서 반응하기 쉬운 금속도 용이하게 용접할 수 있으며 고진공속에서 음극으로부터 방출되는 전자를 고속으로 가속시켜 충돌에너지를 이용하는 용접방법은?

① 레이저 용접　② 전자 빔 용접
③ 테르밋 용접　④ 일렉트로 슬래그 용접

37

불활성 가스 텅스텐 아크 용접에서 중간형태의 용입과 비드 폭을 얻을 수 있으며 청정효과가 있어 알루미늄이나 마그네슘 등의 용접에 사용되는 전원은?

① 직류 정극성　② 직류 역극성
③ 고주파 교류　④ 교류전원

38

알루미늄이나 스테인리스강, 구리와 그 합금의 용접에 가장 많이 사용되는 용접법은?

① 산소-아세틸렌 용접
② 탄산가스 아크 용접
③ 테르밋 용접
④ 불활성 가스 아크 용접

39

산업안전보건법 시행규칙에서 화학물질 취급장소에서의 유해 · 위험 경고 이외의 위험경고, 주의표지 또는 기계 방호물을 나타내는 색채는?

① 빨간색　② 노란색
③ 녹색　④ 파란색

40

서브머지드 아크 용접기로 아크를 발생할 때 모재와 용접 와이어 사이에 놓고 통전시켜 주는 재료는?

① 용제　② 스틸 울
③ 탄소봉　④ 엔드 탭

41

용접 지그(jig) 사용에 대한 설명으로 틀린 것은?

① 작업이 용이하고 용접능률을 높일 수 있다.
② 제품의 정밀도를 높일 수 있다.
③ 구속력을 매우 크게 하여 잔류응력의 발생을 줄인다.
④ 동일 제품을 다량 생산할 수 있다.

42

모재 및 용접부의 연성과 안전성을 조사하기 위하여 사용되는 시험법으로 맞는 것은?

① 경도시험　② 압축시험
③ 굽힘시험　④ 충격시험

43

용접부의 잔류응력 제거법에 해당되지 않는 것은?

① 응력제거풀림　② 기계적 응력 완화법
③ 고온 응력 완화법　④ 국부가열풀림법

44

전기 저항 용접에 속하지 않는 것은?

① 테르밋 용접　② 점 용접
③ 프로젝션 용접　④ 심 용접

45

불활성 가스 금속 아크 용접의 특성 설명으로 틀린 것은?

① 아크의 자기제어 특성이 있다.
② 일반적으로 전원은 직류 역극성이 이용된다.
③ MIG 용접은 전극이 녹는 용극식 아크 용접이다.
④ 일반적으로 굵은 와이어일수록 용융속도가 빠르다.

46

전류를 통하여 자화가 될 수 있는 금속재료, 즉 철, 니켈과 같이 자기변태를 나타내는 금속 또는 그 합금으로 제조된 구조물이나 기계부품의 표면부에 존재하는 결함을 검출하는 비파괴시험법은?

① 맴돌이 전류시험　　② 자분탐상시험
③ γ선 투과시험　　④ 초음파 탐상시험

47

아크를 보호하고 집중시키기 위하여 내열성의 도기로 만든 페룰 기구를 사용하는 용접은?

① 스터드 용접　　② 테르밋 용접
③ 전자빔 용접　　④ 플라스마 아크 용접

48

경납땜에 사용하는 용제로 맞는 것은?

① 염화아연　　② 붕산염
③ 염화암모늄　　④ 염산

49

플러그 용접에서 전단강도는 일반적으로 구멍의 면적당 전 용착금속 인장강도의 몇 % 정도로 하는가?

① 20~30　　② 40~50
③ 60~70　　④ 80~90

50

MIG 용접의 용적 이행 형태에 대한 설명 중 맞는 것은?

① 용적 이행에는 단락 이행, 스프레이 이행, 입상 이행이 있으며, 가장 많이 사용되는 것은 입상 이행이다.
② 스프레이 이행은 저전압, 저전류에서 Ar가스를 사용하는 경합금 용접에서 주로 나타난다.
③ 입상 이행은 와이어보다 큰 용적으로 용융되어 이행하며 주로 CO_2 가스를 사용할 때 나타난다.
④ 직류 정극성일 때 스패터가 적고 용입이 깊게 되며 용적 이행이 안정한 스프레이 이행이 된다.

51

보기 입체도를 3각법으로 올바르게 도시한 것은?

[보기]

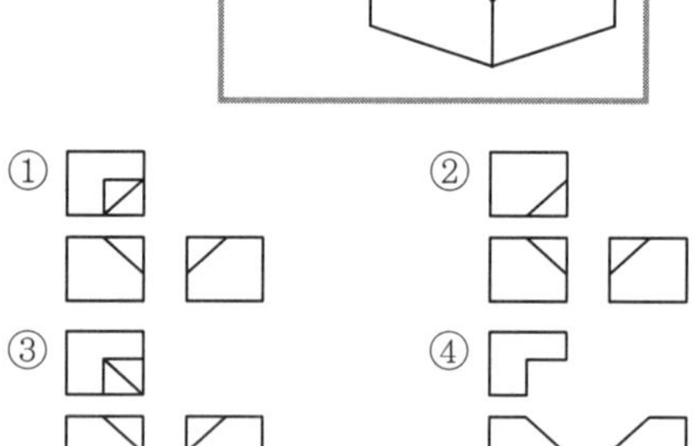

52

도면에서 척도의 표시가 "NS"로 표시된 것은 무엇을 의미하는가?

① 배척　　② 나사의 척도
③ 축척　　④ 비례척이 아님

53

보기 도면에서 A부의 길이 치수로 가장 적합한 것은?

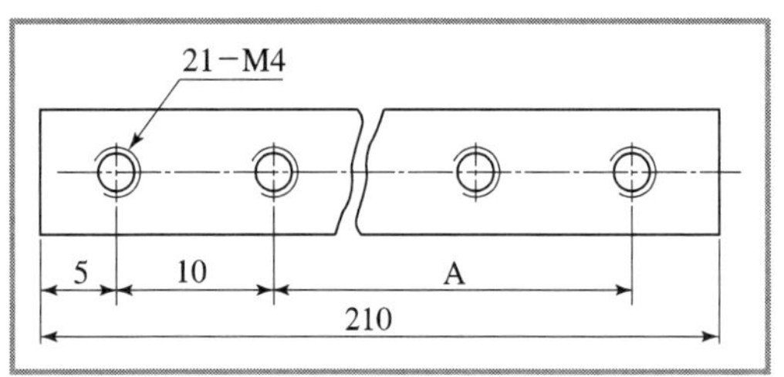

① 185 ② 190
③ 195 ④ 200

54

3각법으로 투상한 정면도와 평면도가 보기와 같이 도시되어 있을 때 우측면도의 투상으로 적합한 것은?

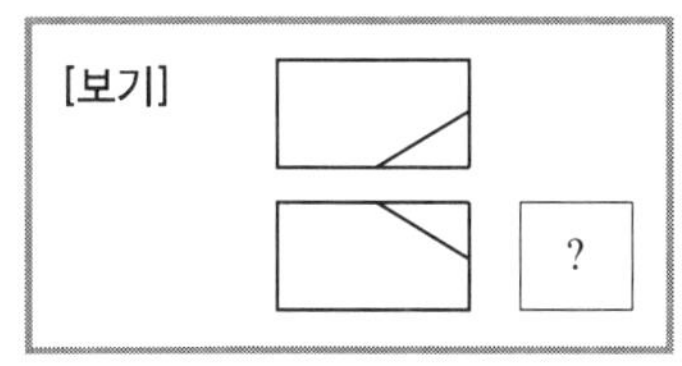

①  ② 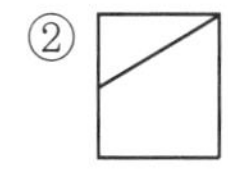
③ 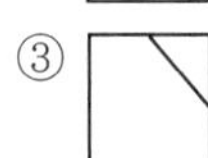 ④ 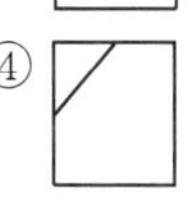

55

그림과 같은 입체도의 화살표 방향을 정면도로 할 때 우측면도로 가장 적합한 투상은?

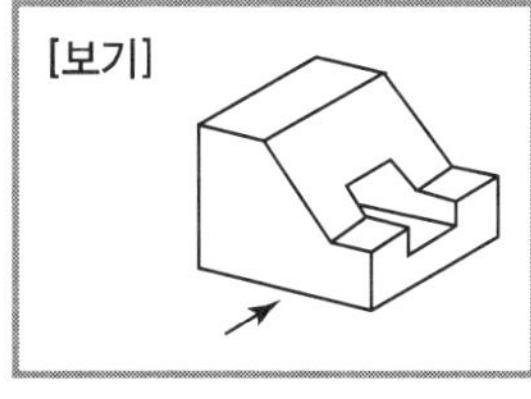

① ② ③ ④

56

그림과 같은 KS 용접기호의 해석이 잘못된 것은?

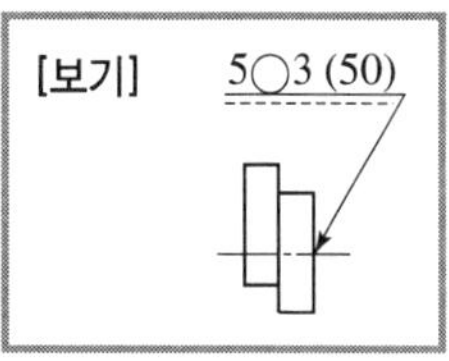

① 온둘레 용접이다.
② 점(용접부)의 지름은 5mm이다.
③ 스폿 용접 간격은 50mm이다.
④ 스폿 용접의 용접 수는 3이다.

57

기계제도에서 치수에 사용되는 기호의 설명 중 틀린 것은?

① 지름 : ϕ ② 구의 지름 : Sϕ
③ 반지름 : R ④ 직사각형 : □

58

대상물의 일부를 파단한 경계 또는 일부를 떼어낸 경계를 표시하는 데 사용하는 선은?

① 가상선 ② 파단선
③ 절단선 ④ 외형선

59

도면과 같은 투상도의 명칭으로 가장 적합한 것은?

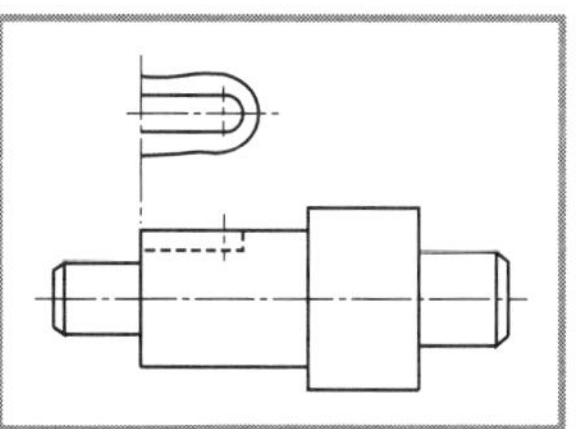

① 회전 투상도 ② 보조 투상도
③ 국부 투상도 ④ 회전도시 투상도

60

배관도에서 유체의 종류와 글자 기호를 나타내는 것 중 틀린 것은?

① 공기 : A
② 연료 가스 : G
③ 연료유 또는 냉동기유 : O
④ 증기 : V

특수용접기능사 필기

CBT 시험대비 모의고사

정답 및 해설

CBT 시험대비 모의고사 [제 1 회]

본문 367~373쪽

01. ②	02. ②	03. ④	04. ③	05. ④	06. ②	07. ④	08. ②	09. ④	10. ①
11. ②	12. ③	13. ②	14. ②	15. ③	16. ③	17. ②	18. ④	19. ①	20. ①
21. ②	22. ④	23. ②	24. ③	25. ④	26. ②	27. ④	28. ④	29. ④	30. ③
31. ②	32. ④	33. ③	34. ④	35. ③	36. ③	37. ③	38. ②	39. ④	40. ③
41. ②	42. ②	43. ①	44. ③	45. ④	46. ②	47. ④	48. ①	49. ④	50. ①
51. ①	52. ②	53. ①	54. ①	55. ④	56. ④	57. ④	58. ①	59. ③	60. ③

해설로 확인 Explanation

01 ②

용접 이음의 특징

① 이종재료의 접합이 가능하다.
② 보수와 수리가 용이
③ 이음효율이 높다.
④ 중량이 가벼워진다.
⑤ 재료의 두께에 제한이 없다.
⑥ 작업공정이 단축되며 경제적이다.
⑦ 제품의 성능과 수명이 향상된다.
⑧ 수밀 및 기밀성이 좋다.
⑨ 품질검사가 곤란
⑩ 변형 및 수축잔류응력 발생
⑪ 용접사의 기량에 따라 품질 좌우
⑫ 취성이 생길 우려가 있다.

02 ②

가스 용접 작업의 압력조정기 산소 압력 : 3~4kg/cm^2
절단작업 : 5kg/cm^2

03 ④

용접봉 지름을 결정하는 방법 : $D=\frac{T}{2}+1$

① 가스용접봉은 연강용, 주철용, 비철금속 재료 등이 있다.
② NSR(응력을 제거하지 않을 것), SR(응력제거풀림)이 있다.

04 ③

가스 소비량$=200\times10=2000l$

05 ④

후진법의 특징

① 열 이용률이 좋다. ② 용접속도 빠르다.
③ 홈 각도 작다(60°) ④ 변형 적다.
⑤ 산화성 적다. ⑥ 비드 모양 나쁘다.
⑦ 후판(두꺼운 판) 용접에 적합하다.

06 ②

크레이터 : 용접 중에 아크를 중단시키면 중단된 부분이 오목하거나 납작하게 파진 모습으로 용접의 끝 부분을 크레이터라 한다.

07 ④

피복제의 역할

① 탈산정련작용 ② 아크 안정
③ 산화, 질화 방지 ④ 서냉으로 취성 방지
⑤ 아크 안정 ⑥ 용착효율을 높인다.
⑦ 슬래그 제거가 쉽다. ⑧ 스패터의 발생을 적게 함
⑨ 합금원소 첨가 ⑩ 전기절연작용

08 ②

퓨즈 용량$=\frac{22000}{220}=100\text{A}$

09 ④

아크 에어 가우징 : 탄소아크절단장치에다 압축공기 6~7kg/cm^{2}을 병용하여서 아크열로 용융시킨 부분을 압축공기로 불어 날려서 홈을 파내는 작업

[장점] ① 작업능률이 2~3배 높다.
② 응용범위가 넓고 경비가 저렴
③ 조작방법이 간단
④ 용접결함부의 발견이 쉽다.
⑤ 용융금속을 순간적으로 불어내어 모재에 악영향을 주지 않음.

10 ①

용접기의 극성

① **직류 정극성**(DCSP)

㉠ 모재(+) 70%, 용접봉(−) 30%

㉡ 용입이 깊다.

㉢ 후판용접 가능

㉣ 비드 폭이 좁다.

㉣ 용접봉의 녹음이 느리다.

② **직류 역극성**(DCRT)

㉠ 모재(−) 30%, 용접봉(+) 70%

㉡ 용접봉의 녹음이 빠르다.

㉢ 박판용접 가능

㉣ 비드 폭이 넓다.

11 ②

스카핑 : 강재 표면의 홈이나 개재물, 탈탄층 등을 제거하기 위하여 얇고 타원형 모양으로 표면을 깎아 내는 가공법

가스 가우징 : 용접부분의 뒷면을 따내든지 H형, U형의 용접홈을 가공하기 위해서 깊은 홈을 파내는 가공법으로 팁 작업의 각도는 30~45°이다.

12 ③

가스 절단면의 표준 드래그의 길이=판 두께의 $\frac{1}{5}$

13 ②

가스 용접에서 고무호스의 사용 색

① 산소 : 녹색, 흑색 ② 아세틸렌 : 적색

14 ②

산소의 성질

① 다른 물질의 연소를 도와주는 조연성 기체이다.

② 액체가 기화하면 800배 체적의 기체가 된다.

③ 금속에 산화작용이 강하다.

④ 유지류, 용제 등이 부착하면 산화 폭발의 위험이 있다.

⑤ 모든 원소와 화합 시 산화물을 만든다.(단, 금, 백금, 수은 제외)

⑥ 공기중에 21% 함유

⑦ $1l$의 중량은 0℃, 1기압에서 1.429g이다.

15 ③

저수소계 용접봉(E4316) : 석회석, 형석을 주성분으로 용착금속 중의 수소량이 다른 용접봉에 비해 $\frac{1}{10}$ 정도로 현저하게 적은 우수한 특성이 있고 300~350℃에서 1~2시간 건조시켜 사용한다.

16 ③

아크 전류와 아크 전압을 일정하게 유지하고 용접속도를 증가시킬 때 나타나는 현상

비드 폭은 좁아지고 용입은 얕아진다.

17 ②

AW 500 : 교류 아크 용접기의 정격 2차 전류 값은 500이다.

18 ④

구상흑연주철 : 철계 주조재의 기계적 성질 중 인장강도가 가장 높음.

19 ①

알루미늄합금, 구리합금 용접에서 예열온도 : 200~400℃

20 ①

열처리

① 뜨임 : 담금질된 강을 A_1변태점 이하의 일정 온도로 가열하여 인성 증가

② 풀림 : 재질의 연화를 목적으로 일정 시간 가열 후 노 내에서 서냉 내부응력 및 잔류응력 제거

③ 불림 : 강을 표준상태로 하기 위하여 가공조직의 균일화, 결정립의 미세화, 기계적 성질의 향상을 목적으로 실시

④ 담금질 : 강을 A_3변태 및 A_1선 이상 30~50℃로 가열한 후 물 또는 기름으로 급랭하는 방법으로 경도 및 강도 증가

21 ②

페라이트 : 탄소강에서 자성이 있으며 전성과 연성이 크고 연하며 순철에 가까운 조직

22 ④

오스테나이트계 스테인리스강을 용접 시 녹 방지법

① 용제화 처리 후 사용한다.

② 저탄소의 재료를 선택한다.

③ Ti, V, Nb 등이 첨가된 재료를 사용한다.

23 ②

합금

① Y합금 : Al+Cu+Mg+Ni
② 알드레이 : Al+Mg+Si
③ 하이드로날륨 : Al+Mg(도우메탈)
④ 일렉트론 : Al+Zn+Mg
⑤ 두랄루민 : Al+Cu+Mg+Mn
⑥ 실루민 : Al+Si
⑦ 라우탈 : Al+Cu+Si
⑧ 델타메탈 : 6 : 4황동+Fe(1~2%)
⑨ 네이벌 : 6 : 4황동+Sn(1~2%)
⑩ 먼츠메탈 : Cu(60%)+Zn(40%)
⑪ 톰백 : Cu(80%)+Zn(20%)

24 ③

전로 제강법 : 용해한 쇳물을 경사식으로 된 노에 넣고 연료 사용 없이 노 밑에 뚫린 구멍을 통하여 1.5~2.0기압의 공기를 불어 넣거나 노 위에서 산소를 불어 넣어 쇳물 안의 탄소나 규소와 그 밖의 불순물을 산화 연소시켜 정련과정을 통하여 강으로 만드는 방법

25 ④

화이트메탈 : 구리+안티몬+주석의 합금

26 ②

금속침탄법 : 내식, 내산, 내마멸을 목적으로 금속을 침투시키는 열처리

① Cr : 크로마이징 ② Al : 칼로라이징
③ Zn : 세라다이징 ④ Si : 실리코나이징
⑤ B : 브로나이징

27 ④

킬드강을 제조 시 탈산제

① Al
② Fe-Si

28 ④

먼츠메탈 : Cu(60%)+Zn(40%)

29 ④

서브머지드 아크 용접의 특징

① 한 번 용접으로 75mm까지 가능하다.
② 이음의 신뢰도를 높일 수 있다.
③ 용접 홈의 크기가 작아도 되며 용접재료의 소비 및 용접변형이 적다.
④ 용접속도가 수동용접에 비해 10~20배, 용입은 2~3배 정도 커서 능률적이다.
⑤ 비드 외관이 매우 아름답다.
⑥ 기계적 성질이 우수하다.
⑦ 개선각을 크게 하여 용접 패스 수를 줄일 수 있다.
⑧ 용융속도 및 용착속도가 빠르다.
⑨ 개선 홈의 정밀을 요한다.
⑩ 용접재료에 제약을 받는다.
⑪ 용접진행상태의 양부를 육안식별이 불가능하다.
⑫ 용접적용자세에 제약을 받는다.

30 ③

TIG 용접 시 직류 정극성으로 용접 시 전극 선단의 각도 : 30~50°

31 ②

수소 : ① 은점의 원인
② 비드 및 균열의 원인
③ 헤어크랙의 원인

32 ④

응급처치의 3대 요소

① 기도 유지 ② 쇼크 방지
③ 상처 보호 ④ 지혈

33 ③

이론상 목두께$=l\times\cos45(0.707)$

34 ④

서브머지드 아크 용접 시 루트 간격 : 0.8mm 이하

35 ③

용접 전 꼭 확인사항

① 이음부에 페인트, 녹, 기름 등의 불순물이 없는지 확인 후 제거
② 용접전류, 용접 순서, 용접 조건을 미리 선정한다.
③ 예열, 후열의 필요성을 검토한다.

36 ③

저항 용접의 3요소

① 가압력 ② 통전전류 ③ 통전시간

37 ③

용접부의 형상에 따른 필릿 용접의 종류

① 연속 필릿
② 단속 필릿
③ 단속 지그재그 필릿

38 ②

훼손된 케이블은 용접작업 전 절연 테이프로 보수한다.

39 ④

이산화탄소의 성질

① 공기보다 무겁다.(1.52배)
② 상온에서도 쉽게 액화한다.
③ 대기 중에서 기체로 존재한다.
④ 색, 냄새가 없다.
⑤ 드라이아이스의 제조 원료로 쓰인다.
⑥ 공기 중에서 0.03% 정도 포함되어 있다.
⑦ 불연성이며 수상치환으로 포집한다.

40 ③

화재 및 폭발의 방지 조치

① 배관에서 가연성 증기의 누출 여부를 철저히 점검할 것.
② 용접작업 부근에 점화원을 두지 말 것.
③ 필요한 곳에 화재 진화를 위한 방화설비를 설치할 것.
④ 대기 중에 가연성 가스를 방출시키지 말 것.

41 ②

결함의 보수방법

① 오버랩의 보수 : 일부분을 깎아내고 재용접한다.
② 언더컷의 보수 : 지름이 작은 용접봉을 이용하여 보수
③ 균열의 보수 : 정지구멍을 뚫고 균열부분은 홈을 판 후 재용접
④ 슬래그의 보수 : 깎아내고 재용접한다.

42 ②

불활성 가스 금속 아크 용접(MIG)에서 사용되는 가스 : Ar(아르곤)

43 ①

티그 절단 : 텅스텐 전극과 모재 사이에 아크를 발생시켜 모재를 용융하여 절단하는 방법

44 ③

가스 납땜 : 기체나 액체 연료를 토치나 버너로 연소시켜 그 불꽃을 이용

45 ④

일렉트로 슬래그 용접법에 사용되는 용제의 주성분

① 산화알루미늄 ② 산화망간 ③ 산화규소

46 ②

충격시험 : 인성과 취성을 알아보기 위한 시험으로 샤르피식과 아이조드식이 있다.

47 ④

비파괴 검사 시험

① RT : 방사선 투과시험 ② UT : 초음파탐상시험
③ PT : 형광침투시험 ④ MT : 자분검사법
⑤ LT : 누설시험 ⑥ VT : 육안검사법

48 ①

스터드 용접에서 페롤의 역할

① 용접사의 눈을 아크로부터 보호
② 용착부의 오염 방지
③ 용융금속의 유출 방지

49 ④

용접 시 변형과 잔류응력을 경감시키는 방법

① 모재의 열전도를 억제하여 변형을 방지하는 방법으로는 도열법을 쓴다.
② 용접시공에 의한 경감법으로는 대칭법, 후진법, 스킵법을 쓴다.
③ 용접 전 변형 방지책으로 억제법, 역변형법을 쓴다.
④ 변형과 응력을 제거하는 방법으로는 저온 응력완화법, 기계적 응력완화법 등이 있다.

50 ①

가연성 가스(아세틸렌)와 조연성 가스(산소)는 각각 보관하여야 한다.

51 ①

52 ②

치수 기입 원칙

① 치수는 되도록 주투상도에 집중하여 기입한다.
② 관련치수는 되도록 한 곳에 모아서 기입한다.
③ 길이는 원칙으로 mm의 단위로 기입하고 단위기호는 붙이지 않는다.
④ 치수의 중복기입을 피한다.
⑤ 치수는 계산할 필요가 없도록 기입한다.
⑥ 외형치수 전체길이 치수는 반드시 기입한다.
⑦ 참고 치수는 치수수치에 괄호를 붙인다.

53 ①

치수의 표시 방법

① 정사각형변 : □ ② 지름 : ϕ
③ 반지름 : R ④ 구의 지름 : Sϕ
⑤ 구의 반지름 : SR ⑥ 판의 두께 : t
⑦ 45° 모따기 : C
⑧ 이론적으로 정확한 치수 : 123
⑨ 참고 치수 : ( )

54 ①

55 ④

국부 투상도 : 대상물의 구멍, 홈 등 국부만의 모양을 도시하는 것으로 충분한 경우에는 그 필요부분만을 국부투상도로 나타냄.

56 ④

수나와 암나사의 골지름은 가는 실선으로 나타냄.

57 ④

부품란에 기재사항

① 재질 ② 수량 ③ 품명 ④ 무게

표제란에 기재사항

① 척도 ② 도면작성일 ③ 제도자의 이름
④ 투상법 ⑤ 도면이름 ⑥ 도면번호

58 ①

열간 성형 리벳의 호칭법

(종류) (호칭지름)×(길이) (재료)

59 ③

60 ③

용도에 따른 선의 종류

① 외형선 : 대상물의 보이는 부분의 모양 표시 (굵은 실선)
② 가상선 : 가공 전 · 후 표시, 인접부분 참고 표시, 공구위치 참고 표시 (가는 이점 쇄선)
③ 파단선 : 대상물의 일부를 파단한 경계
해칭선 : 도형의 한정된 특정부분을 다른 부분과 구별 (가는 실선)
치수선 : 치수 기입하기 위해
④ 기준선, 절단선, 중심선, 피치선 (가는 일점 쇄선)

CBT 시험대비 모의고사 [제 2 회]

본문 374~380쪽

01. ①	02. ④	03. ②	04. ①	05. ④	06. ①	07. ④	08. ①	09. ③	10. ③
11. ③	12. ①	13. ②	14. ④	15. ②	16. ③	17. ②	18. ③	19. ①	20. ③
21. ④	22. ④	23. ④	24. ④	25. ②	26. ②	27. ①	28. ③	29. ①	30. ③
31. ①	32. ③	33. ②	34. ④	35. ③	36. ①	37. ④	38. ②	39. ①	40. ②
41. ④	42. ②	43. ①	44. ④	45. ②	46. ③	47. ②	48. ②	49. ④	50. ③
51. ①	52. ④	53. ④	54. ①	55. ②	56. ④	57. ②	58. ④	59. ③	60. ②

해설로 확인 Explanation

01 ①

용해 아세틸렌 취급 시 주의사항

① 아세틸렌 충전구가 동결 시는 40℃ 이하의 온수로 녹인다.
② 저장장소는 통풍이 잘 되어야 한다.
③ 용기는 반드시 캡을 씌워 보관한다.
④ 용기는 진동이나 충격을 가하지 말고 신중히 취급해야 한다.
⑤ 청정제에는 에퓨렌, 리카솔, 카타리솔이 있다.
⑥ 15℃에서 $1kg/cm^2$에서 $1l$의 아세톤 $25l$의 아세틸렌가스 용해

02 ④

피복 아크 용접봉 취급 시 주의사항

① 하중을 받지 않는 상태에서 지면보다 높은 곳에 보관한다.
② 사용 중에 피복제가 떨어지는 일이 없도록 통에 넣어 운반 사용한다.
③ 보통 용접봉은 70~100℃에서 30~60분 건조 후 사용한다.
④ 보관시 진동이 없고 건조한 장소에 보관한다.

03 ②

부속장치

① 고주파 발생장치 : 안정한 아크를 얻기 위하여 상용주파의 아크 전류에 고전압의 고주파를 중첩시키는 방법
② 핫 스타트 장치 : 아크 발생을 쉽게 하고 비드 모양을 개선하고 아크가 발생하는 초기에 용접봉과 모재가 냉각되어 있어 입열이 부족하여 아크가 불안정하기 때문에 아크 초기만 용접전류를 특별히 크게 하기 위해
③ 전격방지장치 : 무부하전압이 80~90V로 비교적 높은 교류 아크 용접기는 감전재해의 위험이 있기 때문에 무부하전압을 20~30V 이하로 유지하여 용접사 보호

04 ①

표준불꽃에서 프랑스식 가스 용접 토치의 용량

1시간에 소비하는 아세틸렌가스의 양

05 ④

용접

① **아크 용접** : ㉠ 서브머지드 아크 용접(TIG, MIG)
㉡ 스터드 용접
㉢ 탄산가스 아크 용접
② **가스 용접** : ㉠ 산소-아세틸렌 용접
㉡ 공기-아세틸렌 용접
㉢ 산소-수소 용접
③ **특수 용접** : ㉠ 일렉트로 슬래그 용접
㉡ 테르밋 용접
㉢ 전자 빔 용접

06 ①

$$\text{사용률} = \frac{\text{아크시간}}{\text{아크시간} + \text{휴식시간}} \times 100$$

$$40\% = \frac{\text{아크시간} \times 100\%}{10}$$

$$\therefore \text{ 아크시간} = \frac{40\% \times 10\text{분}}{100\%} = 4\text{분}$$

07 ④

직류 역극성의 특징(DCRP)

① 용접봉(+) 70%, 모재(−) 30%
② 용입이 얕다.
③ 용접봉의 녹음이 빠르다.
④ 박판용접 가능
⑤ 비드 폭이 넓다.

08 ①

수중절단 시 사용하는 가스 : 수소

09 ③

아크 에어 가우징의 특징

① 장비가 간단하고 작업방법이 쉽다.
② 활용범위가 넓어 스테인리스강, 동합금, 알루미늄에도 적용될 수 있다.
③ 보수용접 시 균열부분이나 용접 결함부를 제거하는 데 적합하다.
④ 가스 가우징이나 치핑에 비해 작업능률이 높다.
⑤ 응용범위가 넓고 경비가 저렴
⑥ 용접 결함부의 발견이 쉽다.
⑦ 용융금속을 순간적으로 불어내어 모재에 악영향을 주지 않음.

10 ③

가연성 가스 : 폭발 하한이 10% 이하이거나 하한과 상한의 차가 20% 이상인 가스

① 아세틸렌 : 2.5~81%
② 부탄 : 1.8~8.4%
③ 수소 : 4~75%
④ 메탄 : 5~15%
⑤ 프로판 : 2.1~9.5%
⑥ 에탄 : 3~12.5% 등

11 ③

산소-아세틸렌 불꽃 종류

① 중성불꽃 : 표준불꽃이라 한다.
② 산화불꽃 : 산소 과잉불꽃이라 한다.
③ 탄화불꽃 : 아세틸렌 과잉불꽃, 아세틸렌 페더가 있는 불꽃

12 ①

피복 배합제의 종류

① 아크 안정제
㉠ 산화티탄 ㉡ 석회석 ㉢ 규산나트륨
㉣ 규산칼륨 ㉤ 자철광 ㉥ 적철광

② 탈산제
㉠ 페로바나듐(Fe-V) ㉡ 페로실리콘(Fe-Si)
㉢ 페로티탄(Fe-Ti) ㉣ 페로크롬(Fe-Cr)
㉤ 페로망간(Fe-Mn) ㉥ 알루미늄
㉦ 마그네슘

③ 슬래그 생성제
㉠ 이산화망간 ㉡ 산화철 ㉢ 형석
㉣ 석회석 ㉤ 일미나이트 ㉥ 알루미나
㉦ 규사 ㉧ 장석

④ 가스 발생제
㉠ 석회석 ㉡ 탄산바륨 ㉢ 톱밥
㉣ 녹말 ㉤ 셀룰로오스

⑤ 고착제
㉠ 해초 ㉡ 당밀 ㉢ 아교
㉣ 카세인 ㉤ 규산칼륨

⑥ 합금첨가제
㉠ 페로바나듐 ㉡ 페로실리콘 ㉢ 페로망간
㉣ 페로크롬 ㉤ 산화니켈 ㉥ 산화몰리브덴

13 ②

가스 용접에 사용되는 연소가스

① 산소-수소가스
② 산소-프로판가스
③ 산소-아세틸렌

14 ④

용제

① 연강 : 사용하지 않는다.
② 반경강 : 중탄산나트륨+탄산나트륨
③ 주철 : 중탄산나트륨(70%)+탄산나트륨(15%) +붕사(15%)
④ 구리합금 : 붕사(75%)+염화리튬(25%)
⑤ 알루미늄 : 염화칼륨(45%)+염화나트륨(30%) +염화리튬(15%)+플루오르화칼륨(7%)+황산칼륨(3%)

15 ②

16 ③

가스 가우징 : U형, H형의 용접홈을 가공하기 위하여 슬로 다이버전트로 설계된 팁을 사용 홈을 파내는 작업

17 ②

GA43 : 가스 용접봉으로 용착금속의 최소 인장강도

18 ③

다이캐스팅용 알루미늄 합금으로 요구되는 성질

① 금형에 대한 점착성이 없을 것.
② 응고 수축에 대한 용탕 보급성이 좋을 것.
③ 열간취성이 적을 것.
④ 유동성이 좋을 것.

19 ①

특수원소의 영향

① Cr(크롬) : 흑연화 안정, 탄화물 안정, 내식성, 매마모성 향상
② Ni(니켈) : 인성 증가, 주철의 흑연화 촉진, 저온 충격저항 증가
③ Ti(티탄) : 결정입자의 미세화
④ Mo(몰리브덴) : 뜨임취성 방지
⑤ Mn(망간) : 적열취성 방지

20 ③

금속의 비중 : 비중이 5 이하 경금속, 비중이 5 이상 중금속

① 마그네슘 : 1.74　② 알루미늄 : 2.7
③ 티탄 : 4.5　④ 바나듐 : 6.16
⑤ 크롬 : 7.19　⑥ 망간 : 7.43
⑦ 철 : 7.87　⑧ 니켈 : 8.9
⑨ 구리 : 8.96　⑩ 납 : 11.36
⑪ 텅스텐 : 19.1　⑫ 백금 : 21.45

21 ④

철강의 열처리에서 열처리 방식에 따른 분류

① 항온 열처리
② 표면경화 열처리
③ 계단 열처리

22 ④

합금

① 실루민 : Al+Si
② 두랄루민 : Al+Cu+Mg+Mn
③ Y합금 : Al+Cu+Mg+Ni
④ 일렉트론 : Al+Zn+Mg
⑤ 라우탈 : Al+Cu+Si
⑥ 로엑스 : Al+Cu+Mg+Ni+Si
⑦ 델타메탈 : 6 : 4황동+Fe(1~2%)
⑧ 네이벌 : 6 : 4황동+Sn(1~2%)
⑨ 먼츠메탈 : Cu(60%)+Zn(40%)
⑩ 톰백 : Cu(80%)+Zn(20%)
⑪ 콘스탄탄 : 구리(55%)+니켈(45%)

23 ④

특수 강관의 종류

① 니켈 주강 ② 크롬 주강 ③ 망간 주강

24 ④

망간의 영향

① 강의 담금질 효과를 증대시킨다.
② 주조성을 좋게 하여 황의 해를 감소시킨다.
③ 고온에서 결정립 성장을 억제시킨다.
④ 적열취성을 방지한다.

25 ②

구리의 성질

① 전연성이 좋아 가공이 용이하다.
② 화학적 저항력이 커서 부식되지 않는다.
③ 전기 및 열의 전도성이 우수하다.
④ 황산, 염산에 용해되며 해수, 탄산가스, 습기에 녹이 생긴다.
⑤ 건조한 공기 중에는 산화되지 않는다.
⑥ 비중은 8.96, 용융점은 1083℃이다.
⑦ 전기 전도율은 은 다음으로 우수하다.

26 ②

금속침투법 : 내식, 내산, 내마멸을 목적으로 금속을 침투시키는 열처리

① Al : 칼로라이징　② Cr : 크로마이징
③ Zn : 세라다이징　④ Si : 실리코나이징
⑤ B : 브로나이징

27 ①

고속도강 : W(18%)+Cr(4%)+V(1%)

28 ③

스테인리스강 중에서 내식성이 가장 높고 비자성체인 것 : 오스테나이트계 스테인리스강

29 ①

토륨 텅스텐 전극봉 : TIG 용접에서 아크 발생이 용이하며 전극의 소모가 적어 직류 정극성에는 좋으나 교류에는 좋지 않은 것으로 주로 강, 스테인리스강, 동합금 용접에 사용

30 ③

푸시-풀 방식 : 와이어 릴과 토치 측의 양측에 송급 장치를 부착하는 방식

31 ①

플라스마 아크 용접의 장점

① 비드 폭이 좁고 용접속도가 빠르다.
② 1층으로 용접할 수 있으므로 능률적이다.
③ 용접부의 기계적 성질이 좋으며 용접변형이 적다.
④ 각종 재료의 용접이 가능
⑤ 토치 조작에 숙련을 요하지 않는다.
⑥ 수동용접도 쉽게 할 수 있다.

32 ③

이산화탄소 아크 용접에서 아르곤과 이산화탄소를 혼합한 보호가스 사용 시

① 혼합비는 아르곤이 80%일 때 용착효율이 가장 높다.
② 박판 용접조건의 범위가 넓어진다.
③ 용착효율이 양호하다.
④ 스패터의 발생량이 적다.

33 ②

이산화탄소 아크 용접의 시공법 : 와이어의 용융속도는 아크 전류에 정비례하여 증가한다.

34 ④

보수용접

① 덧살 올림의 경우에 용접봉을 사용하지 않고, 용융된 금속을 고속기류에 의해 불어 붙이는 용사용접이 사용되기도 한다.
② 용접 금속부의 강도는 매우 높으므로 용접할 때 충분한 예열과 후열 열처리를 한다.
③ 보수용접이란 마멸된 기계 부품에 덧살 올림 용접을 하고 재생, 수리하는 것을 말한다.

35 ③

전기스위치류의 취급 안전사항

① 스위치를 끊을 때는 부하를 적게 해 놓고 끊는다.
② 스위치는 노출시켜 놓지 말고, 반드시 뚜껑을 만들어 장착한다.
③ 스위치의 근처에는 여러 가지 재료 등을 놓아두지 않는다.
④ 운전 중 정전되었을 때 스위치는 반드시 끊는다.

36 ①

응력 $= \frac{P}{A} = \frac{100\text{kfg}}{20\text{mm}^2} = 5\text{kgf/mm}^2$

37 ④

가스 절단 작업 시 주의사항

① 가스 누설의 점검은 비눗물로 하여야 한다.
② 가스 호스가 꼬여 있거나 막혀 있는지를 확인한다.
③ 절단 진행 중에 시선은 절단면을 떠나서는 안 된다.
④ 가스 호스가 용융 금속이나 산화물의 비산으로 인해 손상되지 않도록 한다.

38 ②

39 ①

필릿 용접에서 루트 간격이 1.5mm 이하일 때, 보수용접 요령

그대로 규정된 다리길이로 용접한다.

40 ②

직류 역극성(DCRP)

① 모재(−) 30%, 용접봉(+) 70%
② 용입이 얕다.
③ 용접봉의 녹음이 빠르다.
④ 박판용접 가능
⑤ 비드 폭이 넓다.

41 ④

서브머지드 아크 용접에서 루트 간격이 0.8mm 이상이면 받침쇠 사용

42 ②

플라스틱 용접의 용접 방법

① 열풍 용접
② 고주파 용접

43 ①

점 용접의 3대 요소

① 가압력
② 통전시간
③ 전류세기(통전전류)

44 ④

피로시험에서 사용하는 하중 방식

① 교번하중
② 반복하중
③ 편진하중

45 ②

용접 결함

① 구조상 결함

㉠ 오버랩 ㉡ 용입불량 ㉢ 내부 기공
㉣ 슬래그 혼입 ㉤ 언더컷 ㉥ 은점
㉦ 균열 ㉧ 선상조직

② 치수상 결함

㉠ 변형 ㉡ 치수불량 ㉢ 형상불량

46 ③

공장 내에 안전표시판을 설치하는 가장 주된 이유 : 사고 방지 및 안전을 위하여

47 ②

인하점 : 가연물에 불을 붙였을 때 불이 붙는 최저온도

발화점 : 가연물을 가열할 때 가연물이 점화원의 직접적인 접촉 없이 연소가 시작되는 최저온도

48 ②

용접 잔류응력 제거법

① **저온 응력 완화법** : 용접선 양측을 가스 불꽃에 의하여 너비 약 150mm를 150～200℃ 정도의 비교적 낮은 온도로 가열한 다음 곧 수냉하는 방법
② **피닝법** : 해머로써 용접부를 연속적으로 때려 용접 표면에 소성변형을 주는 방법
③ **노내풀림법** : 제품 전체를 가열로 안에 넣고 적당한 온도에서 일정 시간 유지한 다음 노 내에서 서냉
④ **국부풀림법** : 제품이 커서 노 내에 넣을 수 없을 때 또는 설비, 용량 등으로 노내 풀림을 바라지 못할 경우에 용접부 근처만 풀림

49 ④

오버랩

① 용접전류가 너무 낮을 때
② 용접속도가 너무 느릴 때
③ 부적합한 용접봉 사용 시
④ 용접봉 운봉속도 불량
⑤ 용접봉 유지각도 불량

50 ③

① **브리넬 경도 시험** : 특수 강구를 일정한 하중으로 시험편의 표면적을 압입한 후 이때 생긴 오목자국의 표면적을 측정

$$H\beta = \frac{P}{\pi Dt}$$

여기서, D : 강구의 지름(mm)
t : 눌린 부분의 깊이(mm)
d : 눌린 부분의 지름(mm)
P : 하중(kg)

② **비커스 시험** : 꼭지각이 136°인 다이아몬드 4각추의 입자를 1～120kgf의 하중으로 시험편에 압입한 후 생긴 오목자국의 대각선을 측정

$$H_V = 1.8544 \times \frac{P}{D^2}$$

③ **굽힘시험** : 용접부의 연성결함을 조사하기 위하여 사용
④ **충격시험** : V형, U형의 노치를 만들어 충격적인 하중을 주어서 시험편을 파괴시키는 시험

51 ①

용접 보조기호

① ○ : 전둘레용접
② ▶(깃발) : 현장용접
③ —— : 평면
④ ⌣ : 끝단부를 매끄럽게 함
⑤ [M] : 영구적인 덮개판을 사용

52 ④

53 ④

54 ①

도형의 표시 방법

① 도형이 대칭인 것은 중심선을 경계로 하여 한쪽만을 도시할 수 있다.
② 투상도에는 가급적 숨은선을 쓰지 않고 나타낼 수 있도록 한다.
③ 물체의 특징이 가장 잘 나타난 면을 주 투상도로 한다.

55 ②

치수 : (49−44)+5=10mm

56 ④

가는 일점 쇄선의 용도

① 피치선 ② 중심선 ③ 절단선 ④ 기준선

57 ②

용접 구조용 압연 강재 : SM400C

기계 구조용 탄소 강재 : SM45C

탄소 공구 강재 : STC

58 ④

59 ③

(100×13－2×50)＝1200mm

60 ②

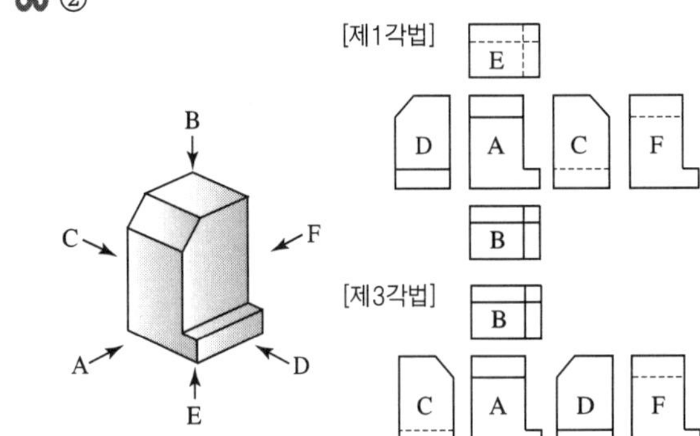

구분	정면도	평면도	좌측면도	우측면도	저면도	배면도
	A	B	C	D	E	F

CBT 시험대비 모의고사 [제 3 회]

본문 381~388쪽

01. ④	02. ②	03. ③	04. ①	05. ③	06. ③	07. ②	08. ④	09. ②	10. ①
11. ④	12. ④	13. ②	14. ②	15. ②	16. ①	17. ②	18. ③	19. ②	20. ③
21. ③	22. ①	23. ④	24. ④	25. ①	26. ②	27. ④	28. ②	29. ①	30. ④
31. ②	32. ③	33. ④	34. ④	35. ①	36. ④	37. ④	38. ③	39. ②	40. ③
41. ①	42. ③	43. ④	44. ④	45. ①	46. ①	47. ①	48. ①	49. ④	50. ②
51. ②	52. ②	53. ④	54. ①	55. ②	56. ④	57. ④	58. ④	59. ②	60. ③

해설로 확인 Explanation

01 ④

언더컷의 발생 원인

① 용접전류가 너무 높을 때
② 아크길이가 너무 길 때
③ 용접속도가 적당하지 않을 때
④ 부적당한 용접봉 사용 시

02 ②

이산화탄소 아크 용접에서 일반적인 용접작업에서의 팁과 모재간 거리

10~15mm 정도

03 ③

허용응력 $= \frac{\text{인장강도}}{\text{안전율}} = \frac{45}{9} = 5\text{kg/mm}^2$

04 ①

용접 결함

① **구조상 결함**
㉠ 오버랩 ㉡ 용입불량 ㉢ 내부 기공
㉣ 슬래그 혼입 ㉤ 언더컷 ㉥ 은점
㉦ 선상조직 ㉧ 균열
② **치수상 결함**
㉠ 변형 ㉡ 치수불량 ㉢ 형상불량

05 ③

용접 잔류응력 제거법

① **저온 응력 완화법** : 용접선 양측을 가스 불꽃에 의하여 너비 약 150mm를 150~ 200℃ 정도의 비교적 낮은 온도로 가열한 다음 곧 수냉하는 방법
② **피닝법** : 해머로써 용접부를 연속적으로 때려 용접 표면에 소성변형을 주는 방법
③ **노내풀림법** : 제품 전체를 가열로 안에 넣고 적당한 온도에서 일정 시간 유지한 다음 노 내에서 서냉
④ **기계적 응력 완화법** : 잔류응력이 있는 제품에 하중을 주어 용접부에 약간의 소성변형을 일으킨 다음 하중을 제거하는 방법
⑤ **국부풀림법** : 제품이 커서 노 내에 넣을 수 없을 때 또는 설비, 용량 등으로 노내 풀림을 바라지 못할 경우에 용접부 근처만 풀림

06 ③

인장시험기를 사용하여 측정

① 인장강도 ② 항복점 ③ 연신율

07 ②

전기 저항 용접의 장점

① 용접봉의 소비량이 적다.
② 작업속도가 빠르다.
③ 열 손실이 적고, 용접부에 집중 열을 가할 수 있다.

08 ④

서브머지드 아크 용접의 용접용 용제

① 고온 소결형 용제
② 저온 소결형 용제
③ 용융형 용제

09 ②

용착법

① **빌드업법(덧살올림법)** : 다층용접에서 각 층마다 전체의 길이를 용접하면서 쌓아 올리는 용접 방법
② **스킵법** : 이음 전 길이에 대해서 뛰어 넘어서 용접하는 방법
③ **전진블록법** : 용접진행 방향과 용착 방향이 서로 동일한 방법
④ **캐스케이드 용접** : 한 부분에 대해 몇 층을 용접하다가 다음 부분으로 연속시켜 용접

10 ①

공기 중 CO_2 농도	인체에 미치는 영향
2%	불쾌감이 있다.
4%	눈의 자극, 두통, 뇌빈혈, 귀울림, 현기증, 혈압 상승
8%	호흡 곤란
9%	구토, 감정 둔화
10%	시력 장애, 1분 이내 의식 상실, 장시간 노출 시 사망
20%	중추신경 마비, 단기간내 사망

11 ④

용접경비를 적게 하기 위해 고려할 사항
① 용접 지그의 사용에 의한 아래보기 용접의 적용
② 고정구 사용에 의한 능률 향상
③ 용접사의 작업능률의 향상
④ 용접봉의 적절한 선정과 그 경제적 사용방법

12 ④

용접작업 시 전격 방지를 위한 주의사항
① 장시간 작업을 중지할 경우에는 용접기의 스위치를 끈다.
② 스위치의 개폐는 지정한 방법으로 하고, 절대로 젖은 손으로 개폐하지 않도록 한다.
③ 안전 홀더 및 안전한 보호구를 사용한다.
④ 협소한 장소에서는 용접공의 몸에 열기로 인하여 땀에 젖어 있을 때가 많으므로 신체가 노출되지 않도록 한다.

13 ②

자분검사법의 장 · 단점
① 장점
㉠ 결함의 모양이 표면에 직접 나타나 육안으로 관찰할 수 있다.
㉡ 표면 균열검사에 적합하다.
㉢ 작업이 신속 간단하다.
② 단점
㉠ 종료 후 탈지처리가 필요하다.
㉡ 내부결함 검출 불가능
㉢ 비자성체에는 적용할 수 없다.
㉣ 전원이 필요하다.

14 ②

산소 호스는 녹색, 아세틸렌 호스는 적색으로 구분 사용한다.

15 ②

테르밋 용접 : 금속산화물이 알루미늄에 의하여 산소를 빼앗기는 반응에 의해 생성되는 열을 이용하여 금속을 접합

16 ①

CO_2 가스 아크 용접시 아크 전압이 높을 때 비드 폭은 넓어진다.

17 ②

불활성 가스 금속 아크(MIG) 용접의 특징
① 피복 금속 아크 용접에 비해 용착 효율이 높아 고능률적이다.
② 전자세 용접이 가능하다.
③ 모든 금속의 용접이 가능
④ 후판 용접에 적합하다.
⑤ 응용범위가 넓다.
⑥ CO_2 용접에 비해 스패터 발생이 적다.
⑦ 바람의 영향을 크게 받으므로 방풍대책이 필요하다.
⑧ TIG 용접에 비해 전류밀도가 높으므로 용융속도가 빠르다.

18 ③

19 ②

비이행형 아크 : 텅스텐 전극과 구속 노즐 사이에서 아크를 발생시킴.

20 ③

직류 역극성
① 정극성에 비해 용입이 얕다.
② 아르곤 가스 사용 시 청정효과가 있다.
③ 정극성에 비해 비드 폭이 넓다.
④ 알루미늄 용접 시 용제 없이 용접 가능
⑤ 박판용접 가능
⑥ 용접봉의 녹음이 빠르다.
⑦ 용접봉(+) 70%, 모재(−) 30%

21 ③

KS 규격에서 안전색
① 빨강(적색) : 금지, 고도의 위험
② 녹색 : 안전, 진행 유도, 구급
③ 주황 : 위험
④ 보라 : 방사능
⑤ 청색 : 조심, 지시

22 ①

아세틸렌 완전연소 반응식

$2C_2H_2 + 5O_2 \rightarrow 4CO_2 + 2H_2O$

23 ④

교류 아크 용접기의 종류

① 가포화 리액터형
  ㉠ 원격제어가 되고 가변저항의 변화로 용접전류 조정
  ㉡ 조작이 간단
② 가동 코일형
  ㉠ 1차, 2차 코일 중의 하나를 이동하여 누설자속을 변화하여 전류 조정
  ㉡ 가격이 비싸다.
③ 가동 철심형
  ㉠ 미세한 전류 조정이 가능
  ㉡ 가동 철심으로 누설자속을 가감하여 전류 조정
  ㉢ 현재 가장 많이 사용

24 ④

저수소계(E4316)

용접봉의 내균열성이 가장 좋음.

25 ①

불활성 가스 금속 아크 절단

직류 역극성을 사용하여 주로 절단

26 ②

가스 용접 작업에서 양호한 용접부를 얻기 위해 갖추어야 할 조건

① 용접부에 첨가된 금속의 성질이 양호해야 한다.
② 용착금속의 용입상태가 균일해야 한다.
③ 기름, 녹 등을 용접 전에 제거하여 결함을 방지한다.

27 ④

크레이터 : 용접 중에 아크를 중단시키면 중단된 부분이 오목하거나 납작하게 파진 모습

28 ②

피복배합제 종류

① 탈산제
  ㉠ 페로바나듐 ㉡ 페로실리콘 ㉢ 페로티탄
  ㉣ 페로크롬 ㉤ 페로망간 ㉥ 알루미늄
② 슬래그 생성제
  ㉠ 이산화망간 ㉡ 산화티탄 ㉢ 산화철
  ㉣ 형석 ㉤ 석회석 ㉥ 일미나이트
  ㉦ 알루미나

29 ①

압력조정기가 갖추어야 할 사항

① 가스의 방출량이 많더라도 흐르는 양이 안정될 것.
② 조정압력과 사용압력의 차이가 작을 것.
③ 동작이 예민하고 빙결되지 않을 것.
④ 조정압력은 용기 내의 가스량의 변화에도 일정할 것.

30 ④

수소 : 수중절단작업에 주로 사용

31 ②

프로판의 완전연소 반응식

$C_3H_8 + 5O_2 \rightarrow 3CO_2$(탄산가스)$+ 4H_2O$(물)

32 ③

용해 아세틸렌 가스의 양$(l) = 905(A - B)$

여기서, A : 병 전체 무게(빈병 무게+아세틸렌 가스 무게)
B : 빈병 무게

33 ④

GA46 : 가스 용접봉으로 용착금속의 최소 인장강도

34 ④

산소-아세틸렌 가스 용접의 장점

① 피복 아크 용접보다 유해광선의 발생이 적다.
② 전원설비가 없는 곳에서도 쉽게 설치할 수 있다.
③ 가열 시 열량 조절이 쉽다.
④ 박판용접에 적당하다.
⑤ 응용범위가 넓다.
⑥ 전기 용접에 비해 싸다.

35 ①

용접기의 극성

① 직류 정극성(DCSP)
  ㉠ 모재(+) 70%, 용접봉(-) 30%
  ㉡ 용입이 깊다.
  ㉢ 후판용접 가능
  ㉣ 비드 폭이 좁다.
② 직류 역극성(DCRP)
  ㉠ 모재(-) 30%, 용접봉(+) 70%
  ㉡ 용입이 얕다.
  ㉢ 용접봉의 녹음이 빠르다.
  ㉣ 박판용접 가능
  ㉤ 비드 폭이 넓다.

36 ④

수하 특성 : 부하전류가 증가하면 단자전압이 낮아지는 특성

37 ④

양호한 가스절단면을 얻기 위한 조건

① 슬래그의 이탈성이 좋을 것.
② 드래그가 가능한 작을 것.
③ 절단면이 깨끗할 것.
④ 절단면 표면의 각이 예리할 것.

38 ③

① **핫 스타트 장치** : 아크가 발생하는 초기에 용접봉과 모재가 냉각되어 있어 용접 입열이 부족하여 아크가 불안정하기 때문에 아크 초기만 용접전류를 특별히 높게 하는 장치
② **고주파 발생장치** : 전류가 순간적으로 변할 때마다 아크가 불안정하기 때문에 교류 아크 용접에 고주파를 병용시키면 아크가 안정되므로 작은 전류로 얇은 판이나 비철금속을 용접 시 사용
③ **전격방지장치** : 무부하전압이 80~90V로 비교적 높은 교류 아크 용접기는 감전재해의 위험이 있기 때문에 무부하전압을 20~30V 이하로 유지하여 용접사 보호

39 ②

용접 구조물이 리벳 구조물에 비하여 나쁜 점

① 품질검사 곤란
② 잔류응력의 발생
③ 열 영향에 의한 재질 변화

40 ③

MB×1 : "1"은 피치를 나타냄.

41 ①

42 ③

원주율 계산 $=2\times3.14\times60=376.8$

120°의 원은 원의 $\frac{1}{3}$이므로 $376.8\times3=1130.4$

$\therefore$ 반지름 $l=\dfrac{1130.2}{2\times3.14}=179.968$

43 ④

44 ④

중심 마크 : 도면 양식 중 반드시 갖추어야 할 사항

45 ①

46 ①

도면에서 치수 숫자의 아래쪽에 굵은 실선의 의미 : 일부의 도형이 그 치수 수치에 비례하지 않는 치수

47 ①

이음 도시기호

① 플랜지 이음 :
② 용접 이음 :
③ 땜 이음 :
④ 턱걸이 이음 :

48 ①

49 ④

D : 치수보조선

50 ②

51 ②

질화처리의 특징

① 내식성이 우수하고 피로한도가 향상된다.
② 내마모성이 커진다.
③ 침탄에 비해 높은 표면경도를 얻을 수 있다.

52 ②

냉각효과가 가장 빠른 냉각액 : 소금물

53 ④

가단주철의 종류

① 흑심 가단주철
② 백심 가단주철
③ 펄라이트 가단주철

54 ①

18-8 스테인리스강(오스테나이트계 스테인리스강)
Cr(18%) + Ni(8%)

55 ②

네이벌 황동 : 6 : 4황동에 0.75% 정도의 주석을 첨가한 것으로 용접봉, 선박, 기계부품 등으로 사용

56 ④

다이캐스팅용 알루미늄 합금의 요구되는 성질

① 금형에 대한 점착성이 없을 것.
② 응고수축에 대한 용탕 보급성이 좋을 것.
③ 열간취성이 적을 것.
④ 유동성이 좋을 것.

57 ④

내열강의 구비조건

① 고온에서 취성파괴가 없어야 한다.
② 반복 응력에 의한 피로강도가 커야 한다.
③ 냉간, 열간 가공 및 용접, 단조 등이 쉬워야 한다.
④ 고온에서 기계적 성질이 우수하고 조직이 안정되어야 한다.

58 ④

Si(규소) : 탄소강 중에 0.1~0.35% 정도 함유되어 있고 강의 인장강도, 탄성한계, 경도 등은 높아지나 용접성을 저하시키는 원소

59 ②

60 ③

퓨즈, 활자, 정밀 모형 등에 사용되는 아연, 주석, 납계의 저용융점 합금

① 비스무트 땜납
② 리포위츠 합금
③ 우드메탈

CBT Test

CBT 시험대비 모의고사 [제 4 회]

본문 389~396쪽

01. ③	02. ③	03. ③	04. ④	05. ④	06. ②	07. ③	08. ②	09. ④	10. ③
11. ③	12. ④	13. ③	14. ②	15. ④	16. ④	17. ②	18. ②	19. ①	20. ①
21. ③	22. ④	23. ②	24. ①	25. ②	26. ①	27. ④	28. ②	29. ③	30. ④
31. ③	32. ④	33. ④	34. ②	35. ②	36. ②	37. ③	38. ④	39. ②	40. ②
41. ③	42. ③	43. ③	44. ①	45. ④	46. ②	47. ①	48. ②	49. ③	50. ③
51. ③	52. ④	53. ②	54. ④	55. ③	56. ①	57. ④	58. ②	59. ③	60. ④

해설로 확인 Explanation

01 ③

냉간 압접 : 상온에서 강하게 압축함으로써 경계면을 국부적으로 소성변형시켜 압접하는 방법

02 ③

용접의 특징

① 작업공정이 단축되며 경제적이다.
② 재료의 두께에 제한이 없다.
③ 제품의 성능과 수명이 향상된다.
④ 이종재료도 용접이 가능하다.
⑤ 이음효율이 높다.
⑥ 중량이 가벼워진다.
⑦ 수밀 및 기밀성이 좋다.
⑧ 취성이 생길 우려가 있다.
⑨ 품질검사가 곤란
⑩ 변형 및 수축 잔류응력이 발생
⑪ 용접사의 기량에 따라 품질 좌우

03 ③

불꽃온도

① 아세틸렌 : 3430℃
② 수소 : 2900℃
③ 부탄 : 2926℃
④ 프로판 : 2820℃
⑤ 메탄 : 2700℃

04 ④

피복 아크 용접 회로의 구성요소

① 접지 케이블 ② 전극 케이블
③ 용접봉 홀더 ④ 용접기

05 ④

피복 아크 용접봉

① E4313(고산화티탄계) : 피복제 중 산화티탄을 포함하고 아크가 안정되고 스패터도 적으며 슬래그의 박리성이 대단히 좋아 비드 표면이 고우며 작업성이 우수
② E4316(저수소계) : 석회석, 형석을 주성분으로 한 것으로 기계적 성질, 내균열성 우수, 용착금속 중 수소함유량이 다른 피복봉에 비해 $\frac{1}{10}$ 정도로 낮음.
③ E4311(고셀룰로오스계) : 셀룰로오스를 20~30% 정도 포함한 용접봉으로 좁은 홈의 용접, 보관 시 습기가 흡수되기 쉬우므로 건조 필요
④ E4301(일미나이트계) : 산화티탄, 산화철을 약 30% 이상 함유한 광석, 사철 등을 주성분으로 기계적 성질이 우수하고, 용접성이 우수

06 ②

용기 도색

① 산소 : 녹색
② 프로판 : 회색
③ 탄산가스 : 청색
④ 아세틸렌 : 황색
⑤ 수소 : 주황
⑥ 암모니아 : 백색
⑦ 염소 : 갈색

07 ③

08 ②

교류 아크 용접기의 부속장치

① **핫 스타트 장치** : 아크가 발생하는 초기에 용접봉과 모재가 냉각되어 있어 용접 입열이 부족하여 아크가 불안정하기 때문에 아크 초기만 용접전류를 특별히 높게 하는 장치

② **전격방지장치** : 무부하전압이 80~90V로 비교적 높은 교류 아크 용접기는 감전재해의 위험이 있기 때문에 무부하전압을 20~30V 이하로 유지하여 용접사 보호

③ **고주파 발생장치** : 전류가 순간적으로 변할 때마다 아크가 불안정하기 때문에 교류 아크 용접에 고주파를 병용시키면 아크가 안정되므로 작은 전류로 얇은 판이나 비철금속을 용접 시 사용

09 ④

용접봉 지름$(D) = \frac{t}{2} + 1 = \frac{3.2}{2} + 1 = 2.6\text{mm}$

10 ③

11 ③

조연성 가스

① 공기 ② 불소 ③ 염소 ④ 산소

12 ④

산소-아세틸렌 불꽃

① **탄화불꽃**
  ㉠ 아세틸렌 페더가 있는 불꽃
  ㉡ 아세틸렌 과잉불꽃
  ㉢ 스테인리스, 모넬메탈, 스텔라이트

② **산화불꽃**
  ㉠ 산소 과잉불꽃
  ㉡ 구리, 황동 용접에 사용

③ **중성불꽃** : 표준불꽃이라고 한다.

13 ③

스카핑에 대한 설명

① 예열면이 점화온도에 도달하여 표면의 불순물이 떨어져 깨끗한 금속면이 나타날 때까지 가열한다.

② 토치는 가우징 토치에 비해 능력이 큰 것을 사용한다.

③ 수동용 토치는 서서 작업할 수 있도록 긴 것이 많다.

14 ②

용접부를 보호하는 형식에 따른 분류

① 가스 발생식

② 슬래그 생성식

③ 반가스 발생식

15 ④

발전형 직류 아크 용접기와 비교한 정류기형 직류 아크 용접기 특징

① 완전한 진류를 얻을 수 없다.

② 초소형 경량화 및 안정된 아크를 얻을 수 있다.

③ 가격이 싸고 취급이 쉽다.

④ 고장이 적고 유지보수가 용이하다.

16 ④

가스 용접에서 용제를 사용하는 가장 중요한 이유

용접 중에 생기는 금속의 산화물을 용해하기 위해

17 ②

저합금강 : 가스 절단이 용이

18 ②

질량효과 : 재료의 내 · 외부에 열처리 효과의 차이가 생기는 현상

심랭처리(서브제로처리) : 담금질된 강의 경도를 증가시키고 시효변형을 방지하기 위한 목적으로 0℃ 이하의 온도에서 처리

19 ①

알루미늄의 성질

① 전기 및 열의 전도율이 매우 좋다.

② 비중이 2.7이고, 용융점이 650℃이고, 주물, 다이캐스팅, 전선 등에 쓰임.

③ 무기산 염류에 침식된다. 특히 염산중에서는 빠르게 침식된다.

④ 주조성이 용이하고 다른 금속과 잘 융합

⑤ 전성, 연성이 풍부하여 400~500℃에서 연신율이 최대이다.

⑥ 가볍고 내식성 및 가공성이 좋다.

20 ①

금속침투법 : 내식, 내산, 내마멸을 목적으로 금속을 침투시키는 열처리

① Al(알루미늄) : 칼로라이징

② Cr(크롬) : 크로마이징

③ Zn(아연) : 세라다이징

④ Si(규소) : 실리코나이징

21 ③

합금

① 코로손합금 : 구리+니켈에 소량의 규소 첨가
② 네이벌황동 : 6 : 4황동에 주석 1~2%
③ 켈밋 : Cu+Pb(30~40%)

22 ④

탄소 주강에 망간이 10~14% 정도 첨가된 하드 필드 주강을 주조상태의 딱딱하고 메진 성질을 없어지게 하고 강인한 성질을 갖게 하기 위하여 1000~1100℃에서 수인법으로 인성을 부여한다.

23 ②

주철의 일반적인 특성 및 성질

① 인장강도, 휨강도 및 충격값이 작다.
② 주물의 표면은 굳고 녹이 잘 슬지 않는다.
③ 금속재료 중에서 단위 무게당의 값이 싸다.
④ 주조성이 우수하며, 크고 복잡한 것도 제작할 수 있다.

24 ①

탄소강의 주성분 원소 : Fe+C

25 ②

스테인리스강의 종류

① 오스테나이트계 스테인리스강(18-8스테인리스강)
② 마텐자이트계 스테인리스강
③ 페라이트계 스테인리스강
④ 석출경화형 스테인리스강

26 ①

27 ④

크롬강의 특성

① 단접이 안 된다.
② 내식성 및 내열성이 좋아 내식강 및 내열강으로 사용된다.
③ Cr_4C_2, Cr_7C_3 등의 탄화물이 형성되어 내마모성이 크다.
④ 경화층이 깊고 마텐자이트 조직을 안정화 한다.

28 ②

황동이 고온에서 탈아연되는 현상을 방지하는 방법으로 황동 표면에 산화물 피막을 형성시킴.

29 ③

결함의 보수 방법

① **언더컷의 보수** : 가는 용접봉을 사용하여 보수
② **오버랩의 보수** : 일부분을 깎아내고 재용접한다.
③ **균열의 보수** : 정지구멍을 뚫어 균열부분은 홈을 판 후 재용접
④ **슬래그의 보수** : 깎아내고 재용접한다.

30 ④

전격에 관한 주의사항

① 낮은 전압에서도 주의해야 하며, 습기찬 구두는 착용하면 안 된다.
② 작업 종료 시 또는 장시간 작업을 중시할 때는 반드시 용접기의 스위치를 끄도록 한다.
③ 전격을 받은 사람을 발견했을 때는 즉시 스위치를 끈다.
④ 무부하 전압이 필요 이상으로 높은 용접기는 사용하지 않는다.

31 ③

용접기의 특성

① **수하 특성** : 부하전류가 증가하면 단자전압이 낮아지는 특성
② **정전압 특성** : 부하전류가 변하여도 단자전압은 거의 변화하지 않는 특성
③ **정전류 특성** : 부하전압이 변하여도 단자전류는 거의 변화하지 않는 특성
④ **상승 특성** : 전류의 증가에 따라서 전압이 약간 높아지는 특성

32 ④

CO_2 가스 아크 용접에서 기공 발생 원인

① 바람에 의해 CO_2 가스가 날린다.
② 노즐과 모재간 거리가 지나치게 길다.
③ CO_2 가스 유량이 부족하다.

33 ④

용접변형과 잔류응력을 경감시키는 방법

① 용접 금속부의 변형과 응력을 제거하는 방법으로는 저온응력완화법, 피닝법, 기계적 응력완화법 등이 있다.
② 모재의 열전도를 억제하여 변형을 방지하는 방법으로는 도열법을 쓴다.
③ 용접시공에 의한 잔류응력 경감법으로는 대칭법, 후진법, 스킵법 등이 있다.
④ 용접 전 변형 방지책으로는 역변형법을 쓴다.

34 ②

연소의 3요소

① 가연물 ② 산소 ③ 점화원

35 ②

기공 발생의 원인

① 용접봉 또는 용접부에 습기가 많을 경우
② 용접부가 급랭 시
③ 이음부에 기름, 페인트, 녹 등이 부착해 있을 경우
④ 과대전류 사용 시
⑤ 수소, 산소, 일산화탄소가 너무 많을 때
⑥ 아크길이 및 운봉법이 부적당 시

36 ②

① **전자 빔 용접** : 텅스텐, 몰리브덴 같은 대기에서 반응하기 쉬운 금속도 용이하게 용접할 수 있으며 고진공에서 음극으로부터 방출되는 전자를 고속으로 가속시켜 충돌에너지를 이용하는 용접법
② **일렉트로 슬래그 용접** : 용융슬래그와 용융금속이 용접부로부터 유출되지 않게 모재의 양측에 수냉식 동판을 대어주고 용융슬래그 속에서 전극와이어를 연속적으로 공급하여 주로 용융슬래그의 저항열에 의하여 와이어와 모재를 용융시키면서 단층수직상진 용접하는 방법
③ **테르밋 용접** : 미세한 알루미늄 분말과 산화철분말을 (3 : 1)의 중량비로 테르밋제 반응에 의해 생성되는 열을 이용한 금속을 용접하는 방법

37 ③

고주파 교류 : 중간형태의 용입과 비드 폭을 얻을 수 있으며 청정효과가 있어 알루미늄이나 마그네슘 등의 용접에 사용

38 ④

불활성 가스 아크 용접 : 알루미늄이나 스테인리스강, 구리와 그 합금의 용접에 가장 많이 사용

39 ②

40 ②

스틸 울 : 서브머지드 아크 용접기로 아크를 발생할 때 모재와 용접 와이어 사이에 놓고 통전시켜 주는 재료

41 ③

용접 지그의 사용

① 구속력을 적게 하여 잔류응력의 발생을 줄인다.
② 동일 제품을 다량 생산할 수 있다.
③ 제품의 정밀도를 높일 수 있다.
④ 작업이 용이하고 용접능률을 높일 수 있다.
⑤ 아래보기 자세로 용접할 수 있다.
⑥ 제품의 정도가 균일하다.
⑦ 공정수를 절약하므로 능률이 좋다.

42 ③

굽힘시험

용접부의 연성결함을 조사하기 위하여 사용되는 시험법

충격시험

V형, U형의 노치를 만들어 충격적인 하중을 주어서 시험편을 파괴시키는 시험(아이조드식, 샤르피식)

43 ③

용접부의 잔류응력 제거법

① **저온 응력 완화법** : 용접선 양측을 가스 불꽃에 의하여 너비 약 150mm를 150~ 200℃ 정도의 비교적 낮은 온도로 가열한 다음 곧 수냉하는 방법
② **노내풀림법** : 제품 전체를 가열로 안에 넣고 적당한 온도에서 일정 시간 유지한 다음 노 내에서 서냉
③ **국부풀림법** : 제품이 커서 노 내에 넣을 수 없을 때 또는 설비, 용량 등으로 노내 풀림을 바라지 못할 경우에 용접부 근처만 풀림
④ **기계적 응력 완화법** : 잔류응력이 있는 제품에 하중을 주어 용접부에 약간의 소성변형을 일으킨 다음 하중을 제거
⑤ **피닝법** : 해머로써 용접부를 연속적으로 때려 용접 표면에 소성 변형을 주는 방법

44 ①

전기 저항 용접

① 점 용접
② 심 용접
③ 프로젝션 용접

45 ④

불활성 가스 금속 아크 용접의 특징(MIG 용접)

① MIG 용접은 전극이 녹는 용극식 아크 용접이다.
② 일반적으로 전원은 직류 역극성이 이용된다.
③ 아크의 자기제어 특성이 있다.
④ 전자세 용접이 가능
⑤ 모든 금속의 용접이 가능
⑥ 후판용접에 적합하다.
⑦ CO_2 용접에 비해 스패터 발생이 적다.
⑧ 응용범위가 넓다.
⑨ 수동 피복 아크 용접에 비해 용착효율이 높아 비능률적이다.
⑩ 바람의 영향을 크게 받으므로 방풍대책이 필요하다.
⑪ 박판용접(3mm 이하)에는 적용이 곤란하다.

46 ②

자분탐상시험 : 전류를 통하여 자화가 될 수 있는 금속재료, 즉 철, 니켈과 같이 자기변태를 나타내는 금속 또는 그 합금으로 제조된 구조물이나 기계부품의 표면부에 존재하는 결함을 검출

47 ①

① **스터드 용접** : 아크를 보호하고 집중시키기 위하여 내열성의 도기로 만든 페룰 기구를 사용하는 용접
② **전자빔 용접** : 텅스텐, 몰리브덴과 같은 대기에서 반응하기 쉬운 금속도 용이하게 용접할 수 있으며 고진공속에서 음극으로부터 방출되는 전자를 고속으로 가속시켜 충돌에너지를 이용 용접

48 ②

용제

① **연납땜** : ㉠ 염산 ㉡ 염산아연 ㉢ 염화암모니아 ㉣ 인산
② **경납땜** : ㉠ 붕사 ㉡ 붕산 ㉢ 염화리튬 ㉣ 염화나트륨 ㉤ 산화 제1구리 ㉥ 빙정석

49 ③

플러그 용접에서 전단강도는 일반적으로 면적당 용착금속의 인장강도의 60~70% 정도

50 ③

MIG 용접의 용적 이행 형태 : 입상 이행은 와이어보다 큰 용적으로 용융되어 이행하며 주로 CO_2 가스를 사용할 때 나타난다.

51 ③

52 ④

NS : 비례척이 아님

53 ②

A부분의 치수 = 210 − (5 + 10 + 5) = 190

54 ④

55 ③

56 ①

57 ④

치수의 표시 방법

① 지름 : ϕ
② 반지름 : R
③ 구의 지름 : Sϕ
④ 구의 반지름 : SR
⑤ 정사각형변 : □
⑥ 판의 두께 : t
⑦ 45° 모따기 : C
⑧ 이론적으로 정확한 치수 : [123]
⑩ 참고 치수 : (   )

58 ②

파단선 : 대상물의 일부를 파단한 경계 또는 일부를 떼어낸 경계를 표시
가상선 : 가공 전 · 후 표시, 인접부분 참고 표시, 공구위치 참고 표시
절단선 : 절단 위치를 대응하는 그림에 표시
외형선 : 대상물이 보이는 부분의 모양을 표시

59 ③

60 ④

Air : 공기　Gas : 가스
Oil : 기름　Steam : 증기

CBT 시험대비 모의고사 [제 1 회]

문항 번호	정답	문항 번호	정답	문항 번호	정답	문항 번호	정답	문항 번호	정답	문항 번호	정답
01		11		21		31		41		51	
02		12		22		32		42		52	
03		13		23		33		43		53	
04		14		24		34		44		54	
05		15		25		35		45		55	
06		16		26		36		46		56	
07		17		27		37		47		57	
08		18		28		38		48		58	
09		19		29		39		49		59	
10		20		30		40		50		60	

절취선

CBT 시험대비 모의고사 [제 2 회]

문항 번호	정답	문항 번호	정답	문항 번호	정답	문항 번호	정답	문항 번호	정답	문항 번호	정답
01		11		21		31		41		51	
02		12		22		32		42		52	
03		13		23		33		43		53	
04		14		24		34		44		54	
05		15		25		35		45		55	
06		16		26		36		46		56	
07		17		27		37		47		57	
08		18		28		38		48		58	
09		19		29		39		49		59	
10		20		30		40		50		60	

CBT 시험대비 모의고사 [제 3 회]

문항번호	정답	문항번호	정답	문항번호	정답	문항번호	정답	문항번호	정답	문항번호	정답
01		11		21		31		41		51	
02		12		22		32		42		52	
03		13		23		33		43		53	
04		14		24		34		44		54	
05		15		25		35		45		55	
06		16		26		36		46		56	
07		17		27		37		47		57	
08		18		28		38		48		58	
09		19		29		39		49		59	
10		20		30		40		50		60	

절취선

CBT 시험대비 모의고사 [제 4 회]

문항번호	정답	문항번호	정답	문항번호	정답	문항번호	정답	문항번호	정답	문항번호	정답
01		11		21		31		41		51	
02		12		22		32		42		52	
03		13		23		33		43		53	
04		14		24		34		44		54	
05		15		25		35		45		55	
06		16		26		36		46		56	
07		17		27		37		47		57	
08		18		28		38		48		58	
09		19		29		39		49		59	
10		20		30		40		50		60	

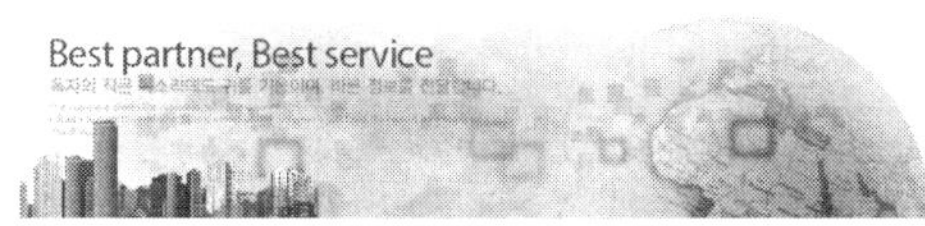

무료동영상과 함께하는

특수용접기능사 필기

초판 발행 2012년 4월 5일
개정2판 발행 2013년 1월 15일
개정3판 발행 2014년 1월 20일
개정4판 발행 2015년 1월 10일
개정5판 발행 2016년 1월 10일
개정6판 발행 2017년 1월 25일
개정7판 발행 2018년 1월 20일
개정8판 발행 2019년 1월 5일
개정9판 발행 2020년 1월 5일
개정10판 발행 2021년 1월 5일
개정11판 발행 2022년 1월 5일
개정12판 발행 2023년 1월 5일

우수회원인증	
닉네임	
신청일	

필히 (**파랑, 빨강**)볼펜 사용. **화이트** 사용 금지

지은이 ▪ 최갑규
펴낸이 ▪ 홍세진
펴낸곳 ▪ 세진북스

주소 ▪ (우)10207 경기도 고양시 일산서구 산율길 56(구산동 145-
전화 ▪ 031-924-3092
팩스 ▪ 031-924-3093
홈페이지 ▪ http://www.sejinbooks.kr

출판등록 ▪ 제 315-2008-042호(2008.12.9)
ISBN ▪ 979-11-5745-540-9 13580

값 ▪ **20,000원**

세진북스에는 당신과 나
그리고 우리의 미래가 있습니다.